通信与电子信息工程专业导论

刘帅奇 赵杰 郑伟 田晓燕◎编著

清华大学出版社
北 京

内 容 简 介

本书以新工科建设作为基本指导思想，以工程教育专业认证为基本要求，侧重于知识单元化，并对学生毕业的要求形成强有力的支撑。本书突出工程教育专业认证的特色，书中选编的知识可以对学生的自学能力、文献检索能力和通信工程专业热点研究能力有极大的提升。为了方便教学，作者为本书专门制作了高品质教学PPT，相关授课老师可以下载使用。另外，本书各章后都提供了必要的习题供教学参考。

本书共 7 章，涵盖的主要内容有通信与电子信息工程专业简介、通信工程专业培养方案解读、通信与信息系统研究内容概述、信号与信息处理研究内容概述、考研与就业、通信工程专业必备技能及自主学习和如何成为一名合格的毕业生。

本书适合作为高等院校通信工程、电子信息工程和信息工程等相关专业的本科生和研究生教材或教学参考书，尤其适合作为高等院校电子信息类相关专业进行专业认证的参考书。

图书在版编目（CIP）数据

通信与电子信息工程专业导论 / 刘帅奇等编著．—北京：清华大学出版社，2021.1（2024.1重印）
ISBN 978-7-302-56422-5

Ⅰ．①通…　Ⅱ．①刘…　Ⅲ．①通信工程 ②电子信息-信息工程　Ⅳ．①TN91 ②G203

中国版本图书馆 CIP 数据核字（2020）第 171480 号

责任编辑：秦　健
封面设计：欧振旭
责任校对：徐俊伟
责任印制：杨　艳

出版发行：清华大学出版社
网　　址：https://www.tup.com.cn，https://www.wqxuetang.com
地　　址：北京清华大学学研大厦 A 座　　邮　　编：100084
社 总 机：010-83470000　　邮　　购：010-62786544
投稿与读者服务：010-62776969，c-service@tup.tsinghua.edu.cn
质量反馈：010-62772015，zhiliang@tup.tsinghua.edu.cn
印 装 者：三河市铭诚印务有限公司
经　　销：全国新华书店
开　　本：185mm×260mm　　印　　张：20.5　　字　　数：511 千字
版　　次：2021 年 2 月第 1 版　　印　　次：2024 年 1 月第 4 次印刷
定　　价：59.80 元

产品编号：081030-01

前　　言

在高等教育的人才培养体系中，课程是人才培养中最基本的概念，它包括静态“科目”与动态“进程”两层意义。在传统的工科课程架构中，学科导向成为专业课程体系构建的基本原则，教材的编写主要是在教学内容的调整方面。但是在工程教育领域，工程师的工作最显著的特征在工程综合能力方面。现代工程问题“不仅与一门学科有关，而且往往要涉及多门学科的综合知识，还要涉及政治、经济、社会、法律、地域、资源、水文、气象、心理和生理等因素”，并且人才培养的目标定位是具有工程实践能力的工程人才，而其中非技术因素起到了不可或缺的作用，但传统工科教育的课程架构和教材却难以满足这一要求。在通信工程专业认证的基础上诞生的“通信与电子信息工程专业导论”课程显然需要满足上述要求。

河北大学通信工程专业于 2014 年通过了工程教育专业认证，是河北省第一个通过专业认证的通信工程专业，在全国也属于较早开展该项认证的专业。在进行专业认证的过程中，已经建立了针对工程教育专业认证的核心理念：以产出为导向、以学生为中心、持续改进等相关配套政策和制度，并形成了以学生为中心的工程教育培养体系。随着我国工科教育的不断发展，尤其是专业认证和新工科的兴起，对教材的形式及内容也有了新的要求。为了建设新工科和支撑专业认证中的毕业要求，增强学生的非技术能力，我们编写了这本教材。

本教材所讲述课程是一门系统讲授通信工程专业培养方式、通信工程基本概念和基本理论，以及通信工程专业个人发展和职业规划的课程，是通信工程、电子信息工程专业的核心课程。该课程主要介绍学科分类、通信工程专业培养方案和培养目标及课程设计、通信工程相关领域基础理论和基本方法、通信工程领域研究方向及国际发展趋势和研究热点，以及个人和职业发展需求等内容，注重培养学生通过文献检索的方法了解通信工程技术领域的国际发展趋势和研究热点，以及经过文献研究对日常复杂通信工程问题进行分析而获得有效结论的能力。本教材还强调学生可以针对个人或职业发展需求，掌握相关的自主学习方法，了解拓展知识和能力的途径，以适应社会的发展。

本书特色

- 以新工科建设作为基本指导思想，以工程教育专业认证为基本要求，侧重于知识单元化，并对毕业要求形成强有力的支撑。
- 突出工程教育专业认证的特色。书中选编的知识可以提升学生的自学能力、文献检索能力和对通信工程专业热点的研究能力，并对复杂工程问题中的非技术因素进行支撑，从而提高学生对复杂工程问题的分析能力。
- 让学生能真正地了解通信工程和电子信息工程专业的定位和内容，并对未来考研和就业有所了解，也能让他们掌握考研和就业所必须具备的一些技能。

- 方便读者使用。本教材既是一本真正面向学生的教材，又是一本适合教师教学的教材。本教材在保证内容完整性和理论严谨的同时，力争用通俗的语言向初学者进行解释，对新知识的阐述由浅入深、由简到繁地逐层展开。
- 内容重新优化整合。本教材舍弃了传统教材中的大量公式和计算内容，增加了通信工程专业热点内容，并对复杂工程问题以一条知识线进行展开，这无论对本课程的学习，还是对后续课程的学习，都很有意义。
- 提供教学配套服务与支持。作者为本书制作了专业的高品质教学 PPT，并在每章后安排了相关习题，以方便老师教学。

本书内容

本书共 7 章，首先从通信工程和电子信息工程专业讲起，然后剖析两个专业的培养方案和电子信息与通信工程一级学科的研究内容，最后介绍了考研和就业及自主学习的重要性。

第 1 章对通信工程与电子信息工程专业进行介绍，并对通信的发展史进行介绍，解释了通信的地位和作用，以及通信在各行各业中的应用。

第 2 章介绍了通信工程与电子信息工程专业的培养方案，深度解析了我国的学科体系和工程教育专业认证的基本概念和要求。

第 3 章对通信与信息系统的研究内容进行了概述，分析了通信的任务、通信系统的基本架构和基本理论，并对常见的通信系统进行了简单介绍。

第 4 章对信号与信息处理研究内容进行了概述，介绍了信号的基本概念、信息的获取和存储方法，并深入介绍了信息与信号处理的基本原理，详细地给出了信号与信息处理常见的应用领域。

第 5 章对考研和就业进行了分析，对国内知名高校和相应的专业进行了分析和介绍，还对国内知名企业进行了介绍，并对企业的需求进行了分析。

第 6 章从软件开发工具、硬件开发平台、仪器设备、文献检索等方面对专业必备技能进行了介绍，并强调了自主学习的重要性。

第 7 章从学习方法、素质培养和工程实践能力等方面分析如何成为一名合格的毕业生。

本书读者对象

本书可作为高等院校通信工程、电子信息工程及信息工程等专业的本科生和研究生的教材或教学参考书，亦可作为相关研究人员的参考资料，还可为高考以后选报志愿的考生提供参考。

本书教学 PPT 获取方式

本书教学 PPT 需要读者自行下载。请在清华大学出版社的网站 www.tup.com.cn 上搜索到本书页面，在页面上找到“资源下载”栏目，然后单击“课件下载”按钮即可下载。

本书作者与致谢

本书主要由河北大学刘帅奇、赵杰、郑伟和田晓燕主持编写。在教材的编写过程中，受到了河北大学通信工程专业认证组成员的大力支持和配合。另外河北大学的安彦玲、郎相龙、扈琪、李鹏飞、王洁、赵传庆、高乐乐、赵玲和马健，以及北京交通大学的马晓乐和辛琪也参与了部分内容的编写。

感谢在写作和出版过程中给予作者大量帮助的相关老师及各位编辑！

由于作者水平所限，加之写作时间有限，书中可能还存在一些疏漏和不足之处，敬请各位老师和读者批评指正。联系邮箱：627173439@qq.com。

最后祝读书快乐！

作者

目　　录

第 1 章　通信与电子信息工程专业简介

通信工程（也称作电信工程，旧称为远距离通信工程、弱电工程）是电子工程的一个重要分支，是电子信息类子专业，同时也是其中的一个基础学科。该学科关注的是通信过程中的信息传输和信号处理的原理和应用。该学科学习通信技术、通信系统和通信网等方面的知识，学生毕业后能在通信领域中从事研究、设计、制造、运营工作，以及在国民经济各部门和国防工业中从事应用通信技术与设备开发等工作。电子信息工程是一门应用计算机等现代化技术进行电子信息控制和信息处理的学科，主要研究信息的获取与处理，以及电子设备与信息系统的设计、开发、应用和集成。本章主要对通信与电子信息工程专业进行简单的介绍。

1.1　通信工程专业简介

通信工程是电子工程的一个重要分支，该学科是信息科学技术发展迅速并极具活力的一个领域，尤其是数字移动通信、光纤通信、Internet 网络通信，使人们在传递信息和获得信息方面达到了前所未有的便捷程度。通信工程具有极广阔的发展前景，也是人才严重短缺的专业之一。通信工程研究的是如何以电磁波、声波或光波的形式，把信息通过电脉冲从发送端（信源）传输到一个或多个接收端（信宿）。接收端能否正确辨认信息，取决于传输中的损耗高低。信号处理是通信工程中一个重要的环节，其包括过滤、编码和解码等。

通信工程专业主要研究信号的产生、信息的传输、交换和处理，以及在计算机通信、数字通信、卫星通信、光纤通信、蜂窝通信、个人通信、平流层通信、多媒体技术、信息高速公路、数字程控交换等方面的理论和工程应用问题。从 19 世纪美国人发明电报之日起，现代通信技术就已经产生。为了适应日益发展的技术需要，通信工程专业成为了大学教育中的一门学科，并随着现代技术水平的不断提高而得到迅速发展。

作为通信工程专业的学生，不仅应抱着严谨、踏实、刻苦的学习态度，还需要有较好的数理基础、较强的逻辑思维能力及动手能力。通过学习通用电子仪器的使用，如示波器和频谱分析仪等，逐步掌握更多通信实验设备的操作技巧，自己制作电子小设备，如实验课上可以亲手设计并制作电子计算器、数字电子时钟、抢答器、遥控玩具车等很多有趣的电子产品，会很有成就感。运用所学的知识制作出具体的实物，这种快乐的学习经历是其他专业的学生难以体验到的。通信专业的就业前景非常好，就业范围也很广，毕业后可从事无线通信、大规模集成电路、智能仪器、应用电子技术领域的研究和设计工作，以及通信工程的研究、设计和技术开发工作。从 2G、3G 到 4G、5G，都离不开通信人员的辛勤劳动与汗水，他们将主导数字时代的发展潮流。

1.2 电子信息工程专业简介

电子信息工程专业是集现代电子技术、信息技术、通信技术于一体的专业。该专业培养掌握现代电子技术理论、通晓电子系统设计原理与设计方法，具有较强的计算机技术、外语能力和相应工程技术应用能力，面向电子技术、自动控制和智能控制、计算机与网络技术等电子、信息、通信领域的宽口径、高素质、德智体全面发展的具有创新能力的高级工程技术人才。

近几年，我国的电子信息产业有了很大的发展，特别是随着中国—东盟自由贸易区的构建、京津冀协同发展、雄安新区的建设，为我国加快发展带来了前所未有的机遇。“十三五”期间，京津冀地区大力发展以电子信息产业为代表的高新技术产业，加快社会信息化建设步伐，建立电子政务、公共信息服务、企业基础信息共享与交换平台，运用高新技术改造和提升传统工业，发挥信息化对工业的倍增和催化作用。我国把南宁、桂林、北海建设成为三大电子信息产业基地，通过基地建设，发挥集聚、辐射和带动效应，引导电子信息产业良性、快速地发展，引领传统工业走上“高速路”。随着广州、上海和北京电子信息产业基地的建设，需要大量电子信息类专业的技术应用型人才。

电子信息工程专业主要是学习基本电路知识，并掌握用计算机等技术处理信息的方法。首先，要有扎实的数学知识，对物理学的要求也很高，尤其是电学方面的知识；其次，要学习许多电路知识、电工基础、电子技术、信号与系统、计算机控制原理和通信原理等基本课程。电子信息工程专业的学生需要自己动手设计、连接一些电路并结合计算机进行实验，对动手操作和使用工具的要求也是比较高的，如自己连接传感器的电路，用计算机设置小的通信系统。此外，还会参观一些大公司的电子和信息处理设备，理解手机信号、有线电视是如何传输的等，在老师指导下还能有机会参与大的工程设计。电子信息工程专业的学生要喜欢钻研、思考，善于开动脑筋，发现问题。

随着社会信息化的深入，各行业大都需要电子信息工程专业人才。学生毕业后可以从事电子设备和信息系统的设计、应用开发及技术管理等工作。该专业是前沿学科，现代社会的各个领域及人们日常生活等都与电子信息技术有着紧密的联系。全国各地从事电子技术产品的生产、销售和应用的单位很多，随着改革步伐的加快，这样的单位会越来越多。为促进市场经济的发展，培养一大批具有高等学历、能综合运用所学知识和技能，适应现代电子技术发展的要求，从事与本专业相关的产品及设备的生产、安装调试、运行维护、销售及售后服务，以及新产品技术开发等应用型技术人才和管理人才，是社会发展和经济建设的客观需要，市场对该类人才的需求也会越来越大。

相对来讲，本科生和研究生就业的差别比较大，本科生毕业做研发的比较少，做技术支持和售前市场或者售后支持的比较多，而研究生毕业做研发的比较多。从行业来讲更是广泛，有去运营商单位就业的，如移动、网通；有去外企就业的，如西门子、朗讯；有去国企就业的，如国家无线电监测中心、中国空间技术研究院等，有去大公司就业的，如华为、联想、中兴；还有去小公司做研发的，以及做公务员的。总的来讲，电子信息工程专业的就业前景不错，但是创业的人员较少。

1.3　通信工程专业的历史演变

通信工程专业创建于 1958 年，目前是各理工类大学的热门专业之一。该专业是教育部特色专业，也是工业和信息化部重点专业，该专业具有硕士学位和博士学位授予权。

通信产业的高速发展促进了高等教育中通信工程专业的快速发展，从 1998 年教育部制定本科专业规范，明确了通信工程专业及其培养目标以来，许多高等学校规范了原来相关的通信专业，或新开办了通信工程专业，在 2004 年公布的中国高等学校本科专业排名中，有 177 所高等学校的通信工程专业参加了该专业排名。

通信工程专业主要培养通信与电子信息工程领域中从事信息科学研究、无线通信系统设计、通信设备研制及电信网络运营管理等方面的高级研究及工程技术人才。其主要就业方向包括国家航天及电子信息高技术科研单位，国家电信企业，中外合资、外国独资的通信技术开发和通信设备生产企业，以及国有或民营通信及电子信息技术开发和通信设备生产企业等。

1.3.1　古代通信方式及特点

在远古的时候，我们的祖先就已经能够在一定范围内借助呼叫、打手势或采取以物示意的办法来相互传递一些简单的信息，至今在我们的生活中仍然能找到这些方式的影子，如旗语（通过各色旗子的舞动来传达信息）、号角、击鼓传信、灯塔、船上使用的信号旗、喇叭、风筝、漂流瓶、信号树、信鸽和信猴、马拉松长跑项目等。

我国是世界上最早建立有组织地传递信息系统的国家之一。驿传是早期有组织的通信方式，就是通过骑马接力送信的方法，将文书一个驿站接一个驿站地传递下去。驿站是古代接待传递公文的差役和来访官员途中休息、换马的处所，它在我国古代运输中有着重要的地位和作用，在通信手段十分原始的情况下，担负着政治、经济、文化和军事等方面的信息传递任务。例如，位于中国信息文化发源地之一的嘉峪关，其火车站广场的“驿使”雕塑手举简牍文书，驿马四足腾空，速度飞快，就是对当时驿传的形象描绘。到宋代时，所有的公文和书信机构总称为“递”，并出现了“急递铺”。急递铺的驿马颈上系有铜铃，在道上奔驰时，白天鸣铃，夜间举火，撞死人不负责，并且铺铺换马，数铺换人，风雨无阻，昼夜兼程。南宋初年抗金将领岳飞，就是被宋高宗以十二道金牌从前线强迫召回临安的，而这类金牌就是急递铺传递的金字牌，含有十万火急的意思。

现代常用来形容边疆不平静的“狼烟四起”，就是古代通信的一种方式。新疆库车县克孜尔尕哈的汉代烽火台遗址，为我们展现了距今两千多年前我国西北边陲“谨侯望，通烽火”的历史遗迹。烽火通信如图 1.1 所示。

烽火通信作为一种原始的声光通信手段，是通过烽火及时传递军事信息的，远在周代时就服务于军事战争。烽火台的布局十分重要，它分布在高山险岭或峰回路转的地方，而且必须是要三个台都能相互望见，以便于传递信息。从边境到国都及边防线上，每隔一定距离就筑起一座烽火台，台上有桔槔，桔槔头上有装着柴草的笼子，敌人入侵时，烽火台一个接一个地燃放烟火传递警报，一直传到军营。每逢夜间预警，守台人会点燃笼中柴草并把它举高，靠火光给邻台传递信息，称为“烽”；白天预警则点燃台上积存的薪草，以烟示急，称为“燧”。古人为了使烟直而不弯，以便远远就能望见，还常以狼粪代替薪草，所以别称狼烟。为了报告敌兵来犯的多少，采用了以燃烟、举火数目的多少来加以区别。各路诸侯见到烽火，马上派兵相助，抵抗敌人。

图 1.1　烽火通信

古人也常常利用动物通信，如信鸽传书、鸿雁传书、鱼传尺素、青鸟传书、黄耳传书等就是古人利用动物通信的最好典范。有“会飞的邮递员”美称的鸽子，是人们使用最广泛的传信动物。同鸿雁传书一样，鱼传尺素也被认为是邮政通信的象征。在我国古诗文中，鱼被看作传递书信的使者，并用“鱼素”“鱼书”“鲤鱼”“双鲤”等作为书信的代称。古时候，人们常用一尺长的绢帛写信，故书信又被称为“尺素”。捎带书信时，常将尺素结成两条鲤鱼的样子，故称双鲤。书信和“鱼”的关系，其实在唐代以前就有了。在东汉蔡伦发明造纸术之前，没有现在的信封，写有书信的竹简、木牍或尺素是夹在两块木板里的，而这两块木板被刻成了鲤鱼的形状，两块鲤鱼形木板合在一起，用绳子在木板上的三道线槽内捆绕三圈，再穿过一个方孔缚住，在打结的地方用极细的黏土封好，然后在黏土上盖上玺印，就成了“封泥”，这样可以防止在送信途中信件被私拆。黄耳传书讲的是用一只名为“黄耳”的家犬递送家书的故事，这可以认为是我国第一代狗信使。

除此之外，还有用竹筒传书以及用竹简、骨片、鱼符、虎符、木牌、铜牌、金牌等方式传递信件的方法。

我国古代还有一些传递秘密信息的方法，套格就是其中的一种。其明文是普普通通的一封信，报平安或老友叙旧之类，可以公开，解密是用一张同样大小的纸，在纸上面的不同位置挖洞，覆盖到原信上，读从洞里露出来的字就是另外有含义的秘密信息。类似的通信方式还有藏头诗等。

古代的通信方式虽然非常简单和原始，但它同近代战争时期所用的五光十色的信号弹和信号灯光等，以及现代复杂的军事通信具有同样重要的作用。它基本上满足了当时人们的生活需要，但和不断发展的社会对通信的需求产生了越来越严重的矛盾。随着火药的问世和内燃机的诞生，人类从农业时代开始跨入工业时代，也拉开了近代通信的序幕。

1.3.2　近代通信方式及特点

进入 19 世纪之后，人类在科学技术上取得了一系列重大进展。1814 年 7 月 25 日，由乔治·斯蒂芬森制造的第一辆火车开始运行；1819 年，美国的“萨凡纳”号轮船横越大西洋成功，以及 6600hp（马力，1hp=735.499W）东方巨轮的下水等，都标志着一个“高速”时代的到来，近代通信就是在这样的背景下发展的。近代通信的革命性变化，是把电作为信息载体后发生的，电流的发现对通信产生了不可估量的推动作用，引领了以电报、电话的发明为代表的第一次信息技术革命。

1. 电报的发明

19 世纪 30 年代，不少科学家在法拉第电磁感应理论的启发下，开始了利用电来传送信息的试验。俄国外交家希林格和英国青年库克等都相继制造出了电报机。但在众多的电报发明家中，最有名的还要算萨缪尔·莫尔斯。莫尔斯是一名享誉美国的画家。1832 年，莫尔斯对电磁学产生了浓厚兴趣，1834 年，他利用电流一通一断的原理，发明了用电流的“通”和“断”来编制代表字母和数字的代码，人称“莫尔斯电码”。后来他在助手维尔德的帮助下，制成了举世闻名的莫尔斯电报机。1843 年，在美国国会的赞助下，莫尔斯修建了从华盛顿到巴尔的摩的电报线路，全长 64.4km。1844 年 5 月 24 日，在座无虚席的国会大厦里，莫尔斯向巴尔的摩发出了人类历史上的第一份电报：“上帝创造了何等的奇迹！”。电报是利用架空明线来传送的，所以这是有线通信的开始。电报的发明拉开了电信时代的序幕，由于有电作为载体，信息传递的速度大大加快了。“嘀～嗒”一声（1s），它便可以载着信息绕地球 7 圈半，这是以往任何通信工具所望尘莫及的。电报机原理图如图 1.2 所示。

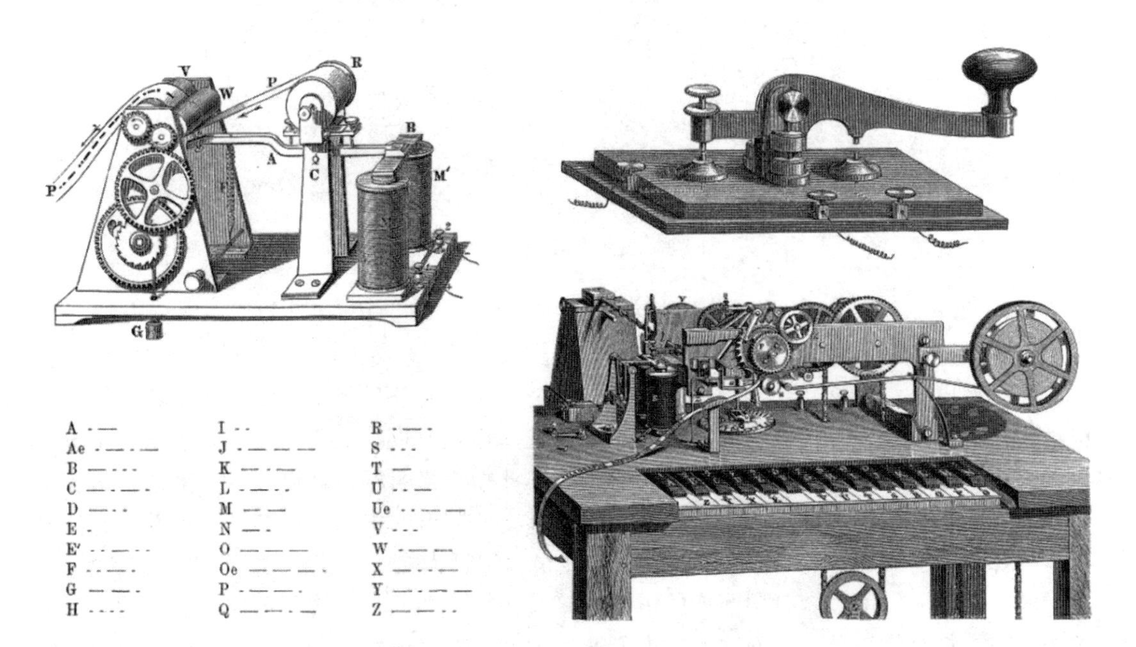

图 1.2　电报机原理图

1873 年，华侨商人王承荣从法国回国后与王斌制造出了我国第一台国产电报机，并呈请清政府创办电报。他说："中国之驿站、烽火虽速，究不如外国之电报瞬息可达千里"。1952 年，北京电信局申请建设北京电报大楼，于 1956 年 5 月动工兴建，1958 年 9 月 29 日建成竣工。2017 年 6 月 16 日，北京电报大楼一层的营业厅正式关门，北京唯一一个电报业务窗口搬迁至西城区复兴门内大街 97 号的长话大楼一层。北京电报大楼见证了电报的兴起和没落。

2．电话的发明

电报传送的是符号，发送一份电报，必须先将报文译成电码，再用电报机发送出去。在收报一方，要经过相反的过程，即先将收到的电码译成报文，然后再送到收报人的手里。这不仅手续麻烦，而且也不能及时进行双向信息交流。针对电报的这些不足，永不知倦的科学家们又进行了新的开拓，开始探索一种能直接传送人类声音的通信方式，这就是现在无人不晓的"电话"。

1876 年，亚历山大·格雷厄姆·贝尔利用电磁感应原理发明了电话，预示着个人通信时代的开始，如图 1.3 所示。1876 年的 3 月 10 日，贝尔在做实验时不小心将硫酸溅到腿上，他疼痛地呼喊他的助手："沃森先生，快来帮我啊！"谁也没有料到，这句极为普通的话，竟成了人类通过电话传送的第一句话音。当天晚上，贝尔含着热泪，在写给他母亲的信件中预言："朋友们各自留在家里，不用出门也能互相交谈的日子就要到来了！"

图 1.3　贝尔及其发明的电话机

1879 年，第一个专用人工电话交换系统投入运行。电话传入我国是在 1881 年，英籍电气技师皮晓浦在上海十六铺沿街架起了一对露天电话，花费 36 文钱可通话一次，这是我国的第一部电话。1882 年 2 月，丹麦大北电报公司在上海外滩扬子天路办起了我国第一个电话局，用户有 25 家。同年夏天，皮晓浦以"上海电话互助协会"名义开办了第二个电话局，有用户 30 余家。1889 年，安徽省安庆州候补知州彭名保自行设计了一部电话，包括自制的五六十种大小零件，成为我国第一部自行设计制造的电话。最初的电话并没有拨号盘，所有的通话都是通过接线员进行，由接线员为通话人接上正确的线路，如图 1.4 所示。电话的发明让人们可以随时用附近的电话与等候在另一端的亲友进行可靠、清晰的对话。这一发明的社会价值是不言而喻的，人们开始大规模架设电线，敷设电缆，以求尽可能地扩大通信的范围和覆盖率。

图 1.4　1898 年上海的电话交换局

3. 无线通信的兴起

电报和电话的相继发明，使人类获得了远距离传送信息的重要方法。但是，电信号都是通过金属线传送的，线路架设到的地方信息才能传到，遇到大海、高山等无法架设线路的地方，也就无法传递信息，这就大大限制了信息的传播范围。因此人们又开始探索不受金属线限制的无线通信。

无线通信与早期的电报、电话通信不同，它不是依靠有形的金属导线，而是利用无线电波来传递信息的。那么，谁是无线通信的“报春人”呢？为无线电通信立“头功”的是著名的英国科学家麦克斯韦。1864 年，麦克斯韦发表了电磁场理论，成为人类历史上第一个预言电磁波存在的人。1887 年，德国物理学家赫兹通过实验证实了电磁波的存在，并得出电磁能量可以越过空间进行传播的结论，这为日后电磁波的广泛应用铺平了道路。但遗憾的是，赫兹却否认了将电磁波用于通信的可能性。

麦克斯韦和赫兹等人点燃的“火炬”照亮了青年发明家的奋斗之路。1895 年，20 岁的意大利青年马可尼发明了无线电报机。虽然当时的通信距离只有 30m，但他闯进了赫兹的“禁区”，开创了人类利用电磁波进行通信的历史。1901 年，无线电波越过了大西洋，人类首次实现了隔洋远距离无线电通信。两年后，无线电话实验成功。由于在无线电通信上的卓越贡献，1909 年，35 岁的马可尼登上了诺贝尔物理学奖的领奖台。

图 1.5　1912 年，航船上使用的无线电报装置

无线电通信为人类通信开辟了一个潜力巨大的新领域——无线电通信领域，用无线电波传播信息不仅极大地降低了有线通信面临的架线成本和覆盖问题，也使人类通信开始走向无限空间。无线通信在海上通信中得到了广泛应用，如图 1.5 所示。近一个世纪以来，用莫尔斯代码拍发的遇险求救信号 SOS 成了航海者的“保护神”，拯救了不计其数的生命，挽回了巨大的财产损失。例如 1909 年 1 月 23 日，“共和号”轮船与“佛罗里达号”相撞，30 分钟后，“共和号”

发出的 SOS 信号被航行在该海域的“波罗的海号”所截获。“波罗的海号”迅速赶到出事地点，使相撞的两艘船上的 1700 条生命得救。类似的事例不胜枚举。

但是，教训也是十分沉重的。1912 年 4 月 14 日，豪华客轮“泰坦尼克号”在“处女航”时与冰山相撞，因船上电报出了故障，导致它与外界的联系中断了 7 个小时，它与冰山相撞后发出的 SOS 信号没有及时被附近的船只所接收，最终酿成了 1500 人葬身海底的震惊世界的惨剧，如图 1.6 所示。“泰坦尼克号”的悲剧使人们明白通信与人类的生存有着多么密切的关系。

无线电技术很快地被应用于战争中，特别是在第二次世界大战中发挥了巨大的威力，以至于有人把第二次世界大战称为“无线电战争”。其中特别值得一提的便是雷达的发明和应用。1935 年，英国皇家无线电研究所所长沃森·瓦特等人研制成功了世界上第一部雷达。20 世纪 40 年代初，雷达在英、美等国的军队中得到了广泛应用，被人称为“千里眼”，如图 1.7 所示。之后，雷达也被广泛应用于气象、航海等民用领域。

图 1.6　泰坦尼克号

图 1.7　二战中英国使用的雷达

4. 广播与电视的发明

19 世纪，人类在发明无线电报之后，便进一步希望用电磁波来传送声音。要实现这一愿望，首先需要解决的是如何把电信号放大的问题。1906 年，继英国工程师弗莱明发明真空二极管之后，美国人福雷斯特又制造出了世界上第一个真空三极管，如图 1.8 所示，它解决了电信号的放大问题，为无线电广播和远距离无线电通信的实现铺平了道路。

1906 年，美籍加拿大人费森登在纽约附近设立了世界上第一个广播站。在这一年的圣诞节前夕，他的广播站播放了两段讲话、一支歌曲和一支小提琴协奏曲，这是历史上第一次无线电广播，如图 1.9 所示。真正的无线电广播是从 1920 年开始的。1920 年 6 月 15 日，美国匹兹堡的 KDKA 电台广播了马可尼公司在英国举办的“无线电电话”音乐会，这是商业无线电广播的开始。这种载着声音飞翔的电波逐渐被用于战争中，在第一次和第二次世界大战中，发挥了很大的威力。

1925 年，英国人贝尔德发明了机械扫描式电视接收机，如图 1.10 所示。这一年的 10 月 2 日，贝尔德用他发明的电视在伦敦赛尔弗里奇百货商店做了一次现场表演。1927 年，英国广播公司试播了 30 行机械扫描式电视，从此便开始了电视广播的历史。

图 1.8　李·德·福雷斯特及其制造的真空三极管

图 1.9　历史上第一次无线电广播

1935 年，英国广播公司用电子扫描式电视取代了贝尔德发明的机械扫描式电视，这标志着一个新时代由此开始，如图 1.11 所示。

图 1.10　贝尔德发明的机械扫描式电视接收机

图 1.11　1936 年，电视机现场直播柏林举办的第六届奥运会

1958 年 5 月 1 日，我国第一座电视台（中央电视台的前身）——北京电视台开始试验播出。创办之初，由于设备限制，电视台覆盖面只限北京地区（半径 25km），电视观众也很有限，因为拥有电视机者极少。此后，上海、哈尔滨等城市也相继创办了电视台，到 1960 年，全国的电视台、试验台和转播台达 29 座。到 1979 年，全国各省、自治区、直辖市都建起了彩色电视台。至 1987 年，全国有各级电视台 366 座，办有 405 套节目，每天播出节目 2328h。1985 年起，利用国家发射的通信卫星，可以把中央电视台的节目直接传送到新疆、西藏等边远地区。可以看到，虽然我国电视业务起步晚，但是发展非常迅速。

1.3.3　现代通信的特点及未来通信的发展趋势

电话、电报从发明的时候起，就开始改变着人类的经济和社会生活。但是，只有在以计算机为代表的信息技术进入商业化以后，特别是互联网技术进入商业化以后，才完成了近代通信技术向现代通信技术的转变，通信的重要性日益增强。1946 年，世界上第一台通用电子计算机问世，如图 1.12 所示。伴随着计算机技术发展的 4 个阶段，即从 20 世纪 50 年代到 80 年代的主机时代、80 年代的小型机时代、90 年代的 PC 时代及 90 年代中期开始的网络时代，通信技术也经历了飞速发展的过程。

图 1.12　第一台电子计算机

1947 年，晶体管在贝尔实验室问世，为通信器件的发展创造了条件；1948 年，香农提出了信息论，建立了通信统计理论；1951 年，直拨长途电话开通；1956 年，敷设越洋通信电缆；1958 年，美国发射第一颗通信卫星；1959 年，美国的基尔比和诺伊斯发明了集成电路，从此微电子技术诞生；1962 年，美国发射第一颗同步通信卫星，开通国际卫星电话，脉冲编码调制进入实用阶段；1967 年，大规模集成电路诞生，一块米粒般大小的硅晶片上可以集成 1000 多个晶体管的线路；1977 年，美国和日本科学家制成了超大规模集成电路，$30mm^2$ 的硅晶片上集成了 13 万个晶体管。微电子技术极大地推动了电子计算机的更新换代，使电子计算机拥有了前所未有的信息处理功能，成为现代高新科技的重要标志。

20 世纪 60 年代，彩色电视机问世，阿波罗宇宙飞船登月，数字传输理论与技术得到迅速发展；20 世纪 70 年代，商用卫星通信、程控数字交换机、光纤通信系统投入使用。为了解决资源共享问题，单一计算机很快发展成计算机联网形式，实现了计算机之间的数据通信和数据共享，一些公司制定了计算机网络体系结构。通信介质从普通导线、同轴电缆发展到双绞线光纤导线和光缆。电子计算机的输入、输出设备也飞速发展起来，扫描仪、绘图仪、音频视频设备等，使计算机如虎添翼，可以处理更多的复杂问题。

20 世纪 80 年代，开通了数字网络的公用业务，而个人计算机和计算机局域网也相继出现，并且网络体系结构国际标准也陆续制定完成。多媒体技术的兴起，使计算机具备了综合处理文字、声音、图像、影视等各种形式信息的能力，日益成为信息处理最重要和必不可少的工具；20 世纪 90 年代，蜂窝电话系统开通，各种无线通信技术不断涌现，光纤通信得到迅速普遍的应用，国际计算机互联网得到极大发展。程控电话、移动电话、可视电话、传真通信、数据通信、互联网络电子邮件、卫星通信和光纤通信等都为我们的生活带来了极大的方便，这一时期，通信的发展达到了前所未有的高度。至此，我们可以认为：以微电子和光电技术为基础，以计算机和通信技术为支撑，以信息处理技术为主题的信息技术（Information Technology，IT）正在改变着我们的生活，数字化信息时代已经到来。

随着人类对通信要求的进一步提高及光纤与宽带 IP 等相关技术的成熟发展，通信技术目前已从单纯的语音通信进入多媒体通信时代，多媒体通信将成为 21 世纪人类通信的基本方式。多媒体通信是多媒体技术和通信技术的有机结合，突破了计算机、通信和电视等传统产业间相对独立发展的界限，它在计算机的控制中，对独立的信息进行集成的产生、处理、表现、存储和传输。通信提供给人们的服务将由单一媒体提供的传统的单一服务方式，如电话、电视、传真等，发展为数据、文本、图形、图像、音频和视频等多种媒体信息，以超越时空限制的集中方式作为一个整体呈现在人们眼前。3G、4G 技术的出现正是源于用户对多媒体业务越来越广泛的需求。多媒体通信无疑将会在很大程度上提高人们的生活水平，改变人们的生活和工作习惯，并将是未来通信的发展方向。

社会需求往往是推动技术向前发展的动力。就拿电子邮件来说，在通信技术发达的今天，相信我们并不陌生。电子邮件，简单地说就是通过 Internet 邮寄的信件。与过去通过邮局邮寄信件相比，它的成本比邮寄普通信件低得多，而且投递无比迅速，不管多远，最多只要几分钟。电子邮件使用起来也很方便，无论何时何地，只要能上网，就可以通过 Internet 发电子邮件，这些电子邮件可以是文字、图像和声音等各种形式。同时，我们也可以打开自己的邮箱阅读别人发来的邮件，可以得到大量免费的新闻、专题邮件，并轻松地实现信息搜索，这是任何传统的方式都无法比拟的。正是由于电子邮件使用简易、投递迅速、收费低廉、易于保存、全球畅通无阻等特点，使电子邮件被广泛应用，使人们的交流方式得到了极大的改变。

对于当下的通信方式来说，相信大部分人最先想到的是即时通信软件 QQ、微信及早已普及的智能手机和个人计算机。这些以高新技术为基础的通信方式极大地改善和方便了人们的生活。但是现代通信不仅仅是这些单一的电信通信、数字通信、IT 产业及电子产品制造业等高新技术通信，同时也包含邮政通信、传真、电报等传统的通信方式。其中，邮政通信是以实物传递为基础，通过对文字、图片或实物的空间转移来传递信息。

在日常生活中，我们始终离不开通信。不论是原始的烽火传军情、飞鸽传书，还是先进的电子邮件，虽然只是技术上的天壤之别，但它们传递信息、交流信息的目的始终不变。伴随着科学技术的发展，通信技术也会飞速发展，人们的交流也会越来越广泛，通信与人类的关系也将越来越密切。

1.4　通信的地位和作用

现代通信是人类科技进步的产物。美国学者阿尔文·托夫勒在 20 世纪 80 年代出版的《第三次浪潮》一书曾在世界范围内引起强烈反响，他把到目前为止的人类社会发展历程视为三次革命浪潮，第一次浪潮是农业革命，第二次浪潮是工业革命，第三次浪潮就是信息技术革命。由 20 世纪中叶开始的信息技术革命的冲击波，把世界推进到 21 世纪的信息时代。世界各国都把通信和信息技术革命这一强大的冲击波，视为争夺和抢占 21 世纪领先地位的关键武器。各国都在集中力量发展信息搜索处理、信息存储传递、信息分析、信息使用及集成，大力开发信息资源，生产高附加值的通信产品，组建信息化军队及开展军事上的信息科技竞争，以图迅速大幅度地增强和提高国力和军力。

为此，许多发达国家提出了纲领性信息科学发展计划，在高科技的舞台上“称雄称霸”，如美国的战略防御计划、欧盟的尤里卡计划等，其推出这些计划的核心就是信息技术。这些计划的推出大大促进了信息技术的发展及整个科学技术的进步。美国前国务卿舒尔茨曾经提出，战略防御计划实质上是一个巨大的信息处理系统，它是智力和科学影响处理世界事务方法的一个明显事例，信息革命正在改变国家之间财富和实力的对比。尤里卡计划中也指出，信息技术将为其他领域的进步铺平道路，已经成为现代工业国家决定性的基础结构。不积极研究、发展信息技术，实际上等于放弃成为现代工业国家。人们已经深刻认识到，以信息技术为核心的新技术将会推动经济和社会形态发生重大变革。因此，研究、发展、学习、应用通信和信息技术已成为当今社会的浪潮，此浪潮浩浩荡荡冲击到每个角落，渗透到了每个家庭。

NII 国家基础结构行动计划是由 1993 年美国克林顿政府提出的，俗称为信息高速公路。中国科学院对 NII 的解释是这样的：由大量相互作用的信息要素（通信网、计算机系统、信息与人）构成的开放式、巨型、综合的网络系统，覆盖整个国家，能以 Gbit/s 级的速率传递信息，以先进的技术采集信息综合处理信息并供全社会成员方便地利用信息，因此它是现代化社会的国家信息基础设施。从信息应用层面上看，NII 可简单地用图 1.13 来表示。

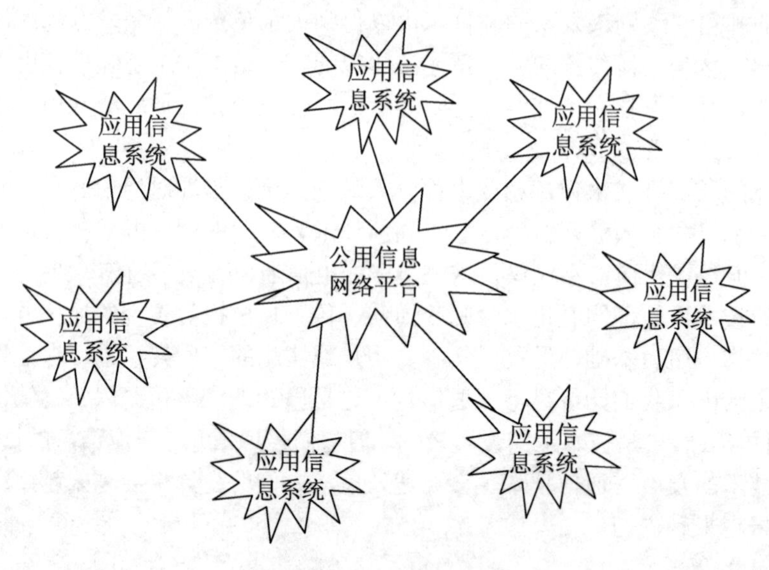

图 1.13　NII 结构示意图

从图 1.13 中可以看出，NII 由公用信息网络平台和各种不同的应用信息系统构成，利用现代通信手段和技术来拓展、完成各种信息功能。公用信息网络平台是信息的核心，各种应用信息系统都需要通过该平台进行传输，解决远距离信息交流的问题。

当然，在日常生活中，与人们生活息息相关的通信应用有很多，所涉及的领域也相当广泛。

1.5　通信在各行业中的应用

通信行业是一个城市乃至一个国家的命脉，依靠通信技术，各行各业才能够实现结合与连接。诚如“2015 年世界电信和信息社会日”的主题“电信与信息通信技术：创新的驱动力”所倡导，当前信息通信技术在经济社会发展中已经逐渐占据主要战略地位。尤其是随着“互联网+”的概念深入人心，移动宽带、光纤宽带、云计算、物联网、大数据等新一代信息通信技术的飞速发展，ICT 技术的应用正渗透到世界的每一个角落，为各行各业的创新带来了无限可能。

1.5.1　通信在日常生活中的应用

通信与人们的日常生活密切相关，寄送信件、发行报刊、打电话、拍电报、听无线电收音机广播、看电视等都离不开通信。人们已经习惯了通过电话（固定座机电话、移动电话等）与人联系，通过电视和网络获取信息。随着科学的不断发展，新的通信方式如卫星通信、电视电话等逐渐进入了人们的生活。

1. 电视广播通信

目前人们收看的电视节目一般都用同轴电缆传送到家，称之为电缆电视（CATV）。电缆电视为模拟制式，采用载波传送。由于模拟信号具有抗干扰性差、带宽窄、信号处理困难等缺陷，当前正在进行数字化改造，以实现全数字化的电视节目传送。现有的模拟家用电视机必须采用机顶盒进行数模转换（D/A）才能接收，实现数字传输后，电视的画面、音质、可接收频道数目等都会得到极大的改善。目前我们收看到的各省、市的"卫视"，是数字卫星直播电视网的简称，都是从数字卫星直播电视网中接收并转换的，它通常是指利用同步卫星通信系统，专门传送电视信号，并直接为家庭或集体单位传输电视广播节目的一种专用网。卫星电视广播覆盖面广，受地形条件影响小，在世界上特别是我国，成为村村通电视的主要途径。

在卫星电视网中，卫星是起重要作用的设备，特别是广播卫星覆盖的频率资源是有限的，因此国际电信联盟（ITU）不断地制定卫星电视传输的相关标准和有关规则。目前，我国卫星电视节目分配在亚洲1号、亚洲2号、中卫6号及鑫诺1号等多颗卫星上。从频段上看，各省、市从原来使用卫星通信的C波段向现在普遍采用的Ku波段发展，或向更高频段发展。例如，中央电视台的CCTV-2、3、5、6、8等5套电视节目，利用鑫诺1号的Ku波段播出，采用MCPC（多路单载波）卫星制式；广东、福建等20多个省、市的卫星电视节目，利用亚洲2号卫星采用ETSI（European Telecommunications Standards Institute，欧洲电信标准协会）卫星制式传送。数字卫星电视均采用MPEG-2/DVB-S标准（一种压缩标准），并采取了有条件接收加密技术。

数字卫星广播电视网采用的是点对面的覆盖方式，一般是单向传输，这种"卫视"专网主要由以下几部分构成，如图1.14所示。

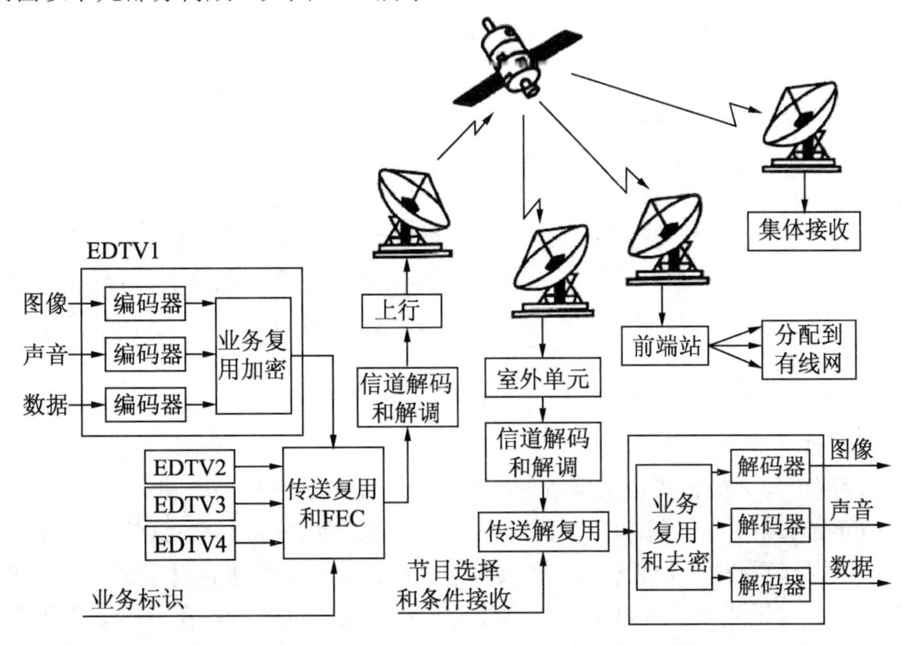

图1.14　数字卫星广播电视网

卫视网通常利用同步卫星通信系统传送电视信号，并直接为人们提供电视广播节目。

在数字卫星直播电视网中，传送的信号是经过数字压缩处理后的数字电视基带信号，分为图像信号和电视伴音信号，分别经压缩编码后传送，其压缩编码是国际标准 MPEG2。在我国，信号传输标准为 DVB-S 数字卫星电视标准，此标准实际上是指数字卫星电视广播的信道编码和调制的标准，经 MPEG2 压缩编码处理的图像和伴音的数字电视信号，通过传送复用、适配能量扩散、外编码、卷积交织、内编码的数字卫星电视传输的基带信号处理，最后形成数字卫星电视基带信号，并经调制器进行调制后送入发射设备。

2. 家庭信息网

我们通过网络可以在家中上网聊天、进行股市交易、发送和收取电子邮件，可以在家中网上办公、网上交易、网上购物，通信在日常生活中的应用使得家庭信息网络应运而生。

信息家电、智能家居技术或者家庭信息化都是相近的概念，指的是将微处理技术尤其是嵌入式技术、通信技术引入到传统的家居、家电中，用于安全防范、智能控制等各种家庭服务，这已经成为当今计算机及通信研究应用的热点之一。在实现信息家电的几个关键技术中，采用何种家庭网络控制平台来实现家电的互连、信息共享与控制以及与外界的信息交换，是其中的关键技术之一。由于家庭网络具有连接设备多、传输信息种类多及布局随机等特点，所以一般采用无线局域网或宽带技术进行通信，并通过家庭网关等设备与外界连接。

无线局域网适合大型、高速的网络应用，尤其是同现有的以太网集成容易，技术成熟，一般在家庭中可用于家庭办公设备之间无线连接，以及无线局域网与有线网之间进行连接。

蓝牙技术具有短距离、低成本等特点，尤其是容易构建 Ad-Hoc 网络以实现移动式计算/通信设备、智能终端等设备之间的共享信息，因此特别适合用来实现家庭信息网络布局。

如图 1.15 所示为家庭信息网示意图，家用电器、便携式设备等可以通过无线网卡实现相互通信和数据共享，包括如下几种形式。

（1）分布在家庭各处的台式计算机、笔记本计算机、PDA、数码相机等智能设备，通过无线接入点、无线网卡、集线器或交换机等组成无线网络，可以实现文件或图像等的传输和个人信息管理等家庭办公功能，并通过 Internet 接入设备连接到 Internet 上。用户可以在办公室或者外地通过计算机、手机等实现远程数据传输和共享，并能充分利用 Internet 提供的个人定制服务。

（2）计算机与其附属设备之间可以利用红外和蓝牙技术实现无线连接，如主机和键盘、鼠标等附件之间，计算机与打印机、PDA、手机等之间实现点对点的通信。

（3）家用电器之间也可以采用蓝牙技术组成 Ad-Hoc 网络，如 DVD、音响、电视、遥控器之间的连接和控制，手机、无绳电话与座机等之间进行通信方式的切换等。

（4）随着计算机技术、通信技术的发展，家电的智能化水平也越来越高。例如，家电具有自检测、自诊断功能，能够通过网络进行远程控制、诊断维修及下载更新软件进行升级；能自动进行水、电、气等数据的抄表，以及实现灯光、温度的自动控制调节；能够实时进行家庭安全监控、报警，以及进行远程医疗诊断服务等。

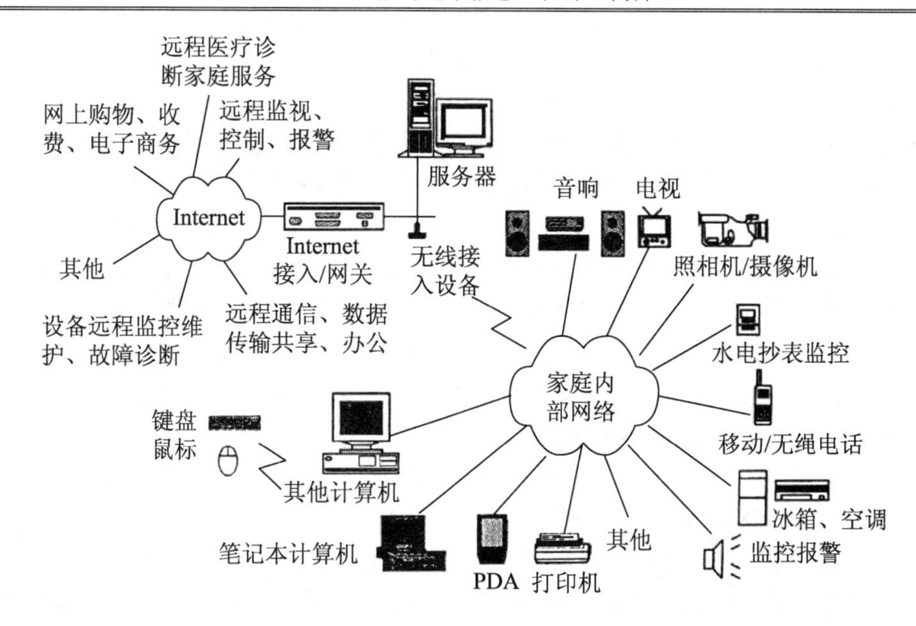

图 1.15　家庭信息网示意图

3．校园网

校园网是广泛建立在各大学、中学、小学的计算机通信网，用于学校的教学、宣传、办公管理和科研工作，是实现网络教学、办公自动化和信息管理查询等服务的基础。如图 1.16 所示为某高校校园网的示意图。

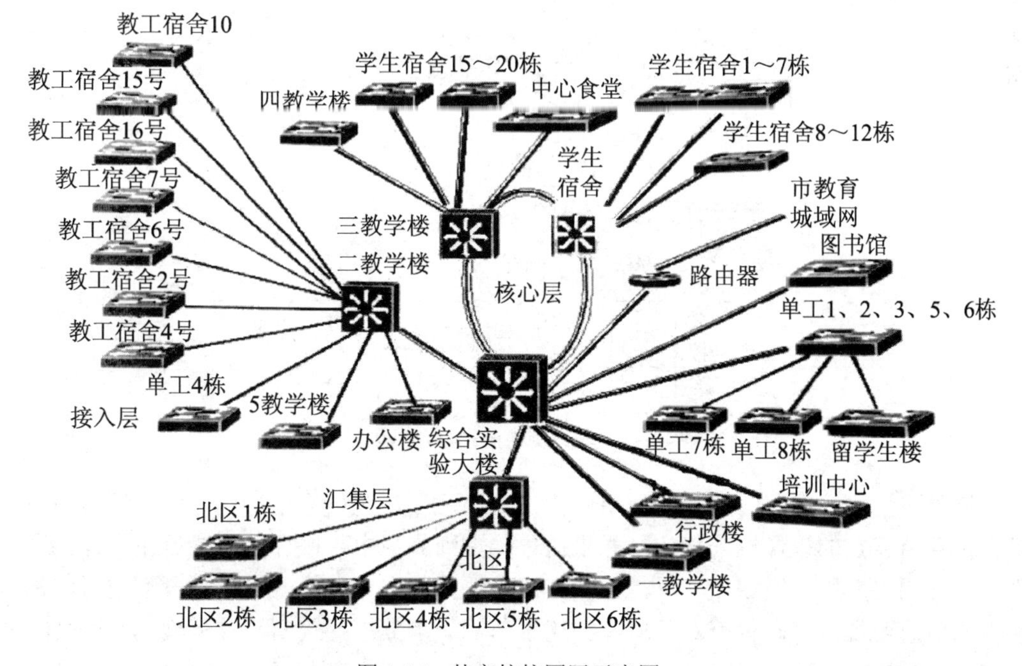

图 1.16　某高校校园网示意图

校园网络能将学校范围内的教室、实验室、教师宿舍和学生宿舍、各部门办公室等数千台计算机连接起来，通过该网络，教师和学生可以实现学籍管理、选课、网上查阅资料、发布或查看通知等各项教学活动。整个网络采用三层管理结构，即核心层、汇集层和接入层。

核心层采用光纤分布式数据接口（FDDI）作为骨干网，采用1000M光纤（多模光纤）连接和64～128M包交换能力（PPS）的以太网核心交换机进行交换，用于实现IP业务的汇集和交换。核心层由3个骨干节点组成，分布在综合实验大楼、学生宿舍新区和三教学楼，三台核心交换机分别用两条千兆以太网链路相连，三点组成环网，其他节点通过汇集层交换机与核心层三节点进行星型连接。汇集层采用交换能力为数兆的交换机，向上利用光纤连接骨干节点，向下根据距离的大小采用不同的传输介质连接接入层节点：100m 内采用普通的同轴电缆或屏蔽双绞线，100m 外采用光缆连接。每个接入点又通过交换机、集线器连接到各宿舍、教室或办公室。

校园网经过路由器可与城市的城域网或广域网进行接口，也可和公用电话网、数据网接口。整个校园网络覆盖了全校所有的教学、科研和办公建筑物，开通了 E-mail、FTP、Telnet、WWW、BBS 及会议电视、视频点播等网络服务功能，实现校园内计算机联网、信息资源共享，并与国内外计算机网络互联，为学校的教学、科研和管理工作提供网络环境支持和服务。

4．城市交通监控网

城市交通监控网是对城市中的各种车辆运行状态进行监控的网络。在城市各街道站点设立监控点（红、绿灯及摄像机等），由这些监控点采集信号并用光纤或电缆通过局域网或信号集中器通信接口（EI）与多点控制器（MCU）相连接，并传送到主控室（指挥部调度中心）及电视监视屏上，如图1.17所示。

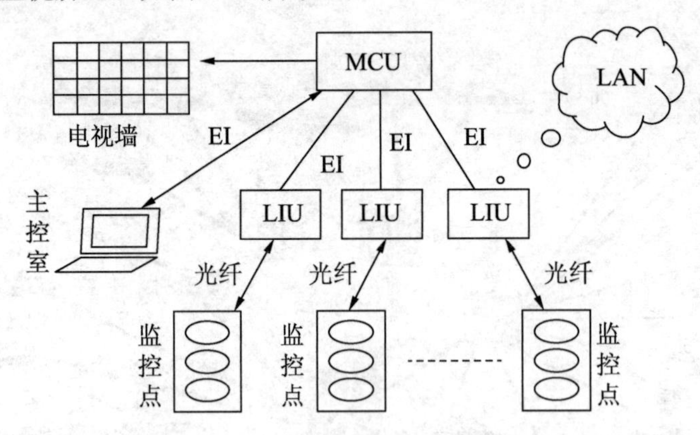

图1.17　城市交通监控网组成示意图

这里采用比较简单的单向监控中心传输网络，只实现监视的作用，因此又称为监视网，其是由各监视点的摄像机采集信号并将信号传输到监视中心进行储存然后在屏幕上进行观看。这种网络应用范围相当广泛，许多宾馆、银行的安全和保卫工作一般都采用这种单向传输的信息监视网络。也有对各道口的违章车辆、事故进行控制，对车辆进行调度的具有双向功能的网络，称为监控网。例如，对红绿灯进行控制或对车辆进行调度、指挥控制等。这种网络有复杂的也有简单的，比如一些小区住宅的监控网，就能实现各用户对来客的监视、通话和开门等控制功能。

5．高速公路信息网

高速公路信息网是对高速公路及在公路上运行的车辆进行现代化管理的信息网络，实现对在道路上行驶的车辆进行远程监控，特别是对高速公路的进出口、隧道、桥梁等各收费站点的监视、控制及通信联络等功能。它由监视系统、检测传感装置、读卡及收费系统、各信号显示装置、控制栏杆及中央控制室等部分组成。这些设备的信息传输一般都用数字光纤通信系统及电缆系统共同完成，主要实现与SDH（Synchronous Digital Hierarchy，同步数字体系）公网互连互通。如图1.18所示，图中的SONETLY系统即为SDH早期（美国）的光同步数字系统。

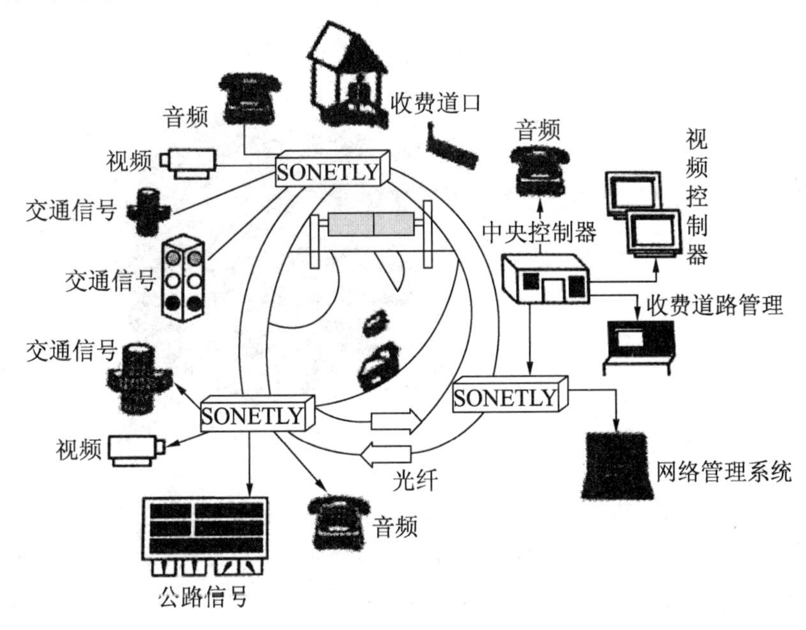

图1.18　高速公路信息网功能结构图

根据ITU-T的建议定义，SDH为不同速度的数字信号的传输提供相应等级的信息结构，包括复用方法和映射方法，以及相关的同步方法组成的一个技术体制。

高速公路信息网一般用SDH系统组成环网，如图1.19所示。高速公路信息网络各节点传输信息一般为2Mbit/s或1.544Mbit/s等。

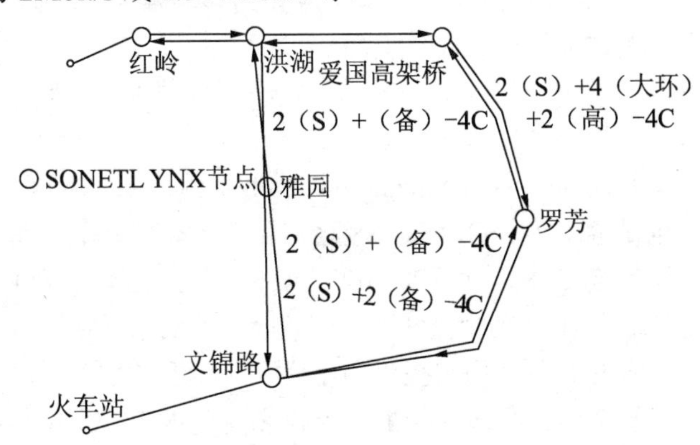

图1.19　某市某部分高速公路信息网

6. GPS系统及交通管理信息网

GPS（Global Positioning System）是利用导航卫星进行测时、测距以构成全球定位系统，现在国际上已公认将这一全球定位系统简称为GPS。该系统属于非同步卫星通信系统的范畴，是一种单方向的面覆盖卫星通信系统。它由定位卫星、GPS地面监控站及众多的GPS接收机用户三大部分组成，如图1.20所示。

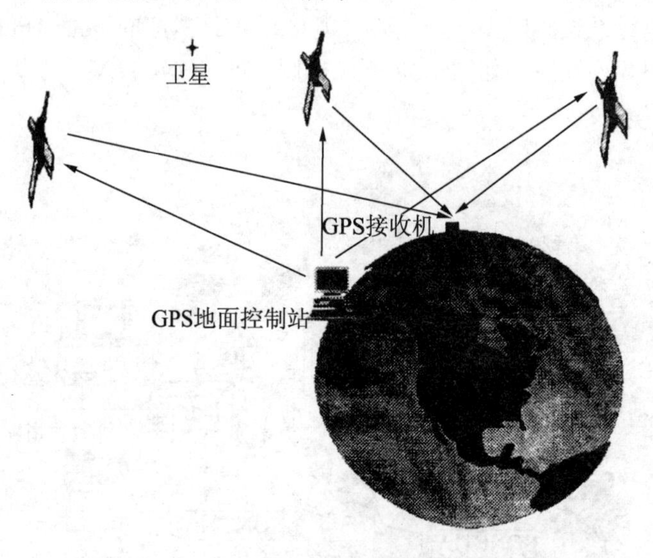

图1.20　GPS系统示意图

GPS系统有（21+3）颗卫星，其中21颗为主用卫星，3颗为备用卫星，其运行在微椭圆形轨道上，运行周期为12h。GPS卫星定位系统可发出全球性、全天候、连续的卫星测控信号，地面可同时接收4颗卫星的信号，给用户提供实时的三维位置、三维速度和高精度的时间信息，从根本上满足了人类在地球上的导航、定位及精度授时（如通信系统中的定时信号）等需求，可以满足不同用户的特殊要求。例如，海洋监测、石油勘探、浮标建立、海轮出港引航、沙漠中定位导向、飞机着陆导航、武器投掷定点、导弹飞行定位、海上协同作战、空中交通管制；军队的各种车辆、坦克、步兵、炮兵、空降兵的指挥与调动；民用中的汽车及交通运输的调度、指挥及物流系统的监控管理；人们日常生活中的旅游、探险等。实践证明，GPS的应用前景广阔，对人类的影响极大。美国政府和军界对GPS高度重视，不惜投入巨资建立这一工程。

继美国之后，俄罗斯推出了GLONASS系统，欧洲也推出了伽利略（Galileo）卫星导航系统，我国已建成北斗卫星导航系统，加强了这方面的研究和应用。

中国北斗卫星导航系统（BeiDou Navigation Satellite System，BDS）是我国自行研制的全球卫星导航系统，也是继GPS、GLONASS之后的第三个成熟的卫星导航系统。北斗卫星导航系统（BDS）和美国GPS、俄罗斯GLONASS、欧盟GALILEO是联合国卫星导航委员会已认定的供应商。北斗卫星导航系统由空间段、地面段和用户段三部分组成，可在全球范围内全天候、全天时为各类用户提供高精度和高可靠的定位、导航、授时服务，并具短报文通信能力，已经初步具备区域导航、定位和授时能力，定位精度10m，测速精度0.2m/s，授时精度10ns。20世纪后期，中国开始探索适合国情的卫星导航系统发展道路，逐步形成了三步走发展战略：2000 年年度，建成北斗一号系统，向中国提供服务；2012 年年度，建成北斗二号系统，向亚太地区提供服务；2020 年，建成北斗三号系统，向全球提供服务。2035 年前还将建设更加泛在、更加融合、更加智能的综合时空体系。

北斗卫星导航系统具有以下特点：

- 北斗系统空间段采用三种轨道卫星组成的混合星座，与其他卫星导航系统相比高轨卫星更多，抗遮挡能力强，尤其在低纬度地区其性能特点更为明显。
- 北斗系统提供多个频点的导航信号，能够通过多频信号组合使用等方式提高服务精度。
- 北斗系统创新融合了导航与通信能力，具有实时导航、快速定位、精确授时、位置报告和短报文通信服务 5 大功能。

随着北斗系统建设和服务能力的发展，相关产品已广泛应用于交通运输、海洋渔业、水文监测、气象预报、测绘地理信息、森林防火、通信系统、电力调度、救灾减灾、应急搜救等领域，逐步渗透到人类社会生产和人们生活的方方面面，为全球经济和社会发展注入新的活力。

7．应用GPS技术的交通信息网

交通工具是动态的，要对其进行管理、调度、指挥，必须对它运动的状况进行远距离监测和定位，利用 GPS 定位信号与地面的公用通信网或专网及地理信息系统（GIS）就能实现这一目标。目前这种方式已经在许多领域和部门得到了应用，如公安系统的警务车和邮政运输车辆等，其工作原理如图 1.21 所示。运行中的车辆装配了 GPS 接收机，利用 GPS 系统对其位置进行跟踪、定位并与地理信息系统（GIS）配合，利用通信公网或专网的通信接口可实时地对其车辆进行监控管理，并可在监视器上实时显示此车辆的具体位置及车上的情况，便于调度、指挥、运行安全监控以改善交通状况，提高运输效率。

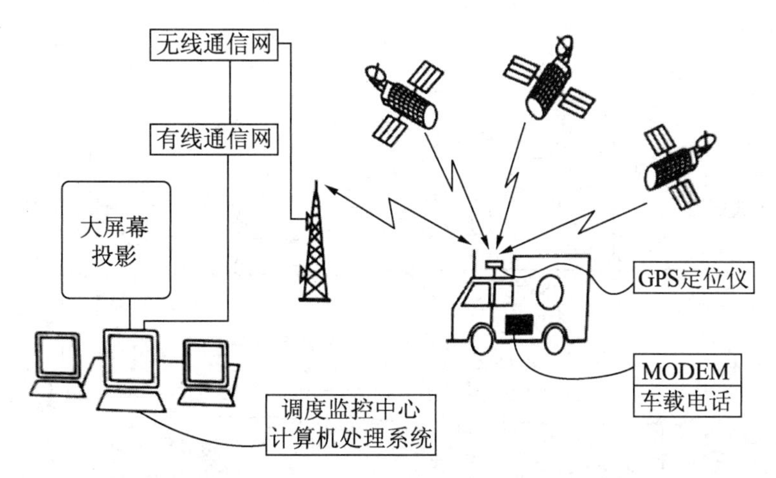

图 1.21　利用 GPS 技术的交通信息网示意图

1.5.2　通信在工业中的应用

随着通信技术、计算机技术和传感器技术的发展与普及，工业生产的信息化得到了快

速发展，表现在宏观上是生产的全球化、开放化，计算机集成制造系统、虚拟工厂、供应链管理等新的概念涌现出来，分布在全球的各企业之间、企业各部门之间利用信息技术完成从市场调研、设计、制造到销售和售后服务一系列的任务。另一方面，在工厂生产现场，机器人、流水线、自动化检测与控制装置的采用使生产现场十分复杂，它们相互间必须通过信息网连接实现通信以协调工作，因此信息网络已成为现代工业企业不可缺少的部分。由于工厂生产现场的特殊性和复杂性，所采用的通信手段也具有多样性，其中应用最多或者说发展的趋势是串行通信、现场总线技术和工业以太网等。

1. 电力信息主干网

电力信息主干网是专为电力行业现代化而组建的信息网络，它是基于网络化的电力生产、电力控制、电力市场的电力信息系统，集办公、语音等信息服务为一体的专用宽带信息网络。电力信息主干网由全国和各省、自治区、直辖市的主干网组成，如某省的电力光纤主干网，其结构如图 1.22 所示。其主干网主要由 SDH 光传输系统自愈环网组成，分为三层：第一层为 SDH2.5GP 主干网，它由中部双环网及中南部、东部和运城环网等组成；其第二层为 155Mb 的主干网，主要由 SDH 环网组成；第三层为 155Mb 的辅助网，由主干光缆沿途各 220kV 变电站及各地分公司的 SDH155Mb 光设备，利用主干光缆增加 155Mb 光接口方式互连构成。各层网络的节点设备相互独立，并独立占用主干光缆纤芯。2.5Gb 与 155Mb 的主干网络节点设备在 500kV 变电站与 220kV 枢纽变电站同站布置，并采用 155Mb 光接口互连构成一个立体的主干网络。

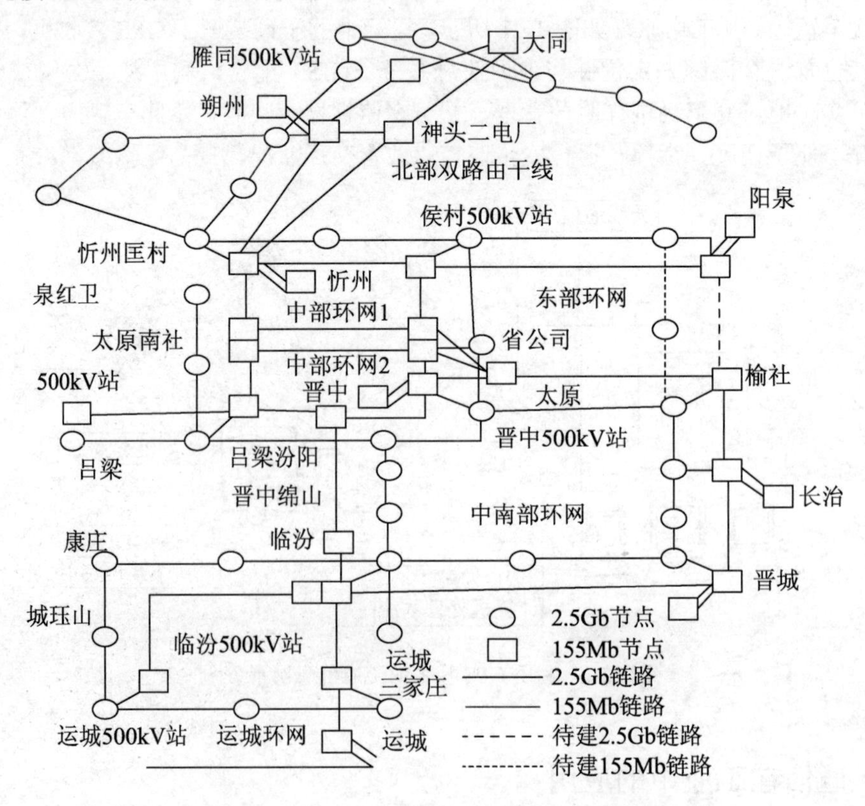

图 1.22　某省的电力光纤主干网络结构示意图

这里的主干光缆与一般的通信网光缆不同，它是以架设在 220kV 高压输电线上的特殊 OPGW 光缆为主，兼有对输电线路保护地线的作用。它可充分利用电力杆塔资源，经济性、可靠性高，是电力信息网特有的宝贵资源。此网络的建立，可满足本区域内电力公司的调度自动化、营销自动化、财务自动化、办公自动化等信息化管理需求，并具有扩容功能。在保障电网安全运行的应用上可实现全省 220kV 以上等级输电线路纵联保护双光纤的通信。

2. 利用GSM短消息实施对电力的监控

利用 GSM 网的短消息数据传输信道可构建一个虚拟网络，实施对远程电力用户的监控，原理如图 1.23 所示。该网络主要是由远程客户终端用户（RCT）、供电局监控中心（SC），以及利用短消息的数据传输信道（SMS）三大部分组成的一个依托公用网短消息传输数据信息的电力远程监控网络。该网络可实时采集电力用户的电流、电压、有功功率、无功功率和告警信息，并通过短消息上传到主控站中心，通过中心的数据处理后可对远程用户的用电进行抄表及控制。

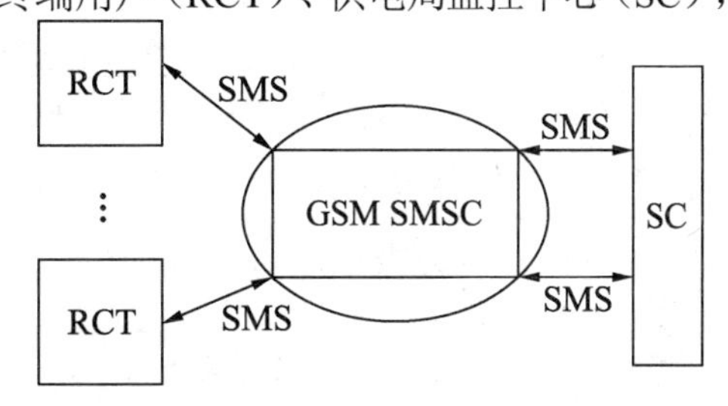

图 1.23　利用 GSM 网构建的电力远程监控网

3. 用电力线组建的小型专用信息网

电力线通信专网是在电力输送网（线）的基础上实现电力通信网络内部各节点之间与其他通信网络之间通信的系统。它是一线两用，既是输电线又是通信线，各种家用电器均可作为网络终端。此种网络在功能和业务上与其他现有通信网络相融合，可实现远程网络教学、网络医疗和保健、网络视频及语音通信、网络娱乐、安全防范等各方面的服务。

用电力线组建的小型专用信息网的网络物理结构采用 OFDM（正交频分复用）调制/解调技术的 PLC 专用传输芯片，可支持最大 100Mbit/s 的传输速率。其设备主要由多路选择路由器、家电网络接口、跨度变压器等硬件设备及专用 PLC 应用软件组成，并构成虚拟专用网（PLC-VPN）、Internet 接入网（PLC-AN）等。

4. 工厂自动化网络体系结构

在大型工厂内，各生产设备之间物理位置分布较远，它们在工作原理、控制方法上差别很大，但相互之间的联系越来越紧密。工业自动化系统中广泛采用工业控制计算机、可编程控制器、可编程调节器、嵌入式技术的智能设备等进行自动化生产，这些智能设备可能同时安装在同一工厂、车间乃至设备上。它们之间需要共享数据、分工协调，共同完成复杂的生产任务，组成既分散又集中的控制系统，在系统内部实现功能的层次化、分散化。即各控制对象物理位置分布、控制系统功能分散、危险分散，同时控制功能又分层集中，利用网络将各设备、控制系统和控制系统的各个部分如直接数字控制、现场操作、计算机监督控制、分析计算和管理系统等有机地结合起来，实现工厂各级自动化生产与管理，这样作为低层的控制网络和高层的管理网络，相互融合并统一到计算机集成制造系统（CIMS）中。

由于工业现场的特殊性，对网络有其特殊的要求，并且不同应用场合需要不同，CIMS 需要的网络是由异构的多层子网构成，因此工业局域网与普通的局域网有一定的差别，长期以来还没有统一的标准，以 IEEE 802 为标准的通信协议是普通局域网的通信协议。美国国家标准局为工厂计算机控制系统提出了 NBS 分层模型，从其国际上公认程度和应用范围来看，几乎成为事实上的标准协议。NBS 分层模型把工厂计算机控制系统或称通信控制网络分为六层，每层具有限定的通信要求和处理能力，自上向下分别为公司级、工厂级、区间级、单元级、设备级和装置级。

早期的工厂自动化系统按 NBS 模型以分离方式组织，而上下级各层网络之间没有联系。美国通用公司制定了“制造业自动化协议（Manufacturing Automation Protocol）”即 MAP，其介质访问控制方式为令牌总线（Token Bus）的宽带 LAN，以 ISO/OSI 七层模型为基础，在现有 ISO 及 IEEE 802 委员会等公布的各种网络标准中，选择某几种协议形成自己的 MAP 规约供 NBS 六层模型各级使用。MAP 根据 NBS 各级通信要求，特别是实时性的要求分为 3 种体系结构，即全 MAP、增强体系结构（EAP MAP）和塌缩体系结构（MIN1 MAP），它们都局部采用或改进了 OSI 七层模型的部分层。

5. 现场总线与工业以太网

工厂自动化中，各厂家设备尤其是现场检测、执行器难以实现互连、互操作和互换，因而难以与外界实施信息交换。20 世纪 80 年代出现了现场总线技术（即网络拓扑中的总线型网），将专用微处理器植入传统的测控装置内，使其具有了数字计算和数字通信能力；采用双绞线等作为总线，将现场设备连接成网络系统，按公开规范的通信协议，使现场设备之间、测控装置与计算机之间实现数据传输与信息交换，实现全分布式自控系统，构成现场总线控制系统 FCS（Fieldbus Control System）。

现场总线是连接智能现场设备和自动化系统（如过程自动化、制造自动化、楼宇自动化等）的数字式、双向传输、多分支结构的通信网络。现场总线网络是工厂最低层次的网络，具有实时性高、低速、可靠性高的特点，通常采用简化的 OSI 参考模型，针对自动化的特殊应用，一般在应用层上还添加用户层用于实现自动控制的功能块（一些标准的控制软件模块）。现场总线的传输介质可以是双绞线、同轴电缆、光纤或电源线等。通信方式同样也有主从方式、令牌环方式和 CSMA 等方式中的一种或几种。

目前现场总线有很多类型，IEC 公布了 8 个现场总线标准，分别适用于不同的领域。例如，基金会现场总线（FF）是当前最全面、最完善、被认为是国际通用的现场总线标准，作为德国国家标准和欧洲标准的 Profibus，以及主要应用于汽车电控和离散控制领域的 CAN 总线等。

以太网用于工业控制可以有效利用高速发展的通用网络技术，从工厂或公司的设计、管理、销售、Internet 应用到生产现场应用，实现系统的集成和综合自动化。目前自动化领域提出的“一网到底”就是指将以太网技术应用到生产企业的各个层次。

由于以太网仅提供了 OSI 参考模型中的物理层和数据链路层协议，在商业应用中由公共的协议保证互操作性，而工业应用中要在其上为工业控制领域的 TCP/IP 定义公共的应用层协议，实现数据传输和网络管理功能，这样就产生了基于控制和信息协议的新型以太网——工业以太网，使以太网贯穿于控制系统的各个层次，实现从设备层到管理层的直接通信，真正实现企业控制、管理的无缝集成。目前在一些要求不是很高的工业控制或远程监控系统中已经出现了采用标准的 Web 技术、通过 Internet 实现远程数据采集和控制的系统。

目前将工业以太网用于工厂全面的自动化还处于初级阶段，通常仍利用以上各种网络技术来分层实现工厂自动化。针对不同网络的特点，目前大多数工业企业仍采用两层或多层的网络结构以满足需要，实现集成。

图 1.24 所示为利用包括现场总线在内的控制网络在工业自动化中的一个解决方案。

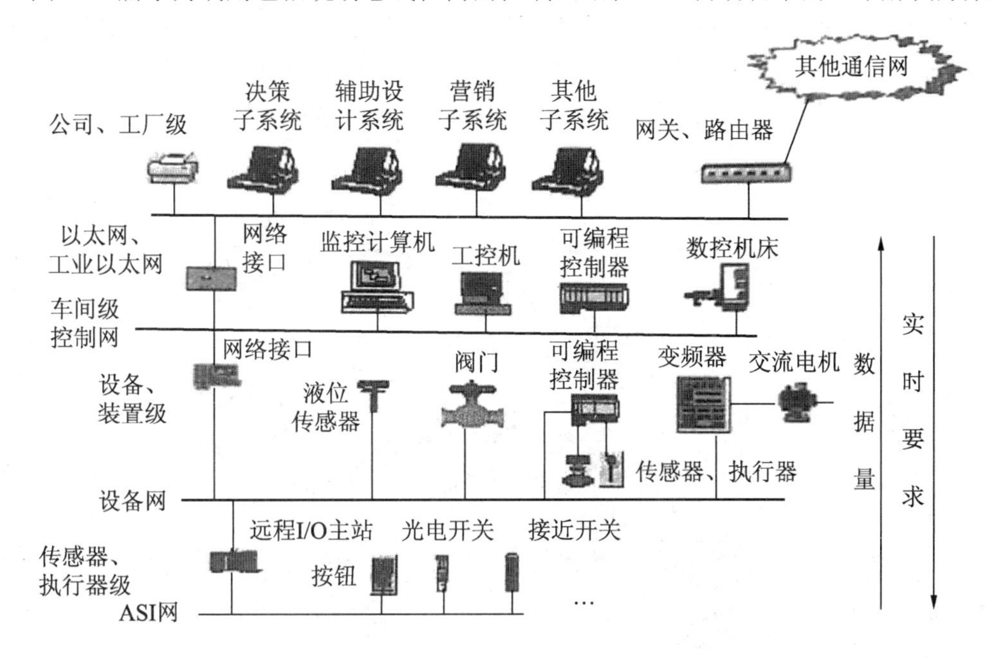

图 1.24　工业控制网络

在图 1.24 中，针对不同场所的通信要求，分别利用各种网络将工厂的计算机、 生产设备装置连接起来，实现自动化控制、信息集成。

（1）利用以太网或工业以太网，将分布在相同或不同区域的公司各部门互连或与其他公司互连，用以传输如订货、设计、销售、生产监控和管理等各方面的信息，特点是数据量大，实时性要求不高。

（2）控制网是一种性能介于以太网和设备网之间的一种高速工业控制局域网，一般采用令牌环或令牌总线形式，速度较高，具有一定的时间确定性，用于连接 PLC、数控机床、机器人、监控站等要求数据量较大、实时性较强的设备。

（3）设备网是一种成本较低、传输速率不高但时间确定性最好的网络，适合传送变化快且短小的数据，因此适用于现场或设备上带有网络通信功能的传感器、执行器或通信量不大的智能设备装置，如 PLC、变频器、智能检测元件等。

（4）远程 I/O 或 ASI 即传感器执行器接口，是最低层现场自动化网络，因为连接控制网或设备网的技术和成本要求较高，ASI 网是运用于双工位（开关量）的执行器和传感器的低成本网络，通过 ASI 电缆（一种简单的双芯屏蔽电缆），以总线的形式连接主站和从站（专用）。总线循环速度快，对传感器和执行器无其他特别要求，适合于分布在较广区域的传感器和执行器。

6．天然气输配管通信系统

天然气是重要的工业原料，也是城市能源供应的重要组成部分，与石油、化工、供水等系统一样，利用智能仪器仪表、计算机并结合通信技术，实时监视、采集、控制、调节天然气输配系统中的各项参数并进行恰当的管理调度，对于安全生产、节约能源和保障正常的生产和生活具有重要的意义。

图 1.25 所示为某城市天然气输配监控管理网络，整个输配系统由调度控制中心、天然气储配站、配气站、调压站等组成。在天然气从气源或上一级站出来，经过储存、调压、气量分配直到输送到各个用户的全过程中，监控管理网络完成各种参数的检测、传送数据到上级处理单元进行分析处理、将控制命令传送到各执行器进行自动控制等功能。

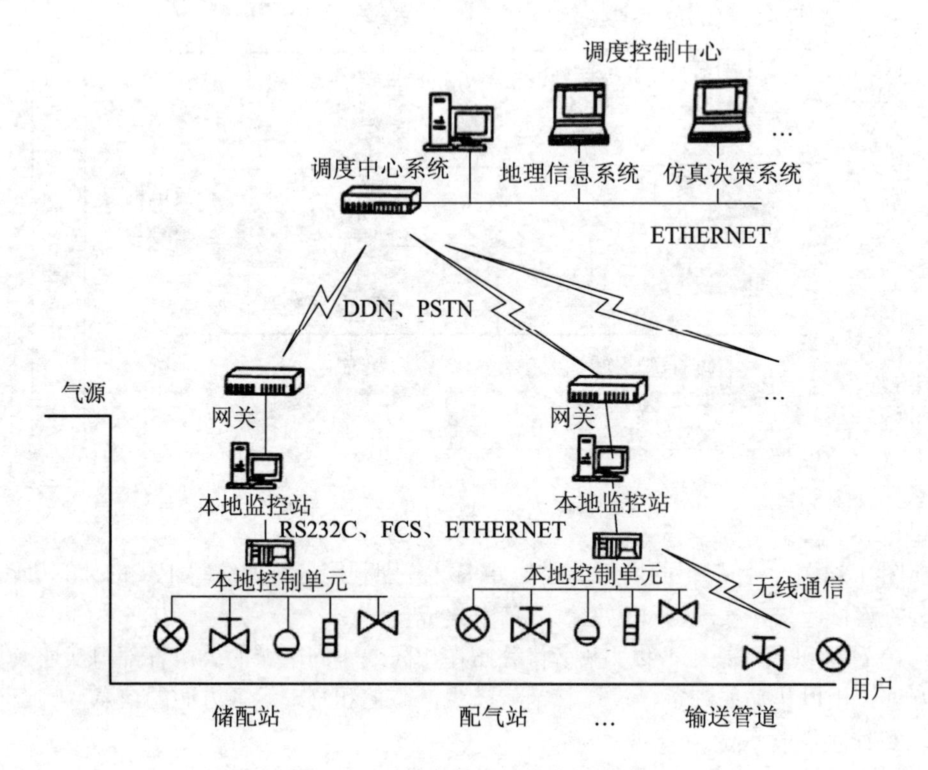

图 1.25　天然气输配网络监控系统

调度控制中心利用数据采集与监控系统（SCADA）结合 GIS、仿真系统，通过广域网与各监控站点通信，获取燃气管网运行的实时数据，实现遥测、遥信、遥控和远程调度及仿真、预测和决策功能。各局域网子系统及相互间采用 100/100Mbit/s 以太网通信。

从调度控制中心到本地监控站的广域网通信，采用租用专业通信公司的信道，以 DDN、PSTN 等方式，实现远程数据的传递和交换。通信结构采用星形拓扑结构，调度中心采用主从通信的轮询方式要求子节点发送检测和报警信息。考虑到可靠性等，通常采用以 DDN 为主信道、PSTN 为备用信道的冗余通信拓扑结构。

本地监控层由远程控制单元、可编程控制器及智能仪表、传感器、执行器等组成，完成本地各监控点的温度、流量、压力、泄漏浓度等数据的采集和动作执行的控制，并将数据通过通信网络发送到调度控制中心，也可以接收调度控制中心下传的控制命令。本地监控站内各组成部分可利用串行、现场总线等各种通信方式，如果有分布在户外较分散区域的检测、执行单元，还可以利用无线通信方式传送数据。

1.5.3　通信在军事方面的应用

1. 军事中的通信

随着现代军事技术和军事改革的日益深入和扩大，信息技术在现代战争中所发挥的作用愈发重要。例如，美国两次对伊拉克发动战争，最终使得伊拉克政权更迭。在这两次对伊拉克的战争中，无线通信传输系统起着不可估量的作用。不论是单兵作战还是集体行动，对前线信息的及时把握和反馈，是美军制胜的关键。

第一次世界大战期间，主要资本主义国家军队都相继使用中、长波电台，并逐步用于陆、海、空军的作战指挥中，为军事通信增添了新的现代化手段。在第二次世界大战中，新式电子通信装备，如短波、超短波电台、无线电接力机、传真机、多路载波机、通信飞机等电信设备大量运用于战场，并趋于小型化、动态化。第二次世界大战以后，科学技术的迅速发展，尤其是 20 世纪 40 年代中期电子计算机的问世并与通信装备的有机结合，引发了第一次信息革命，极大地促进了通信技术的发展，使军事通信面貌发生了巨大变化。迅速发展的微电子技术、电子计算机技术，以及包括激光、传感器、人工智能等新技术在内的信息技术，又将军事通信推进到了一个崭新的境地。

军事通信内容的革新，使军事通信技术得到了飞速发展，接力通信、微波通信、散射通信、地（海）缆通信、卫星通信、光纤通信、移动通信和数据通信等相继投入使用，使军事通信发生了显著变化。

20 世纪前期，军事通信保障在时间上表现为“长”，以小时为数量级，建立通信或沟通联络少则几小时，多则几十小时；在通信空间上表现为“窄”“小”，通信联络以地为主，覆盖面积最多为数千平方千米。第二次世界大战中，部队机动速度明显增快，作战地域明显增大，战场由本土作战到跨国作战直至洲际作战，军事通信在建立时间上大为缩短，以分钟为数量级，在空间上不断扩展，覆盖面积增大为数百万平方千米，范围发展到空中和海上。这一时期的军事通信追求的是在任何作战空间，以最快的速度（分钟级）建立通信联络。

随着战略性武器的大量出现和运用，战争在时间上进一步缩短，在空间上进一步扩大。光通信、卫星通信、数字通信技术的发展，使军事通信时空观也随之发生了变化，通信时效已是实时信息传递或近乎实时的信息传递（以秒为数量级），通信已能覆盖全球任何一个角落，包含地下、地上、空中和太空等各个方面。这时军事通信追求的是全球的、多维的、实时的信息传递。

在 20 世纪 60 年代以前以火力制胜的战争中，尽管军事通信的地位越来越重要，保障系统越来越先进，但军事通信始终是一种独立的勤务保障体系。直到 20 世纪 70 年代以后，随着信息技术的发展，以信息技术为核心的高技术群孵化出新一代的信息化装备，并成为主宰现代战场的主导性武器。在战场上，任何武器装备离开军事通信就不能发挥其效能和作用，任何指挥控制系统离开军事通信就不能正常运转。军事通信已经从过去独立于武器装备之外的保障单元，发展成为现代一体化武器装备的重要组成部分，从过去从属于作战指挥的独立保障体系，发展成为现代直接融入指挥控制系统的重要要素。

从受战场控制发展到有效控制战争，军事通信从冷兵器时期的击鼓鸣金传信，到热兵器时代的电话、电报传递信息，军事通信作为战场情报和指挥信息的“传话筒”，始终受战场进程的控制。随着军事革命的发展，信息化战争形态逐步显现出来。在信息化战争中，通过以“信息流”控制“能量流”和“物质流”来提高武器的效能和部队的战斗力，尤其是军事通信解决了战场信息实时传递、武器控制横向一体化，情报、通信、指挥、控制后勤支援等功能一体化问题后，信息在战争中的作用有了质的飞跃。高效快速的通信系统，使信息得以快速地传递、交换、处理，从而保证战场信息系统的整体运作，使各种武器装备、各个分系统释放出十倍甚至百倍的能量。军事通信开始从“传话筒”发展为“倍增器”，从传递战场导引命令发展为传递战场控制信息。

军事通信从保障战斗力生成发展为成为重要的战斗力。军队战斗力发展历史表明，不论是从冷兵器战斗力发展到热兵器战斗力的第一次革命性质变，还是从热兵器战斗力发展到核武器战斗力的第二次革命性质变，军事通信都是战斗力生成的保障要素。随着信息时代的到来，军事通信成为现代战争制胜的关键。在信息化战争中，由于通信在整个信息系统中起着连接诸军兵种、贯穿全过程的作用，加之通信系统覆盖范围大、环节多，在作战中，攻击敌方信息传输系统特别是该系统的薄弱环节和关键设施，破坏敌方指挥控制能力，使敌方指挥员无法了解战场情况，失去控制信息权，成为战争的首要目的。海湾战争、科索沃战争可称为信息化战争，以美国为首的多国部队和北约之所以能以小的代价取得战争胜利，正是在战争先期就使伊军和南联盟的通信系统陷于瘫痪、指挥失灵的结果。20 世纪军事革命的发展，战争形态的演变，使军事通信从过去在战争中“跑龙套”的“配角”，逐步进化成在现代战争中“主打”的“主角”，从以往在战争“后台”默默无闻的“无名英雄”逐步发展成为在现代战争“前台”冲锋陷阵的“信息斗士”。

2. 军事通信的新技术——移动自组织网络

在现代战场上，各种军事车辆之间、士兵之间、士兵与军事车辆之间都需要保持密切的联系，以实现统一指挥、协同作战。由此，美国军方在 20 世纪 70 年代的无线分组网基础上研究开发了移动自组织网络 MANET（Mobile Ad Hoc Network）。MANET 因其特有的无须架设网络设施、可快速展开、抗毁性强、使用灵活、投资少等特点，成为了数字化战场通信的首选技术。美国军方已经研制出了大量的无线自组织网络设备，并且这些设备在美国对伊拉克的战争中得到了应用，发挥了重要的作用。

移动自组织网络是一种无中心的无线网络，这种分布式或自组织的网络节点之间不需要经过基站或其他管理控制设备就可以直接实现点对点的通信。而且当两个通信节点之间由于功率或其他原因导致无法实现链路直接连接时，网内的其他节点可以帮助中继信号实现网络内各节点间的相互通信。由于无线节点是在随时移动的，因此这种网络的拓扑结构也是动态变化的。

在军事上采用的移动自组织网络的示意图如图 1.26 所示。

移动自组织网络可以分成两种结构：平面结构和分级结构。在平面结构中，所有节点的地位平等，所以又称为对等式结构，每一个节点都需要知道到达其他节点的路由，其节点复杂、网络简单、可扩充性差。而在分级结构中，网络被划分为簇，每个簇由一个簇头和多个成员节点组成，簇头节点负责簇间业务的转发。为了实现簇头之间的通信，需要有网关节点（同时属于两个或多个簇的节点）的支持。簇头和网关形成了高一级的网络。低级节点的通信范围较小，而高级节点要覆盖较大的范围，使网络节点功能简化。簇头可以动态改变、可扩充性好，但簇头可能会造成通信瓶颈。

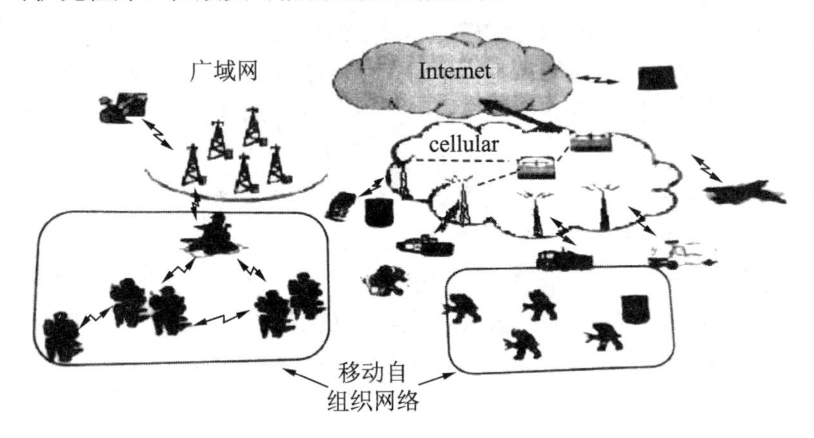

图 1.26 军事通信中的移动自组织网络

在网络规模较大时，通常采用分级结构。考虑到成本和效率，一般可以将整个网络划分为三级，分别对应于普通节点、地面骨干节点和空中中继节点。网络结构的三个层次具体描述如下：

（1）位于地面的自组织网络节点构成第一层网络。该层包括各种普通移动节点和骨干节点，并且以骨干节点为簇头，将网络划分成多个簇。在每个簇内，由骨干节点负责管理和协调簇内的普通节点，并且可以采用合理的信道接入机制来支持数据访问的可靠性，同时可以在簇间使用 CDMA 技术来增加网络的空间重用率。

（2）地面移动骨干网络作为第二层。为了解决网络规模较大时可扩展性较差的问题，引入地面骨干网络作为网络的第二层。例如抢险指挥车、战场上的装甲车、通信车等可以作为骨干节点，在一个区域内，它们可以借助定向天线技术构成高速的、点到点的无线连接。

（3）空中骨干网络作为第三层。该层主要用来维护相距较远的骨干网络之间的通信，并且在地面骨干节点失效时可以充当地面骨干网络的备份通信设施，从而提高整个网络的可靠性。

通过这种三层的立体式网络体系结构，可以为各种临时和紧急应用场合提供一种可靠性较强、易于管理、灵活的通信支撑平台。

移动自组织网络源于军事应用，经过 30 多年的研发，应用目标已经扩大到了家庭网络、抢险救灾紧急服务中组建的临时网络及个人无线移动通信网络等广大的民用领域。

3．通信在航空航天中的应用

在航空航天领域中，远离地面的飞机、飞船和卫星等必须随时与地面控制中心保持联系，接受地面信息的控制和服务，否则飞机不能正常降落，飞船和卫星不能进入正确的轨道。通信系统就是保障航空航天正常运行的神经网络，起着非常重要的作用。由于航空航天领域的特殊性，其主要的通信手段是无线通信。其主要任务有：远距离测量飞行器的各种参数，将这些参数进行远距离传输送回地面中心，将地面中心的控制指令发送到飞行器上对它进行远程控制。

航空航天领域中的通信系统是一个庞大的系统，下面以航天中的测控系统为例来介绍其通信系统。

神舟六号载人飞船发射成功是让中国人骄傲的一件大事，其中通信技术发挥着至关重要的作用。神舟六号飞船系统共有七大系统：发射场系统、运载火箭系统、航天员系统、载人飞船系统、测控通信系统、飞船应用系统和着陆场系统。作为七大系统之一的测控通信系统，始终掌管着“神舟”飞船的“一举一动”，从它的发射“启程”开始，航天测控通信网就通过强大的捕捉机构和能力，始终对“神舟”号飞船的运动和工作状态进行着严密的测量和控制。在飞船发射、绕地飞行、返回的各个阶段，火箭、飞船的推进舱、轨道舱、返回舱内大量的仪器仪表和执行机构都需要同地面进行实时通信，以传送数据、接受指令和进行控制。载人飞船的通信具有远距离、大范围、通信对象速度高的特点，并且还存在着高温、高机械冲击、高电磁辐射干扰等恶劣环境，对测控通信系统有很高的要求。

载人飞船传输信号采用无线电通信来保持与地面的紧密联系，测控网主要由轨道测量、遥控、预测火箭安全控制、航天逃逸控制计算机系统及监控设备船地通信和地面通信设备等组成。该通信网将测距、测角、测速、遥控、语音传输、图像传输和数据传输等功能综合为一体，可以减少船载和地面站的设备，极大地提高信息传输的效率和设备的利用率，还可通过国际联网、地缘优势互补提高地面站的使用率，降低费用支出。神舟六号测控网由 3 个中心、9 个测控站、4 条测控船组成高实时、高可靠、高覆盖的信息网，实质就是卫星移动检测通信控制系统。其中，3 个中心分别是：

（1）北京航天指挥控制中心：飞船的遥测，外测数据接收、处理和显示，遥控指令和数据注入，实时轨道计算和确定，返回控制监视和搜救指挥等。

（2）酒泉卫星发射中心：神舟六号载人航天飞船发射地。

（3）西安卫星测控中心：我国航天测控网的管理机构，由中心计算机系统、指挥和显示系统、通信系统三部分组成，与渭南、青岛、喀什、厦门、和田、卡拉奇（巴基斯坦）、马林迪（肯尼亚）、纳米比亚等固定测控站，以及着陆场站、远洋测量船基地的远望一、二、三、四号测量船共同组成航天测控网。中心计算机系统可同时完成对不同轨道六颗卫星的测量控制，是我国航天测控网的神经中枢。

- ❑ 远望一号：执行测控任务，对飞船实施太阳帆板展开的控制与监视，并快速计算初轨参数；
- ❑ 远望二号：执行测控任务，担负飞船数十圈次的测控任务和留轨舱跟踪测控，实施飞船变轨这一高难度的遥控指令；
- ❑ 远望三号：执行测控任务，承担飞船返回指令的发送任务，在飞船围绕地球运行到预定圈次时，远望三号要对飞船实施调姿、轨道维持、轨道分离及返回制动等一系列关键的指令；
- ❑ 远望四号：执行测控任务，完成测控通信任务，弥补测控盲圈。

以上的测控网络在完成其载人飞船安全返回后就可以终止，这是一种高性能、高可靠性的专用的临时信息网络。类似的还有应急处理如抗灾抢险等临时组建的信息网，这种网络主要是完成通信的联络，一般由卫星、微波或其他无线通信系统组成，在完成其历史使命后便被终止或取消。

1.6　通信发展的不足

虽然现代通信方式多样且便捷，但却也不可避免地存在一些不足和弊端。

1. 5G技术仍然面临许多挑战

5G 网络已经到来，它将对我们使用移动技术的方方面面产生巨大影响。5G 的速度更快，延时更低，从理论上讲，从智能手机到自动驾驶汽车等各个领域，5G 网络都会开辟新的应用范围。但即使有了像 5G 网络这样复杂的技术，依然还会面临很多难题和挑战：

（1）无线设备器件的挑战。5G 网络为了追求更高的吞吐量和更低的空口用户面延时，采用更短的调度周期及更快的 HARQ 反馈，对 5G 系统和终端要求更高的基带处理能力，从而对数字基带处理芯片工艺带来更大挑战。

（2）多接入融合的挑战。移动通信系统从第一代到第四代，经历了迅猛的发展，现实网络逐步形成了包含多种无线制式、频谱利用和覆盖范围的复杂现状，多种接入技术长期共存成为突出特征。在 5G 时代，同一运营商拥有多种不同制式网络的状况将长期存在，多制式网络将包括 4G、5G 及 WLAN。如何高效地运行和维护多种不同制式的网络，不断减少运维成本，实现节能减排，提高竞争力，是每个运营商都要面临和解决的问题。

（3）网络架构的挑战。5G 多网络融合架构中将包括 5G、4G 和 WLAN 等多个无线接入网和核心网。如何进行高效的架构设计，如核心网和接入网锚点的选择，同时兼顾网络改造升级的复杂度、对现网的影响等是网络架构研究需要解决的问题。

（4）数据分流的挑战。5G 多网络融合中的数据分流机制要求用户面数据能够灵活高效地在不同接入网中传输。

（5）灵活、高效承载技术的挑战。承载网络的高速率、低延时、灵活性需求和成本限制：5G 网络带宽相对 4G 预计有数十倍以上的增长，导致承载网速需求急剧增加，25Gb/50Gb 高速率将部署到网络边缘，25Gb/50Gb 光模块低成本实现和 WDM 传输是承载网的一大挑战。

2. 网络安全仍然有待加强

计算机网络和无线通信网络作为现代通信的重要组成部分，毋庸置疑为人们的工作、生活和学习带来了极大便捷。借助网络，人们可以更加方便地进行信息的交换和传递。然而与此同时，却也不可避免地面临着诸多网络安全隐患。现在网络上存在着较多的非法网站和钓鱼网站，一些缺乏自我保护意识的用户会刻意登录这些网站，这就给了网络病毒极大的传播机会，也是间接纵容了网络犯罪的发生。政府虽然也加大了对网络的管理与整治，但仍然很难做到彻底地根除网络安全隐患。这就需要用户树立较强的网络安全意识，同时加强计算机网络安全。

3. 通信相关法律仍需完善

众所周知，如今的网络上存在着许多安全隐患，各种网络违法行为早已屡见不鲜。其中一部分原因是由于法律的不健全而被不法之徒钻了空子，但由此也可以看出现在的通信技术在法律方面存在着许多的漏洞，完善相关的法律迫在眉睫。随着通信技术的不断发展、进步，相应的法律一定会越来越完善，网络安全也会极大加强。其实现在的通信技术不足之处还有很多，随着科技的不断进步，新型通信技术将会如雨后春笋般出现，而各种弊端也将会随之而来。相信在不远的未来，这些残留的及新出现的问题将迎刃而解，通信的未来一片光明。

1.7 习　　题

1. 简述通信工程和电子信息工程专业的特点。
2. 简述现代通信的特点。
3. 简述未来通信的发展趋势。
4. 试举几个日常生活中通信工程应用的场景。
5. 简述通信发展的不足。

第2章 通信工程专业培养方案解读

通信工程一直存在于高等教育体系中。我国一些较早成立的工科大学开设了电气工程、有线电、无线电等学科。1912年，交通部交通传习所（北京交通大学前身）增设电气工程、有线电、无线电等学科，开创了中国培养通信人才的先河。20世纪30年代，军委无线电通信学校（西安电子科技大学前身）和成都电讯工程学院（电子科技大学前身）等先后开设了无线电通信科目，为我国通信行业的快速发展奠定了坚实的基础。人才的培养离不开人才培养方案，而随着卓越工程师计划、工程教育专业认证及新工科的蓬勃发展，培养方案的制定尤为重要。本章将以笔者所在学校的通信工程专业为例，结合新国标，对通信工程专业的培养方案进行解读。

2.1 学科体系

专业设置，就是高等教育部门根据科学分工和产业结构的需要所设置的学科门类，它是人才培养规划的重要标志。从广义上讲，高等教育的专业结构是高等教育培养专门人才的横向结构，它包括专业结构的比例关系，以及专业门类与经济结构、科技结构、产业结构等之间的联系。

2.1.1 我国现有的学科体系

1981年1月，我国开始实施《中华人民共和国学位条例》，国务院学位委员会公布了学科门类，一级学科及二级学科划分目录和细则。同年11月，国务院批准了一些有博士学位授权及硕士学位授予权的单位，以及一批博士学位授权和硕士学位授权点及博士研究生导师，1985年，全国首批博士后流动站被批准建立，这标志着我国高校学科建设进入新的发展时期。

在教育部的学科划分中，学科门是最高级别的学科，共有13个：理学、工学、农学、医学、哲学、经济学、法学、教育学、文学、历史学、军事学、管理学和艺术学；比学科门低一级的学科称为学科类，学科类（不含军事学）共有71个；比学科类再低一级的学科称为专业，专业就是高考生填报的志愿，本科专业（不含军事学）共有258个。

授权学位和培养研究生的学科专业目录按“学科门类”“一级学科”“二级学科（专业）”3个层次设置。在我国，这3个层次的作用是不同的。

“学科门类”是学科专业目录中的第一个层次，决定了授予学位的名称。现行学科专业目录设置了12个门类，授予学位就有12种名称，即哲学博士和硕士、经济学博士和硕士、法学博士和硕士、教育学博士和硕士、文学博士和硕士、历史学博士和硕士、理学博士和硕士、工学博士和硕士、农学博士和硕士、医学博士和硕士、管理学博士和硕士、军事学博士和硕士（1990年以后设置的各种专业学位例外）。

在1995年以前，一级学科尚无特别的地位，但从1995年开始按一级学科审核博士学位授予权以后，以及由此推出的按一级学科招生和培养博士研究生的试点与讨论以后，一级学科的地位和作用就凸显出来了，它的设置甚至影响到有些高等学校中学院的调整和设置。而在2016年学科评估和2017年的博士点、硕士点立项授权中，一级学科的地位就愈发重要了。

在计划经济体制下，专业的地位和作用是决定性的。从1992年我国逐步建立社会主义市场经济以后，特别是随着市场经济体制的逐步发展，高校管理体制改革的不断深化，在计划经济体制下形成的专业设置过细、偏窄、与市场经济体制下对培养人才的要求以及毕业生本身的就业和发展之间的矛盾不断升级。所以，从本科专业目录到研究生专业目录的修订工作，都把解决专业设置过细、偏窄问题放在首位，都是朝不断拓宽专业的方向努力。

学科门类、一级学科和专业（相当于二级学科）三者之间既是不同的学科层次，又相互联系。同时，各学科门类、各一级学科、各专业在同一个专业目录中是目录体系的组成部分，既相互独立，又彼此制约。任何一个门类、一个一级学科，甚至某几个专业的调整，都会涉及目录整体及目录体系。在学科专业目录中，二级学科（专业）的设置是基础，是极其重要的，因为专业是培养人的基本单元，与学科分类和社会职业分工是密切相关的。

通信工程属于“工科”学科，是一级学科最多的学科门类，共分为32个一级学科。通信工程所在的一级学科为“信息与通信工程”，学科代码为0810，下设两个二级学科：“通信与信息系统”和“信号与信息处理”。通信工程所在学科的组成如图2.1所示。全面的学科分类可参看《授予博士、硕士学位和培养研究生的学科、专业目录》。

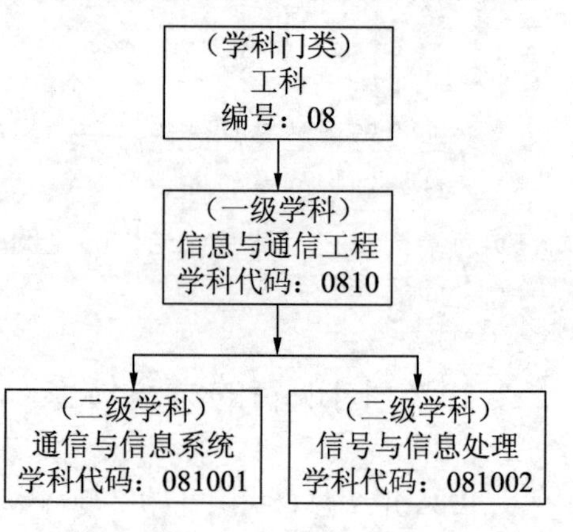

图2.1　学科体系图

本科阶段的通信工程专业是信息与通信工程一级学科的基础，主要学习通信中所涉及的基础、技术及通信系统的实现原理等知识，这些内容能支撑学生今后在通信领域从事研究、设计、开发、生产、运管维护、技术支持和技术管理等工作，同时也能满足学生继续深造信息与通信工程学科，为更深入地学习和研究打下基础。

研究制定本科专业类教学质量国家标准，推进国家教育标准体系建设是教育部近年来的重点工作之一。2013年，教育部提出建立高等教育专业国家标准来规范、监管学校教学和人才培养，指示全国高等学校各专业教学指导委员会牵头制定各专业本科教学质量国家标准。党的十九大提出，建设教育强国是中华民族伟大复兴的基础工程。“质量为王，标准先行”，教育标准建设是提高教育质量的基础工程。实现高等教育内涵式发展，落实教育部党组写好高等教育“奋进之笔”行动，关键是要牢牢抓住提高质量这个“纲”，努力建设具有中国特色、世界水平的高等教育质量标准。提高人才培养质量，必须牢固确立人才培养在高校的中心地位，巩固本科教学基础地位，不断提高高校教学水平。研制普通高等学校本科专业类教学质量国家标准，加快形成具有中国特色的高等教育教学质量标准体系，对提高人才培养质量具有重要意义。为建立、健全教育质量保障体系，教育部高等教育司组织高等学校教学指导委员会研究制定了《普通高等学校本科专业类教学质量国家标准》（以下简称《标准》）。

2018 年 3 月，教育部高等教育司依据《普通高等学校本科专业目录（2012 年）》，以专业类为单位，研制、明确了适用专业、培养目标、培养规格、课程体系、师资队伍、教学条件、质量保障等各方面要求，是各专业类所有专业应该达到的质量标准，是设置本科专业、指导专业建设、评价专业教学质量的基本依据。教育部将推动行业部门（协会）依据《标准》制定人才评价标准，促进人才培养与区域经济社会发展、产业发展、行业需要紧密结合；指导高等学校依据《标准》制定专业人才培养标准，修订人才培养方案，促进人才培养高质量、多样化。

通信工程专业和电子信息工程专业在《标准》里属于电子信息类。信息科学和技术的发展对人类进步与社会发展产生了重大的影响，信息技术和产业迅速发展，成为世界各国经济增长和社会发展的关键要素。进入 21 世纪，信息科学和技术的发展依然是经济持续增长的主导力量之一，发展信息产业是推进新型工业化的关键，世界各国对此都十分关注，我国在《国家中长期科学和技术发展规划纲要（2006—2020 年）》）中也将信息技术列为国家竞争力的核心技术之一。电子信息技术是信息产业的重要发展领域，需要大量的专业人才，电子信息类专业承担着电子信息产业人才培养的重任。

电子信息类专业是伴随着电子、通信、信息和光电子技术的发展而建立的，以数学、物理学和信息论为基础，以电子、光子、信息及与之相关的元器件、电子系统、信息网络为研究对象，基础理论完备，专业内涵丰富，应用领域广泛，发展极为迅速，是推动信息产业发展和提升传统产业的主干专业。

电子信息类专业的主干学科是电子科学与技术、信息与通信工程和光学工程，相关学科包括计算机科学与技术、控制科学与工程、仪器科学与技术等，相关专业包括计算机类、自动化类、电气类和仪器类等专业。

电子信息类专业是具有理工融合特点的专业，主要涉及电子科学与技术、信息与通信工程，以及光学工程学科领域的基础理论、工程设计及系统实现技术。电子科学与技术领域主要涵盖物理电子学、微电子学与固体电子学、电路与系统、电磁场与微波技术，研究电子和光子等微观粒子在场中的运动与相互作用规律，包括新型光电磁材料与元器件、微波电路与系统、集成电路、电子设备与系统等。信息与通信工程领域主要涵盖通信与信息系统、信号与信息处理，研究信息获取、处理、传输和应用的理论与技术，以及相关的设备、系统、网络与应用，包括信号探测与处理、信息编码与调制、信息网络与传输、多媒体信息处理、信息安全及新型通信与信息处理技术等。光学工程领域主要涵盖光电子技术与光子学、光电信息技术与工程，研究光的产生和传播规律、光与物质相互作用、光电子材料与器件、光电仪器与设备，包括光信息的产生、传输、处理、存储及显示技术，以及光通信、光电检测、光能应用、光加工和新型光电子技术等。

2.1.2　相近学科

按照新的国标分类，与通信工程最相近的专业是电子信息类的其他专业，包括电子信息工程、电子科学与技术、微电子科学与工程、光电信息科学与工程和信息工程。此外，还有一些特设专业，例如广播电视工程、水声工程、电子封装技术、集成电路设计与集成系统、医学信息工程、电磁场与无线技术、电子信息科学与技术、电信工程及管理和应用电子技术教育。

电子信息类专业的培养目标是培养适应社会与经济发展需要，具有道德文化素养、社会责任感、创新精神和创业意识，掌握必备的数学、自然科学基础知识和相应专业知识，具备良好的学习能力、实践能力、专业能力和一定的创新创业能力，身心健康，可从事电子信息及相关领域中的系统、设备和器件的研究、设计、开发、制造、应用、维护和管理等工作的高素质的专门人才。

下面举例说明几个相近专业的专业内涵。

1．电子科学与技术

电子科学与技术专业以电子器件及其系统应用为核心，重视器件与系统的交叉与融合，面向微电子、光电子、光通信、高清晰度显示产业等国民经济的发展需求，培养在通信、电子系统、计算机、自动控制、电子材料与器件等领域具有宽广的适应能力、扎实的理论基础、系统的专业知识、较强的实践能力、具备创新意识的高级技术人才和管理人才，并掌握一定的人文社会科学及经济管理方面的基础知识，能从事这些领域的科学研究、工程设计及技术开发等方面的工作。该专业培养在物理电子、光电子与微电子学领域内具备宽广的理论基础、实验能力和专业知识，能在该领域内从事各种电子材料、元器件、集成电路乃至集成电子系统和光电子系统的设计、制造和相应的新产品、新技术、新工艺的研究、开发等方面工作的高级工程技术人才。

2．微电子科学与工程

微电子科学与工程是在物理学、电子学、材料科学、计算机科学、集成电路设计制造学等多个学科和超净、超纯、超精细加工技术基础上发展起来的一门新兴学科。微电子学是21世纪电子科学技术与信息科学技术的先导和基础，是发展现代高新技术和国民经济现代化的重要基础。微电子学主要研究半导体器件的物理功能，电子材料、固体电子器件、超大规模集成电路（VLSI）的设计与制造技术，微机械电子系统及计算机辅助设计制造技术等。微电子科学与工程专业是理工兼容并互补的专业，要求学生具有扎实的数学、物理基础知识和良好的外语应用能力；掌握各种固体电子器件和集成电路的基本原理，掌握新型微电子器件和集成电路分析、设计、制造的基本理论和方法；具备本专业良好的实验技能；了解微电子技术领域的发展动态和前沿理论与技术；具有良好的科学素养和创新能力；善于自学，不断更新知识；具有一定的外语水平，能借助工具书阅读本专业的外文资料。

3．光电信息科学与工程

光电信息科学与工程专业是根据教育部在2012年9月下发的文件，将原属于电子信息科学类的光信息科学与技术、光电子技术科学专业与原属于电气信息类的信息显示与光电技术、光电信息工程、光电子材料与器件5个专业统一修订后的专业名称。该专业培养具有现代科学意识、理论基础扎实、知识面宽、创新能力强，可从事光学工程、光通信、电子学、图像与信息处理等技术领域的科学研究，以及相关领域的产品设计与制造、科技开发与应用、运行管理等工作，能够适应当代信息化社会高速发展需要的应用型人才。该专业主要学习光学、机械学、电子学和计算机科学基础理论及专业知识，了解光电信息技术的前沿理论，把握当代光电信息技术的发展动态，具有研究开发新系统、新技术的能力，接受现代光电信息技术的应用训练，掌握光电信息领域中光电仪器的设计及制造方法，具有在光电信息工程及相关领域从事科研、教学、开发的基本能力。光电信息技术是由光学、光电子、微电子等技术结合而成的多学科综合技术，涉及光信息的辐射、传输、探测，以及光电信息的转换、存储、处理与显示等众多内容。光电信息技术广泛应用于国民经济和国防建设的各行各业。近年来，随着光电信息技术产业的迅速发展，对从业人员和人才的需求逐年增多，因而对光电信息技术基本知识的需求量也在增加。光电信息技术以其极快的响应速度、极宽的频宽、极大的信息容量以及极高的信息效率和分辨率推动着现代信息技术的发展，从而使光电信息产业在市场的份额逐年增加。在技术发达国家，与光电信息技术相关产业的产值已占国民经济总产值的一半以上，从业人员逐年增多，竞争力也越来越强。

4. 信息工程

信息工程专业是建立在超大规模集成电路技术和现代计算机技术基础上，研究信息处理理论、技术和工程实现的专门学科。该专业以研究信息系统和控制系统的应用技术为核心，在面向 21 世纪信息社会化的过程中具有十分重要的地位。

信息工程是将信息科学原理应用到工农业生产部门中而形成的技术方法的总称。信息工程专业培养具有信息的获取、传递、处理、利用，以及进行控制系统分析和设计等方面的知识，能在信息产业及国民经济各部门从事信息系统和控制系统的研究、设计、集成、制造和运行工作的德、智、体全面发展的高级工程技术和科研人才。

信息工程专业是建立在超大规模集成电路技术和现代计算机技术基础上，研究信息处理理论、技术和工程实现的专门学科。该专业以研究信息系统和控制系统的应用技术为核心，在面向 21 世纪信息社会化的过程中具有十分重要的地位。信息工程专业对数学、物理学、电路理论、信号理论、电子技术、计算机科学和技术等方面的知识有很高的要求，并紧紧跟踪当今发展最迅速的信息与通信工程新技术，以及控制科学与工程学科领域的最新技术，不断更新教学内容，形成风格独特的课程体系。在人才培养过程中，该专业十分重视创新能力和实践能力的培养，采取有效的措施使学生得到必要的训练和锻炼。

2.2　工程教育专业认证基本概念和要求

工程教育专业认证起源于美国，历史较为悠久，在经历了漫长的发展历史后，建立了较为完备和健全的认证制度。认证是高等教育为了教育质量保证和教育质量改进而详细考察高等院校或专业的外部质量评估过程。认证是认证机构颁发给高校或专业的一种标志，证明其现在和在可预见的将来能够达到办学宗旨和认证机构规定的办学标准。专业认证是由专业性认证机构针对高等教育机构开设的职业性专业教育所实施的专门性认证。

工程教育是我国高等教育的重要组成部分，在高等教育体系中“三分天下有其一”。截至 2013 年，我国普通高校工科毕业生数达到 2 876 668 人，本科工科在校生数达到 4 953 334 人，本科工科专业布点数达到 15 733 个，总规模已位居世界第一。工程教育在国家工业化进程中，对门类齐全、独立完整的工业体系的形成与发展，发挥了不可替代的作用。工程教育专业认证是国际通行的工程教育质量保障制度，也是实现工程教育国际互认和工程师资格国际互认的重要基础。

专业认证主要是对专业学生培养目标、质量、师资队伍、课程设置、实验设备、教学管理、各种教学文件及原始资料等方面的评估。工程教育专业认证的核心就是要确认工科专业毕业生达到行业认可的既定质量标准要求，是一种以培养目标和毕业出口要求为导向的合格性评价。工程教育专业认证要求专业课程体系设置、师资队伍配备、办学条件配置等都围绕学生毕业能力达成这一核心任务展开，并强调建立专业持续改进机制和文化以保证专业教育质量和专业教育活力。

2.2.1 工程教育专业认证与华盛顿协议

工程教育认证是国际通行的工程教育质量保证制度，也是实现工程教育国际互认和工程师资格国际互认的重要基础，是针对高等教育工程类专业开展的一种合格评价。中国工程教育认证协会是经中国政府部门授权在中国开展工程教育认证的唯一合法组织。国际工程联盟目前包括《华盛顿协议》《悉尼协议》《都柏林协议》《国际职业工程师协议》《亚太工程师协议》和《国际工程技术员协议》共 6 个协议，其中，《华盛顿协议》是国际工程师互认体系 6 个协议中最具权威性、国际化程度较高、体系较为完整的协议，是加入其他相关协议的门槛和基础。

工程教育专业认证起源于美国，而进行这一行为的组织是经美国教育部认可的非官方组织机构，具体工作由本国的工程与技术认证委员会（简称 ABET）牵头负责。ABET 组织成立于 1932 年，它是由美国工程师专业发展理事会（简称 ECPD）演变而来。工程专业认证的开展始于 1936 年，哥伦比亚大学、康奈尔大学等高校的相关工程专业得到了首批认证，历经长期改革与发展，ABET 成为目前 29 个行业和技术协会的联盟，目前这一认证组织在世界各国均有很高的公信力。ABET 组织已建立了可信、可行和有效的四大认证委员会，即 EAC（工程认证委员会）、TAC（技术认证委员会）、CAC（计算机科学认证委员会）和 ASAC（应用科学认证委员会），具体负责美国 550 多所大学约 2700 个学科专业点的认证事宜。其中，EAC 主要负责美国各高校工程类专业的认证，开展的主要工作内容包括认证政策、标准和程序的制定，以及认证的组织实施及对认证进行管理等。截至 2007 年年底，EAC 已对美国的 368 所高校中的 1798 个工程专业开展了认证评估工作。

1995 年 10 月，伴随美国工程院面向 2020 年的工程师必须具备分析、实践经验、创造、沟通、管理、伦理道德和终身学习等几个能力的提出，ABET 组织适时推出了 EC 2000（Engineering Criteria 2000），即新的工程课程计划认证标准。这一标准的核心点是，突出成就和目标评估的持续性改进过程对课程计划改进的评估结果的利用。这一工作的有力推进，使美国工程教育迈上了一个新的台阶，并使 ABET 组织深受工程界及社会的尊重。全球 22 个非美国家均由 ABET 为其提供国际认证服务，并由 ABET 代表美国工程界与许多国家签订了工程专业相互认可协议，《华盛顿协议》（Washington Accord）就是其中之例。

作为国际上最具影响力的工程教育学位互认协议，成立于 1989 年的《华盛顿协议》由美国等 6 个英语国家的工程教育认证机构发起，其宗旨是通过多边认可工程教育认证结果，实现工程学位互认，促进工程技术人员国际流动。经过 20 多年的发展，《华盛顿协议》成员目前已遍及五大洲，包括中国、美国、英国、加拿大、爱尔兰、澳大利亚、新西兰、南非、日本、新加坡、韩国、马来西亚、土耳其、俄罗斯、印度、斯里兰卡等 18 个正式成员。

我国工程教育专业认证工作时间较短，1992 年开始认证试点工作，先由建设部在清华大学、同济大学、天津大学和东南大学 4 所学校的 6 个专业（建筑学、建筑工程管理、建筑环境与设备工程、城市规划、土木工程、给排水工程）进行试点。之后的 6 年时间，建设部对 21 所高校的土木工程专业进行了认证，并使该专业评估成为“按照国际通行的专门职业性专业鉴定制度进行合格评估的首例”。接下来，建设部在不断总结专业认证试点工作经验的基础上，启动了建筑环境与设备、工程管理、城市规划、给水排水工程专业的认证，进行了工程教育专业认证的新探索。2006 年，教育部牵头并会同有关部门正式启动了全国工程教育专业认证试点工作，于当年 3 月试点了 4 个专业领域（机械工程与自动化、电气工程及自动化、化学工程与工艺、计算机科学与技术），完成了 8 所学校的工程教育专业认证。

另外，教育部还制定了有关专业认证的办法和章程。之后，教育部等部门联合颁布了《关于实施高等学校本科教学质量与教学改革工程的意见》，并把“专业结构调整与专业认证”列为六大建设任务之首，从此专业认证被提到我国高等教育建设事业的重要议事日程中，认证试点进而扩大到电气类、计算机类和环境类等 10 个专业。截至 2013 年，我国已在机械、化工制药、环境、电气信息、材料、地质、土木等 15 个专业领域共有 137 所高校的 443 个专业通过了专业认证。参加认证专业分布情况为：“211”高校专业 104 个，占 23.5%；“985”高校专业 182 个，占 41.1%；地方、部委所属高校专业 157 个，占 35.4%。2014 年，中国工程教育专业认证协会秘书处决定受理华中科技大学机械设计制造及其自动化等 156 个专业的 2015 年认证申请。

从认证组织机构及制度建设进展情况看，我国的工程教育专业认证工作在不断向前推进。1993 年，全国高等学校建筑工程专业教育委员会成立（第一届）。2001 年我国正式加入 WTO 后，中国工程院届时开展了有关工程教育认证的调研工作，并在重庆召开了中、日、韩三国工程教育专业认证学术报告会。2004 年成立了全国高等教育教学评估中心并明确提出“推进专业教学评估工作，动员各行业协会、专业学会等社会组织参与，逐步探索将专业评估与专业认证、职业资格证书相结合的质量保障体系”。

国务院于 2005 年批准成立了全国工程师制度改革协调小组（由 18 个行业管理部门和行业组织构成），并下设 3 个工作组，即由中国工程院负责的工程师制度分类、设计组；由中国科学技术协会负责的工程教育认证和工程师对外联系组；由教育部负责的工程教育认证组。我国于 2006 年开始建立工程教育认证体系并予以认证试点。2007 年，教育部成立了全国工程教育专业认证专家委员会，由该组织参考国际工程教育界的通行做法和国内认证试点情况，研制了一套有关专业认证工作的一系列管理办法及工作指南，也包括认证标准、认证程序和认证政策等，并每年进行修订和完善。

截至 2011 年 12 月 31 日，由于全国工程教育专业认证专家委员会工作期满，此项工作就由 2012 年新筹建的“中国工程教育认证协会（CEEAA）”接手，该协会由 33 家全国行业组织和个人自愿组成，建立的 15 个认证分支机构秘书处主要由行业组织承担，由 200 余位行业企业专家担任认证专家，该组织属中国科学技术协会领导下的全国性、非政府、非盈利性的会员制社会团体组织，是经教育部授权在中国开展工程教育认证的唯一合法组织。

我国于 2013 年 6 月成为《华盛顿协议》的预备成员，2014 年初提交转正申请，经过该组织的资料审查、现场考察和会议表决后，2016 年 6 月 2 日上午，在马来西亚吉隆坡举行的国际工程联盟大会上，经过《华盛顿协议》组织的闭门会议，全体正式成员集体表决，全票通过了我国的转正申请。至此，我国成为《华盛顿协议》第 16 个正式成员。

成为正式成员后，我国全面参与了《华盛顿协议》各项规则的制定，我国工程教育认证的结果将得到其他成员认可，通过认证专业的毕业生在相关国家申请工程师执业资格时，将享有与本国毕业生同等待遇。正式加入《华盛顿协议》，标志着我国高等教育对外开放向前迈出了一大步，我国工程教育质量标准实现了国际实质等效，工程教育质量保障体系得到了国际认可，工程教育质量达到了国际标准，我国高等教育真正成为了国际规则的制定者，与美国、英国、加拿大、日本等高等教育发达国家平起平坐，实现从国际高等教育发展趋势的跟随者向领跑者的转变。教育部高等教育教学评估中心主任吴岩表示，今后，我国将全面参与《华盛顿协议》的各项标准和规则制定，在各项事务中发挥更加积极主动的作用，工程教育认证的中国标准、方法和技术也将影响世界。

受经济全球化、信息社会化的影响，高等教育理念与模式已发生了根本性的变化，知识的生产和传播不再受时空限制，高等教育资源跨部门、跨区域、跨国界开放共享已是必然。30 多年的改革开放的实践足以证明，走依靠科技力量支撑经济发展与社会进步成为主要的必选路径，而这需要加快高素质工程人才培养的进程。为此，我国工程教育要继续不断地锐意进取，积极创新，必须始终坚持创新的理念和“品味、品质、品牌”目标，不断深挖资源，积极寻找“亮点”，以保持其持续发展的旺盛活力。具体体现在以下两方面。

（1）促进国际交流与合作，以扩大我国工程教育影响。在经济全球化的新形势下，工程教育国际化已成为必然。面对这一形势，高等工程教育将会广泛开展国际交流或合作，并借鉴先进经验，深化工程教育改革；注重既懂得国际经济运作，又了解异国国情、法律和文化，适应经济全球化的科技人才培养；不断加强人才培养与国际接轨，并得到国际认证或认可。同时，高校将会围绕国际性、涉外性、多语言、创新性的人才培养目标，通过广泛开展国际交流与合作，力争成为符合高等工程教育国际化要求的具有国际竞争能力的名牌高校。

（2）实现工程教育标准的国际实质等效，促进其国际竞争力。在当今全球经济一体化的背景下，培养的工程师能够在国际化工程项目中参与顺畅，并在实质等效性要求下积极推进全球工程教育交流，是各国高等工程教育正在努力思考进而解决的问题。由于国际高等工程教育专业认证对于学生未来进入就业市场有着决定性的意义，因而必将引起社会的广泛关注。学生和家长在选择某个专业时确认其资质、学校确定专业的改进措施、用人单位选才乃至我国高等工程教育争取国际留学生市场份额、输出本国教育资本等，都与是否形成国际实质等效性的高等工程教育专业认证制度紧密相关，而各种国际协议的加入，如《华盛顿协议》就是实现其目的的重要途径。

《华盛顿协议》是高等工程教育认证的重要协议，在当今世界范围内享有盛誉，加入它无疑是我国工程教育步入国际化的必经之路。随着工程教育专业化程度清晰且实效突出，专业认证必将成为高等教育质量保障体系的重要组成部分。高等工程教育专业认证的主要目的是，一方面是为工程型人才进入特定行业从业提供质量保证；另外，也是对高等工程技术人才质量必须达到某一标准做出合格性评价。总之，高等工程教育专业认证是为了确保高等工程教育质量而采用的一种方法和手段。现今，高等工程教育专业认证已被作为院校评估、专业认证及评估、国际评估和教学基本状态数据常态检测评估制度的重要组成部分。

2.2.2　工程教育专业认证的基本要求

我国工程教育专业认证倡导的基本理念是以学生为中心、产出导向和持续改进。“以学生为中心”是工程教育专业认证的核心理念，这一核心理念体现在大学生毕业要求的每一个指标项上。工程教育专业认证提出了以学生为中心具体、可操作的方案：教育目标围绕学生的培养进行设计；教学设计聚焦学生的能力培养；师资与教育资源满足学生学习效果的达成；评价的焦点是对学习效果的评价；学生的毕业要求应能支撑培养目标的达成。

专业认证是我国工程教育改革的重要“抓手”，固本强基和夯实基础更是高校狠抓工程教育工作的首要目标。只有通过专业认证，才算得上为培养有理想、有本领、有担当的一流人才打下了坚实基础。中国工程教育专业认证协会于 2017 年 11 月修订了工程教育认证标准。该标准适用于普通高等学校本科工程教育认证，并且申请认证的专业应当提供足够的证据，证明该专业符合该标准要求。

下面是通用的标准，如表 2.1 所示。

表 2.1　工程教育认证标准

1	学生	1.1 具有吸引优秀生源的制度和措施。 1.2 具有完善的学生学习指导、职业规划、就业指导、心理辅导等方面的措施并能够很好地执行落实。 1.3 对学生在整个学习过程中的表现进行跟踪与评估，并通过形成性评价保证学生毕业时达到毕业要求。 1.4 有明确的规定和相应认定过程，认可转专业、转学学生的原有学分。
2	培养目标	2.1 有公开的、符合学校定位的、适应社会经济发展需要的培养目标。 2.2 定期评价培养目标的合理性并根据评价结果对培养目标进行修订，评价与修订过程有行业或企业专家参与。
3	毕业要求	专业必须有明确、公开、可衡量的毕业要求，毕业要求应能支撑培养目标的达成。专业制定的毕业要求应完全覆盖以下内容： 3.1 工程知识：能够将数学、自然科学、工程基础和专业知识用于解决复杂的工程问题。 3.2 问题分析：能够应用数学、自然科学和工程科学的基本原理，识别、表达并通过文献研究分析复杂的工程问题，以获得有效结论。 3.3 设计/开发解决方案：能够设计针对复杂工程问题的解决方案，设计满足特定需求的系统、单元（部件）或工艺流程，并能够在设计环节中体现创新意识，考虑社会、健康、安全、法律、文化及环境等因素。 3.4 研究：能够基于科学原理并采用科学方法对复杂工程问题进行研究，包括设计实验、分析与解释数据，并通过信息综合得到合理有效的结论。 3.5 使用现代工具：能够针对复杂工程问题，开发、选择与使用恰当的技术、资源、现代工程工具和信息技术工具，包括对复杂工程问题的预测与模拟，并能够理解其局限性。 3.6 工程与社会：能够基于工程相关背景知识进行合理分析，评价专业工程实践和复杂工程问题解决方案对社会、健康、安全、法律及文化的影响，并理解应承担的责任。 3.7 环境和可持续发展：能够理解和评价针对复杂工程问题的工程实践对环境、社会可持续发展的影响。 3.8 职业规范：具有人文社会科学素养、社会责任感，能够在工程实践中理解并遵守工程职业道德和规范，履行责任。 3.9 个人和团队：能够在多学科背景下的团队中承担个体、团队成员及负责人的角色。

续表

3	毕业要求	3.10 沟通：能够就复杂工程问题与业界同行及社会公众进行有效沟通和交流，包括撰写报告和设计文稿、陈述发言、清晰表达或回应指令；具备一定的国际视野，能够在跨文化背景下进行沟通和交流。 3.11 项目管理：理解并掌握工程管理原理与经济决策方法，并能在多学科环境中应用。 3.12 终身学习：具有自主学习和终身学习的意识，有不断学习和适应社会发展的能力。
4	持续改进	4.1 建立教学过程质量监控机制，各主要教学环节有明确的质量要求，定期开展课程体系设置和课程质量评价。建立毕业要求达成情况评价机制，定期开展毕业要求达成情况评价。 4.2 建立毕业生跟踪反馈机制，以及除高等教育系统以外有关各方参与的社会评价机制，对培养目标的达成情况进行定期分析。 4.3. 能证明评价的结果被用于专业的持续改进。
5	课程体系	课程设置能支持毕业要求的达成，课程体系设计有企业或行业专家参与。课程体系必须包括： 5.1 与本专业毕业要求相适应的数学与自然科学类课程（至少占总学分的15%）。 5.2 符合本专业毕业要求的工程基础类课程、专业基础类课程与专业类课程（至少占总学分的30%）。工程基础类课程和专业基础类课程能体现数学和自然科学在本专业中应用能力的培养，专业类课程能体现系统设计和实现能力的培养。 5.3 工程实践与毕业设计（论文）（至少占总学分的20%）。设置完善的实践教学体系，并与企业合作，组织实习、实训任务，培养学生的实践能力和创新能力。毕业设计（论文）选题要结合本专业的工程实际问题，培养学生的工程意识、协作精神及综合应用所学知识解决实际问题的能力。对毕业设计（论文）的指导和考核有企业或行业专家参与。 5.4人文社会科学类通识教育课程（至少占总学分的15%），使学生在从事工程设计时能够考虑经济、环境、法律等各种制约因素。
6	师资队伍	6.1 教师数量能满足教学需要，结构合理，并有企业或行业专家作为兼职教师。 6.2 教师具有足够的教学能力、专业水平、工程经验、沟通能力和职业发展能力，并且能够开展工程实践问题研究，参与学术交流。教师的工程背景应能满足专业教学的需要。 6.3 教师有足够时间和精力投入到本科教学和学生指导工作中，并积极参与教学研究与改革。 6.4 教师为学生提供指导、咨询、服务，并对学生职业生涯规划、职业从业教育有足够的指导。 6.5 教师明确在教学质量提升过程中的责任，不断改进工作。
7	支持条件	7.1 教室、实验室及设备在数量和功能上满足教学需要。有良好的管理、维护和更新机制，使学生能够方便地使用。与企业合作共建实习和实训基地，在教学过程中为学生提供参与工程实践的平台。 7.2 计算机、网络及图书资料资源能够满足学生的学习和教师的日常教学与科研所需，资源管理规范、共享程度高。 7.3 教学经费有保证，总量能满足教学需要。 7.4学校能够有效地支持教师队伍建设，吸引与留住合格的教师，并支持教师本身的专业发展，包括对青年教师的指导和培养。 7.5 学校能够提供达成毕业要求所必须具备的基础设施，包括为学生的实践活动、创新活动提供有效支持。 7.6 学校的教学管理与服务规范，能有效地支持专业毕业要求的达成。

从表 2.1 中可以看到，专业认证不分专业并且提供类似“底线”的合格标准以验证各

高校专业的工程教育水平，认证的结果只有“通过”和“不通过”两种，具有较强的刚性。《华盛顿协议》强调以评估标准为驱动，以结果倒逼工科专业培养目标、毕业要求、课程体系、师资队伍、支持条件等进行适应性变革。这也为学科的培养提供了样本，可以按照专业认证对于基础能力的培养要求，开展毕业生基础能力培养。可以看到，专业认证在培养过程中十分重视非技术因素对技术成果的制约和影响。

与以往重视投入的传统评估模式不同，工程教育专业认证强调的是“产出导向”，主要检测对象是“毕业生素质”，它要求工程专业根据自身的办学定位，制定出本专业具体的、可测量的毕业生素质要求。课程体系设置、师资队伍和支持条件均要以帮助学生达到培养目标和毕业要求为导向。

“持续改进”是一种非常重要的质量意识，它贯穿于工程人才培养的整个过程。这一理念认为工程教育专业认证是一个持续改进的过程。有效的质量监控与反馈机制是持续改进的基础，相应的质量保障制度和措施都是为了推进人才培养质量的持续改进和提升，最终确保人才培养质量满足相应职业的岗位要求。

2.3　毕 业 要 求

中国工程教育专业认证协会于 2017 年 11 月修订的工程教育认证标准中指出：毕业要求是对学生毕业时应该掌握的知识和能力的具体描述，包括学生通过本专业学习所掌握的知识、技能和素养。

专业必须有明确、公开、可衡量的毕业要求，毕业要求应能支撑培养目标的达成。专业制定的毕业要求应完全覆盖表 2.1 的“毕业要求”中所列出的 12 条内容。

可以看到，毕业要求主要是规定毕业生通过本专业学习所掌握的知识、技能和素养。工程教育专业认证的核心就是要确保工科专业毕业生达到行业既定的质量标准。工程教育认证标准确定了工程知识、问题分析、设计/开发解决方案、研究与使用现代工具、工程与社会、环境和可持续发展等 12 项具体的毕业要求，工程专业应通过评价来证明毕业要求的达成，邀请企业专家逐项审核毕业要求，使每一条毕业要求具体明确，避免虚、大、空洞。同时，学生毕业后进入相关工程领域，用人单位可根据毕业生对岗位的适应情况、毕业生的综合素质，以及能否很好地投入工程实践，为企业解决工程技术难题等方面作出反馈，让企业专家参与审核毕业生的工程实践能力与素质是否达到毕业要求，确保毕业要求和培养目标之间的高度契合。

在毕业要求中，多个指标点都涉及“复杂工程问题”。这就需要应用型高校与企业密切合作，为学生创设提供解决“复杂工程问题”的机会。由企业技术人员和学校教师一起对学生开展相关的技术指导，使学生能够运用自然科学、工程基础和专业知识，识别、表达、研究与分析复杂工程问题。例如，设计针对复杂问题的解决方案，怎样在设计环节体现创新意识，并考虑社会、健康、安全、法律、文化及环境等因素。同时，还要让企业专家参与学生设计方案及结论的审查与评价。此外，学生职业规范的养成、团队意识与沟通能力的强化，以及项目管理能力的培养，都需要在企业背景下实现。

本章后面的章节将以河北大学通信工程专业为例，对上述问题进行阐述，并给出实例，希望可以抛砖引玉。

2.4 通信工程专业培养方案

河北大学通信工程专业以中国工程教育认证协会 2012 年 7 月修订的《工程教育认证标准》的通用标准和专业补充标准为指导，以产出导向为教育取向，以满足培养国家、社会和学生的需求，符合学校定位的复合型工程技术人才。该定位是根据国家对战略性新兴产业——信息通信行业需求，国家推进京津冀区域经济一体化、打造首都经济圈的发展规划，以及国家和河北省的通信业发展规划，并调研了相关企业、本专业毕业生、本专业在校生、本专业教师和管理人员，以及学校的相关管理部门等讨论、制定的，具有符合社会需求、符合学校拔尖创新人才和复合型人才培养的人才培养定位，适应社会经济发展需要的培养目标的特点。

2.4.1 专业介绍及定位

河北大学通信工程专业始建于 1997 年，是河北省第一个通信工程专业，为省级优势特色专业。本专业旨在培养具备良好的工程素质，掌握通信基础理论和专业知识，具有较强的工程实践能力、团队合作能力和专业表达能力，具有国际视野和创新意识，适应持续的职业发展，能够在通信、网络运营、互联网服务、设备制造等领域胜任研究、设计、制造、运营和管理工作的工程人才。本专业于 2014 年通过全国工程教育专业认证，是河北省第一个通过该认证的专业。

河北大学通信工程专业依托河北省第一个通信与信息系统硕士点、河北省机器视觉工程技术中心、国家级光伏技术虚拟仿真实验教学中心、河北省电子实验教学示范中心、河北省电子信息教育创新高地、河北省电气信息虚拟仿真实验教学中心等教学平台，并与通信领域的多家知名企业合作共建了联合实验室和校外实习实践基地，为本专业的实验教学、科研素养和综合素质的培养及学生就业创业创造了良好的条件。

河北大学通信工程专业教师队伍结构合理，治学严谨，具有丰富的教学经验，较高的基础理论水平，较强的科研能力和丰富的工程实践经验。本专业注重学生基本素质和能力的培养，注重学生实践能力和创新能力的提高。学生在校期间，主要学习电路分析、信号与系统、模拟电路、数字电路、高频电路、数字信号处理、微型计算机原理、通信原理、信息论与编码、电磁场理论、微波技术、网络通信、光纤通信和移动通信等专业主干课程。学校会提供丰富多样的科技创新项目和各类专业竞赛，促进学生发展专业兴趣和创新能力。

学生就业去向主要涉及通信运营商、现代通信设备制造企业、电子信息类科研院所、高新技术科技产业公司和企事业单位等，学生毕业后可报考信息与通信工程等相关专业研究生。河北大学通信工程专业为通信与信息系统硕士学位授权点和电子与通信工程专业学位硕士学位授权点，为学生的进一步深造提供了良好条件。

2.4.2 培养目标

河北大学通信工程专业培养具有良好的数学、自然科学知识和较高的文化素质修养，有敬业精神和社会责任感，能够适应社会发展需要，具有较强的学习能力、创新意识、国际视野、团队合作精神和工程实践能力，具有坚实的通信工程理论基础知识，掌握通信与信息系统及其相关领域的基本理论与设计方法，掌握信息与信号处理的基本原理及应用方法，具有较强的工程意识、工程素质和职业道德观，能在通信工程及计算机网络系统等相关领域中从事科学研究、教学、设备研发、设计制造、生产开发或管理工作的多元化复合型人才。

河北大学通信工程专业毕业生经历 5 年左右达到工程师等中级技术职称任职条件，具体应达到如下目标：

（1）理解社会主义核心价值观，具有良好的思想品德和较好的人文修养，具备高尚的工程职业道德、较强的社会责任感和法律意识。

（2）具有扎实的数学、自然科学、专业理论等基础知识，熟悉通信及其相关领域的相关技术，具备较强的信息获取和处理能力，具有电子与通信系统的设计开发能力，能够结合相关法律法规及技术标准，借助于文献检索和分析解决复杂的通信工程问题。

（3）能够在通信、网络运营、互联网服务、设备制造等领域独立完成研究、设计、制造、运营或管理等工作，并能考虑到工程的实施对环境保护及社会可持续发展等的影响。

（4）具有良好的学习习惯，具备较强的创新意识、良好的交流能力、团队合作能力和领导才能，能够胜任通信技术相关的产品技术服务和项目管理等岗位的工作，具有适应全球化的发展能力和终身学习的能力。

2.4.3 培养要求

河北大学通信工程专业的学生在毕业时应获得 12 个方面的知识和能力，具体要求参见表 2.1 中的“毕业要求”一栏，这里不再重复表述。

2.4.4 学制、学位及毕业学分要求

河北大学通信工程专业标准学制为四年。学生可根据自身情况缩短或延长修业年限，修业年限为 3～6 年。学生修读完相应的学分后授予工学学士学生。其中，达到毕业要求的学分如表 2.2 所示。

表 2.2　河北大学通信工程专业毕业学分学时要求

课程类型	课组名称	修读方式	理论教学				实验/实践教学				学分合计	学时合计
			学分	比例	学时	比例	学分	比例	学时	比例		
通识教育课程	通识通修课	必修	34	85%	658	93%	6	15%	51/16周	7%	40	709/16周
	通识通选课	选修	12	67%	204	100%	6	33%			18	204
学科基础课程	学科基础必修课	必修	41	86%	697	84%	6.5	14%	135/3周	16%	47.5	832/3周
	学科（跨学科）选修课	选修	10	77%	170	60%	3	23%	115	40%	13	285
专业发展课程	专业发展核心课	必修	17	57%	289	80%	13	43%	72/11周	20%	30	361/11周
	专业发展拓展课	选修	15	91%	255	81%	1.5	9%	60	19%	16.5	315

续表

课程类型	课组名称	修读方式	理论教学				实验/实践教学				学分合计	学时合计
			学分	比例	学时	比例	学分	比例	学时	比例		
集中实践课程	第二课堂素质拓展与就业创业实践（含通识教育讲座、就业创业训练、校外社会实践等）	必修	按照第二课堂素质学分认定办法执行									
	体育健康教育	必修					0		8	100%	0	8
	思想政治课社会实践	必修					2	100%	34	100%	2	34
	专业实践课程	必修					3	100%	3周	100%	3	3周
总计			129	76%	273	83%	41	24%	475/33周	17%	170	2748/33周
毕业总学分			170									

2.4.5　课程体系设计思路与架构

在“基于成果导向”新版《人才培养方案》指导思想及框架结构专题研讨会上，通信与电子信息工程系根据学校办学定位、人才培养目标、学科大类培养要求及专业认证标准来统筹考虑课程结构体系优化等问题。然后结合新形势的发展和高等教育发展的规律，深入调研，整合课程，延伸课堂，给予学生更多的发展空间，不断优化人才培养体系，发挥综合性大学优势，提升人才培养质量。

1．课程体系设计的总体思路与概况

制定科学合理的人才培养方案是人才培养的关键。培养目标、毕业要求、课程体系是人才培养方案的三大支柱。人才培养目标是构建人才培养体系的指针，是根据国家、社会和个人对人才培养的需求而确定的，毕业要求支撑培养目标的达成，毕业要求决定了课程体系的构成。

河北大学已经形成了定期修订专业培养方案的制度，学校每 4 年开展一次人才培养方案（包括培养目标）的修订，同时进行课程体系设计的制定/修订，并修改相应的教学大纲。

河北大学通信工程专业以基于成果导向的反向设计思想为指导，根据校院的办学定位及服务区域内通信领域的社会需求确定培养目标；根据工程教育专业认证体系要求并结合专业培养目标确定毕业要求；根据本专业的办学特色和毕业要求分解毕业要求指标点并确定课程体系。本专业课程体系设计的总体思路包括如下 5 个步骤：

（1）通过调查研究，了解学校所服务区域内社会和经济发展对通信工程及其相关专业人才的需求，以及行业企业对人才知识、能力、素质的要求，确定符合社会经济发展和行业企业发展需求的培养目标。培养目标能反映学生毕业 5 年后在专业领域应达到的成就和水平。

（2）按照工程教育专业认证体系，根据培养目标，修订专业的毕业要求，毕业要求能够支撑培养目标的实现。针对河北大学地方综合性大学的办学特色，对毕业要求细化分解，形成毕业要求指标点，使之可实施、可衡量。

（3）参考校内外同行的先进经验，根据毕业要求指标点配置课程体系，理论、实验、实践各环节相互融合互补，体现河北大学第一、第二课堂互动、互融、互补的办学特色，强化实践教学环节，根据课程先后修的逻辑关系。安排课程开课学期。

（4）根据课程对毕业要求指标点的支撑关系，以及课程内容之间的联系，确定课程教学目标，修订教学大纲，设计和规划课程教学内容、教学方法，确定合理的考核方式，以保证授课内容、授课形式、考核内容和考核形式对毕业要求指标点的支撑，确保课程目标的实现和毕业要求指标点的达成。课程大纲中明确了本课程所支撑的毕业要求指标点、本课程的课程目标，以及课程目标与毕业要求指标点之间的支撑关系、考核形式与课程目标的支撑关系。

（5）定期通过校内循环和校外循环对课程体系进行评价和修订，以持续改进的方式，使专业课程体系能够满足毕业要求，培养符合社会和行业等各方期望的专业人才，支持培养目标达成。

2．课程体系的架构

河北大学通信工程专业培养目标、毕业要求和课程体系的修订工作由本专业人才培养方案修订工作小组负责完成，由系主任任组长，系副主任任副组长，由 9 名本专业骨干教师和 2 名企业兼职教师组成，共计 13 名成员。依据通信行业的发展趋势和社会需求变化，确定了本专业的培养目标。根据已经毕业 5 年左右的毕业生进行的培养目标合理性调查结果统计分析报告、企业行业专家培养目标合理性调查结果统计分析报告，对培养目标进行修订，根据培养目标的变化，确定要实现培养目标必须具备的 12 个毕业要求。根据对连续三届应届毕业生的毕业要求达成度调查结果进行统计分析，修订本专业的毕业要求。

在修订毕业要求的过程中，更多的是体现培养学生解决复杂工程问题的能力，以及在工程系统设计、研究过程中，解决复杂工程问题所涉及的一些非技术因素。修订小组依据毕业要求的改变，重新对指标点进行分解，将其分解成为 32 个指标点，依据对要实现的 32 个指标点达成的支撑，构建“通识教育→学科基础教育→专业发展教育→集中实践教育”的多元课程体系，（见图 2.2），将培养学生解决复杂工程问题的能力贯穿于整个课程体系中。根据对课程体系合理性调查结果的统计分析报告，对课程体系中存在的问题进行改进。专业培养方案修订完成后，通过院教学指导委员会和学校教学指导委员会审议论证后实施。

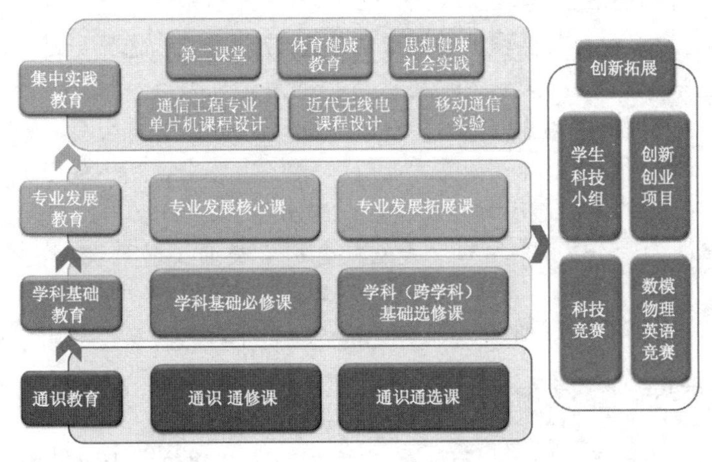

图 2.2　河北大学通信工程专业课程体系架构图

2.4.6 课程体系设置与工程教育认证标准之间的关系

按照培养方案要求规定，河北大学通信工程专业学生毕业需修满 170 学分，按照学校的统一规定，理论课课堂教学每 17 学时计 1 学分；体育、军事理论等偏重实践的课堂教学，每 34 学时计 1 学分；实验、上机等教学环节每 34 学时计 1 学分；毕业设计、课程设计、实习、第二课堂（包括通识教育讲座、就业创业训练、社会实践及其他活动）等实践教学环节，以周为计算单位，原则上每周计 1 学分；毕业论文（设计）为 8 学分。学生在各课程类别达到必修学分要求的基础上，不足 170 学分的情况，可按照自己的兴趣特长选修其他课程。本专业课程体系中各类教学环节的学分分布和比例如图 2.3 所示。

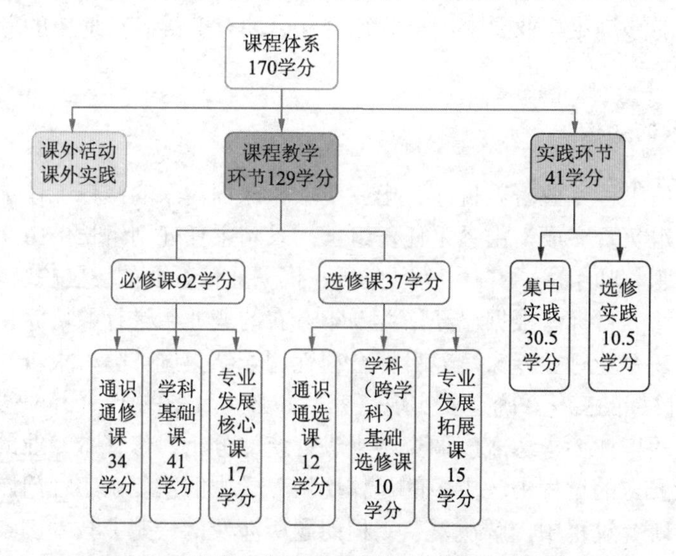

图 2.3　河北大学通信工程专业课程体系框图

1. 课程体系与通用标准的比较

培养方案中各类课程学分比例与工程教育认证通用标准的对比如表 2.3 所示，各类课程的学分和占比分别如下。

（1）数学与自然科学类课程的必修课学分为 27 学分，占总学分的 15.9%。

（2）工程基础类、专业基础和专业类课程的总学分为 57 学分，占总学分的比例为 33.5%。其中，必修课学分为 32 学分，选修课学分为 25 学分。

（3）工程实践与毕业设计（论文）的总学分为 40 学分，所占的学分比例为 23.5%。

（4）人文社会科学类通识教育课程的总学分为 46 学分，其中，必修课的学分为 38 学分，选修课的学分为 8 学分，人文社会科学类通识教育课程占总学分的比例为 27.1%。

由此可见，培养方案中各类课程学分比例均满足工程教育认证通用标准的要求。

2. 课程体系与专业补充标准的比较

培养方案中各类课程设置与工程教育认证专业补充标准的对比情况如表 2.4 所示。

表 2.3　河北大学通信工程专业课程体系各类课程学分比例说明

序号	通用标准课程类别		通用标准	通信工程专业					与通用标准比较
				学分		占总学分比例			
				必修	选修	必修	选修	小计	
1	数学与自然科学		至少15%	27	0	15.9%	0.00%	15.9%	15.9%（大于15%）
2	工程基础类、专业基础和专业类	工程基础	至少30%	15	10	8.8%	5.9%	14.7%	67%（大于30% ）
		专业基础		17	0	10%	0.0%	10%	
		专业类		0	15	0.0%	8.8%	8.8%	
		小计		32	25	18.8%	14.7%	33.5%	
3	工程实践与毕业设计（论文）		至少20%	25.5	14.5	15%	8.5%	23.5%	23.5%（大于20%）
4	人文社会科学类		至少15%	38	8	22.4%	4.7%	27.1%	27.1%（大于15%）
小计				122.5	47.5	72.1%	27.9%	100%	符合标准
总计				170学分		100%			

表 2.4　培养方案中课程设置与专业补充标准对比

序号	课程类别	专业补充标准	通信工程专业开设课程	
1	数学与自然科学类	数学：微积分、常微分方程、级数、线性代数、复变函数、概率论与数理统计等知识领域的基本内容。 物理：牛顿力学、电磁学、振动和波动、光学、热学、近代物理等知识领域的基本内容	数学	高等数学Ⅰ-1、高等数学Ⅰ-2、线性代数Ⅱ、概率统计Ⅱ、工程数学
			物理	普通物理1、普通物理2、普通物理实验
2	工程基础类	在工程图学基础、电路、电子线路/电子技术基础、电磁场/电磁场与电磁波、计算机技术基础、信号与系统分析、系统建模与仿真技术、控制工程基础等知识领域中，至少包括5个知识领域的核心内容	工程图学基础	工程制图与CAD、工程制图与CAD实验
			电路分析	电路分析基础、电路分析基础实验
			电子线路/电子技术基础	数字电路、数字电路实验、模拟电路、模拟电路实验、EDA技术、EDA技术实验、通信类传感器原理及应用实验
			信号与系统分析	信号与系统、信号与系统实验
			计算机技术基础	面向对象技术与可视化编程及实验、Java基础与Android开发及实验、数据结构（含实验）、操作系统（含实验）、微型计算机原理及实验、单片机原理及应用和实验、MATLAB程序设计语言及实验、计算机接口、嵌入式系统及实验、计算方法及实验
			电磁场与电磁波	电磁场理论、电磁兼容

续表

序号	课程类别	专业补充标准	通信工程专业开设课程	
3	专业基础类	在数字信号处理、通信技术基础、通信电路与系统、信号与信息处理、信息理论基础、信息网络、信息获取与检测技术等知识领域中，至少包括4个知识领域的核心内容	数字信号处理	数字信号处理、数字信号处理实验
			通信电路与系统	高频电路、高频电路实验
			通信技术基础	微波技术及实验、通信原理及实验
			信息理论基础	电子与通信工程专业导论
4	专业类	根据专业特点自定	信号处理	数字图像处理及实验、通信类DSP原理及应用和实验
			通信原理类	信息论与编码、现代交换技术及实验、移动通信、光纤通信及实验、网络通信
			自动化技术	通信类自动控制原理及实验
			专业外语	通信工程专业外语
5	实践环节	具有面向工程需要的完备的实践教学体系，包括：金工实习、电子工艺实习、各类课程设计与综合实验、工程金工实习、毕业实习（实践）等	实习	金工实习、电子工艺实习、毕业实习
			课程设计与综合实验	C程序课程设计、数字电路课程设计、通信工程专业单片机课程设计、近代无线电课程设计、移动通信实验、C程序设计实验
			毕业设计	毕业设计

通过对照工程教育认证电子信息与电气工程类专业补充标准，河北大学通信工程专业的各类课程设置均满足标准要求。

2.4.7 分学期教学计划与课程之间的关系

河北大学通信工程专业的培养方案大体可划分为基础教育和专业教育两个阶段。第1～4 学期为基础教育阶段；第 5～8 学期为专业教育阶段。本专业的教学计划按八个学期划分。第 1～4 学期主要为通识教育基础课及部分专业基础课；第 5～7 学期主要为专业基础课、专业课、集中性实践环节；第 8 学期为毕业设计。分学期教学计划如表 2.5 所示。专业实践教育教学环节安排表如表 2.6 所示。

表 2.5 河北大学通信工程专业分学期课程教学计划表

第 1 学期

课程代码	课程名称	课程类别	总学时/实验学时	学分	考核形式
320001	大学英语1	通识教育	50/0	3	考试
32S001	大学英语网络自主学习1	通识教育	3.5周	1	考查
330001	大学体育1	通识教育	34/0	1	考查
00S100	军事理论（含军事训练）	通识教育	34/0	1	考查

续表

第 1 学期					
课程代码	课程名称	课程类别	总学时/实验学时	学分	考核形式
920002	大学语文	通识教育	51/17	3	考查
341023	大学计算机基础及上机Ⅰ-C	通识教育	51/34	2	考试
910006	大学数学C（高等数学Ⅰ-1）	专业基础	85/0	5	考试
910012	大学数学C（线性代数Ⅱ）	专业基础	51/0	3	考试
132005	工程制图与CAD	专业基础	34/0	2	考查
132005sy	工程制图与CAD实验	专业基础	0/12	0	考查
第 2 学期					
课程代码	课程名称	课程类别	总学时/实验学时	学分	考核形式
310001	思想道德修养与法律基础	通识教育	42/0	2.5	考查
310002	马克思主义基本原理	通识教育	42/0	2.5	考试
310004	中国近现代史纲要	通识教育	34/0	2	考查
320002	大学英语2	通识教育	50/0	3	考试
32S002	大学英语网络自主学习2	通识教育	3.5周	1	考查
330002	大学体育1	通识教育	34/0	1	考查
910007	大学数学C（高等数学Ⅰ-2）	专业基础	85/0	5	考试
132001	C程序设计	专业基础	51/0	3	考查
132002	C程序设计实验	专业基础	0/20	0.5	考查
132003	普通物理1	专业基础	51/0	3	考试
第 3 学期					
课程代码	课程名称	课程类别	总学时/实验学时	学分	考核形式
320003	大学英语3	通识教育	50/0	3	考试
32S003	大学英语网络自主学习3	通识教育	3.5周	1	考查
330003	大学体育3	通识教育	34/0	1	考查
132004	普通物理2	专业基础	51/0	3	考试
130014	普通物理实验	专业基础	0/34	1	考试
130010	电路分析基础	专业基础	51/0	3	考试
130017	电路分析基础实验	专业基础	0/24	0.5	考查
130007	工程数学	专业基础	68/0	4	考试
131099	数字电路	专业基础	51/0	3	考试
131081	数字电路实验	专业基础	0/18	0.5	考查
132007	面向对象技术与可视化编程	专业基础	34/0	2	考试
132008	面向对象技术与可视化编程实验	专业基础	0/33	1	考查
132009	Java基础与Android开发	专业基础	34/0	2	考查
132010	Java基础与Android开发实验	专业基础	0/33	1	考查

续表

第3学期					
课程代码	课程名称	课程类别	总学时/实验学时	学分	考核形式
130026	计算方法	专业基础	34/0	2	考查
131014	计算方法实验	专业基础	0/18	0.5	考查
第4学期					
课程代码	课程名称	课程类别	总学时/实验学时	学分	考核形式
310008	毛泽东思想和中国特色社会主义理论体系概论	通识教育	85/0	5	考查
320004	大学英语4	通识教育	50/0	3	考试
32S004	大学英语网络自主学习4	通识教育	3.5周	1	考查
330004	大学体育4	通识教育	34/0	1	考查
910015	大学数学C（概率统计Ⅱ）	专业基础	51/0	3	考试
131005	模拟电路	专业基础	51/0	3	考试
131008	模拟电路实验	专业基础	0/21	0.5	考查
130015	信号与系统	专业基础	51/0	3	考试
131082	信号与系统实验	专业基础	0/18	0.5	考查
130024	数据结构	专业基础	34/0	2	考查
130024sy	数据结构实验	专业基础	0/14	0	考查
130033	操作系统	专业基础	34/0	2	考查
130033sy	操作系统实验	专业基础	0/14	0	考查
131007	EDA技术	专业基础	34/0	2	考查
130021	EDA技术实验	专业基础	0/33	1	考查
131161	电子与通信工程专业导论	专业发展	17/0	1	考试
第5学期					
课程代码	课程名称	课程类别	总学时/实验学时	学分	考核形式
130013	微型计算机原理	专业基础	51/0	3	考试
130019	微型计算机原理实验	专业基础	0/21	0.5	考查
130022	单片机原理及应用	专业基础	34/0	2	考试
130023	单片机原理及应用实验	专业基础	0/18	0.5	考查
131017	MATLAB程序设计语言	专业基础	34/0	2	考试
131089	MATLAB程序设计语言实验	专业基础	0/18	0.5	考查
130039	数字信号处理	专业发展	51/0	3	考试
131098	数字信号处理实验	专业发展	0/18	0.5	考查
130072	高频电路	专业发展	51/0	3	考试
131006	高频电路实验	专业发展	0/18	0.5	考查
131052	电磁场理论	专业发展	51/0	3	考试

续表

第 5 学期					
课程代码	课程名称	课程类别	总学时/实验学时	学分	考核形式
131059	通信工程专业外语	专业发展	34/0	2	考试
第 6 学期					
课程代码	课程名称	课程类别	总学时/实验学时	学分	考核形式
310005	形势与政策	通识教育	34/0	2	考查
132038	通信类传感器原理及应用	专业基础	34/0	2	考试
132039	通信类传感器原理及应用实验	专业基础	0/18	0.5	考查
130113	电磁兼容	专业基础	34/0	2	考试
130127	计算机接口	专业基础	34/0	2	考试
130119	微波技术	专业发展	51/0	3	考试
131055	微波技术实验	专业发展	0/18	0.5	考查
130120	通信原理	专业发展	68/0	4	考试
130122	通信原理实验	专业发展	0/18	0.5	考查
131120	通信类自动控制原理	专业发展	51/0	3	考试
131119	通信类自动控制原理实验	专业发展	0/18	0.5	考查
130128	数字图像处理	专业发展	34/0	2	考试
131090	数字图像处理实验	专业发展	0/18	0.5	考查
第 7 学期					
课程代码	课程名称	课程类别	总学时/实验学时	学分	考核形式
130034	嵌入式系统	专业基础	34/0	2	考查
131016	嵌入式系统实验	专业基础	0/18	0.5	考查
130150	光纤通信	专业发展	34/0	2	考试
131094	光纤通信实验	专业发展	0/18	0.5	考查
132042	通信类DSP原理及应用	专业发展	34/0	2	考试
131118	通信类DSP原理及应用实验	专业发展	0/18	0.5	考查
130129	网络通信	专业发展	34/0	2	考试
131053	信息论与编码	专业发展	34/0	2	考试
132034	现代交换技术	专业发展	34/0	2	考试
132035	现代交换技术实验	专业发展	0/24	0.5	考查
131123	移动通信	专业发展	51/0	3	考试
第 8 学期					
131023	毕业设计	专业发展	8周	8	考试

表 2.6　河北大学通信工程专业实践教育教学环节安排表

课程类别	课程编号	课程名称	考核类型	开课学期	学分	周数	各学期周数								开课单位	备注
							1	2	3	4	5	6	7	8		
通识教育实践	33S001	体育健康教育	考查	2	0			*							体育教学部	8学时
	31S002	思想政治课社会实践	考查	4	2	3.5				*					马克思主义学院	34学时
	32S001	大学英语网络自主学习1	考查	1	1		3.5								公共外语教学部	课堂教学
	32S002	大学英语网络自主学习2	考查	2	1			3.5							公共外语教学部	课堂教学
	32S003	大学英语网络自主学习3	考查	3	1				3.5						公共外语教学部	课堂教学
	32S004	大学英语网络自主学习4	考查	4	1					3.5					公共外语教学部	课堂教学
	00S100x	军事训练	考查	1	0	2	0								武装部	学期初进行
专业课程实践	130062	C程序课程设计	考查	1	1	1		1							电子信息工程学院	集中安排1周
	130064	数字电路课程设计	考查	4	1	1				1					电子信息工程学院	集中安排1周
	131051	通信工程专业单片机课程设计	考查	5	1	1					1				电子信息工程学院	集中安排1周
	131054	近代无线电课程设计	考查	6	1	1						1			电子信息工程学院	集中安排1周
	132016	移动通信实验	考查	7	1	1							1		电子信息工程学院	集中安排1周
工程训练	131136	金工实习	考查	1	1	1	1								质量技术监督学院	集中安排1周
	130063	电子工艺实习	考查	1	1	1			1						电子信息工程学院	集中安排1周
	131010	毕业实习	考试	7	2	2							2		校外实习基地	统一安排、自选相结合
毕业设计（论文）	131023	毕业设计	考试	8	8	8								8	电子信息工程学院	第8学期8周

通信工程专业所修课程的课程体系结构如图 2.4 所示。根据专业能力的培养要求，设置课程的先后修读顺序。例如，高等数学是大学的通识基础知识，因而先修；电路分析基础、数字电路、模拟电路、信号与系统是本专业必备的专业基础课程，将其安排在三、四学期进行，为后续的专业课程学习（如数字信号处理、高频电路、电磁场理论、微波技术、通信原理）打下基础；专业课程学习的安排也有先后关系，体现在图 2.4 中。

在通信工程专业课程体系中，数学与自然科学类课程都是必修课程，高等数学、线性代数、概率统计由教务处统一组织相关学院专业教师进行教学和考核，工程数学、普通物理 1、2 及普通物理实验自然科学类课程由本学院教师及物理学院教师共同承担。数学与自然科学类课程的必修课学分为 27 学分，占总学分的 15.9%。其中，数学类包含微积分、常微分方程、级数、线性代数、复变函数、概率论与数理统计，自然科学类开设了牛顿力学、电磁学、振动和波动、光学、热学和近代物理等知识内容，完全覆盖专业补充标准中数学与自然科学类知识领域的基本内容，满足专业认证标准中对于数学与自然科学类课程设置学分总占比 15%的要求。学生通过数学和自然科学类课程的学习，能够为工程问题的建模和求解奠定理论基础。因此，本专业在数学和自然科学类课程设置方面是合理、科学的。

工程基础类课程应包含的 6 个领域：工程图学基础、电路分析、电子线路/电子技术基础、信号与系统分析、计算机技术基础、电磁场与电磁波，在本专业课程体系中都有相关的课程支撑。专业基础类课程应包含的 4 个领域：数字信号处理、通信电路与系统、通信技术基础、信息理论基础，在本专业课程体系中都有相关的课程支撑。专业类课程应包含的信号处理、通信原理类、自动控制原理、专业外语，在本专业课程体系中都有相关的课程支撑。因此，工程基础类、专业基础类与专业类课程设置满足专业补充标准的规定。其中，工程基础类、专业基础类和专业类课程合计 81 学分，必修 32 学分，选修 49 学分（要求最低修读 25 学分），即工程基础类、专业基础类和专业类课程最低要求修读 57 学分，约占总学分的 33.5%，满足工程教育专业认证通用标准中 30%的要求。

在通信工程专业的培养方案中，明确规定了学生的选课依据，以保证工程基础类和专业基础类课程与专业类课程获得的学分达到要求。

工程基础类和专业基础类课程与专业类课程在本专业的课程体系中，分布在学科基础必修课、学科（跨学科）选修课、专业发展核心课、专业发展拓展课四大类里，每一类里都有明确的学分规定，保证了每个学生在毕业时对本类课程中获取的学分达到要求。学科基础必修课共修读 47.5 学分，其中，实验/实践环节修读 6.5 学分。学科（跨学科）选修课最低修读 13 学分，其中，实验/实践环节最低修读 3 学分，“工程制图与 CAD”和“工程制图与 CAD 实验”如未选修或未通过，则必须在全校范围内修读学分不少于 2 分的相似内容的课程。专业发展核心课须修读 30 学分，其中实验/实践环节修读 13 学分。专业发展拓展课最低修读 16.5 学分，其中实验/实践环节最低修读 1.5 学分。

工程实践与毕业设计（论文）的总学分为 40 学分（其中，必修 25.5 学分，选修 14.5 学分），所占的学分比例为 23.5%，满足工程教育专业认证通用标准中 20%的要求。工程实践包括金工实习、C 程序设计实验、C 程序课程设计、数字电路课程设计、电子工艺实习、通信工程专业单片机课程设计、近代无线电课程设计、移动通信实验、毕业实习和毕业设计，满足专业补充标准的规定。

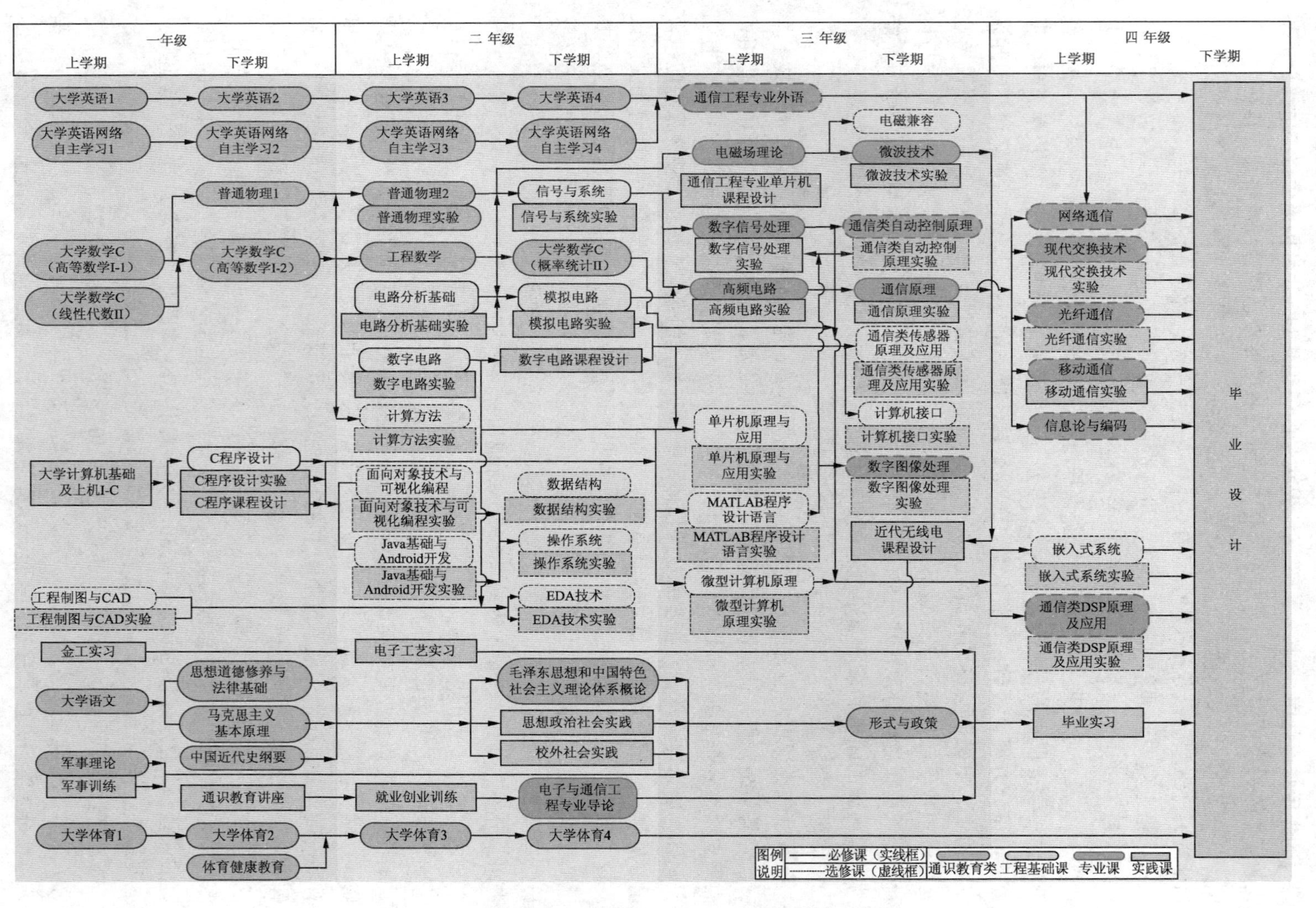

图 2.4　河北大学通信工程专业所修课程的课程体系结构

人文社会科学类通识教育课程包括两大类，分别是通识通修课和通识通选课，总学分为 46 学分（其中必修 38 学分，选修 8 学分），占总学分的 27.1%，满足工程教育专业认证通用标准中 15%的要求，同时体现了河北大学综合性大学文理互融的特色与优势。

学生通过人文社会科学类通识教育课程的学习，具备良好的人文社会素养和社会责任感；能在分析处理工程问题时考虑社会、文化、法律、安全、健康、道德、环境等因素；具备阅读理解外文文献的能力，具有一定的外语交流能力；具备团队合作意识，能在团队中胜任个体、团队成员或者团队负责人的角色，对自身职业发展具有一定规划，具备终身学习的意识和能力。人文社会科学类通识教育课程面向全体学生，在教授过程中注重培养学生在分析处理工程问题时要有考虑经济、环境、法律和道德等因素的意识，实现工程与经济、环境、法律、道德等因素的和谐共存。

2.5　专业培养目标与毕业要求之间的关系

根据学校的办学定位及人才培养的主要建设任务，结合电子信息工程学院的工科特点，学院将秉持“加强基础、突出实践、培养素质、面向工程”的建设理念，积极推进专业建设，通过校企合作大力发展基础建设，利用现代化信息手段努力提高课程质量，强化学院工程教育实力，打造实践创新型人才培育的摇篮。

通信工程专业性质属于工科专业，学生达到毕业要求后将授予工学学士学位。本专业是河北省优势特色专业，具有择业面宽、就业率高的优势，对学生具有很强的吸引力。多年来，本专业的高考招生成绩一直是河北大学招生成绩最高的，是我校热门专业之一。因此，本专业的办学定位在符合学校和学院办学定位的基础上，突出通信工程的专业特点，针对京津冀环首都经济圈的通信及其相关产业的发展需求，以工程教育专业认证保障人才培养质量，以综合性大学的优势塑造学生综合素质，以协同育人模式打造人才创新实践能力，培养就职于通信及电子等相关行业的多元化复合型人才。

学生和教师是实现通信工程专业培养目标的核心，使其深刻理解本专业的培养目标与毕业要求之间的关系，同时让社会人士了解本专业的培养目标与毕业要求，可提高本专业的社会认可度。针对这 3 类人群，本专业的培养目标与毕业要求的关系可以归纳如表 2.7 所示。

表 2.7　通信工程专业毕业要求与培养目标的关系矩阵

毕业要求	细化的培养目标			
	目标 1	目标 2	目标 3	目标 4
毕业要求1		√		√
毕业要求2		√		
毕业要求3		√	√	
毕业要求4		√	√	
毕业要求5			√	
毕业要求6		√		

续表

毕业要求	细化的培养目标			
	目标 1	目标 2	目标 3	目标 4
毕业要求7	√		√	
毕业要求8	√			
毕业要求9			√	√
毕业要求10			√	√
毕业要求11				√
毕业要求12				√

2.6 毕业要求指标点的分解与课程权重系数的确定

每项毕业要求可以被分解为多个指标点，第 1 项毕业要求分解出 4 个指标点，即 1-1、1-2、1-3、1-4；第 2 项毕业要求分解出 2 个指标点，即 2-1、2-2；第 3 项毕业要求分解出 3 个指标点，即 3-1、3-2、3-3；第 4 项毕业要求分解出 3 个指标点，即 4-1、4-2、4-3；第 5 项毕业要求分解出 3 个指标点，即 5-1、5-2、5-3；第 6 项毕业要求分解出 3 个指标点，即 6-1、6-2、6-3；第 7 项毕业要求分解出 2 个指标点，即 7-1、7-2；第 8 项毕业要求分解出 3 个指标点，即 8-1、8-2、8-3；第 9 项毕业要求分解出 2 个指标点，即 9-1、9-2；第 10 项毕业要求分解出 3 个指标点，即 10-1、10-2、10-3；第 11 项毕业要求分解出 2 个指标点，即 11-1、11-2；第 12 项毕业要求分解出 2 个指标点，即 12-1、12-2。通信工程专业将学生毕业时须达成的 12 项毕业要求分解为 32 个可衡量效果的指标点，具体见表 2.8。

每个指标点的达成由支撑本指标点的各门课程决定。河北大学通信工程专业人才培养方案中的课程共计 99 门（包括所有的必修课和选修课）。其中，大学英语 1、大学英语 2、大学英语 3、大学英语 4 合为大学英语 1-4；大学英语网络自主学习 1、大学英语网络自主学习 2、大学英语网络自主学习 3、大学英语网络自主学习 4 合为大学英语网络自主学习 1-4；高等数学Ⅰ-1、高等数学Ⅰ-2 合为大学数学 C（高等数学Ⅰ-1，Ⅰ-2）。部分没有学分的实验课与其相应的理论课合并，包括军事理论、军事训练合为军事理论（含军事训练）；工程制图与 CAD、工程制图与 CAD 实验合为工程制图与 CAD（含实验）；数据结构、数据结构实验合为数据结构（含实验）；操作系统、操作系统实验合为操作系统（含实验）；体育健康教育因为没有学分，没有列入课程体系中，合并后为 87 门课程。

通信与电子信息工程系本科人才培养方案修订工作小组经多次研究讨论，根据各门课程对指标点支撑的强弱，赋予了各门课程支撑各指标点的权重系数（以下称为目标达成值），取值范围在[0,1.0]之间，具体见表 2.9 至表 2.20。每一个指标点的目标达成值之和为 1.0，每项毕业要求达成度目标值为各指标点达成度目标值的均值，目标值为 1.0。

表2.8　毕业要求指标点分解

毕业要求	毕业要求指标点	
毕业要求1　工程知识：能够将数学、自然科学、工程基础和专业知识用于解决复杂的通信工程问题	1-1	掌握数学与自然科学的知识，为工程问题的建模和求解奠定理论基础
	1-2	掌握计算机的基础知识，具备计算机应用与软件设计开发能力
	1-3	掌握电路与信号相关专业的基础知识，具备电路分析与设计能力，具有信息获取与分析处理能力
	1-4	掌握通信与电子工程系统专业知识，具有对复杂的通信与电子工程系统建模和分析的能力
毕业要求2　问题分析：能够应用数学、自然科学和工程科学的基本原理，识别、表达并通过文献研究分析复杂的工程问题，以获得有效的结论	2-1	能够应用数学、自然科学和工程科学基本原理对复杂的通信工程问题进行识别和表达
	2-2	能通过文献研究对复杂的工程问题进行分析，以获得有效结论
毕业要求3　设计/开发解决方案：能够设计针对复杂工程问题的解决方案，设计满足特定需求的系统、单元（部件）或工艺流程，并能够在设计环节中体现创新意识，考虑社会、健康、安全、法律、文化及环境的因素	3-1	针对通信与电子工程系统中的复杂工程问题设计出相应的解决方案
	3-2	根据特定需求对通信与电子工程系统各模块进行设计和实现，并能够在设计环节中体现创新意识
	3-3	了解社会、安全、健康、法律、文化及环境等因素对通信工程系统设计的影响和制约，能够系统地权衡各相关因素
毕业要求4　研究：能够基于科学原理并采用科学方法对复杂的工程问题进行研究，包括设计实验、分析与解释数据，并通过信息综合得到合理有效的结论	4-1	能够基于通信工程专业理论，对复杂的通信工程问题选择研究路线，设计可行的实验方案
	4-2	能够进行通信器件的选型并搭建实验平台，采用科学的实验方法，安全有效地开展实验
	4-3	能够正确采集、整理实验数据，对实验结果进行分析和解释，获取合理有效的结论
毕业要求5　使用现代工具：能够针对复杂的工程问题，开发、选择与使用恰当的技术、资源、现代工程工具和信息技术工具，包括对复杂工程问题的预测与模拟，并能够理解其局限性	5-1	能熟练运用电子信息类工程技术手段，表达和解决通信工程的设计问题
	5-2	能针对通信工程的复杂问题，选择并合理使用软/硬件设计与仿真平台
	5-3	具有使用现代电子仪器设备的能力
毕业要求6　工程与社会：能够基于工程相关背景知识进行合理分析，评价专业工程实践和复杂工程问题解决方案对社会、健康、安全、法律及文化的影响，并理解应承担的责任	6-1	具有工程实习和社会实践的经历
	6-2	熟悉通信工程领域相关的技术标准、知识产权、产业政策和法律法规，了解企业的管理体系
	6-3	能识别、量化和分析通信工程领域新产品和新技术的开发和应用对社会、健康、安全、法律及文化的潜在影响
毕业要求7　环境和可持续发展：能够理解和评价针对复杂工程问题的专业工程实践对环境、社会和可持续发展的影响	7-1	理解环境保护和社会可持续发展的内涵和意义
	7-2	正确理解和评价通信工程领域复杂工程问题对环境保护及社会可持续发展等的影响

续表

毕业要求	毕业要求指标点	
毕业要求8　职业规范：具有人文社会科学素养、社会责任感，能够在工程实践中理解并遵守工程职业道德和规范，履行责任	8-1	具有人文知识、思辨能力、处事能力和科学精神
	8-2	理解社会主义核心价值观，了解国情，维护国家利益，具有推动民族复兴和社会进步的责任感
	8-3	理解工程伦理的核心理念，在工程实践中能自觉遵守职业道德和规范，具有法律意识，履行应尽的责任
毕业要求9　个人和团队：能够在多学科背景下的团队中承担个体、团队成员及负责人的角色	9-1	能主动与其他学科的成员共享信息，合作共事
	9-2	能够胜任团队成员的角色与责任，能独立完成团队分配的工作，能组织团队成员开展工作
毕业要求10　沟通：能够就复杂的工程问题与业界同行及社会公众进行有效沟通和交流，包括撰写报告和设计文稿、陈述发言、清晰表达或回应指令；具有一定的国际视野，能够在跨文化背景下进行沟通和交流	10-1	能够通过口头、书面、图表、工程图纸等方式与业界同行及社会公众进行有效沟通和交流
	10-2	具有英语听、说、读、写的基本能力，能在跨文化背景下进行沟通和交流
	10-3	了解通信工程技术领域的国际发展趋势和研究热点
毕业要求11　项目管理：理解并掌握工程管理原理和经济决策方法，并能在多学科环境中应用	11-1	了解电子信息领域工程管理原理与经济决策基本知识，理解并掌握相应的工程管理与经济决策方法
	11-2	能够在多学科环境中应用工程管理原理和经济决策方法进行工程设计与实践
毕业要求12　终身学习：具有自主学习和终身学习的意识，有不断学习和适应社会发展的能力	12-1	能认识到不断探索和学习的必要性，具有自主学习和终身学习的意识
	12-2	能针对个人或职业发展的需求，掌握自主学习的方法，了解拓展知识和能力的途径，适应社会发展

表 2.9　课程体系与毕业要求 1 指标点目标达成值矩阵

课程名称	1-1	1-2	1-3	1-4
大学数学C（高等数学Ⅰ-1，Ⅰ-2）	0.2	/	/	/
大学数学C（线性代数Ⅱ）	0.1	/	/	/
大学数学C（概率统计Ⅱ）	0.1	/	/	/
C程序设计	/	0.2	/	/
C程序设计实验	/	0.05	/	/
C程序课程设计	/	0.05	/	/
普通物理1，2	0.2	/	/	/
普通物理实验	0.1	/	/	/
电路分析基础	/	/	0.2	/
工程数学	0.2	/	/	/
数字电路	/	/	0.15	/
模拟电路	/	/	0.15	/
信号与系统	/	/	0.2	/
计算方法	0.1	/	/	/
计算方法实验	/	0.01	/	/
微型计算机原理	/	0.02	/	/
微型计算机原理实验	/	0.01	/	/
单片机原理及应用	/	0.03	/	/
单片机原理及应用实验	/	0.02	/	/
计算机接口	/	0.01	/	/
数字信号处理	/	/	0.2	/
高频电路	/	/	0.1	/
微波技术	/	/	/	0.2
通信原理	/	/	/	0.3
光纤通信	/	/	/	0.1
网络通信	/	/	/	0.1
信息论与编码	/	/	/	0.2
移动通信	/	/	/	0.1
MATLAB程序设计语言	/	0.2	/	/
数据结构（含实验）	/	0.25	/	/
操作系统（含实验）	/	0.15	/	/
各指标点达成度目标值	1.0	1.0	1.0	1.0
毕业要求达成度目标值	1.0			

表 2.10　课程体系与毕业要求 2 指标点目标达成值矩阵

课程名称	2-1	2-2
工程数学	0.1	/
信号与系统	0.1	/

续表

课程名称	2-1	2-2
数字信号处理	0.15	0.1
高频电路	0.05	/
微波技术	0.05	/
通信原理	0.2	/
数字图像处理	0.05	0.1
光纤通信	/	0.1
信息论与编码	0.1	/
现代交换技术	/	0.1
电子与通信工程专业导论	/	0.2
毕业设计	/	0.4
电磁场理论	0.1	/
通信类自动控制原理	0.05	/
通信类自动控制原理实验	0.05	/
各指标点达成度目标值	1.0	1.0
毕业要求达成度目标值	1.0	

表 2.11　课程体系与毕业要求 3 指标点目标达成值矩阵

课程名称	3-1	3-2	3-3
思想道德修养与法律基础	/	/	0.1
马克思主义基本原理	/	/	0.1
形势与政策	/	/	0.1
大学语文	/	/	0.1
EDA技术	0.2	/	/
EDA技术实验	/	0.1	/
金工实习	/	/	0.2
数字信号处理	0.1	/	/
高频电路	/	0.1	/
高频电路实验	/	0.1	/
通信原理	0.1	/	/
通信原理实验	/	0.1	/
光纤通信	0.2	/	/
通信类DSP原理及应用	/	0.1	/
通信类DSP原理及应用实验	/	0.1	/
现代交换技术	0.2	/	/
现代交换技术实验	/	0.2	/
移动通信	/	0.2	/
移动通信实验	0.2	/	/
数字图像处理	/	/	0.2
电磁场理论	/	/	0.2
各指标点达成度目标值	1.0	1.0	1.0
毕业要求达成度目标值	1.0		

表 2.12　课程体系与毕业要求 4 指标点目标达成值矩阵

课程名称	4-1	4-2	4-3
数字电路实验	/	0.2	/
模拟电路实验	/	0.1	0.05
信号与系统实验	0.05	0.1	0.1
EDA技术实验	0.1	/	0.1
MATLAB程序设计语言实验	0.05	/	0.05
数字信号处理实验	0.05	/	0.1
高频电路实验	0.1	0.1	0.1
微波技术实验	0.1	0.1	0.1
通信原理实验	0.1	0.2	0.1
数字图像处理实验	0.05	/	0.05
光纤通信实验	0.1	0.1	0.05
通信类DSP原理及应用实验	0.1	/	0.05
现代交换技术实验	0.05	/	0.05
移动通信实验	0.05	/	0.05
近代无线电课程设计	0.1	0.1	0.05
各指标点达成度目标值	1.0	1.0	1.0
毕业要求达成度目标值	1.0		

表 2.13　课程体系与毕业要求 5 指标点目标达成值矩阵

课程名称	5-1	5-2	5-3
电路分析基础实验	/	/	0.1
嵌入式系统	/	0.05	/
嵌入式系统实验	/	0.05	/
EDA技术	0.1	/	/
EDA技术实验	/	0.15	0.1
MATLAB程序设计语言实验	/	0.05	/
数字信号处理	0.1	/	/
数字信号处理实验	/	0.1	/
现代交换技术	0.1	/	/
现代交换技术实验	/	0.2	0.2
移动通信	0.1	/	/
移动通信实验	/	0.2	0.2
光纤通信	0.1	/	/
高频电路	0.1	/	/
高频电路实验	/	/	0.1
微波技术	0.1	/	
微波技术实验	/	/	0.1
通信原理	0.3	/	/

续表

课程名称	5-1	5-2	5-3
通信原理实验	/	/	0.2
面向对象技术与可视化编程	/	0.05	/
面向对象技术与可视化编程实验	/	0.05	/
Java基础与Android开发	/	0.05	/
Java基础与Android开发实验	/	0.05	/
各指标点达成度目标值	1.0	1.0	1.0
毕业要求达成度目标值	1.0		

表 2.14　课程体系与毕业要求 6 指标点目标达成值矩阵

课程名称	6-1	6-2	6-3
思想道德修养与法律基础	/	/	0.1
金工实习	0.3	/	/
通信类传感器原理及应用	/	/	0.2
电磁兼容	/	0.2	0.1
电子工艺实习	0.3	0.1	/
毕业实习	0.3	0.2	/
第二课堂就业创业训练	/	0.2	/
第二课堂校外社会实践	0.1	/	/
通信原理	/	0.2	0.2
高频电路	/	0.1	/
毕业设计	/	/	0.2
电磁场理论	/	/	0.2
各指标点达成度目标值	1.0	1.0	1.0
毕业要求达成度目标值	1.0		

表 2.15　课程体系与毕业要求 7 指标点目标达成值矩阵

课程名称	7-1	7-2
思想道德修养与法律基础	0.4	/
毛泽东思想和中国特色社会主义理论体系概论	0.3	/
形势与政策	0.3	/
电磁兼容	/	0.3
通信原理	/	0.4
高频电路	/	0.3
各指标点达成度目标值	1.0	1.0
毕业要求达成度目标值	1.0	

表 2.16　课程体系与毕业要求 8 指标点目标达成值矩阵

课程名称	8-1	8-2	8-3
思想道德修养与法律基础	0.2	/	0.4
马克思主义基本原理	0.2	0.3	/
中国近现代史纲要	/	0.1	/
毛泽东思想和中国特色社会主义理论体系概论	/	0.2	/
形势与政策	/	0.1	/
大学语文	0.3	/	/
第二课堂通识教育讲座	0.2	/	/
第二课堂就业创业训练	/	/	0.3
第二课堂校外社会实践	0.1		0.3
思想政治课社会实践	/	0.1	/
军事理论（含军事训练）	/	0.2	/
各指标点达成度目标值	1.0	1.0	1.0
毕业要求达成度目标值	1.0		

表 2.17　课程体系与毕业要求 9 指标点目标达成值矩阵

课程名称	9-1	9-2
思想政治课社会实践	0.3	/
第二课堂校外社会实践	0.4	/
近代无线电课程设计	/	0.1
现代交换技术实验	/	0.2
数字电路课程设计	/	0.1
移动通信实验	/	0.2
数字图像处理	/	0.4
大学体育1-4	0.3	/
各指标点达成度目标值	1.0	1.0
毕业要求达成度目标值	1.0	

表 2.18　课程体系与毕业要求 10 指标点目标达成值矩阵

课程名称	10-1	10-2	10-3
大学英语1-4	/	0.4	/
大学英语网络自主学习1-4	/	0.4	/
大学语文	0.3	/	/
金工实习	0.1	/	/
工程制图与CAD（含实验）	0.3	/	/
EDA技术实验	0.05	/	/
电子与通信工程专业导论	/	/	0.3
通信原理	/	/	0.2
毕业设计	0.1	/	0.3

续表

课程名称	10-1	10-2	10-3
通信工程专业外语	0.1	0.1	0.2
网络通信	/	0.1	/
大学计算机基础及上机I-C	0.05	/	/
各指标点达成度目标值	1.0	1.0	1.0
毕业要求达成度目标值	1.0		

表 2.19　课程体系与毕业要求 11 指标点目标达成值矩阵

课程名称	11-1	11-2
毕业实习	0.3	0.3
毕业设计	0.3	0.5
近代无线电课程设计	0.2	/
通信类传感器原理与应用	0.2	/
大学数学C（概率统计II）	/	0.1
通信类传感器原理与应用实验	/	0.1
各指标点达成度目标值	1.0	1.0
毕业要求达成度目标值	1.0	

表 2.20　课程体系与毕业要求 12 指标点目标达成值矩阵

课程名称	12-1	12-2
大学英语网络自主学习	/	0.1
电子工艺实习	0.1	0.1
电子与通信工程专业导论	/	0.2
毕业实习	0.3	0.1
毕业设计	0.3	0.1
第二课堂就业创业训练	0.1	0.1
通信工程专业单片机课程设计	0.1	0.1
近代无线电课程设计	/	0.1
形势与政策	0.05	/
数字电路课程设计	0.05	0.1
各指标点达成度目标值	1.0	1.0
毕业要求达成度目标值	1.0	

在进行毕业要求达成度评价时，可以采用定量的“考核成绩分析法”和定性的“问卷调查法”相结合的评价方法。其中，“考核成绩分析法”依据对学生的课程考核成绩结果，进行课程对该条毕业要求指标点的达成度评价；“问卷调查法”评价受访者对毕业要求各项能力重要性的认同程度，以及毕业生在这些能力上的表现和达成情况。

2.7　课程体系与毕业要求指标点的支撑关系

在传统的培养体系模式下，培养目标的制定基于学科期望和学校定位；教学计划的制订一方面传承于已有的计划表，一方面借鉴同类高校，教学计划制订者的关注点在于课程体系和课程/实践教学的自我完善与知识点的全面性；而对于考核评价环节来说，评价的仅是教得如何及学得怎样。在此模式下，毕业要求是孤立的，仅是制定出来的某些指标而已，模式中各个环节对其不具有任何支撑关系。

在专业认证要求下的培养体系模式中，毕业要求的重要性就凸显出来了。教学计划的制定是毕业要求的形成支撑，课程及实践教学环节是毕业要求的实现支撑，考核评价则构成了毕业要求的证明支撑。在这种培养体系模式下，在校生、毕业生（校友）、用人单位、教师构成了基于毕业要求平台的利益群体。该利益群体以学生能力为核心，以毕业要求为准绳，综合评价专业的培养质量。

表 2.21 给出了全部课程及其课程目标与本专业毕业要求、毕业要求指标点之间的对应关系。表 2.22 用矩阵形式提供了全部课程支撑诸项毕业要求的对应关系。

表 2.21　全部课程及其课程权重与毕业要求指标点的支撑关系

毕业要求	课程名称及其权重	毕业要求指标点
毕业要求1　工程知识：能够将数学、自然科学、工程基础和专业知识用于解决复杂的通信工程问题	大学数学C（高等数学Ⅰ-1，Ⅰ-2）0.2、大学数学C（线性代数Ⅱ）0.1、大学数学C（概率统计Ⅱ）0.1、普通物理1和2 0.2、普通物理实验0.1、工程数学0.2、计算方法0.1	1-1掌握数学与自然科学的知识，为工程问题的建模和求解奠定理论基础
	C程序设计0.2、C程序设计实验0.05、C程序课程设计0.05、计算方法实验0.01、微型计算机原理0.02、微型计算机原理实验0.01、单片机原理及应用0.03、单片机原理及应用实验0.02、计算机接口0.01、MATLAB程序设计语言0.2、数据结构（含实验）0.25、操作系统（含实验）0.15	1-2掌握计算机的基础知识，具备计算机应用与软件设计开发能力
	电路分析基础0.2、数字电路0.15、模拟电路0.15、信号与系统0.2、数字信号处理0.2、高频电路0.1	1-3掌握电路与信号相关专业基础知识，具备电路分析与设计能力，具有信息获取与分析处理能力
	微波技术0.2、通信原理0.3、光纤通信0.1、网络通信0.1、信息论与编码0.2、移动通信0.1	1-4掌握通信与电子工程系统专业知识，具有对复杂通信与电子工程系统建模和分析的能力
毕业要求2　问题分析：能够应用数学、自然科学和工程科学的基本原理，识别、表达并通过文献研究、分析复杂的工程问题，以获得有效的结论	工程数学0.1、信号与系统0.1、数字信号处理0.15、高频电路0.05、微波技术0.05、通信原理0.2、数字图像处理0.05、信息论与编码0.1、电磁场理论0.1、通信类自动控制原理0.05、通信类自动控制原理实验0.05	2-1能够应用数学、自然科学和工程科学基本原理对复杂通信工程问题进行识别和表达
	数字信号处理0.1、数字图像处理0.1、光纤通信0.1、现代交换技术0.1、电子与通信工程专业导论0.2、毕业设计0.4	2-2能通过文献研究对复杂工程问题进行分析，以获得有效的结论
毕业要求3　设计/开发解决方案：能够设计针对复杂工程问题的解决方案，设计满足特定需求的系统、单元（部件）或工艺流程，并能够在设计环节中体现创新意识，考虑社会、健康、安全、法律、文化及环境的因素	EDA技术0.2、数字信号处理0.1、通信原理0.1、光纤通信0.2、现代交换技术0.2、移动通信实验0.2	3-1针对通信与电子工程系统中的复杂工程问题设计出相应的解决方案
	EDA技术实验0.1、高频电路0.1、高频电路实验0.1、通信原理实验0.1、通信类DSP原理及应用0.1、通信类DSP原理及应用实验0.1、现代交换技术实验0.2、移动通信0.2	3-2根据特定需求对通信与电子工程系统各模块进行设计和实现，并能够在设计环节中体现创新意识
	思想道德修养与法律基础0.1、马克思主义基本原理0.1、形势与政策0.1、大学语文0.1、金工实习0.2、数字图像处理0.2、电磁场理论0.2	3-3了解社会、安全、健康、法律、文化及环境等因素对通信工程系统设计的影响和制约，能够系统地权衡各相关因素

续表

毕业要求	课程名称及其权重	毕业要求指标点
毕业要求4　研究：能够基于科学原理并采用科学方法对复杂工程问题进行研究，包括设计实验、分析与解释数据，并通过信息综合得到合理有效的结论	信号与系统实验0.05、EDA技术实验0.1、MATLAB程序设计语言实验0.05、数字信号处理实验0.05、高频电路实验0.1、微波技术实验0.1、通信原理实验0.1、数字图像处理实验0.05、光纤通信实验0.1、通信类DSP原理及应用实验0.1、现代交换技术实验0.05、移动通信实验0.05、近代无线电课程设计0.1	4-1能够基于通信工程专业理论，对复杂通信工程问题选择研究路线，设计可行的实验方案
	数字电路实验0.2、模拟电路实验0.1、信号与系统实验0.1、高频电路实验0.1、微波技术实验0.1、通信原理实验0.2、光纤通信实验0.1、近代无线电课程设计0.1	4-2能够进行通信器件的选型并搭建实验平台，采用科学的实验方法，安全有效地开展实验
	模拟电路实验0.05、信号与系统实验0.1、EDA技术实验0.1、MATLAB程序设计语言实验0.05、数字信号处理实验0.1、高频电路实验0.1、微波技术实验0.1、通信原理实验0.1、数字图像处理实验0.05、光纤通信实验0.05、通信类DSP原理及应用实验0.05、现代交换技术实验0.05、移动通信实验0.05、近代无线电课程设计0.05	4-3能够正确采集、整理实验数据，对实验结果进行分析和解释，获取合理有效的结论
毕业要求5　使用现代工具：能够针对复杂的工程问题，开发、选择与使用恰当的技术、资源、现代工程工具和信息技术工具，包括对复杂工程问题的预测与模拟，并能够理解其局限性	EDA技术0.1、数字信号处理0.1、现代交换技术0.1、移动通信0.1、光纤通信0.1、高频电路0.1、微波技术0.1、通信原理0.3	5-1能熟练运用电子信息类工程技术手段，表达和解决通信工程的设计问题
	嵌入式系统0.05、嵌入式系统实验0.05、EDA技术实验0.15、MATLAB程序设计语言实验0.05、数字信号处理实验0.1、现代交换技术实验0.2、移动通信实验0.2、面向对象技术与可视化编程0.05、面向对象技术与可视化编程实验0.05、Java基础与Android开发0.05、Java基础与Android开发实验0.05	5-2能针对通信工程的复杂问题，选择并合理使用软/硬件设计与仿真平台
	电路分析基础实验0.1、EDA技术实验0.1、现代交换技术实验0.2、移动通信实验0.2、高频电路实验0.1、微波技术实验0.1、通信原理实验0.2	5-3具有使用现代电子仪器设备的能力
毕业要求6　工程与社会：能够基于工程的相关背景知识进行合理分析，评价专业工程实践和复杂工程问题解决方案对社会、健康、安全、法律及文化的影响，并理解应承担的责任	金工实习0.3、电子工艺实习0.3、毕业实习0.3、第二课堂校外社会实践0.1	6-1具有工程实习和社会实践的经历
	电磁兼容0.2、电子工艺实习0.1、毕业实习0.2、第二课堂就业创业训练0.2、通信原理0.2、高频电路0.1	6-2熟悉通信工程领域相关的技术标准、知识产权、产业政策和法律法规，了解企业的管理体系
	思想道德修养与法律基础0.1、通信类传感器原理及应用0.2、电磁兼容0.1、通信原理0.2、毕业设计0.2、电磁场理论0.2	6-3能识别、量化和分析通信工程领域新产品和新技术的开发和应用对社会、健康、安全、法律及文化的潜在影响

续表

毕业要求	课程名称及其权重	毕业要求指标点
毕业要求7　环境和可持续发展：能够理解和评价针对复杂工程问题的专业工程实践对环境、社会和可持续发展的影响	思想道德修养与法律基础0.4、毛泽东思想和中国特色社会主义理论体系概论0.3、形势与政策0.3	7-1理解环境保护和社会可持续发展的内涵和意义
	电磁兼容0.3、通信原理0.4、高频电路0.3	7-2正确理解和评价通信工程领域复杂工程问题对环境保护及社会可持续发展等的影响
毕业要求8　职业规范：具有人文社会科学素养、社会责任感，能够在工程实践中理解并遵守工程职业道德和规范，履行责任	思想道德修养与法律基础0.2、马克思主义基本原理0.2、大学语文0.3、第二课堂通识教育讲座0.2、第二课堂校外社会实践0.1	8-1具有人文知识、思辨能力、处事能力和科学精神
	马克思主义基本原理0.3、中国近现代史纲要0.1、毛泽东思想和中国特色社会主义理论体系概论0.2、形势与政策0.1、思想政治课社会实践0.1、军事理论（含军事训练）0.2	8-2理解社会主义核心价值观，了解国情，维护国家利益，具有推动民族复兴和社会进步的责任感
	思想道德修养与法律基础0.4、第二课堂就业创业训练0.3、第二课堂校外社会实践0.3	8-3理解工程伦理的核心理念，在工程实践中能自觉遵守职业道德和规范，具有法律意识，履行应尽的责任
毕业要求9　个人和团队：能够在多学科背景下的团队中承担个体、团队成员及负责人的角色	思想政治课社会实践0.3、第二课堂校外社会实践0.4、大学体育1-4 0.3	9-1能主动与其他学科的成员共享信息，合作共事
	近代无线电课程设计0.1、现代交换技术实验0.2、数字电路课程设计0.1、移动通信实验0.2、数字图像处理0.4	9-2能够胜任团队成员的角色与责任，能独立完成团队分配的工作，能组织团队成员开展工作
毕业要求10　沟通：能够就复杂工程问题与业界同行及社会公众进行有效沟通和交流，包括撰写报告和设计文稿、陈述发言、清晰表达或回应指令，并具有一定的国际视野，能够在跨文化背景下进行沟通和交流	大学语文0.3、金工实习0.1、工程制图与CAD（含实验）0.3、EDA技术实验0.05、毕业设计0.1、通信工程专业外语0.1、大学计算机基础及上机I-C 0.05	10-1能够通过口头、书面、图表、工程图纸等方式与业界同行及社会公众进行有效沟通和交流
	大学英语1-4 0.4、大学英语网络自主学习1-4 0.4、通信工程专业外语0.1、网络通信0.1	10-2具有英语听、说、读、写的基本能力，能在跨文化背景下进行沟通和交流
	电子与通信工程专业导论0.3、通信原理0.2、毕业设计0.3、通信工程专业外语0.2	10-3　了解通信工程技术领域的国际发展趋势和研究热点
毕业要求11　项目管理：理解并掌握工程管理原理和经济决策方法，并能在多学科环境中应用	毕业实习0.3、毕业设计0.3、近代无线电课程设计0.2、通信类传感器原理与应用0.2	11-1了解电子信息领域工程管理原理与经济决策的基本知识，理解并掌握相应的工程管理与经济决策方法
	毕业实习0.3、毕业设计0.5、大学数学C（概率统计II）0.1、通信类传感器原理与应用实验0.1	11-2能够在多学科环境中应用工程管理原理和经济决策方法进行工程设计与实践

续表

毕业要求	课程名称及其权重	毕业要求指标点
毕业要求12　终身学习：具有自主学习和终身学习的意识，有不断学习和适应社会发展的能力	电子工艺实习0.1、毕业实习0.3、毕业设计0.3、第二课堂就业创业训练0.1、通信工程专业单片机课程设计0.1、形势与政策0.05、数字电路课程设计0.05	12-1能认识到不断探索和学习的必要性，具有自主学习和终身学习的意识
	大学英语网络自主学习0.1、电子工艺实习0.1、电子与通信工程专业导论0.2、毕业实习0.1、毕业设计0.1、第二课堂就业创业训练0.1、通信工程专业单片机课程设计0.1、近代无线电课程设计0.1、数字电路课程设计0.1	12-2能针对个人或职业发展的需求，掌握自主学习的方法，了解拓展知识和能力的途径，适应社会发展

表 2.22　全部课程与毕业要求指标点的支撑关系矩阵

毕业要求	毕业要求 1				毕业要求 2		毕业要求 3			毕业要求 4			毕业要求 5			毕业要求 6			毕业要求 7		毕业要求 8			毕业要求 9		毕业要求 10			毕业要求 11		毕业要求 12	
	1.1	1.2	1.3	1.4	2.1	2.1	3.1	3.2	3.3	4.1	4.2	4.3	5.1	5.2	5.3	6.1	6.2	6.3	7.1	7.2	8.1	8.2	8.3	9.1	9.2	10.1	10.2	10.3	11.1	11.2	12.1	12.2
思想道德修养与法律基础									M									L	H		M		H									
马克思主义基本原理									M												M	H										
中国近现代史纲要																						L										
毛泽东思想和中国特色社会主义理论体系概论																			M			M										
形势与政策									M										M			L									L	
大学英语1-4																											H					
大学英语网络自主学习1-4																											H					M
大学体育1-4																								M								
军事理论（含军事训练）																						L										
大学语文									M												H					H						
大学计算机基础及上机Ⅰ-C																										L						
大学数学C（高等数学Ⅰ-1，Ⅰ-2）	H																															
大学数学C（线性代数Ⅱ）	M																															
大学数学C（概率统计Ⅱ）	M																													L		
金工实习									H							H										M						

续表

毕业要求	毕业要求 1				毕业要求 2		毕业要求 3			毕业要求 4			毕业要求 5			毕业要求 6			毕业要求 7		毕业要求 8			毕业要求 9		毕业要求 10			毕业要求 11		毕业要求 12	
C程序设计		H																														
C程序设计实验		L																														
C程序课程设计		L																														
普通物理1，2	H																															
普通物理实验	M																															
电路分析基础			H																													
电路分析基础实验															M																	
工程数学	H				M																											
数字电路			M																													
数字电路实验											H																					
模拟电路			M																													
模拟电路实验											M	L																				
数字电路课程设计																									L						L	M
信号与系统			H		M																											
信号与系统实验										L	M	H																				
工程制图与CAD（含实验）																										H						
面向对象技术与可视化编程														L																		
面向对象技术与可视化编程实验														L																		
Java基础与Android开发														L																		
Java基础与Android开发实验														L																		

续表

毕业要求	毕业要求1				毕业要求2		毕业要求3			毕业要求4			毕业要求5			毕业要求6			毕业要求7		毕业要求8			毕业要求9		毕业要求10			毕业要求11		毕业要求12	
计算方法	M																															
计算方法实验		L																														
数据结构（含实验）		H																														
操作系统（含实验）		M																														
EDA技术							H						M																			
EDA技术实验								M		M		H		M	M											L						
微型计算机原理		L																														
微型计算机原理实验		L																														
单片机原理及应用		L																														
单片机原理及应用实验		L																														
MATLAB程序设计语言		H																														
MATLAB程序设计语言实验										L		L		L																		
通信类传感器原理及应用																		H											M			
通信类传感器原理及应用实验																														L		
电磁兼容																	M	L		M												
计算机接口		L																														
嵌入式系统														L																		
嵌入式系统实验														L																		
电子工艺实习																H	M														M	M
电子与通信工程专业导论						M																						H				H

续表

毕业要求	毕业要求1				毕业要求2		毕业要求3			毕业要求4			毕业要求5			毕业要求6			毕业要求7		毕业要求8			毕业要求9		毕业要求10			毕业要求11		毕业要求12	
数字信号处理			H		M	L	M						M																			
数字信号处理实验										L		H		M																		
高频电路			L		L			M					M				L			M												
高频电路实验								M		M	M	M			M																	
电磁场理论					M				H									M														
微波技术				M	L								M																			
微波技术实验										M	M	H			M																	
通信原理				H	H		M						H				M	H		H								M				
通信原理实验								M		H	H	H			H																	
毕业实习																H	H												H	M	H	M
毕业设计						H												H								M		H	H	H	H	M
通信工程专业外语																										M	M	M				
通信类自动控制原理					L																											
通信类自动控制原理实验					L																											
数字图像处理					L	L			H																H							
数字图像处理实验										L		L																				
光纤通信				L		L	H						M																			
光纤通信实验										H	M	L																				
通信类DSP原理及应用								M																								
通信类DSP原理及应用实验								M		H		L																				
网络通信				L																							M					

续表

毕业要求	毕业要求 1				毕业要求 2		毕业要求 3			毕业要求 4			毕业要求 5			毕业要求 6			毕业要求 7		毕业要求 8			毕业要求 9		毕业要求 10			毕业要求 11		毕业要求 12	
信息论与编码				M	M																											
现代交换技术						L	H						M																			
现代交换技术实验								H		L		L		H	H										M							
移动通信				L				H					M																			
第二课堂通识教育讲座																					M											
第二课堂就业创业训练																	H						M								M	M
第二课堂校外社会实践																L					L		M	H								
思想政治课社会实践																						L		M								
通信工程专业单片机课程设计																															M	M
近代无线电课程设计										H	M	L													L				M			M
移动通信实验							H			L		L		H	H										M							

注：H、M、L分别表示强关联、中等关联、弱关联。

2.8　工程实践能力培养

在通信工程专业培养方案的课程体系中，工程实践与毕业设计（论文）课程设置情况如表 2.23 所示。工程实践与毕业设计（论文）的总学分为 40 学分（其中必修 25.5 学分，选修 14.5 学分），工程实践包括金工实习、C 程序设计实验、C 程序课程设计、数字电路课程设计、电子工艺实习、通信工程专业单片机课程设计、近代无线电课程设计、移动通信实验、毕业实习和毕业设计。

表 2.23　工程实践与毕业设计（论文）课程设置一览表

标准要求	知识领域	课程名称	课程类型	学分
工程实践与毕业设计（论文）（至少占总学分的20%）	工程实践	大学计算机基础及上机I-C	必修	2
		C程序课程设计	必修	1
		C程序设计实验	必修	0.5
		电路分析基础实验	必修	0.5
		计算方法实验	选修	0.5
		数字电路实验	必修	0.5
		面向对象技术与可视化编程实验	选修	1
		Java基础与Android开发实验	选修	1
		模拟电路实验	必修	0.5
		信号与系统实验	必修	0.5
		数字电路课程设计	必修	1
		EDA技术实验	选修	1
		高频电路实验	必修	0.5
		数字信号处理实验	必修	0.5
		通信工程专业单片机课程设计	必修	1
		微型计算机原理实验	选修	0.5
		单片机原理及应用实验	选修	0.5
		MATLAB程序设计语言实验	选修	0.5
		微波技术实验	必修	0.5
		通信原理实验	必修	0.5
		通信类自动控制原理实验	选修	0.5
		数字图像处理实验	选修	0.5
		通信类传感器原理及应用实验	选修	0.5
		近代无线电课程设计	必修	1
		光纤通信实验	选修	0.5
		通信类DSP原理及应用实验	选修	0.5
		现代交换技术实验	选修	0.5
		移动通信实验	必修	1

续表

标准要求	知识领域	课程名称	课程类型	学分
工程实践与毕业设计（论文）（至少占总学分的20%）	工程实践	嵌入式系统实验	选修	0.5
		电子工艺实习	必修	1
		金工实习	必修	1
		毕业实习	必修	2
		思想政治课社会实践	必修	2
		第二课堂通识教育讲座	必修	6
		第二课堂就业创业训练	必修	
		第二课堂校外社会实践	必修	
	小计			32
	毕业设计（论文）		必修	8
	小计			8
合计				40
占总学分比例				23.5%

为了培养学生的工程实践能力，河北大学电子信息工程学院通信工程系还构建了完善的实践教学体系。实践教学体系是工程实践能力培养的基石，工程实践能力培养在各类实验实践教学环节中得到了充分体现。实验实践教学内容在时间段上从大学一年级覆盖到四年级，在知识结构上从通识课程延伸至专业课程。通信工程专业实践教学分为课内实验实践教学和课外实验实践教学两大模块。课内实验实践教学按课程性质分为通识教育实验实践训练、学科基础实验实践训练、专业发展实验实践训练和集中实践课程 4 个层次；课外实验实践教学包括学生科技小组、创新创业项目和科技竞赛 3 个层次。实践教学体系的具体构成如图 2.5 所示。

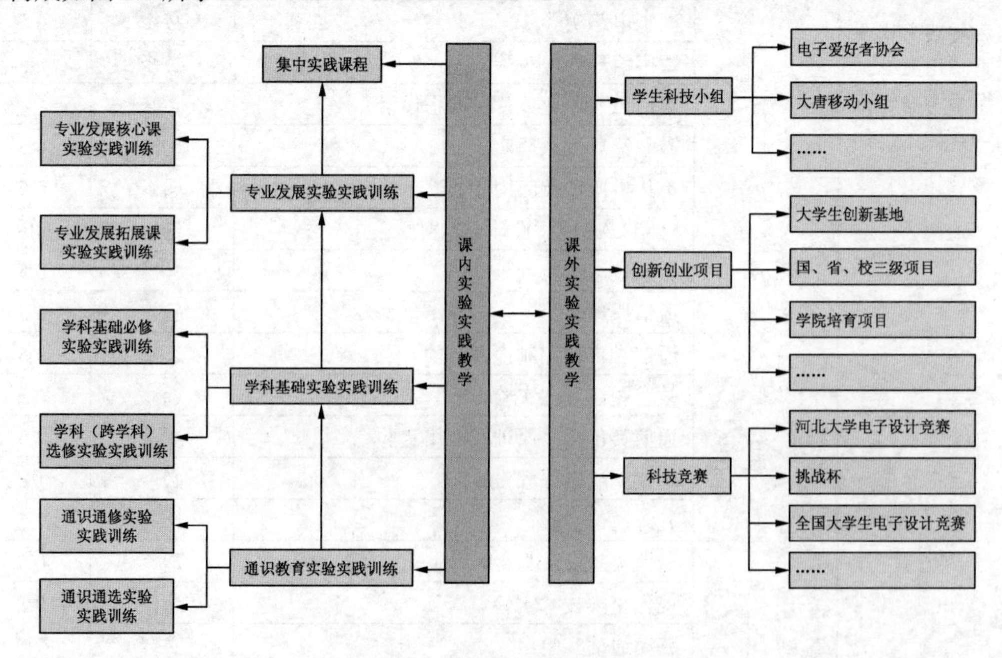

图 2.5　实践教学体系示意图

课内实践教学对培养本科生的工程实践能力至关重要，是本科生工程实践能力培养的主体部分。下面对课内实验实践教学进行简单介绍。

1．通识教育实验实践训练

通识教育实验实践训练主要包括思想政治课社会实践、大学计算机基础上机、军事训练、大学英语网络自主学习、第二课堂素质拓展与就业创业实践，目的是使学生熟练地进行计算机操作，在从事工程设计时能够考虑经济、环境、法律等各种制约因素，培养学生基本的实践技能。

2．学科基础实验实践、专业发展实验实践

学科基础实验实践、专业发展实验实践分别与学科基础类课程、专业发展类课程相对应，目的是让学生掌握电子电路与系统、信息获取和处理等基本理论和分析方法，以及现代通信系统及通信网的基本组成、性能指标和分析方法，培养学生的动手能力和创新能力。

3．集中实践

集中实践包括第二课堂（通识教育讲座、就业创业训练、校外社会实践等）、思想政治课社会实践、通信工程单片机课程设计、近代无线电课程设计、移动通信实验。另外，在通识教育实验实践训练、学科基础实验实践、专业发展实验实践课程中，按教学周计算学时的课程都归属于该类课程，属于集中实践课程的范畴。因此，毕业论文和毕业设计都属于集中实践课程。集中实践培养学生基于科学的原理和方法设计研究工程问题的解决方案，能够在考虑工程与社会、环境和可持续发展的同时，锻炼学生的团队合作能力及自主学习的能力。

综上所述，可以将所有课内实验实践训练课程按照分散还是集中的属性，分为相关课程实验和按教学周进行的实践课程两大类。实践教学体系相关课程实验和集中实践的各类课程的课程名称、课程内容、教学方式、学分要求、考核与成绩判定方式，以及该课程支撑的毕业要求指标点如表 2.24 所示。相关课程实验是为了更好地理解课程基本概念、基本原理和基本方法所开设的配套实验内容，一般设置验证性实验、设计性实验和综合性实验 3 种不同深度的实验，在实验教学内容上注重学生动手能力和创新能力的培养，适当减少验证性的实验项目，增加综合性、设计性的实验项目。按教学周进行的实践课程主要包括思想政治课社会实践、通信工程专业单片机课程设计、近代无线电课程设计、移动通信实验、金工实习、C 程序课程设计、数字电路课程设计、大学英语网络自主学习 1-4、军事训练、毕业实习和毕业设计。通过这些按教学周进行的实践课程的训练，可提高学生的设计能力、创新能力及综合运用专业知识的能力等。表 2.25 给出了每个学生毕业前必须完成的课程设计（包括近三年的成绩分布）。

表 2.24　实验实践课程的内容与教学方式对毕业要求的支撑

环节名称	内容要求与教学方式	学分要求	考核与成绩判定方式	形成的结果
相关课程实验				
普通物理实验（必修）	内容要求：会使用基本的实验仪器和设备，包括了解其原理、精度等级，学会正确操作和读数；学会用实验方法观察和分析物理现象和规律，并加深对一些重要物理规律的认识和理解；熟悉一些基本物理量的常用测量方法；学会正确地做实验记录、处理数据、分析实验结果；初步建立误差分析思想，了解误差的性质及其对实验的影响；学会一种误差计算方法，正确表示实验结果。 教学方式：运用多种形式的教学方式与方法，课前给出实验项目安排，要求学生自主学习，明确实验目的、内容和要求等；课中首先采用讲授式教学法，讲授实验原理，然后采用演示方法，进行实际操作中重点、难点的演示；在学生的实验操作过程中采用互动式方法，指导学生完成实验任务。	1	平时实验成绩占70%，期末考试成绩占30%。其中，实验成绩包括预习报告10分、操作40分和实验报告20分	达成了毕业要求1-1
模拟电路实验（必修）	内容要求：通过实验深刻理解和系统掌握模拟电路的基本理论知识；学习和掌握直流稳压电源的组成及各部分电路的工作原理；学习和掌握三端集成稳压器的应用；学习稳压系数、稳压电源内阻及纹波系数的测量方法；掌握单级放大电路的特点，由晶体管的输入、输出特性曲线分析静态工作点设置不当产生的输出波形失真原因；了解饱和失真、非线性和截止失真的特点；掌握运算放大器工作在线性区的特点，熟悉和掌握由运算放大器组成的反相比例运算电路、电压跟随器、加法器、减法器和积分电路的构成、特点及它们的运算关系，熟悉并掌握仪器、仪表的使用方法和测量方法；学习电压比较器阈值电压的测量方法及电压比较器、积分电路在波形变换及波形产生中的应用。 教学方式：采用课堂授课讲解与实际动手相结合的方式，以学生实际动手操作为主。要求课前认真预习本实验原理和内容；实验课开始后教师首先对实验电路、实验内容、方法、注意事项及相关的理论知识进行讲解，然后学生按实验指导书的内容和要求独立操作。课后对实验结果进行分析，写出实验报告。	0.5	总成绩由平时成绩（实验操作、实验报告）和期末成绩组合而成。 （1）实验操作：20% （2）实验报告：40% （3）期末成绩：40%，采用实验操作的考试形式	达成了毕业要求4-2，4-3

续表

环节名称	内容要求与教学方式	学分要求	考核与成绩判定方式	形成的结果
C程序设计实验 （必修）	内容要求：通过上机编程实验，使学生掌握C程序设计语言的基本语法知识、程序设计的一般方法与知识，学会用常用C语言编译工具编译、调试和修改C程序的方法，以便更好地掌握理论课程中讲授的知识。 教学方式：采用以学生实际操作、教师个别指导为主要教学形式，遇到集中和突出问题，教师统一讲解和示范。以单元实验为课程实施的载体，每个单元实验针对一个典型知识点，以任务驱动的方式设置每个单元实验的内容。在实验内容上采用启发式设置实验任务，倡导学生勤于思考和举一反三的学习方法，让学生做学习的主人。在实验内容的完成过程中训练学生发现问题并学会解决问题，以此开发学生个人的学习潜能。学生平时的学习态度、实验完成情况、实验报告的成绩和期末考试成绩均作为衡量学生是否达到教学目的的标准。	0.5	最终成绩由平时成绩（课堂参与程度、实验完成情况、实验报告）和期末成绩组合而成。 （1）课堂参与程度：20% （2）实验完成情况：30% （3）实验报告：20% （4）期末成绩：30%，采用上机考试的形式	达成了毕业要求1-2
电路分析基础实验 （必修）	内容要求：熟悉万用表、稳压电源、低频信号发生器、普通示波器、毫伏表等常用仪器仪表的使用方法；了解这些仪器仪表的基本原理，能考虑测量仪表对被测电路的影响；识别和正确使用各种电阻器、电位器、电容器和电感线圈，并掌握测试这些元件值的方法；掌握一些基本电量及电路的测量技术。 教学方式：采取学生预习、教师解析实验要点、学生动手操作相结合的方式，以学生实际操作为主。	1	最终成绩由平时成绩和期末成绩组合而成。 （1）实验操作：30% （2）实验报告：30% （3）期末成绩：40%，采用实验操作的考试形式	达成了毕业要求5-3
数字电路实验 （必修）	内容要求：掌握验证基本电子电路及器件的功能，熟悉数字实验箱的基本功能和使用方法，掌握基本门电路的逻辑功能及测试方法，如何用与非门实现其他逻辑门（如与门、或门、非门等）的功能；掌握组合电路的设计方法；掌握触发器的逻辑功能及测试方法；熟悉基本RS触发器、JK触发器、D触发器、T及T´触发器之间的相互转换；掌握用触发器设计计数器的方法，熟悉集成计数器、译码器、数码管的使用，掌握集成计数器构成N进制计数器的方法及计数器的级联；掌握数字频率计的基本原理；熟悉门电路、计数器和译码器的使用，掌握数字电路设计的基本原理。 教学方式：验证性实验训练学生的调试能力和分析能力；综合设计性实验培养学生运用数字电路理论设计电路的能力。教师在整个实验环节中起辅导作用，在实验中观察学生的调试，使学生在实验中出现的问题能得到合理解决，独立完成实验内容。	0.5	最终成绩由平时成绩和期末成绩组合而成。 （1）课堂参与程度：30% （2）课堂出勤：10% （3）项目成绩：20% （4）期末成绩：40%，采用书面考试形式	达成了毕业要求4-2

续表

环节名称	内容要求与教学方式	学分要求	考核与成绩判定方式	形成的结果
信号与系统实验（必修）	内容要求：了解各种常用滤波器的工作原理、功能与特点；学习滤波器幅频特性及相频特性的测量方法；了解简单实用双口网络的计算和制作；掌握A参数、特性阻抗和传输常数的试验测定方法；研究网络的插入和负载失配造成的影响；研究电路的频率失真和相位失真；掌握信号频谱的测试方法，建立波形与频谱之间的联系；了解正弦波、方波、脉冲和调幅波频谱的特点；了解线性电路的频率特性对信号传输的影响；观察电信号通过线性电路后波形的失真情况；掌握产生离散信号的方法；验证抽样定理。 教学方式：要求学生课前预习实验内容，上课时检查预习情况。每次实验课前教师应先简要地讲解该实验项目的目的、意义、原理及重要的实验方法和注意事项等。	0.5	最终成绩由平时成绩和期末成绩组合而成。 （1）实验操作：30% （2）实验报告：30% （3）期末成绩：40%，采用实验操作和书面答题相结合的形式	达成了毕业要求4-1、4-2、4-3
EDA技术实验	内容要求：了解现代电子电路设计自动化的基本流程，掌握大规模可编程逻辑器件（CPLD）和现场可编程门阵列（FPGA）的原理和设计方法；主要掌握器件的硬件结构、组成和电特性，掌握器件的软件开发环境及程序设计；掌握Protel99SE电路设计软件，学会使用电路设计软件进行原理图设计、电路板图设计、元器件库制作及设计检查等；掌握Multisim12电路仿真软件的使用。此部分应掌握电路原理图的输入方法、仿真参数的设置、不同电路参数的仿真分析及仿真结果的分析。 教学方式：学生在实验前做好预习，实验课时由指导教师讲解实验目的、基本原理、EDA实验开发系统、实验关键点及注意事项，学生严格按实验操作规程进行实验。学生实验完毕，由教师验收合格后方可离开，并于下次上课前写好实验报告。在该实验的教学过程中，注重渗透TBL，即任务型教学的教学模式。对于一些设计性的实验项目，教师只简单介绍基本原理并提出设计要求，然后由学生独立设计并完成下载验证和测试。	1	最终成绩由平时成绩（实验操作、实验报告）和期末成绩组合而成。 （1）实验操作：20% （2）实验报告：40% （3）期末成绩：40%，采用上机操作的考试形式	达成了毕业要求3-2、4-1、4-3、5-2、5-3、10-1
微型计算机原理实验	内容要求：掌握显示系统的编程原理；熟练使用相关的BIOS中断调用；掌握图形程序的设计方法；掌握数码管显示的编程原理；熟练使用I/O指令；掌握8255A并行的编程原理；掌握8259A的编程原理；掌握中断向量的设置方法和中断服务处理程序的编写方法；熟悉8259A中断控制器的初始化命令字和操作命令字；掌握8253A的编程原理；熟悉8253A定时/计数器的初始化命令字；掌握8253A计数初值的计算。 教学方式：微型计算机原理课程主要采用启发式教学方法，每个实验环节都设置基本的实验要求和提高部分。在学生完成了基本理论的验证和设计过程的基础上，鼓励学生完成更为复杂和深入的探索，实现更多的功能。最后一个综合性实验环节为创新性实验，要求学生自主设计实验步骤和实验内容，充分激发了学生的学习热情，调动他们的学习积极性，帮助学生掌握实验课程的重点和难点内容。	0.5	最终成绩由平时成绩和期末成绩组合而成。 （1）上机实践：20% （2）实验报告：20% （3）综合实验：30% （4）期末成绩：30%，采用书面考试形式	达成了毕业要求1-2

续表

环节名称	内容要求与教学方式	学分要求	考核与成绩判定方式	形成的结果
单片机原理及应用实验	内容要求：理解MCS-51单片机的寻址方式；熟悉MCS-51单片机的指令系统，并能利用所学的指令编写简单的汇编程序；了解汇编语言程序设计的特点和步骤；理解伪指令；掌握分支程序、查表程序、循环程序和子程序的设计方法；理解定时器/计数器的结构与原理；掌握与定时器/计数器控制有关的寄存器；能够利用中断或查询的方式对定时器/计数器进行编程。 教学方式：通过多媒体教学方式讲授实验内容、目的、原理及方法，以学生实验操作为主，实验课演示和讲解相结合，辅以单片机虚拟仿真预习、答疑等方式，提高实验效率。讲解采用启发式教学和工程实例教学方式，使学生在实例分析中增强学习兴趣，加强对学生实践动手能力和实践创新能力的培养；采取任务引导及学生为主的教育思想。教师讲解实验内容及有关的知识点，给出基本实验要求后，鼓励学生广开思路。	0.5	最终成绩由平时成绩、项目成绩和期末成绩组合而成。 （1）预习报告：5% （2）课堂参与程度：5% （3）平时操作：10% （4）平时作业：10% （5）项目成绩：10% （6）期末成绩：60%	达成了毕业要求1-2
通信类自动控制原理实验	内容要求：掌握通过MATLAB求系统时域响应的方法，了解典型环节对输出动态性能的影响；掌握用MATLAB绘制系统根轨迹的方法，掌握利用根轨迹获得系统相关参数的方法；掌握应用MATLAB绘制系统Bode图和Nyquist图的方法，并通过系统的Bode图和Nyquist图分析系统的动态性能、稳定性和相对稳定性；掌握连续系统的离散化和求采样系统的响应，了解采样系统的最少拍设计。 教学方式：采用上机练习的教学方式，实验应与课堂教学配合同步进行，并要求完成实验报告。	0.5	平时成绩占60%～70%+期末成绩占40%～30%，根据学生的学习情况灵活调整。期末采用上机考试形式	达成了毕业要求2-1
工程制图与CAD（含实验）	内容要求：使学生掌握AutoCAD软件环境中设计中心与“工具”选项板、标题栏与样板图、绘图输出的页面设置等常用技巧，独立地完成AutoCAD的二维绘图，最终能制作出符合国家标准的工程图纸。 教学方式：采用多媒体CAI理论教学、计算机示范教学等手段组织教学。注重实践环节，学生一人一台计算机，并加强上机辅导，课内边讲边练边指导。	1	最终成绩由平时成绩和期末成绩组合而成。 （1）课堂参与程度：10% （2）课堂练习：10% （3）绘制电路图：30% （4）期末成绩：50%。利用AutoCAD绘制一幅机械图样	达成了毕业要求10-1

续表

环节名称	内容要求与教学方式	学分要求	考核与成绩判定方式	形成的结果
计算方法实验	内容要求：熟悉MATLAB的使用方法及特点；学会建立MATLAB搜索路径；熟悉MATLAB工作空间、MATLAB集成环境、命令窗口；掌握MATLAB的通用命令、管理命令和函数、管理变量和工作空间的使用方法；掌握MATLAB矩阵运算、M文件编写、符号运算和图形绘制的方法；掌握通过编程实现插值法，用插值法计算三角函数表和平方根表中没有列出的函数值；掌握通过编程实现曲线拟合；掌握通过编程实现解线性方程组的高斯消去法、雅可比迭代法和塞德尔迭代法；程序实现解非线性方程的牛顿迭代法、弦截法。 教学方式：采用以上机练习为主的教学方式，通过讲解实验重点及其中包含的理论知识，引导学生获得正确的实验和理论思路，从而成为理论课的有益补充，使理论和实践相结合。	0.5	平时成绩占60%～70%，考试成绩占30%～40%	达成了毕业要求1-2
数据结构（含实验）	内容要求：掌握线性结构的定义、组织形式、结构特征和类型说明；掌握在两种存储方式下实现插入、删除和按值查找的算法；掌握循环链表、双（循环）链表的结构特点和在其上施加的插入、删除等操作方法；掌握栈和队列的定义、组织形式、结构特征和类型说明，在两种存储方式下实现入栈和出栈算法；掌握二叉树的二叉链表存储方式、结点结构和类型定义，二叉树的基本运算及应用；掌握图的两种存储结构（邻接矩阵和邻接表）的表示方法，以及图的基本运算及应用；综合以前所学过的数据组织方式和存储方法，解决实际问题，并掌握各种查找排序算法的基本思想及存储、运算的实现。 教学方式：根据教学内容设定相应的实验内容，学生自主完成教师布置的实验任务，得出正确的实验结果，实验后完成实验报告或相关的实验记录。教学方式主要以课堂辅导、上机实践为主，辅助以课后讨论等方式。	0.5	最终成绩由平时成绩和期末成绩组合而成。 （1）平时作业：30% （2）课堂参与程度：20% （3）平时测验：20% （4）期末成绩：30%，采用书面考试形式	达成了毕业要求1-2
嵌入式系统实验	内容要求：熟悉ADS1.2开发环境编译、下载、调试程序的基本过程；掌握简单ARM汇编指令的用法；掌握汇编和C语言混合编程的方法；熟悉S3C2410处理器的A/D结构及有关寄存器的设置；掌握ARM处理器A/D数据采集的编程方法；熟悉Linux开发环境，学会基于S3C2410 的Linux开发环境的配置和使用；学会使用armv4l-unknown-linux-gcc命令和Makefile文件进行编译；学习NFS配置方法，使用基于NFS方式的下载调试，了解嵌入式开发的基本过程；了解多线程程序设计的基本原理；学习pthread库函数的使用；了解在Linux环境下对S3C2410芯片的A/D转换器的操作与控制方法；掌握驱动程序的动态加载方式的特点和方法；学习在Linux下进行驱动设计的原理，掌握使用模块方式进行驱动开发调试的过程；了解Linux的内核机制、驱动程序与用户级应用程序的接口关系、对设备的并发操作。	0.5	最终成绩由平时成绩和期末成绩组合而成。 （1）预习报告：10% （2）课堂实验：30% （3）实验报告：20% （4）期末成绩：40%，采用书面考试及实验操作相结合的形式	达成了毕业要求5-2

续表

环节名称	内容要求与教学方式	学分要求	考核与成绩判定方式	形成的结果
嵌入式系统实验	教学方式：采取任务引导及学生为主的教育思想。教师讲解实验内容及有关知识点，给出基本实验要求后，鼓励学生广开思路。最终的实验完成效果将会划分为不同的达标层次，这样既有统一的完成标准，又可适应个体需要深化实验内容、提高实验效果。整个实验教学不是以学生最后的考试为唯一考核依据，而是将学生每次实验的预习情况、实验操作及实验报告综合起来作为平时成绩，作为衡量学生是否达到实验教学目的的主要标准。	0.5		
MATLAB程序设计语言实验	内容要求：熟悉MATLAB软件环境，基本操作、库函数的使用方法及常用工具箱的使用，掌握MATLAB软件的基本编程方法，培养学生的综合实践能力，真正领会仿真技术的实现方法和MATLAB软件的强大功能。 教学方式：采用以上机练习为主的方式，结合理论课程，通过讲解实验重点及其中包含的理论知识，引导学生获得正确的实验和理论思路。实验中最后一个GUI界面的实验通过学生分组的形式合作完成，并提交人员分工、项目总结及项目演示报告。	0.5	最终成绩由平时成绩、综合性试验、期末成绩组合而成。 （1）出勤率：10% （2）实验报告：30% （3）综合性试验：30% （4）期末成绩：30%，采用上机考试形式	达成了毕业要求4-1、4-3、5-2
数字图像处理实验	内容要求：掌握使用摄像头和图像采集卡等相应的数字化设备及计算机获取数字图像的方法；掌握利用MATLAB调入图像、修改图像的存储格式和保存图像文件的方法；熟练掌握图像变换的方法及应用；了解二维频谱的分布特点；掌握利用MATLAB编程实现数字图像的变换；掌握灰度直方图的概念及其计算方法；熟练掌握直方图均衡化和直方图规定化的计算过程；熟练掌握空间域滤波中常用的平滑和锐化滤波器；掌握频域滤波的原理和实现方法；利用MATLAB程序进行图像增强；了解图像退化/复原处理的模型；熟练掌握基本的噪声估计方法，进行简单的图像复原处理；学会用MATLAB的复原函数进行各种退化图像的复原处理；理解有损压缩和无损压缩的概念；理解图像压缩的主要原则和目的；了解几种常用的图像压缩编码方式；利用MATLAB程序进行图像压缩；使学生通过实验，体会一些主要的分割算子对图像处理的效果，以及各种因素对分割效果的影响；使用MATLAB软件进行图像的分割；能够自行评价各主要算子在无噪声条件下和噪声条件下的分割性能；能够掌握分割条件（阈值等）的选择；完成规定图像的处理并要求正确评价处理结果，能够从理论上给出合理的解释。 教学方式：课堂上，以学生上机为主，教师指导为辅。在实验课之前，学生通过实验指导书了解实验内容和编程步骤；上课时，在计算机上利用MATLAB软件环境进行图像处理编程。学生运用程序设计语言自己动手实现典型的图像处理算法，并完成教师要求的综合性实验，实现在理论指导下（配有相应的数字图像处理理论课）算法理论与动手实践的结合。	0.5	课程综合成绩 = 平时成绩+ 期末成绩 （1）学习态度和学习表现：10% （2）动手能力：10% （3）实验报告：40% （4）期末成绩：40%，采用书面考试形式	达成了毕业要求4-1、4-3

续表

环节名称	内容要求与教学方式	学分要求	考核与成绩判定方式	形成的结果
通信类传感器原理及应用实验	内容要求：观察了解箔式应变片的结构及粘贴方式， 测试应变梁变形的应变输出，搭建单臂电桥进行测试；掌握3种电桥的电路形式及计算关系；了解差动变压器的基本结构和原理，通过实验验证差动变压器的基本特性；观察了解热电偶的结构，熟悉热电偶的工作特性，学会查阅热电偶分度表；了解光电开关的原理和应用；了解霍尔式传感器的结构、工作原理，学会用霍尔传感器做静态位移测试；掌握电容式传感器的工作原理和测量方法。 教学方式：通过讲解实验操作、结合课堂教学、实验报告等，培养学生融会贯通知识、提高综合应用知识解决实际问题的能力，启发学生的创新思维。要求学生能够独立完成大纲所规定的实验内容，实验前要做好预习，实验时要认真操作，做好实验数据的记录、分析和处理，完成实验报告的撰写工作，并回答思考题。	0.5	最终成绩由平时操作成绩、课堂参与程度、期中测验成绩和期末成绩组合而成。 （1）平时操作：10% （2）课堂参与程度：10% （3）期中测验：30% （4）期末成绩：60%，采用操作考试形式	达成了毕业要求 11-2
高频电路实验（必修）	内容要求：学习频率特性测试仪的工作原理和使用方法，测量单、双调谐回路谐振放大器的静态工作点、通频带、中心频率；理解谐振功率放大器的工作原理及负载阻抗、激励电压和集电极电源电压变化对其工作状态的影响；掌握谐振功率放大器的调谐特性和负载特性；掌握频率计的使用方法和电容反馈三点式振荡器的测量方法；测量由石英晶体构成的振荡器各项参数，掌握电路特性；测量不同静态工作点、不同负载时，石英晶体振荡器的振荡频率和输出电压；掌握用模拟乘法器实现全载波与抑制载波调幅的方法与过程，测量全载波调幅的调制度；测量调频和鉴频特性曲线，观察调制信号振幅对频偏的影响，以观察寄生调幅现象；测量电路中定时电容、电阻对调频器振荡频率的影响，输入电压对输出振荡频率的影响；测试LM565构成频率解调器的解调效果，以及输入调频信号的动态范围。 教学方式：“以学生为主体、以教师为主导”的教学模式，针对每个实验的特点设计了相应的授课方式，对于验证性实验，要求学生根据以往所学的知识自行确定测试方法，然后再与指导书中的规定步骤进行比较。	0.5	最终成绩由平时成绩（实验操作和实验报告）和期末成绩组合而成。 （1）实验操作：30% （2）实验报告：30% （3）期末成绩：40%	达成了毕业要求3-2、4-1、4-2、4-3、5-3
微波技术实验（必修）	内容要求：了解微波测量系统的组成和各部分作用，认识微波测量系统常用仪器和它们的功能，掌握微波信号源正确的调试和使用方法；熟悉基本微波测量元件正确的用法，掌握用频率计校准频率的方法，掌握用测量线测量矩形波导波长的方法；掌握用测量线校准晶体特性的方法，测量匹配负载的驻波比；掌握大、中、小电压驻波比的测量原理和方法；掌握“等效截面法”的测量原理和方法，掌握匹配技术的原理和调匹配的方法；了解计算机在史密斯圆图的应用，对无耗短路线、开路线、驻波系数、反射系数的计算。	0.5	最终成绩由平时成绩（实验操作、实验报告）和期末实验测试成绩组成。 （1）实验操作：30% （2）实验报告：30%	达成了毕业要求4-1、4-2、4-3、5-3

续表

环节名称	内容要求与教学方式	学分要求	考核与成绩判定方式	形成的结果
微波技术实验（必修）	教学方式：课前预习或复习实验中用到的理论知识。实验之前，首先明确实验目的，讨论实验内容的意义，理论上对实验最终可能得到的结果进行分析，以便与实际操作测量结果进行对比，找出理论与实际间的差距或自己在实验过程中的错误操作；培养有意识地运用所学知识解决实际问题的能力；强调以学生为主体，要求学生通过完成实验任务，进行有目标的交流活动，以教学理论的目标来引导学生学习；讲授实验原理及内容，指导学生动手完成实验；要求学生独立完成实验报告，鼓励学生发表自己的见解，对重点问题进行课堂提问、分析。		（3）期末实验测试成绩：40%，采用实验操作和书面答题相结合的形式	
通信原理实验（必修）	内容要求：验证抽样定理、观察了解PAM信号形成的过程、了解混迭效应形成的原因；掌握PCM编译码原理；掌握PCM基带信号的形成过程及分接过程；掌握语音信号PCM编译码系统的动态范围和频率特性的定义及测量方法；熟悉模拟锁相环的基本工作原理，掌握模拟锁相环的基本参数及设计，了解数字锁相环的基本概念，熟悉数字锁相环与模拟锁相环的指标，掌握全数字锁相环的设计；熟悉FSK调制和解调基本工作原理，掌握FSK数据传输过程、FSK正交调制的基本工作原理与实现方法、FSK性能的测试；了解FSK在噪声下的基本性能；掌握BPSK调制和解调的基本原理、BPSK数据的传输过程；熟悉典型电路；了解数字基带波形时域形成的原理和方法；掌握滚降系数的概念；掌握BPSK眼图观察的正确方法，能通过观察接收眼图判断信号的传输质量；熟悉BPSK调制载波包络的变化；掌握BPSK载波恢复特点与位定时恢复的基本方法；了解BPSK/DBPSK在噪声下的基本性能；理解纠错编解码理论；了解二进制单极性码变换为AMI/HDB3码的编码规则，熟悉HDB3码的基本特征，熟悉HDB3码的编译码器工作原理和实现方法，根据测量和分析结果，画出电路关键部位的波形；熟悉帧复接/解复接器在通信与电子工程系统中所处的地位及作用，定性了解喷传输在不同信道误码率时对语音业务和数据业务的影响；了解程控交换的基本原理，熟悉用户扫描器的结构，理解语音通道与信令通道如何在电路中进行传输和独立处理；掌握主叫用户的呼叫过程，了解在主叫呼叫过程中的信令处理过程，掌握主叫因被叫用户的状态在接续过程中信号音的变化，被叫状态对主叫状态的影响。 教学方式：采用在实验硬件平台上，教师讲解引导学生操作的教学方式，实验教学与课堂教学配合进行，提供硬件电路，对学生进行引导并启发，在老师帮助下由学生自己组成各种不同的通信与电子工程系统，记录实验波形及分析各点的波形，要求学生课下整理并完成实验报告。	0.5	最终成绩由平时成绩（课堂参与程度、实验操作、实验报告）和期末成绩组合而成。 （1）课堂参与程度：12% （2）实验操作：24% （3）实验报告：24% （4）期末成绩：40%，采用操作考试形式	达成了毕业要求3-2、4-1、4-2、4-3、5-3

续表

环节名称	内容要求与教学方式	学分要求	考核与成绩判定方式	形成的结果
数字信号处理实验（必修）	内容要求：理解对信号的获得、采样、时域分析与频域分析，了解简单但是完整的数字信号处理的工程实现方法和流程，深入认识数字信号处理理论。 教学方式：采用以上机练习为主的教学方式，通过讲解实验重点及其中包含的理论知识，引导学生获得正确的实验和理论思路，从而成为理论课的有益补充，使理论和实践相结合。	0.5	最终成绩由平时成绩（课堂参与程度、实验操作、实验报告）和期末考试成绩组合而成 （1）课堂参与程度：10% （2）实验操作：30% （3）实验报告：20% （4）期末成绩：40%，采用操作考试形式	达成了毕业要求4-1、4-3、5-2
移动通信实验	内容要求：通过本课程的学习，使学生掌握和认识TD-SCDMA移动通信设备的工作原理和技术特点，以及TD-SCDMA移动通信设备安装调试、系统组网设计、TD-SCDMA移动网络优化等的工作过程，达到培养具有扎实的理论基础和专业技能，能解决常见技术问题和能实现设计方案的技术人才的目的。 教学方式：对于硬件设备的讲解，采用虚实结合的方法，在仿真软件中讲解所用的仪器设备以及TD-SCDMA移动通信设备的工作原理和技术特点，结合实验室的硬件平台，让学生做到理论和实物相结合，真正掌握所涉及的理论知识；对于数据配置过程，采用虚实结合及教师讲解引导学生操作的教学方式，将仿真软件和实际数据配置过程相结合，引导学生完成数据配置过程，并上传到真正设备上验证数据配置的正确性。	0.5	最终成绩由平时成绩（课堂参与程度、实验报告、实验操作成绩）和期末成绩组合而成。 （1）课堂参与程度：10% （2）实验报告：30% （3）实验操作：20% （4）期末成绩：40%，采用实际操作考试的形式	达成了毕业要求3-1、4-1、4-3、5-2、5-3、9-2
现代交换技术实验（必修）	内容要求：掌握程控交换系统的基本概念、工作原理、软/硬件的基本构成、呼叫处理程序的基本原理、程序执行管理的基本原理、信号（令）系统等方面的内容；了解当今现网中程控交换机的应用，获得大量的实训操作的机会。 教学方式：采用在实验硬件平台上，教师讲解引导学生操作的教学方式，实验课与课堂教学配合进行，以任务为驱动，先给学生一个具体的工程应用实例，提出问题，启发学生的学习动机，激活思维，引导学生积极开动脑筋，主动分析其中将会面临的主要问题，督促学生课下以小组为单位自己去查找相关资料，提出解决问题的方法、思路。理论知识讲解完之后，教师再针对工程实例对各小组的完成情况进行分析和讲评，形成“教师引导，学生自主学习”的教学模式，在激发学习兴趣的同时提高了学生应用理论知识解决实际问题的能力。	0.5	最终成绩由平时成绩（课堂参与程度、实验报告、实验操作成绩）和期末成绩组合而成。 （1）课堂参与程度：12% （2）实验操作：24% （3）实验报告：24% （4）期末成绩：40%，采用操作考试形式	达成了毕业要求3-2、4-1、4-3、5-2、5-3、9-2

续表

环节名称	内容要求与教学方式	学分要求	考核与成绩判定方式	形成的结果
光纤通信实验	内容要求：光纤通信与电子工程系统主要由三部分组成：光发射机、传输光纤和光接收机。本实验系统包含了光纤通信与电子工程系统设备中的各个主要组成部分。学生可以通过基本模块及相应的配件，灵活组成各种不同光纤通信与电子工程系统。 教学方式：采用在实验硬件平台上，教师讲解引导学生操作的教学方式，实验课与课堂教学配合进行，提供硬件电路，对学生进行引导并启发，在老师帮助下由学生自己组成各种不同的光纤通信与电子工程系统，记录实验波形及分析各点的波形，要求学生课下整理并完成实验报告。	0.5	最终成绩由平时成绩（课堂参与程度、实验报告、实验操作成绩）和期末成绩组合而成。 （1）课堂参与程度：12% （2）实验操作：24% （3）实验报告：24% （4）期末成绩：40%	达成了毕业要求4-1、4-2、4-3
通信类DSP原理及应用实验	内容要求：理解和掌握DSP原理与应用的基础理论、硬件系统等；熟悉程序的编辑、调试、下载和图形显示功能；掌握开发DSP应用程序和硬件电路设计的能力；能够利用实验箱提供的硬件电路实现要求的功能。 教学方式：采用分组方式，实验课上机在CCS环境下进行程序设计，利用实验箱编程实现所要求的功能，使学生对所学知识有更深的了解。	0.5	平时成绩占60%～70%，考试成绩占30%～40%，根据学生的学习情况灵活调整比例。平时成绩包括平时实验成绩、课堂参与程度、实验报告成绩和项目成绩，考试成绩采用上机考试形式	达成了毕业要求3-2，4-1、4-3
面向对象技术与可视化编程实验	内容要求：提高学生的计算机软件编程能力，熟练使用现今主流的面向对象和可视化编程技术，基本掌握程序及软件的制作方法。要求学生了解程序的基本结构，掌握常用的数据类型及流程控制语句，熟悉面向对象编程语言的基础理论及相关技巧，了解窗体、控件及组件的使用方法，掌握文件及目录的操作方法，并适当了解图像处理及数据库应用方法。 教学方式：主要通过设计有针对性的实验项目，使得学生能够通过它们复习并实践理论课中学习的知识点，进而通过自主学习来提高自身的编程能力，增加编程经验。利用声音、文字、图画、动画、实际演示实验环节等方法，采用多媒体教学方式，提高学生的感性认识从而加深对知识点的认识和理解，提高教学质量。	1	平时成绩：10% 平时成绩包括： （1）实验报告：40% （2）课堂参与程度：30% （3）程序运行效果：30%	达成了毕业要求5-2
Java基础与Android开发实验	教学内容：使学生能够掌握Java技术和应用设计能力，能将面向对象程序设计的理论、技术、方法和Java语言相结合，进行面向对象的程序设计，同时能在Android平台下开发简单的Android应用程序。 教学方式：以学生实际操作、教师个别指导为主；遇到集中和突出问题，教师统一讲解和示范。教学方法采用任务驱动方式和启发式教学。以单元实验为课程实施的载体，每个单元实验针对一个典型知识点，以任务驱动的方式设置每个单元实验的内容。在实验内容上采用启发式设置实验任务，倡导学生勤于思考和举一反三的学习方法，让学生做学习的主人。	1	平时成绩：10% 平时成绩（按满分100分计算）包括： （1）课堂参与程度：20% （2）实验完成情况：30% （3）实验报告：50%	达成了毕业要求5-2

续表

环节名称	内容要求与教学方式	学分要求	考核与成绩判定方式	形成的结果
按教学周进行的实践课程（必修）				
思想政治课社会实践	内容要求：思想政治理论课的社会实践课教学内容要结合我国经济、社会发展形势及大学生群体的实际情况，坚持贴近社会、贴近现实、贴近生活的原则，引导学生深入基层、深入社会，考察、调研、透视社会热点、焦点问题和大学生关心、关注的社会问题。 教学方式：任课教师采取多种形式多样化的教学培训，也可以分层、分批组织学生开展专项社会考察活动。例如，参观实习基地、听取报告、社会考察、社会调查、社会服务（含社团服务、青年志愿者活动）等多种实践教学形式。	2	《实践教学设计》占总成绩的20%；《社会实践调查报告》占总成绩的80%。 没有进行社会调查，通过抄袭、转引、网上下载等方式完成调查报告的学生成绩为不及格	达成了毕业要求8-2、9-1
军事训练	内容要求：针对我校具体情况，确立军事技能训练的教学内容，主要包括起步与立正、正步摆臂、稍息、跑步与立定、跨立、停止间转法、起步摆臂、起步与正步互换、起步与跑步互换、队列调整、方队训练与全师合练，最后进行阅兵，同时进行军歌学习、练习及军体操的演练，并根据实际情况组织野营拉练、紧急集合等训练。	0	主要针对学生出勤情况、训练表现情况、参加军训期间的各类活动情况，给出评定分数	达成了毕业要求8-2
军事理论（含军事训练）	内容要求：主要包括国防历史与我国国防、军事思想、军事技术、周边安全环境、国际战略格局、台湾问题等方面。课程将不断调整国防知识、军事知识的深度和广度，课程教学将结合课堂教学、国防军事知识讲座、国防军事教育实践活动等形式。 教学方式：课堂讲授、课堂讨论等方式。	1	平时成绩占30%，期末考试成绩占70%	达成了毕业要求8-2
电子工艺实习	内容要求：通过本课程的学习和实际动手操作，使学生进一步理解电子线路的工作原理，掌握元器件的测试筛选过程、方法和要求，学习电子产品的具体生产工艺和安装、调整电路的基本技能，掌握常用电子测量仪器的正确使用方法，以及电子电路性能、指标的测量方法等。 教学方式：实习前要求学生认真阅读《电子工艺实习》指导书的内容。通过课堂讲解让学生了解和明白本实习课的要求和具体内容，以及实习中涉及的相关理论知识；通过实物演示让学生了解实习内容及注意事项等；通过实际动手操作、训练完成自己的实习作品。教学方式采用课堂授课讲解与实际动手相结合的方式，以实习训练为主。	1	最终成绩由实习作品成绩和实习报告成绩组合而成。 （1）实习作品：70% （2）实习报告：30%	达成了毕业要求 6-1、6-2、12-1、12-2

续表

环节名称	内容要求与教学方式	学分要求	考核与成绩判定方式	形成的结果
近代无线电课程设计	内容要求：传输线基本理论，史密斯圆图，基本阻抗匹配理论，功率衰减器，功率分配器，方向耦合器；滤波器电路设计：低通滤波器，带通滤波器，射频、微波滤波器；电路设计步骤与实例；射频/微波放大器设计：单边放大器设计，双边放大器设计，电路设计步骤与实例；射频振荡器设计：射频晶体振荡器，压控振荡器，电路设计原理；微带天线：天线基本原理，天线特性参数，微带天线设计步骤；射频前端发射器：基本结构与设计参数，设计步骤及调试测量；射频前端接收器：基本结构与设计参数，设计步骤及调试测量，频谱分析仪的基本测量原理和测量方法，网络分析仪的基本测量原理和测量方法。 教学方式：主要以实验室的课程内容讲授、实践原理内容的具体指导、学生动手完成具体的实践内容设计和测试、学生独立完成设计报告的形式。教学中鼓励学生发表自己的见解，对重点问题进行课堂讨论和集中分析解答。	1	最终成绩由平时成绩、项目成绩和期末成绩组合而成。 （1）课堂参与程度：10% （2）实习操作：25% （3）测试数据：15% （4）项目成绩：10% （5）期末成绩：40%，采用撰写设计报告的考试形式	达成了毕业要求4-1、4-2、4-3、9-2、11-1、12-2
C程序课程设计	内容要求：（1）过程内容包括组织团队、题目拟定、查阅资料、设计方案、编写程序、调试修改、撰写开发日志和设计报告。（2）题目内容包括：游戏类和菜单类和动画类等。（3）设计内容包括：图形绘制、汉字显示、支持鼠标、音乐实现、游戏算法和动画设计等。 教学方式：本课程以学生自主设计程序为主要形式，教师讲授课程的简介和要求并为学生做个别指导。学生自主完成的主要工作包括：组织团队、设计题目、资料搜集、制定方案、完成设计、撰写开发日志和报告等。	1	平时成绩占70%，期末成绩占30% 平时成绩包括出勤情况、开发日志、设计成果的效果等。期末成绩为课程设计报告成绩	达成了毕业要求1-2
数字电路课程设计	内容要求：利用Max+plusII软件进行各功能模块的设计并进行仿真，利用Protel99SE绘制原理图并进行PCB设计、组装，然后将程序下载到CPLD器件上并调试成功。包括（1）数字钟总体方案设计；（2）时、分、秒功能模块设计；（3）动态显示电路设计；（4）小数点及位选信号电路设计；（5）控制电路设计；（6）数字钟外围电路设计；（7）PCB设计；（8）数字钟组装与调试；（9）设计报告。 教学方式：通过电子实训的方式，利用一周的时间，在电子信息工程学院EDA实验室和实习基地完成数字钟的设计制作。	1	最终成绩由设计作品成绩和实习报告成绩组合而成。 （1）硬件电路：20% （2）软件程序：30% （3）实习报告：50%	达成了毕业要求9-2、12-1、12-2

续表

环节名称	内容要求与教学方式	学分要求	考核与成绩判定方式	形成的结果
通信工程专业单片机课程设计	内容要求：（1）基本的单片机外围电路（上电复位和按键复位电路、晶振电路、单片机I/O口的内部连接等）原理；选用的晶振与机器周期的换算关系；三八译码器的工作原理；7407非门驱动的作用；数码管动态扫描显示电路的连接形式；按键电路的工作原理；RS232串口通信电路及电路可以外扩的条件和限制。（2）按照从硬件到软件的设计过程系统地介绍几个实例，引导学生独立完成设计要求。（3）讲解硬件电路焊接的注意事项，以及编写软件时应该注意的问题。（4）学生自拟题目或教师辅助选题确定方案的设计。根据系统总体方案选择元器件，完成系统的硬件电路设计和制作，实验室提供元器件和电路板，指导学生完成系统的硬件设计。（5）学生首先根据设计方案画出程序框图、程序流程图，并在keilC的环境下编写并调试程序（在编程环境的使用上，教师进行一定的指导），软调试完成后，用在线系统编程ISP（In-System Programming）软件STC-ISP-V3.5通过串口把程序下载到单片机中。 教学方式：通过电子实训的方式，利用一周的时间，在电子信息工程学院DSP实验室和实习基地完成系统设计、硬件电路设计、程序设计和整体调试环节，实现具有一定功能的单片机的系统设计制作。	1	最终成绩由作品成绩和实习报告成绩组合而成。 （1）程序功能：40% （2）硬件电路外观：20% （3）实习报告：40%	达成了毕业要求12-1、12-2
毕业实习	内容要求：（1）学习、了解各个专业领域的高新技术在实际生产中的应用和发展情况，增强学生理论联系实际的能力。（2）结合未来就业取向，充分了解生产现场的实际情况，收集设备参数、工艺参数及生产现场的要求，了解本专业在国内外的发展动态。（3）实习中应安排一定时间的专业劳动（如跟班装配、调试、进行技术问题研讨等），积极争取并尽可能利用工厂设备和技术力量开展现场教学，增强实习效果。（4）培养学生的劳动观念和集体观念，培养学生正确的人生观，树立良好的职业道德与社会责任感，引导学生建立良好的择业观。 教学方式：毕业实习采用的是统一安排实习单位和自选实习单位相结合的方式。学生既可以选择前往我院签约的实习基地，由学院专人带队，集体前往参加实习，也可以根据自身需要，自己联系实习单位，进行毕业实习。实习地点应按照能满足教学基本要求和就近的原则，选择校外生产水平较高、技术力量较强、任务饱满的工厂或相关行业公司进行，个别特殊情况亦可在校内实验基地进行。	2	总成绩采用优秀、良好、及格、不及格四级评分制；总成绩=实习报告评分+实习单位评分+实习指导教师评分	达成了毕业要求6-1、6-2、11-1、11-2、12-1、12-2

续表

环节名称	内容要求与教学方式	学分要求	考核与成绩判定方式	形成的结果
毕业设计	内容要求：为了达到毕业设计（论文）对学生的能力培养要求，在毕业设计期间，要求学生完成外文翻译、开题报告、毕业论文等工作，具体为：（1）查阅与毕业设计（论文）相关的文献资料10篇以上（其中外文文献不少于1篇），翻译外文文献，要求外文翻译字数不少于3000字。（2）在文献阅读和调研的基础上完成开题报告（包括课题背景和意义、主要设计或研究内容、拟解决的关键问题、设计或研究方案、实施计划等），要求字数1500字以上。（3）完成毕业设计，撰写毕业论文，毕业论文正文字数应在8000字以上。 教学方式：总共安排14周，一般调研、查阅有关文献资料需要2至3周，可根据题目性质适当调整，方案设计及实施需要8至9周，答辩1周。（1）为了尽早做好毕业论文的准备工作，教师应在第六学期结束前向学生公布毕业论文题目。所有题目必须由学科负责人审查，经理学院审核，报教务处备案。（2）毕业论文课题任务书应在毕业论文开始前下达给学生，毕业论文开始后的2～4周内学生应做好开题报告。（3）毕业论文进程的中间阶段，学院组织一次中期检查，针对出现的问题督促学生。（4）答辩时间在毕业论文最后一周内进行。	8	成绩评定采用五级记分制，即优秀、良好、中等、及格和不及格。 评分方法： （1）指导教师对学生的毕业设计报告进行认真审阅，并根据题目的难度完成情况、独立工作能力和对所学知识的灵活应用情况、毕业设计过程中有无创新、工作态度及遵守纪律等几方面情况写出审阅意见，提出建议成绩。 （2）指导教师审阅后，提前交答辩小组负责人，由负责人指定小组成员进行评阅，并给出建议成绩。 （3）答辩结束后，答辩小组给出答辩成绩 成绩=指导教师成绩×30%+评阅教师成绩×0%+答辩小组成绩×50%。	达成了毕业要求2-2、6-3、10-1、10-3、11-1、11-2、12-1、12-2
金工实习	内容要求：通过本课程的学习，了解机械产品制造的一般过程和基本知识；了解金属材料的常用加工方法及其所用的主要设备和工具；了解新工艺、新技术、新材料在现代制造业中的地位和应用；对简单零件初步具有选择加工方法的能力，在主要实习项目上具有独立加工零件的能力；培养学生具有产品质量与经济效益并重的观念和理论联系实际的作风，以及遵守安全技术规则、热爱劳动、爱护公物等基本素质。 教学方式：金工实习计划学时为1周，实习操作集中学习；钳工实习3天，含操作考核；车工实习2天，含操作考核。	1	钳工和车工有实际加工的零件。整个金工实习结束时，要求写一篇金工实习报告。	达成了毕业要求3-3、6-1、10-1

表 2.25　每个学生毕业前需要完成的课程设计及近三年成绩分布

设计名称	内容与工作量要求	学分要求	考核与成绩判定方式	近三年学生成绩分布（分年度列出）
近代无线电课程设计	主要包括： （1）基本原理：传输线基本理论、史密斯圆图、基本阻抗匹配理论； （2）功率衰减器； （3）功率分配器； （4）方向耦合器； （5）滤波器电路设计：低通滤波器，带通滤波器，射频、微波滤波器，电路设计步骤与实例； （6）射频/微波放大器设计：单边放大器设计，双边放大器设计，电路设计步骤与实例； （7）射频振荡器设计：射频晶体振荡器，压控振荡器，电路设计原理、步骤与实例； （8）微带天线：天线基本原理，天线特性参数，微带天线设计步骤； （9）射频前端发射器：基本结构与设计参数，设计步骤及调试测量； （10）射频前端接收器：基本结构与设计参数，设计步骤及调试测量； （11）频谱分析仪的基本测量原理和测量方法； （12）网络分析仪的基本测量原理和测量方法； 集中实践环节，实习时间为一周。	0.5	最终成绩由平时成绩（课堂参与程度、实习操作、测试数据）、项目成绩和期末成绩组合而成。 平时成绩（60%）包括： 课堂参与程度：10%。主要考核学生学习本课程设计的学习主动性和积极性。 实习操作：25%，主要考核学生实际动手能力。 测试数据：15%，主要考核学生分析问题和研究问题的能力。 项目成绩：10%，主要考核学生综合运用所学知识解决实际问题的能力、团队合作、组织协调能力。 期末成绩：40%，采用撰写设计报告的考试形式，主要考核学生是否了解通信领域重要资源的来源及获取、分析和处理资源的一般方法；独立分析问题和研究问题的能力；对实习过程和结果的具体处理、设计与分析总结的能力；对射频微波系统的掌握程度。	2014年： 优11人，占15.7% 良59人，占84.3% 2015年： 优10人，占11.8% 良75人，占88.2% 2016年： 优10人，占12.5% 良69人，占86.25% 不及格1人，占1.25%
C程序课程设计	以学生自主设计程序为主要形式，教师讲授课程的简介和要求并为学生进行个别指导。训练学生运用所学的程序设计方面的知识，设计开发一款具有实用性的计算机程序。要求学生自由结组，自主选题，每组一题，独立地完成整个设计的全过程。教学内容： （1）过程内容包括：组织团队、题目拟定、查阅资料、设计方案、编写程序、调试修改、撰写开发日志和设计报告；	1	平时成绩占70%，期末成绩占30%。平时成绩包括出勤情况、开发日志、设计成果的效果等。期末成绩为课程设计报告成绩。	2014年： 优52人，占74.3% 良16人，占22.8% 中2人，占2.9% 2015年： 优36人，占42.4% 良43人，占50.6% 中6人，占7%

续表

设计名称	内容与工作量要求	学分要求	考核与成绩判定方式	近三年学生成绩分布（分年度列出）
C程序课程设计	（2）题目内容包括：游戏类、菜单类和动画类等； （3）设计内容包括：图形绘制、汉字显示、支持鼠标、音乐实现、游戏算法和动画设计等； 集中实践环节，实习时间为一周。			2016年： 优34人，占42.5% 良35人，占43.75% 中9人，占11.25% 及格2人，占2.5%
数字电路课程设计	利用Max+plusII软件进行各功能模块的设计并进行仿真，利用Protel99SE绘制原理图并进行PCB设计、组装，然后将程序下载到CPLD器件，并调试成功上最后完成设计报告。实验内容包括： （1）数字钟总体方案设计； （2）时、分、秒功能模块设计； （3）动态显示电路设计； （4）小数点及位选信号电路设计； （5）控制电路设计； （6）数字钟外围电路设计； （7）PCB设计； （8）数字钟组装与调试； （9）设计报告。 集中实践环节，实习时间为一周	1	最终成绩由设计作品成绩和实习报告成绩组合而成。各部分所占比例如下： 设计作品成绩（50%）包括： 硬件电路：20%。主要考核学生电子元器件的测试、电路组装、焊接，以及分析问题、解决问题的能力。 软件程序：30%。主要考核学生软件设计的能力。 实习报告成绩：50%。主要考核学生撰写实习报告的能力。	2014年： 优7人，占10% 良63人，占90% 2015年： 优5人，占5.9% 良68人，占80% 中11人，占12.9% 及格1人，占1.2% 2016年： 优8人，占10% 良64人，占80% 中7人，占8.75% 及格1人，占1.25%
通信工程专业单片机课程设计	利用Keilc软件进行系统的软件设计并进行软件仿真，完成系统的电路设计及制作，然后将程序下载到单片机中并调试成功，最后完成设计报告的撰写。教学内容包括： （1）对学生进行集中讲解，讲解内容包括基本的硬件电路原理，单片机外围电路两种复位方式，上电复位和按键复位选用的是12MHz的晶振，每一个机器周期是1us，P0口接470Ω的上拉电阻。 （2）介绍在线系统编程ISP（In-System Programming）软件的STC-ISP-V3.5的使用方法，重点强调应该注意的事项（下载软件的选择和所选用的单片机型号有关）。	1	总成绩=验收设计作品70%+实习报告30%	2014年： 优11人，占15.7% 良58人，占82.9% 中1人，占1.4% 2015年： 优9人，占10.6% 良28人，占32.9% 中47人，占55.3%

续表

设计名称	内容与工作量要求	学分要求	考核与成绩判定方式	近三年学生成绩分布（分年度列出）
通信工程专业单片机课程设计	（3）介绍几个系统的例子，从硬件到软件的设计过程，给学生起一定的引导作用，告诉学生在制作过程中硬件电路的注意事项，以及编写软件时应该注意处理的问题。 （4）要求完成系统的总体方案设计，学生自拟题目，教师帮助学生进行选题和方案的设计，但是以学生为主，教师只是帮助学生分析题目的合理性和方案的可行性。 （5）根据系统总体方案选择元器件，完成系统的硬件电路设计和制作，实验室提供一定的元器件和电路板，指导学生完成系统的硬件设计。 （6）在计算机上，学生首先根据自己的总体方案设计完成程序框图、程序流程图的设计，并在keilC的环境下编写并调试程序（在编程环境的使用上，教师进行一定的指导），软调试完成后，用在线系统编程ISP（In-System Programming）软件STC-ISP-V3.5通过串口把程序下载到单片机中。 （7）借助于示波器、信号源和电源实验工具完成系统的总体调试。 （8）在完成系统调试的基础上，撰写一份实践报告。 集中实践环节，实习时间为一周。			及格1人，占1.2% 2016年： 优2人，占2.5% 良26人，占32.5% 中50人，占62.5% 及格1人，占1.25% 不及格1人，占1.25%

随着时代的发展和科技的进步，企业对通信工程专业学生的要求越来越高，尤其注重学生的工程实践和创新实践能力。如何在现有固定实践教学计划以外，探寻新的培养和锻炼通信工程专业本科生工程实践能力的模式，是一个值得研究的课题。河北大学提出了通过课外实践教学培养通信工程专业本科生创新实践能力的模式，包括依托导师制，建立课外创新实验培养模式；依托导师制，建立指导本科生参加科技竞赛模式和建立校内外实习实训基地。这些模式有助于提高本科生的创新实践能力，提升本科生的培养质量。

课外实验实践教学主要包括学生科技小组（包括电子爱好者协会，大唐移动小组等）、创新创业项目（包括大学生创新基地，国家、省级、校级创新创业项目，学院的培育项目）、实验室开放项目（包括学生项目和教师项目）和科技竞赛（包括河北大学电子设计竞赛、挑战杯、全国大学生电子设计竞赛等）。培养学生的独立思考能力、团队合作精神、创新创业思维和终身学习能力等，提高学生的综合素养。

学校为学生的创新活动制定了规范的管理制度，配备了一批经验丰富的教师队伍来指导学生，并划拨了专项活动经费，为实践活动和创新活动有效开展提供了基本保障。在政策方面，学校制定了《河北大学本科生创新学分认定及管理办法》《河北大学大学生科技创新项目管理办法（试行）》等文件，提高了学生参与创新活动的积极性。

在平台方面，目前学校建有校本部和新校区两个综合性孵化基地，1 个大学科技园和 2 个科研驱动型众创空间，总面积达 6800m^2。2016 年，科技园在孵企业 70 家，其中，教师创办企业 13 家，大学生创办企业 20 家，累计创业带动就业 600 余人，入园企业总产值 9000 万元，上缴税收 800 万元。其中，厚德创客空间致力于数字医疗新技术研究和电子健康产品开发，是国家级科技企业孵化器；多维众创空间被认定为国家级众创空间，被纳入国家级科技企业孵化器的管理服务体系。此外，学校还组织学生参加了各类科技竞赛和创新创业训练项目。

学院在支持学生创新创业活动方面，建有电子实习与创新训练室和大学生创业训练基地，配备了必要的设备，同时除上课时间外所有实验室均对学生开放，为各类科技活动的学生提供培训和指导，学生受益面大，成效显著。学院引导和鼓励学生积极参加学生课外科技兴趣小组、参加创新创业计划项目及各级各类科技竞赛。学生科技兴趣小组有电子爱好者协会、大唐移动兴趣小组等；申报创新创业训练项目在国家级、省级和校级之外，学院提供经费支持院级培育项目。除此之外，学院也经常举办一些比赛，如河北大学电子设计竞赛、C 程序设计大赛等，通过学生参赛，在学生中形成勤于实践的意识和氛围，培养学生的自学、创新和实践能力。表 2.26 为学校、学院构建的学生科技创新活动平台，表 2.27 为近两年学生参与科技创新活动情况统计表。

表 2.26　学生科技创新活动平台

活动平台	活动内容简述	学生参与活动的途径与方式
大学科技园	科技创业企业孵化	申请参加
厚德创客空间	数字医疗新技术研究和电子健康产品开发，是国家级科技企业孵化器	教师立项，学生申请参加
多维众创空间	国家级科技企业孵化器	学生立项，申请参加
大学生创新创业训练项目	学生团队在导师指导下，自主完成创新性研究项目设计、研究条件准备和项目实施、研究报告撰写、成果交流等工作	学生自由组织团队，联系指导教师。撰写项目申请书，完成项目申请、项目研发、项目结题

续表

活动平台	活动内容简述	学生参与活动的途径与方式
全国大学生电子设计竞赛	该竞赛是面向大学生的群众性科技活动，目的在于推动高等学校促进信息与电子类学科课程体系和课程内容的改革，有助于高等学校实施素质教育，培养大学生的实践创新意识与基本能力、团队协作的人文精神和理论联系实际的学风，为优秀人才的脱颖而出创造条件	由大赛组委会命题，参赛学生每3人组成一个小组，选择其中一个命题，在规定时间内自主完成设计、制作、调试和总结等工作
挑战杯河北省大学生课外学术科技作品竞赛	挑战杯全国大学生课外学术科技作品竞赛是一项全国性的竞赛活动。该竞赛每两年举办一次，旨在鼓励大学生勇于创新、迎接挑战的精神，培养跨世纪的创新人才	高等学校在校学生申报论文，聘请专家评定出学术理论水平、实际应用价值和创新意义较高的优秀作品给予奖励
挑战杯动感地带河北省大学生创业计划竞赛企业专项竞赛	挑战杯大学生创业计划竞赛被誉为中国大学生科技创业的“奥林匹克”竞赛，每两年举办一次	各参赛学院组织参赛学生登录团委弘毅网站“科技创业”版块，通过作品申报系统，在网上进行作品立项申报，工作人员将在提交立项申报信息后的1个工作日内进行申报项目审核，不通过审核的项目没有资格进行以后的作品申报。通过审核的项目将报名表纸质版和电子版各1份交至承办单位
河北大学电子设计大赛	大赛旨在提高学生的动手能力和将所学知识运用于实践的能力，竞赛的特色是理论联系与实际学风建设紧密结合，竞赛内容既有理论设计，又有实际制作，以全面检验和加强参赛学生的理论基础和实践创新能力	审核设计报告、PPT讲解、参赛作品现场展示与评委老师现场提问4个环节
全国数学建模网络挑战赛	竞赛题目一般来源于工程技术和管理科学等方面经过适当简化加工的实际问题，参赛者应根据题目要求，完成一篇数学建模论文	自己组队参加，赛前经教师指导，比赛过程中，参赛队员可以使用各种图书资料、计算机和软件，在国际互联网上浏览，完成比赛题目
全国大学生“飞思卡尔”杯智能汽车竞赛	该竞赛以“立足培养，重在参与，鼓励探索，追求卓越”为指导思想，旨在促进高等学校素质教育，培养大学生的综合知识运用能力、基本工程实践能力和创新意识，激发大学生从事科学研究与探索的兴趣和潜能，倡导理论联系实际、求真务实的学风和团队协作的人文精神，为优秀人才的脱颖而出创造条件	参赛选手须使用竞赛秘书处指定并负责统一采购的竞赛车模，采用飞思卡尔16位微控制器MC9S12DG128作为核心控制单元，自主构思控制方案及系统设计，包括传感器信号采集处理、控制算法及执行、动力电机驱动、转向舵机控制等，完成智能车工程制作及调试，于指定日期与地点参加各分赛区的场地比赛。在获得决赛资格后，参加全国决赛区的场地比赛
河北大学实验室开放项目	学生进入实验室，参与教师的教学、科研项目	学生自由组织团队，联系指导教师。撰写项目申请书，完成项目申请、项目研发、项目结题

续表

活动平台	活动内容简述	学生参与活动的途径与方式
“大唐杯”大学生移动通信大赛	一个以大学生为主体参与者的全国性学术及工程型的创新竞赛项目。大赛专业范围包括通信原理、移动通信技术、移动通信无线测试、TD-LTE/VoLTE技术原理，TD-LTE 网络设备调测与维护、TD-LTE 网络规划和网络优化等多个内容	学生自由组织团队，联系指导教师。在教师指导下进入实验室，完成设备的熟悉、数据配置和故障排除等工作
教师科研项目	学生参与教师所承担的科研项目，将理论知识与实际运用相结合，提高学生动手能力、综合运用能力、团队合作和沟通等能力	教师通过多渠道介绍自己所承担的科研项目，学生自愿联系教师，通过教师考核以后加入项目团队

表 2.27　近两年学生参与科技创新活动情况统计表（人次）

项目类别	国家级	省级	厅局级	校级	院级	横向
创新创业训练计划项目	2	1		14	55	
电子设计大赛				34		
教师科研项目		17	27			27
实验室开放项目				26		
“大唐杯”大学生移动通信技术大赛	2	6		18		
其他各类竞赛	6	7		10		
小计	10	31	27	102	55	27
总计	252					

2.9　习　　题

1．关于信息与通信工程的人才培养目标及要求是什么？请简要概述。

2．用自己的理解解释学科门类、一级学科和专业（相当于二级学科）三者之间的区别和联系。

3．按照新的国标分类，与通信工程最相近的专业有哪些？

4．简要概述河北大学是从哪几方面培养大学生的工程实践能力的？

5．你认为应如何提高大学生的工程实践能力？

6. 通过对本专业人才培养方案的解读，你认为大学本科毕业生应获得哪几方面的知识和能力？

第 3 章　通信与信息系统研究内容概述

通信与信息系统研究的主要对象是以信息传输和交换、信息网络及信息处理为主体的各类通信与信息系统。通信工程学科与电子科学与技术、计算机科学与技术、控制理论与技术、航空航天科学与技术及兵器科学与技术等学科有着相互交叉、相互渗透的关系，并派生出了许多新的边缘学科和研究方向。

3.1　通信的任务

通信与信息时代所涉及的范围很广，包括新一代通信网络、移动通信、电磁场与微波、网络与信息安全、信息编码与信号传输、多媒体通信技术、信号与信息处理、语音信号处理、图像处理等与军事和国民经济各方面密切相关的领域。现代社会是一个通信高度发达的社会，电话、电报、传真为我们提供了众多的通信手段，广播、电视随时向我们传递世界各国的新闻，我们处在一个五彩缤纷的信息时代。

“要有效地生活，就要有足够的信息”，这是近代控制论创始人 Wiener（图 3.1）的至理名言。人类的社会生活复杂多变，为了适应社会，人类就必须掌握足够的信息，满足政治、经济、军事、文化、生产、生活的需要，因而不可能离开相互之间的交流，而交流的过程就是把含有信息的消息从一处传向另一处，这个传递消息的过程就是通信。由此看来，通信的根本目的就是发出信息，传递信息，接收信息，达到相互交流。为了达到这个根本目的，我们所设计的通信系统的根本任务就是要“有效”和“可靠”地传输信息，或者说“正确”地“以用户满意的质量”传送信息。

图 3.1　近代控制论创始人 Wiener

什么叫信息？简单说，信息就是消息、情报，就是语言、图像、文字、符号、数据等的总称。人们每时每刻都在参与信息的传递。你说话的时候是在向听者传递信息，写信是在向你的亲友传递信息，你坐下来看电视，这时你成了信息的接收者。现代社会瞬息万变，每一天都会有不同的信息出现。天气预报、商品信息、股市行情、市场动态等都是信息。依据这些信息，人们才能做出各种决策；失去了对信息的随时掌握，人们将一筹莫展。

从古到今，人类都与信息密切相关，并试图用各种方法传递信息。通信就是人们传递信息的过程。古时候，通信多依靠人力、马匹、信鸽乃至旗语、火光等原始、低效的方式。战争期间，在边境上设有烽火台，一有敌人入侵，戍边的士卒立即燃起烽火报告军情。后来，各代帝王又在官道旁每三十里设一驿站，用来传递公文、命令与军事情报。一旦遇到紧急军情，用快马接力传递，一日之内，情报就能传到千里之外，这是古代最有效、最迅速的通信方式。

在很长一段时间内，人类的通信方式都是很原始的，通信的发展相当迟缓。直到 19 世纪，人们发现了震惊世界的电磁感应定律，从而使人类对于电的认识发生了重大突破。不久以后，人们又发明了发电机，电的“火花”开始闪烁在人类社会的各个角落。1844 年，第一条有线电报线路开通，标志着电通信的新时代的到来；1866 年，第一条横贯大西洋的海底电缆铺设成功，通信走向国际化（图 3.2）；1876 年，贝尔和沃森发明了电话，“顺风耳”冲破人类的幻想而成为现实。短短的几十年间，人类在通信领域已经跨越了一个时代。电通信在它诞生的初期就充分显示出了巨大的威力。一切只不过才刚刚开始，更精彩的还在后面。

图 3.2　铺设横贯大西洋的海底电缆抓钩

20 世纪 20 年代，无线电广播事业迅速崛起，无线电波终于“飞遍”了全球。历史的车轮滚滚向前，通信科学也在一代又一代理论科学家和实验科学家的共同努力下飞速发展。20 世纪 60 年代，通信卫星的成功发射为人们提供了另一种有效的大容量、远距离通信方式，而 20 世纪 70 年代，光纤通信理论与实践的发展则描绘了未来通信更美妙的前景。与此同时，微电子技术正蓬勃兴起，这无疑是通信技术的又一个强力助推器。

时光之河流入 20 世纪 80 年代，集成技术仍在发展，通信频带越来越宽，容量也越来越大，光纤通信进入实用阶段，通信产业已发展成全球瞩目的热点。它与人类息息相关，如同一条条动脉，延伸到世界的每一个角落。通信所带来的经济效益有目共睹，而通信作为一个国家支柱产业的地位已不可动摇，通信发展的程度也被视为评价一个国家综合国力的重要指标。在通信领域，一系列新的概念也被提出。世界各国为争夺本世纪高新科技的发展优势，都在加紧建设综合业务数字网与“信息高速公路”，通信技术的新时代已经来临。

以电话通信为例，电话通信变迁如图 3.3 所示。早期的电话传输效果和质量都比较差，我们在一些战争题材的电影中经常看到指挥官拿着话机大声地喊话，但对方还是说：听不见，再说一遍，再大声点。这种情况一方面是战场上的噪声大，这是通信的大敌；另一方面就是当时的电话通信质量不高，还没有达到“令用户满意的质量”进行传输，对声音的传递失真大，信息传递的可靠性不高。随着通信技术的发展，现在的电话通信质量已经大大提高了，不仅能够以用户满意的质量听清对方的说话内容，还能听出对方的音色，也就是能听出对方是谁。

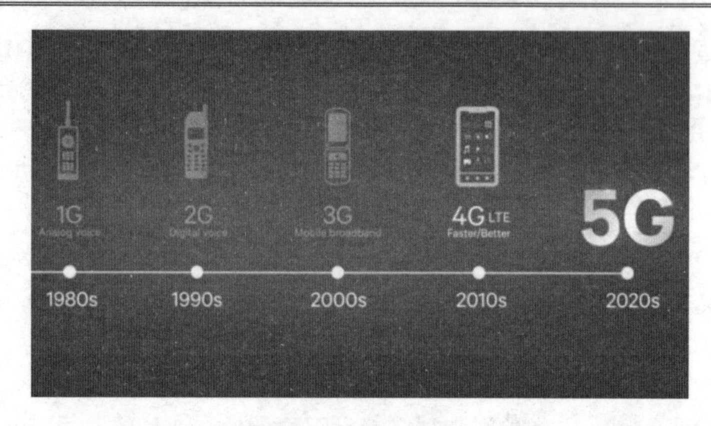

图 3.3　电话通信变迁

有效就是指传输信息的速度要快，如同人们远行一样，可以走路、坐汽车、坐火车、坐飞机，同样是从重庆到北京，古时候要走数月，现在坐飞机 2 小时即可到达。从速度和有效性上看，当然坐飞机是最快捷、最有效的方式。信息通信中，如何做到最快，首先就是要求带宽足够宽。带宽是指信道中能传输的信号的频率范围，通俗地讲，就是在输送信息的过程中，信息所走过的路的宽度。用一个例子来比喻，类似在高速公路上行驶车辆。这些年，全国新建了许多高速公路，给我们快捷的出行带来了很多方便。不难发现，公路越宽，路况越好，能并排行驶的车辆就越多，车速也能加快，我们也能体会到交通带给我们的便捷。同理，我们也建设信息高速公路，如果信息高速公路的带宽越宽，那么传送信息的效果就越好。因此通信的一大任务就是宽带化。例如，福建省高速信息网络已进入大宽带、低时延的新时代。

可靠性也就是传递信息要正确无误。如同邮寄包裹一样，我们不仅希望投递包裹的速度要快，而且希望能够准确无误地投递到该去的地方，而不要投递错误。在通信中，可靠性也极其重要。信息传输正确，才能实现在电话通信中能听出对方是谁在讲话，听清楚讲话的内容，在计算机通信中才能保证接收到的数据可用，在图像通信中才能看到正确的图像而不会出现马赛克现象等。同有效性一样，要实现可靠性，也要付出极大的努力，需要针对不同的信息内容特性，用不同的技术方法来达到这个目的。通信过程中必然有干扰存在，干扰和噪声是通信的大敌，也是影响有效性和可靠性的大敌。既然现实生活中没有理想的信道，那我们必须设法解决如何在干扰和噪声环境下实现通信的两大根本任务。

通信的任务是在两地之间迅速而准确地传递信息。“通”的要求有这几个方面：一是准确可靠；二是迅速快捷；三是具有任意性；四是传递距离要远，覆盖区域要广。“信”的要求是信息内容具有多样性。

信息交流是人类社会活动和发展的基础，通信是推动人类社会发展、进步的巨大动力。从信息源形式看，人类经历了语言方式交流、语言文字方式交流、语言文字和印刷品交流、多种方式交流等发展阶段；从通信的手段看，人类经历了人力——马力——烽火台传递信息、电子传递信息和光电传递信息等阶段。目前，人类已经进入信息时代，随着现代科学技术和现代经济的发展，已建立起了全球通信网，如图 3.4 所示。

现代通信与传感技术、计算机技术紧密结合，成为了整个社会的高级“神经中枢”，使人类已建立起来的世界性全球通信网或地区部门通信网成为各国现代经济的最重要的基础结构之一。没有现代通信就没有现代经济的高速发展。

图 3.4　全球通信网

3.2　通信系统分类

通信与信息系统（Communication and Information System）是信息社会的主要支柱，是现代高新技术的重要组成部分，是国民经济的神经系统和命脉。

通信系统是指用电信号（或光信号）传输信息的系统，也称电信系统。系统通常是由具有特定功能、相互作用和相互依赖的若干单元组成的完成统一目标的有机整体。最简便的通信系统是供两点的用户彼此发送和接收信息。在一般的通信系统内，用户可通过交换设备与系统内的其他用户进行通信。

1．按照通信的业务和用途分类

根据通信的业务和用途分类，有常规通信和控制通信等。其中，常规通信又分为话务通信和非话务通信。话务通信业务主要是以电话服务为主，程控数字电话交换网络的主要目标就是为普通用户提供电话通信服务。非话务通信主要是指分组数据业务、计算机通信、传真、视频通信等。在过去很长一段时期内，由于电话通信网最发达，因而其他通信方式往往需要借助于公共电话网进行传输，但是随着 Internet 的迅速发展，这一状况已经发生了显著的变化。控制通信主要包括遥测和遥控等，如卫星测控、导弹测控和遥控指令通信等都属于控制通信的范围。

话务通信和非话务通信有着各自的特点。语音业务传输具有三个特点：第一，人耳对传输时延十分敏感，如果传输时延超过 100ms，通信双方会明显感觉到对方反应“迟钝”，使人感到很不自然；第二，要求通信传输时延抖动尽可能小，因为时延的抖动可能会造成语音音调的变化，使得接听者感觉对方声音“变调”，甚至不能通过声音分辨出对方；第三，语音传输对传输过程中出现的偶然差错并不敏感，传输的偶然差错只会造成瞬间语音的失真和出错，但不会使接听者对讲话人语义的理解造成大的影响。

对于数据信息，通常情况下更关注传输的准确性，有时要求实时传输，有时又可能对实时性要求不高。对于视频信息，对传输时延的要求与话务通信相当，但是视频信息的数据量要比语音大得多，如语音信号 PCM（Pulse Code Modulation，脉冲编码调制）的信息速率为 64Kbps，而 MPEG-II（Motion Picture Experts Group）压缩视频的信息速率则在 2～8Mbps 之间。

截至 2006 年底，话务通信在电信网中仍然占据着重要的地位，如程控电话交换网络、第二代数字移动通信网络 GSM（Global System of Mobile Communications）和 IS-95 CDMA 所提供的业务都是以语音业务为主，随着 Internet 的迅猛发展，非话业务也有了长足的发展，在信息流量方面已经超过了语音信息流量，图 3.5 所示为 GSM 网络结构图。该网络结构主要由 MS（移动台）、BSS（基站子系统）、NSS（网络子系统）和 OSS（操作与维护子系统）几部分组成。

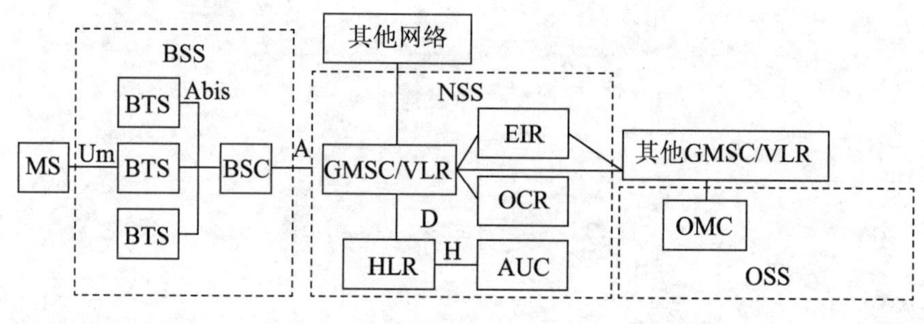

图 3.5　GSM 网络结构图

2．按调制方式分类

根据是否采用调制，可以将通信系统分为基带传输和调制传输。基带传输是直接传送未经调制的信号，如音频市内电话（用户线上传输的信号）、Ethernet 中传输的信号等。调制的目的是使载波携带要发送的信息，对于正弦载波调制，可以用要发送的信息去控制或改变载波的幅度、频率或相位。接收端通过解调就可以恢复出信息。在通信系统中，调制的目的主要有以下几个方面：

（1）便于信息的传输。调制过程可以将信号频谱搬移到任何需要的频率范围，便于与信道传输特性相匹配。例如无线传输时，必须要将信号调制到相应的射频上才能够进行无线电通信。

（2）改变信号占据的带宽。调制后的信号频谱通常被搬移到某个载频附近的频带内，其有效带宽相对于载频而言是一个窄带信号，在此频带内引入的噪声就减小了，从而可以提高系统的抗干扰性。

（3）改善系统的性能。由信息论可知，有可能通过增加带宽的方式来换取接收信噪比的提高，从而可以提高通信系统的可靠性，各种调制方式正是为了达到这些目的而发展起来的。常见的调制方式如表 3.1 所示。应当指出，在实际系统中，有时采用不同的调制方式进行多级调制。例如在调频立体声广播中，语音信号首先采用 DSB-SC（Double Side Band with Suppressed Carrier）进行副载波调制，然后再进行调频，就是采用多级调制的方法。

表 3.1　常用的调制方式及用途

调 制 方 法			用　途
连续波调制	线性调制	常规双边带调幅AM	中波广播、短波广播
		抑制载波双边带调幅DSB-SC	调频立体声广播
		单边带调幅SSB	载波通信、无线电台
		残留边带调幅VSB	电视广播、数字传输、传真
	连续非线性调制	频率调制FM	调频广播、卫星通信
		相位调制	中间调制方式
	数字调制	幅度键控ASK	数据传输
		频率键控FSK	数据传输
		相位键控PSK、DPSK、QPSK等	数字微波、空间通信、移动通信、卫星导航
		其他数字调制QAM、MSK、GMSK等	数字微波中继、空间通信、移动通信系统
脉冲调制	脉冲模拟调制	脉幅调制PAM	中间调制方式、数字用户线路码
		脉宽调制PDM（PWM）	中间调制方式
		脉位调制PPM	遥测、光纤传输
	脉冲数字调制	脉码调制PCM	语音编码、程控数字交换、卫星、空间通信
		增量调制M、CVSD等	军用、民用语音编码
		差分脉码调制DPCM	语音、图像编码
		其他语音编码方式ADPCM	中低速率语音压缩编码

3. 按传输信号的特征分类

按照信道中所传输的信号是模拟信号还是数字信号，可以相应地把通信系统分成两类，即模拟通信系统和数字通信系统。

模拟信号是一系列连续变化的电磁波或电压信号，这些信号直接与消息相对应，如亮度连续变化的电视图像。模拟信号在时间上不一定连续。数字信号是一系列断续变化的电压脉冲或光脉冲，具有有限个取值，如电报。信道中传输模拟信号的系统称为模拟通信系统，如电话、广播和电视系统。信道中传输数字信号的系统称为数字通信系统，比如数字电话通信系统。

数字通信系统与模拟通信系统比较，主要区别是多了信源编码（解码）和信道编码（解码）功能模块。信源编码完成的是将模拟信息（模拟信号）转换成数字信号的功能。信源编码的另一个作用是提高信息传输的有效性，即通过数据压缩的方法减少码元数目，并降低码元速率（信源解码功能相反）。信道编码是将信源编码输出的数字信号变成适合于信道传输的码型（信道解码功能相反），增强数字信号的抗干扰能力，提高传输的可靠性。数字通信系统还包括数字调制和数字解调及同步等。数字通信系统在最近几十年间得到了快速发展，也是目前商用通信系统的主流。

4．按传送信号的复用和多址方式分类

复用是指多路信号利用同一个信道进行独立传输。传送多路信号目前有 4 种复用方式，即频分复用 FDM（Frequency Division Multiplexing）、时分复用 TDM（Time Division Multiplexing）、码分复用 CDM（Code Division Multiplexing）和波分复用 WDM（Wave Division Multiplexing）。

频分复用是采用频谱搬移的办法使不同信号分别占据不同的频带进行传输，时分复用是使不同信号分别占据不同的时间片断进行传输，码分复用则是采用一组正交的脉冲序列分别携带不同的信号。波分复用使用在光纤通信中，可以在一条光纤内同时传输多个波长的光信号，成倍提高光纤的传输容量。

多址是指在多用户通信系统中区分多个用户的方式。例如，在移动通信系统中同时为多个移动用户提供通信服务，需要采取某种方式区分各个通信用户。多址方式主要有频分多址 FDMA（Frequency Division Multiple Access）、时分多址 TDMA（Time Division Multiple Access）和码分多址 CDMA（Code Division Multiple Access）3 种方式。图 3.6 给出了这 3 种多址接入方式示意图。移动通信系统是各种多址技术应用的一个十分典型的例子。

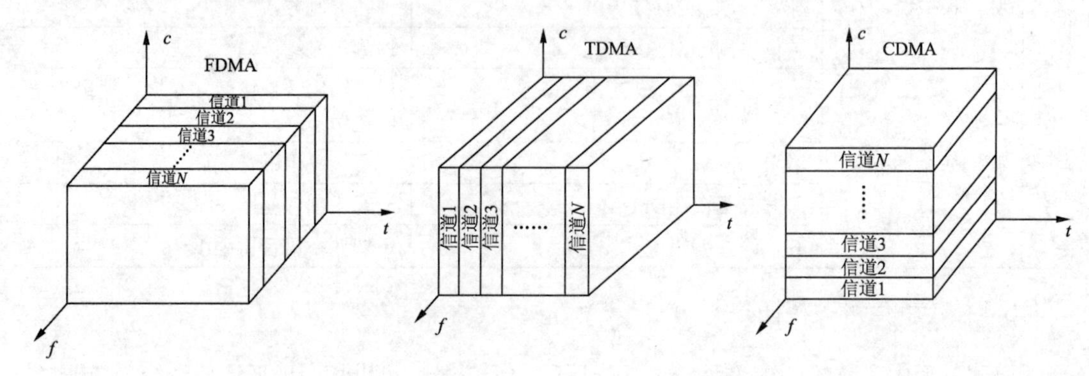

图 3.6　FDMA、TDMA 和 CDMA 示意图

FDMA 将一段频谱划分成更小的频谱，用户独占该小频谱，直至结束，这属于一个维度的重用，早期的模拟通信就是采用 FDMA 的多址接入方式。FDMA 为每一个用户指定了特定的信道，这些信道按要求分配给请求服务的用户。在呼叫的整个过程中，其他用户不能共享这一频段，即为每个用户分配一个信道，一对频谱。FDMA 系统频谱分割示意图如图 3.7 所示。

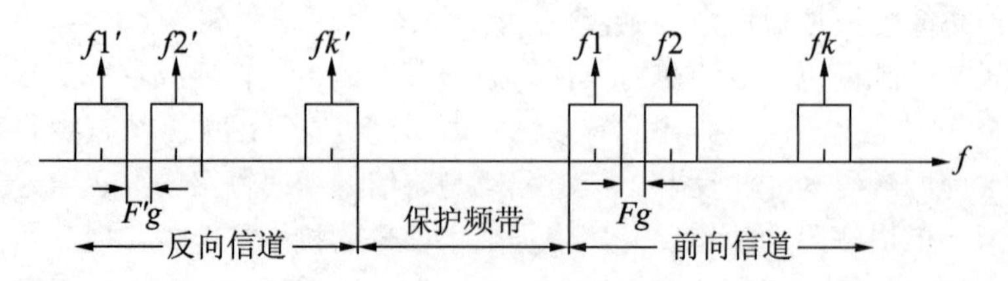

图 3.7　FDMA 系统频谱分割示意图

FDMA 系统的特点如下：

❑ 较高的频谱用作前向信道即基站向移动台方向的信道；

- 较低的频谱用作反向信道即移动台向基站方向的信道；
- 必须同时占用 2 个信道（2 对频谱）才能实现双工通信；
- 基站必须同时发射和接收多个不同频率的信号；
- 任意两个移动用户之间进行通信都必须经过基站的中转；
- 设置频道间隔，以免因系统的频率漂移造成频道间重叠；
- 前向信道与反向信道之间设有保护频带；
- 用户频道之间，设有保护频隙。

TDMA 在 FDMA 的基础上，将小的频谱分割成多个时间窗口，每个用户在通信中占用时间窗口，这属于两个维度的重用，GSM 采用的就是 TDMA 的多址接入方式。TDMA 在一个宽带的无线载波上，把时间分成周期性的帧，每一帧再分割成若干时隙，无论帧还是时隙都是互不重叠的。每个时隙就是一个通信信道，分配给一个用户。基站按时隙排列顺序发收信号，各移动台在指定的时隙内收发信号。TDMA 系统工作示意图如图 3.8 所示。

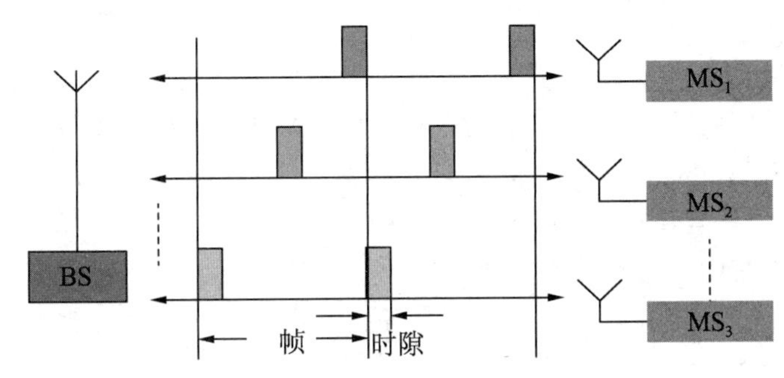

图 3.8　TDMA 系统工作示意图

TDMA 帧是 TDMA 系统的基本单元，它由时隙组成，在时隙内传送的信号叫作突发，各个用户的发射相互连成一个 TDMA 帧，帧结构示意图如图 3.9 所示。

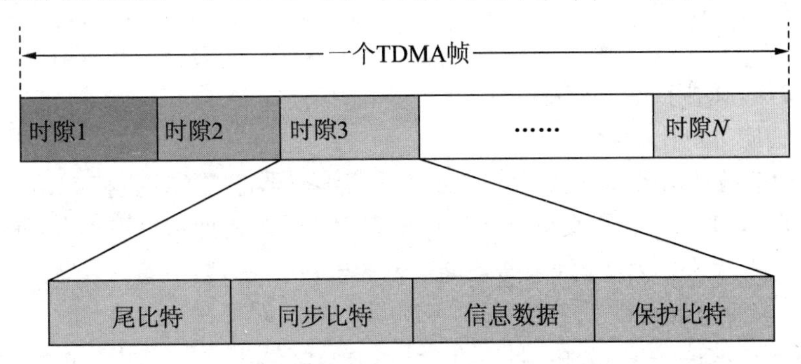

图 3.9　TDMA 帧结构示意图

同步和定时是 TDMA 移动通信系统正常工作的前提。同步包括位同步和帧同步。定时主要是系统定时。TDMA 系统的特点如下：

- 突发传输的速率高，远大于语音编码速率，因为 TDMA 系统中需要较高的同步开销；
- 发射信号速率随 N 的增大而提高，引起码间串扰加大，所以必须采用自适应均衡，用以补偿传输失真；
- 基站复杂性小，互调干扰小；

❑ 抗干扰能力强，频率利用率高，系统容量大；

❑ 越区切换简单，可在无信息传输时进行，不会丢失数据。

CDMA 在 TDMA 的基础上，在一个时间窗口内通过不同的码字区分用户，达到 3 个维度的重用。CDMA 标准由美国高通公司提出。码分多址系统为每个用户分配了各自特定的地址码，利用公共信道来传输信息。

CDMA 系统的地址码相互具有准正交性，以区别地址，而在频率、时间和空间上都可能重叠。系统的接收端必须有完全一致的本地地址码，才能对接收的信号进行相关检测。CDMA 系统工作示意图如图 3.10 所示。

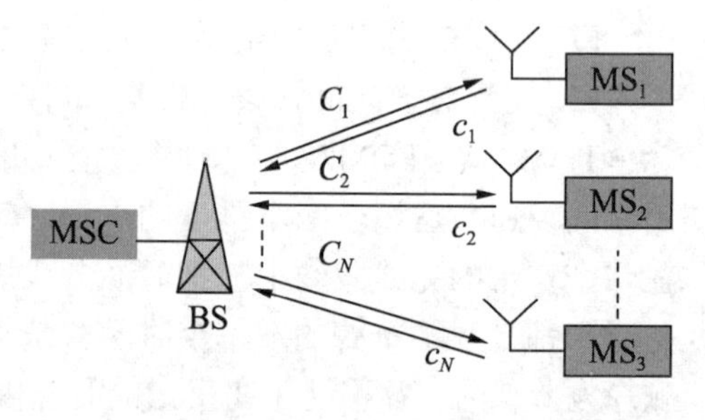

图 3.10　CDMA 系统工作示意图

CDMA 系统是一个自扰系统，所有移动用户都占用相同的带宽和频率。CDMA 系统的优点如下：

（1）系统容量大。

理论上，在使用相同频率资源的情况下，CDMA 移动网比模拟网容量大 20 倍，实际使用中比模拟网大 10 倍，比 GSM 要大 4 到 5 倍。

（2）系统容量配置灵活。

在 CDMA 系统中，用户数的增加相当于背景噪声的增加，造成语音质量的下降。但 CDMA 对用户数并无限制，操作者可在容量和语音质量之间折中考虑。另外，多小区之间可根据话务量和干扰情况自动均衡。

这一特点与 CDMA 的机理有关。CDMA 是一个自扰系统，所有的移动用户都占用相同的带宽和频率。打个比方，将带宽想象成一个大房子，所有的人将进入唯一的大房子。如果他们使用完全不同的语言，他们就可以清楚地听到同伴的声音而对其他语种的谈话不感兴趣。在这里，屋里的空气可以被想象成宽带的载波，而不同的语言即被当作编码，我们可以不断地增加用户直到整个背景噪声限制住了我们。如果能控制住用户的信号强度，在保持高质量通话的同时，我们就可以容纳更多的用户。

（3）通话质量更佳。

TDMA 的信道结构最多只能支持 4Kb 的语音编码器，它不能支持 8Kb 以上的语音编码器。而 CDMA 的结构可以支持 13Kb 的语音编码器，因此可以提供更好的通话质量。CDMA 系统的声码器可以动态地调整数据传输速率，并根据适当的门限值选择不同的电平级发射。同时，门限值根据背景噪声的改变而变，这样即使在背景噪声较大的情况下，也可以得到较好的通话质量。另外，TDMA 采用一种硬移交的方式，用户可以明显地感觉到通话的间断，在用户密集、基站密集的城市中，这种间断尤为明显，因为在这样的地区，每分钟会发生 2 至 4 次移交的情形。而 CDMA 系统“掉话”的现象则明显减少，因为 CDMA 系统采用软切换技术，“先连接再断开”，完全克服了硬切换容易“掉话”的缺点。

（4）频率规划简单。

将通话用户按不同的序列码进行区分，所有不同的 CDMA 载波可在相邻的小区内使用，网络规划灵活，扩展简单。

（5）建网成本低。

CDMA 技术通过在每个蜂窝的每个部分使用相同的频率，简化了整个系统的规划，在不降低话务量的情况下减少了所需站点的数量从而降低了部署和操作成本。CDMA 网络覆盖范围大，系统容量高，所需基站少，降低了建网成本。

CDMA 数字移动技术与现在众所周知的 GSM 数字移动系统不同。模拟技术被称为第一代移动电话技术，GSM 是第二代，CDMA 是属于移动通信的第二代半技术，比 GSM 更先进。

第一代移动通信系统，如 TACS（Total Access Communications System）、AMPS（Advanced Mobile Phone System）都是 FDMA 的模拟通信系统，即同一基站下的无线通话用户分别占据不同的频带传输信息。第二代（2G：2nd Generation）移动通信系统则多是 TDMA 的数字通信系统，GSM 是目前全球市场占有率最高的 2G 移动通信系统，是典型的 TDMA 的通信系统。2G 移动通信标准中唯一采用 CDMA 技术的是 IS-95 CDMA 通信系统。而第三代（3G：3rd Generation）移动通信系统的 3 种主流通信标准 W-CDMA、CDMA2000 和 TD-SCDMA 则全部是基于 CDMA 的通信系统。

5．按传输媒介分类

通信系统可以分为有线（包括光纤）和无线通信两大类，有线信道包括架空明线、双绞线、同轴电缆和光缆等。使用架空明线传输媒介的通信系统主要有早期的载波电话系统，使用双绞线传输的通信系统有电话系统、计算机局域网等，同轴电缆在微波通信、程控交换等系统及设备内部和天线馈线中使用。无线通信依靠电磁波在空间传播达到传递消息的目的，如短波电离层传播、微波视距传输等。

6．按工作波段分类

按照通信设备的工作频率或波长的不同，可以将通信分为长波通信、中波通信、短波通信、微波通信等。表 3.2 列出了通信使用的频段、常用的传输媒质及主要用途。

表 3.2　频段划分及其典型应用

频率范围	波　长	符　号	传输媒介	用　途
3Hz～3kHz	100～100km	极低频 ELF	有线线对 长波无线电	音频电话、数据终端、远程导航、水下通信、对潜通信
3～30kHz	100～10km	甚低频 VLF	有线线对 长波无线电	远程导航、水下通信、声呐
30～300kHz	10～1km	低频 LF	有线线对 长波无线电	导航、信标、电力线、通信
300kHz～3MHz	1000～100m	中频 MF	同轴电缆 短波无线电	调幅广播、移动陆地通信、业余无线电
3～30MHz	100～10m	高频 HF	同轴电缆 短波无线电	移动无线电话、短波广播定点军用通信、业余无线电
30～300MHz	10～1m	甚高频 VHF	同轴电缆 米波无线电	电视、调频广播、空中管制、车辆、通信、导航、寻呼

续表

频率范围	波长	符号	传输媒介	用途
300MHz～3GHz	100～10cm	特高频 UHF	波导 分米波无线电	微波接力、卫星和空间通信、雷达、移动通信、卫星导航
3～30GHz	10～1cm	超高频 SHF	波导 厘米波无线电	微波接力、卫星和空间通信、雷达
30～300GHz	10～1mm	极高频 EHF	波导 毫米波无线电	雷达、微波接力
300～3000GHz	10～1cm	可见光、红外光 紫外光	光纤 空间传播	光纤通信 无线光通信

对于1GHz以上的频段，采用10倍频程进行划分太粗略，因此国际上采用了另外一种通用的频段划分方式，如表3.3所示。

表3.3 国际通用频段划分及其典型应用

频率范围	名称	典型应用、典型通信系统
3～30MHz	HF	移动无线电话、短波广播定点军用通信、业余无线电
30～300MHz	VHF	调频广播、模拟电视广播、寻呼、无线电导航、超短波电台
0.3～1.0GHz	UHF	移动通信、对讲机、卫星通信、微波链路、无线电导航、雷达
1.0～2.0GHz	L	移动通信、GPS、雷达、微波中继链路、无线电导航、卫星通信
2.0～4.0GHz	S	移动通信，无线局域网、航天测控、微波中继、卫星通信
4.0～8.0GHz	C	微波中继、卫星通信、无线局域网
9.0～12.5GHz	X	微波中继、卫星通信、雷达
12.5～18.0GHz	Ku	微波中继、卫星通信、雷达
18.0～26.5GHz	K	微波中继、卫星通信、雷达
26.5～40.0GHz	Ka	微波中继、卫星通信、雷达
40.0～60.0GHz	F	/
60.0～90.0GHz	E	/
90.0～140.0GHz	V	/

3.3 通信系统的基本架构

通信系统的目的是传输信息。通信系统的作用就是将信息从信源发送到一个或多个目的地。对于电通信来说，首先要把信息转变成电信号，然后由发送设备将信号送入信道，接收设备对接收信号做相应的处理后，送给收信者转换为原来的消息。通信系统的一般模型如图3.11所示。

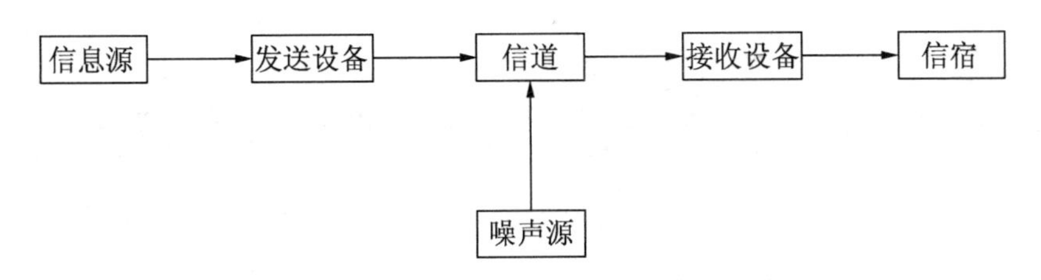

图 3.11　通信系统的一般模型

1．信息源

信息源（简称信源）的作用是把各种消息转换成原始电信号。根据消息的种类不同，信源可分为模拟信源和数字信源。模拟信源输出连续的模拟信号，如话筒（声音→音频信号）、摄像机（图像→视频信号）；数字信源则输出离散的数字信号，如电传机（键盘字符→数字信号）、计算机等各种数字终端。模拟信源送出的信号经数字化处理后也可送出数字信号。

2．发送设备

发送设备的作用是产生适合在信道中传输的信号，即使发送信号的特性和信道特性相匹配，具有抗信道干扰的能力，并且具有足够的功率以满足远距离传输的需要。因此，发送设备涵盖的内容很多，可能包含变换、放大、滤波、编码和调制等过程。对于多路传输系统，发送设备还包括多路复用器。

3．信道

信道是一种物理媒质，用来将来自发送设备的信号传送到接收端。在无线信道中，信道可以是自由空间；在有线信道中，信道可以是明线、电缆和光纤。有线信道和无线信道均有多种物理媒质。信道既给信号提供通路，也会对信号产生各种干扰和噪声。信道的固有特性及引入的干扰和噪声直接关系到通信的质量。

图 3.11 中的噪声源是信道中的噪声及分散在通信系统及其他各处的噪声的集中表示。噪声通常是随机的、形式多样的，它的出现干扰了正常信号的传输。

4．接收设备

接收设备的功能是将信号放大和反变换（如译码、解调等），其目的是从收到的接收信号中正确恢复出原始电信号。对于多路复用信号，接收设备中还包括解除多路复用、实现正确分路的功能。此外，接收设备还要尽可能地减小在传输过程中噪声与干扰所带来的影响。

5．信宿

信宿（即收信者）是传送消息的目的地，其功能与信源相反，即把原始电信号还原成相应的消息，如扬声器等。

6. 噪声源

噪声源是信道中的噪声，以及分散在通信系统中其他各处的噪声的集中表示。

图 3.11 概括地描述了一个通信系统的组成及共性。根据研究的对象及所关注的问题不同，相应有不同形式的、更具体的通信模型。

3.4 通信系统基本理论

随着社会的不断发展，移动通信技术也发展迅速。移动通信业务的发展满足了人们在任何时间、任何地点与任何个人进行通信的愿望，而移动通信是实现未来理想的个人通信服务的必由之路。通信技术的发展离不开通信系统基本理论的支持，本节将对通信系统的基本理论进行介绍。

3.4.1 香农定理

香农（Shannon）是美国数学家、美国科学院院士、信息论的创始人、20 世纪最伟大的科学家之一，是影响了整个数字通信时代的杰出人物。他在通信技术与工程方面的创造性工作，为计算机与远程通信奠定了坚实的理论基础。图 3.12 所示为香农的近照。

图 3.12 香农的近照

1948 年 6 月和 10 月，香农在贝尔实验室出版的科技界著名杂志《贝尔系统技术》上发表了一篇论文《通信的数学理论》。香农在这篇论文中把通信的数学理论建立在概率论的基础上，把通信的基本问题归结为通信的一方能以一定的概率复现另一方发出的消息，并针对这一基本问题对信息作了定量描述。香农在这篇论文中还精确地定义了信源、编码、信道、译码、信宿等概念，建立了通信系统的数学模型，这就是著名的香农模型，并得出了信源编码定理和信道编码定理等重要结果。

在《通信的数学理论》这篇论文中，香农首次引入“比特”（bit）一词，并指出如果在信号中附加额外的比特，就能使传输错误得到纠正。这篇论文还严格定义了信息的单位——“熵”的概念，在此基础上，香农又定义了信道容量的概念，并给出了在不同噪声情况下无失真通信的极限传输速率，这就是著名的香农公式。这个公式让人们更好地记住了香农，也托起了整个数字通信和信息论。该公式的具体含义在通信原理课程中会详细讲解。

《通信的数学理论》这篇论文的发表，标志着一门新的学科——信息论的诞生，奠定了信息论的基础。这些贡献对现在的通信工业具有革命性的影响，尤其是信息论在通信工程应用中获得了巨大的成功，并激发了今天信息时代所需要的技术发展。

俗话说：“有线的资源是无限的，而无线的资源却是有限的”。无线信道并不是可以任意增加传送信息的速率，它受其固有规律的制约，就像城市道路上的车一样不能想开多快就开多快，还受到道路宽度、其他车辆数量等因素的影响。这个规律就是香农定理。

香农定理给出了信道信息传送速率的上限（比特每秒）和信道信噪比及带宽的关系。香农定理可以解释现代各种无线制式由于带宽不同，所支持的单载波最大吞吐量不同的问题。

在有随机热噪声的信道上传输数据信号时，信道容量 R_{max} 与信道带宽 W，信噪比 S/N 的关系为：$R_{max}=W \cdot \log_2(1+S/N)$。注意，这里的 $\log_2$ 是以 2 为底的对数。

香农定理是所有通信制式最基本的原理，它描述了有限带宽、有随机热噪声信道的最大传输速率与信道带宽、信号噪声功率比之间的关系。其用公式可表示为：

$$C=B\mathrm{lb}(1+S/N) \tag{3-1}$$

其中，C 是信道支持的最大速度或者叫信道容量；B 是信道的带宽；S 是平均信号功率；N 是平均噪声功率；S/N 即信噪比。

理解香农公式须注意以下几点：

（1）信道容量由带宽及信噪比决定，增大带宽、提高信噪比可以增大信道容量。

（2）在要求的信道容量一定的情况下，提高信噪比可以降低带宽的需求，增加带宽可以降低信噪比的需求。

（3）香农公式给出了信道容量的极限，也就是说，实际无线制式中单信道容量不可能超过该极限，只能尽量接近该极限。在卷积编码条件下，实际信道容量离香农极限还差 3dB；在 Turbo 编码的条件下，接近了香农极限。

（4）LTE 中多天线技术没有突破香农公式，而是相当于多个单信道的组合。

香农定理可以变换一下形式为：

$$C/B=\mathrm{lb}(1+S/N) \tag{3-2}$$

其中，C/B 就是单位带宽的容量（业务速率），就是频谱利用率的概念，也就是说香农定理给出了一定信噪比下频率利用率的极限。

在信号处理和信息理论的相关领域中，通过研究信号在经过一段距离后如何衰减，以及一个给定信号能加载多少数据后得到了一个著名的公式叫作香农（Shannon）定理。它以比特每秒（bps）的形式给出一个链路速度的上限，表示为链路信噪比的一个函数，链路信噪比用分贝（dB）来衡量。因此我们可以用香农定理来检测电话线的数据速率。

香农定理由如下的公式给出：

$$C=W \cdot \log_2(1+S/N)$$

其中，C 是可得到的链路速度，W 是链路的带宽，S 是平均信号功率，N 是平均噪声功率，信噪比（S/N）通常用分贝（dB）表示，分贝数=10×log10(S/N)。

音频电话连接支持的频率范围通常为 300～3300Hz，则 B=3300Hz−300Hz=3000Hz，而一般链路典型的信噪比是 30dB，即 S/N=1000，因此有 C=3000×log2(1+1000)，近似等于 30Kbps，是 28.8Kbps 调制解调器的极限。因此，如果电话网络的信噪比没有改善或不使用压缩方法，调制解调器将达不到更高的速率。

3.4.2　信道编码与译码

数字信号或信令在传输的过程中，由于受到噪声或干扰的影响，容易产生误码，从而使接收端产生图像跳跃、不连续或出现马赛克等现象。通过在信道编码这一环节对数码流进行相应的处理，使系统具有一定的纠错能力和抗干扰能力，可以极大地避免码流传送中误码的产生。

编码是将源对象内容按照一种标准转换为一种标准的格式，编码的目的是为了符合传输的要求。以语音通信为例，我们发出的声音是模拟信号，现在的传输系统和交换系统是数字系统，为了通过数字网络进行传输，必须先将模拟信号转换为数字信号，这个过程就称为编码。通过数字网络接收到经过编码的信号后，又必须还原为模拟信号才能播放出来，这个过程称为解码。解码是和编码对应的，解码是为了还原成我们能识别的信息，它使用和编码相同的标准将编码内容还原为最初的对象内容。

编码分为信源编码和信道编码。

1. 信源编码和信道编码的发展历程

信源编码的种类有很多，比如莫尔斯电码、ASCII 码、电报码都是常见的信源编码。随着现代通信的快速发展，信源编码方式也有了许许多多新的编码方式，比如霍夫曼编码（Huffman 编码）、L-Z 编码、算术编码等无损编码方式。信源编码的目的主要是减少冗余，提高传输的有效性，而压缩是最常见的应用形式。

相应地，信道编码的作用是提高抗干扰能力，减少噪声影响。例如校验码，就是通过增加冗余，以此来提高纠错能力和抗干扰能力的。

最原始的信源编码就是莫尔斯电码，另外还有 ASCII 码和电报码都是信源编码。现代通信应用中常见的信源编码方式有 Huffman 编码、算术编码、L-Z 编码，这 3 种都是无损编码，另外还有一些有损的编码方式。信源编码的目标就是使信源减少冗余，更加有效、经济地传输，最常见的应用形式就是压缩。

相对地，信道编码是为了对抗信道中的噪音和衰减，通过增加冗余，如校验码等，来提高抗干扰能力及纠错能力。

下面是信道编码的发展历史，如表 3.4 所示。

表 3.4　信道编码的发展历程列举

1948年	Shannon极限理论
1950年	Hamming码
1955年	Eilas卷积码
1960年	BCH码、RS码、PGZ译码算法
1962年	Gallager LDPC（低密度奇偶校验）码
1965年	B-M译码算法
1967年	RRNS码、Viterbi算法
1972年	Chase氏译码算法
1974年	Bahl MAP算法
1977年	IMaiBCM分组编码调制
1978年	Wolf 格状分组码
1986年	Padovani恒包络相位 / 频率编码调制
1987年	Ungerboeck TCM格状编码调制、SiMonMTCM多重格状编码调制、WeiL.F.多维星座TCM

续表

1989年	Hagenauer SOVA算法
1990年	Koch Max-Lg-MAP算法
1993年	Berrou Turbo码
1994年	Pyndiah乘积码准最佳译码
1995年	Robertson Log-MAP算法
1996年	Hagenauer TurboBCH码，MACKay-Neal重新发掘出LDPC码
1997年	Nick Turbo Hamming码
1998年	Tarokh空-时卷格状码、AlaMouti空-时分组码
1999年	删除型Turbo码

虽然经过这些年的不断努力，已经使得通信过程非常接近香农极限。但是由于时延，设备的可行性复杂性的要求，以及香农理论的内涵（可以通过接近无限时延逼近香农极限），使得信道编码技术及编码调制理论在向香农极限逼近的过程中，不得不同时考虑好时延、误码率门限、带宽、编码增益、吞吐量、信道特性、色散及装备复杂度等问题。

现如今，人们公认 Turbo 码是快速逼近香农极限的一种码类，但是时延和复杂性仍是对它最大的挑战。对于比 Turbo 性能更加优良的 LDPC 码，自 1962 年提出时不被人们看好、重视，到 1996 年 MACKa-Neal 重新发现并掀起另一股应用研究浪潮，以此事例看来，沿 AlaMouti 的 STB 方式是一种看好的折中方向。

LDPC 码的译码复杂度比 Turbo 码低，具有更加优良的基底残余误码性能，同时，它的结构和硬件复杂度更加简单，是一类可由二分图或者非常稀疏的奇偶校验矩阵定义的线性分组前向纠错码。经研究结果表明，长度为 106 时的非正则 LDPC 码可获得的 BER=10^{-6} 时，与香农极限仅仅相差 0.13dB；而当码长达到 107、码率为 1/2 时，与香农极限仅仅相差 0.04dB，这与 Turbo 码不同，LDPC 码是从另一种途径更加有效地逼近模拟香农极限条件，从而取得更好的性能。因此在“学习、思考、创新、发展”这个过程中，持续“创新”最为关键，MIMO-STC 和 Turbo / LDPC 码的发展更是证实了这个道理。

2. 信源编码和信道编码原理的简要介绍

1）信源编码

它是一种为了提高通信有效性、减少冗余、消除信源剩余度、提高符号的平均信息量而进行的信源符号变换。详细地说就是以信源输出符号的统计特性为目标，寻找能够把输出的符号序列变换为最短的码字序列，使得最短的码字序列的各个码元的平均信息量最大，同时保证能够无失真地恢复原来的序列。

层次树编码也称为基于层次树的集分割信源编码，该编码是基于 EZW 而改进的一种算法，它运用小波分解后的多分辨率特性，再根据小波分解后系数的重要性生成比特流的渐进式编码。运用这种方法，编码器可以在任意位置终止编码，解码器可以在任意位置停止解码。因此，编码器能够精准实现一定目标速率或者目标失真度。

既然提高序列中码元的信息量是信源编码的目的，那么，凡是能减少剩余度而对信源输出符号序列进行的变换处理，都可以划归为信源编码的范围，比如数据的压缩、过滤、预测和域变换等广义的信源编码。

目前，有两个途径可以减少输出符号冗余度，提高符号信息量：

（1）解除相关性：序列里各个符号尽最大可能相互独立。

（2）概率均匀化：各个符号出现的概率相等。

在第三代移动通信技术中，信源编码技术主要有语言编码、图像压缩编码（JPEG2000、h.264、h.261 等）及视频多媒体压缩编码。

2）信道编码

数字信号经常在传输过程中受到种种原因的影响，导致数据流中出现误码，使得接收端产生图像跳跃、不连续、出现马赛克等情况。为了解决这一问题，通过信道编码这关键一步对数据流进行处理，尽可能避免误码的产生。现今常见的误码处理技术主要有纠错、交织和线性内插等。

信道编码的主要任务是提高传输效率，降低误码率。其本质就是增加可靠性。但是信道编码也带来了使有用信息数据传输减少等问题。信道编码的过程是在源数据码流中加入码元，实现在通信系统的接收端判错纠错目的，这也就是我们常说的开销。用一个生活中的例子来比喻，它就像我们运送玻璃杯一样，为了不在运输途中出现打烂玻璃杯的情况，我们经常用泡沫来进行包装。包装会使玻璃杯所占体积变大，而所占体积变大带来的代价就是一辆车能够运送的玻璃杯个数有所减少。同样，在固定带宽信道里，总的传码率是固定的，因为信道编码增加了数据量，结果只能以降低传输有用信息码率为代价。我们把有用比特数除以总比特数得到的结果称为编码效率，编码方式的不同，其效率也存在差异。通常的信道编码有码率兼容截短卷积（RCPC）信道编码和两次附加纠错码的前向纠错编码（FEC）。码率兼容截短卷积信道编码是采用周期性删除比特的方法来得到高码率的卷积码，它主要有以下 4 个特点：

（1）它是一种特殊卷积码，可以用生成矩阵表示。

（2）其限制长度与原码一致，和原码有同级的纠错能力。

（3）译码复杂度低，具有原码的隐含结果。

（4）可实现变码率编码译码，改变比特删除模式。

两次附加纠错码的前向纠错编码常作为数字电视中的纠错编码。188 个字节后附加 16 个字节的 RS 码，组成（204,188）RS 码，这个过程被称为外编码，它属于第一个 FEC。第二个附加纠错码的 FEC 通常使用卷积编码，它也被称为内编码。外编码和内编码相互结合后得到的数据流再依照调制方式对载频进行调制。而外编码与内编码的结合被称为级联编码。

FEC 的码字是具有一定纠错能力的，当它在接收端解码后，不但可以发现错误，还可以判断错误码元的位置，自动纠错。并且这种纠错码信息无须存储，无须反馈，具有很好的实时性，因此在单向传输系统中都采用这种编码方式。图 3.13 是纠错码的各种类型。

3．信源编码和信道编码的区别

通信任务是由通信系统来完成的。依据信道传输的信号种类，通信系统可以分为数字通信及模拟通信。通信系统模型主要由信源、信道和信宿组成。但是实际的通信系统更加复杂一些，相应设备更加多种多样。综合各种数字通信系统，其构成如图 3.14 所示。

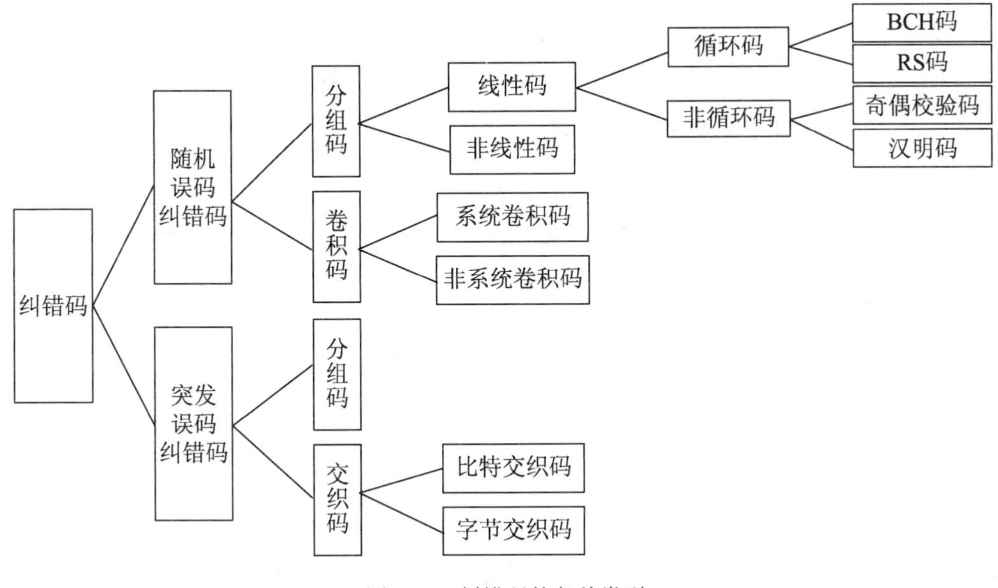

图 3.13　纠错码的各种类型

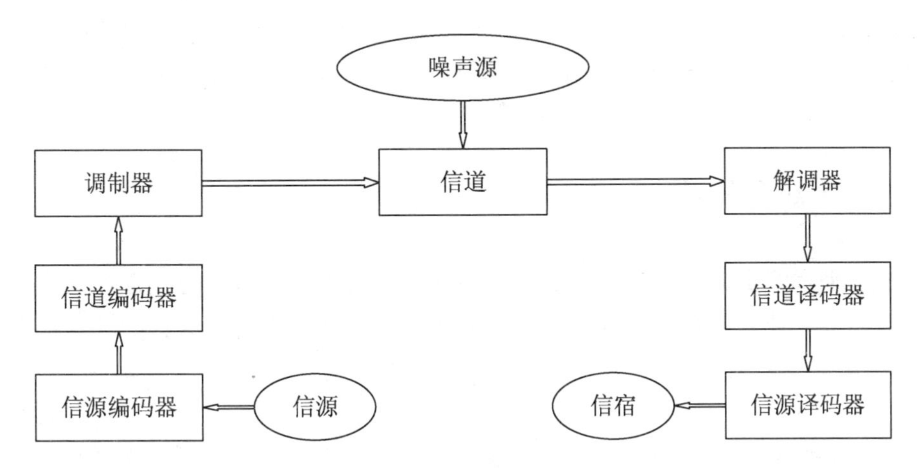

图 3.14　数字通信系统构成

信道，简单来说就是由有线或无线电线路提供的信号的通路。它在让信号通过的同时又对信号加以一定的限制。信源编码就是我们常说的数据压缩，其作用是减少误码，降低码元速率。码率将直接影响传输的带宽，带宽又会影响到有效性。信源编码的另一个作用就是如果信息源给出的信号为模拟信号，信源编码会把模拟信号变成数字信号，从而实现模拟信号的数字化传输。

信道编码也叫差错控制编码，采用增大码率或增大带宽的方式提高传输的可靠性。在计算机领域，它被广泛用于表示编码监测和纠正的术语，也用于数字调制方式。信道编码可以在传输时保护数据，也可以在存在错误的时候恢复数据。为了保证通信系统的可靠性，可以克服信道中的噪声和干扰。信道编码根据某些（监督）规则向要发送的信息符号添加一些必要的（监督）符号，并使用接收端的这些监督符号和信息符号之间的监督规则来检测和纠正错误，从而改进信息符号传输的可靠性。信道编码的目的是试图以最小的监督符号为代价换来可靠性的提高。

信源编码和信道编码的作用是完全不同的。信源编码是对输入信号（如图像、视频、音频）进行编码压缩；而信道编码是在传输的过程中对信息进行处理。

4．信源编码与信道编码的发展前景

尽管信息论的提出和编码方法的进步使信息论理论变得更加完善，但是现今的信息论对于信息对象的层次区分，以及对产生和构成信息存在的基本要素、对象及关系区分尚不明确，真正适应复杂系统的信息系统理论较为有限，缺少“实有信息”概念，无法较好地解释语义歧义等问题。目前，无记忆单用户信道和多用户信道中的特定情况下的编码定理有了严格的证明，而其他信道结果仍不完善。3G 的探索促进了数字信号处理技术的进步，Turbo 码也在与其他技术融合，不断完善现在的编码方案。

移动通信技术发展迅速，从第一代通信系统的问世再到如今的 5G，发展速度有目共睹。虽然移动通信技术的快速发展给我们的生活带来了诸多便利，但是也存在一些问题，需要不断地去解决。但不论怎样，5G 技术已经是大势所趋。

移动通信能为人们提供高效、灵活的通信方式，但它的开发难度和实现比有线技术更加复杂、困难。实际上通信系统中最复杂的部分就是信道，其中的路径损耗、慢衰落损耗和快衰落损耗使得码间干扰和信号失真严重，从而严重影响通信质量，人们也在不断寻找解决办法以提高通信系统的性能。数字移动通信的出现，带动了多址技术、调制技术、纠错编码、分集技术和智能天线等技术的发展。

3.4.3　信息加密与解密

自古以来，安全、保密是通信的关键问题。历史上，交战双方在通信安全、保密、破译方面的优势被认为是取得战争胜利的因素之一。而在信息化时代的今天，信息安全更成为了人人关心的问题，这一因素更是促进了密码学的发展，并在更加广泛的领域中得以应用。

加密是最常见、最常用的安全保密手段，即把重要的数据信息经过加密后再传输，到达目的地后再进行解码。

加密技术包括两个元素，分别是密钥和算法。算法是把普通信息与一系列数字相结合，产生不可以被轻易理解的密文。密钥是用来对数据进行编码解码的一种算法。为了保障网络通信的安全性，可以通过使用钥加密技术和相应完善的管理机制进行保障。

软件加密解密技术一直都是人们研究的重点，因为它可以与任何一种计算机技术结合，比如数据结构、各种程序设计语言、操作系统等。

密钥加密技术的密码体制有对称密钥体制和非对称密钥体制。因此，数据的加密也分为对称加密和非对称加密，并分别以 DES 算法和 RSA 算法为代表。对称加密过程中加密密钥和解码密钥相同，非对称加密则不同，非对称加密的加密密钥可以公开而解密密钥则需要保密。

对称加密技术的特点是加密和解密采用相同的密钥（对称加密、解密示意图如图 3.15 所示），在密码学中称其为对称加密算法。其优点是算法公开、计算量小、加密速度快、加密效率高。作为与 DES 不同的对称加密算法 IDEA，相较于 DSE 其加密性能更好，对计算机的功能要求较低。IDEA 标准由 PGP 系统使用。

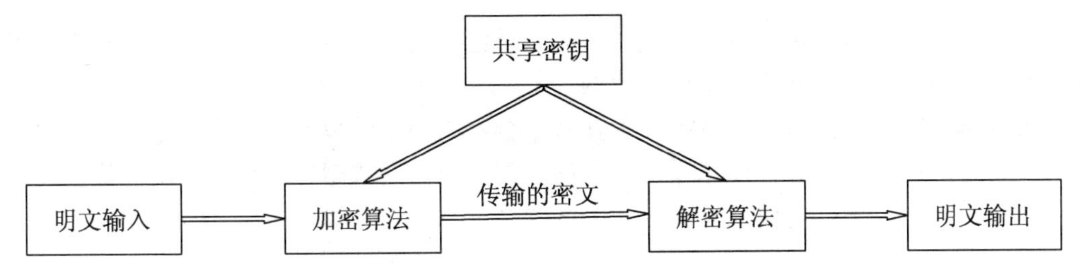

图 3.15　对称加密、解密示意图

非对称加密技术（非对称加密的体质模型如图 3.16 所示）需要公用密钥（公钥）和私有密钥（私钥）。该加密技术称为非对称加密技术主要是由于其公钥是对外公布的，而私钥只有个人所知，在加密和解密这两个过程中使用的是两个不同的密钥。

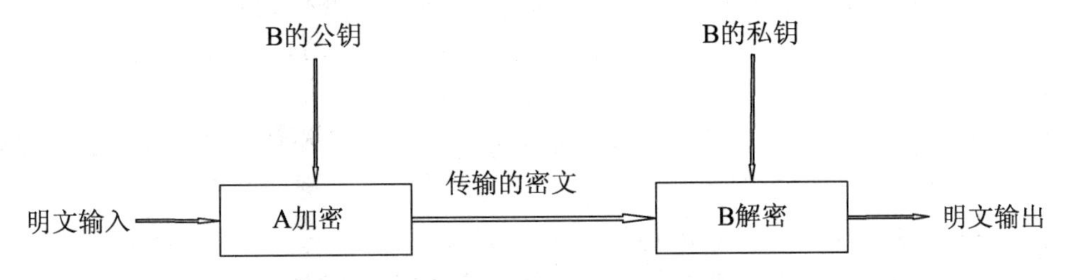

图 3.16　非对称加密的体质模型

1976 年，来自美国的 Dime 和 Henman 提出了一种允许在不安全的媒体上的通信双方交换信息，并且安全地达成一致的密钥，以解决信息公开传输和密钥的管理问题。这也被称为“公开密钥系统”，其实也叫作非对称加密算法。非对称加密的公钥和私钥是一对，如果用密钥加密，那么必须采用与之对应的公钥进行解密。正是由于加密和解密两个过程采用不同的密钥，因此该算法被称作非对称加密算法。

我国的计算机网络起步较晚，相应的技术发展还很不成熟，据相关数据统计，目前只有 8%的企业采用信息加密，并且其中大部分企业采用的是传统的密码机制。由此可以知道，这些企业的网络安全性都较差。尽管数据加密确实是保护计算机网络的一种方式，但是真正利用 RSA 算法的系统少之又少。加强对网络数据加密的研究，开发更加合适的加密系统这一任务就变得越发重要了。目前，网络上常见的加密方式主要有链路加密、端对端加密、节点加密。其中，端对端加密仅在目的节点和源节点进行，具有成本低、使用灵活的诸多特点。

3.5　常见的通信系统简介

通信的任务是在两地之间迅速而准确地传递信息。“通”的要求有几个方面：一是准确可靠；二是迅速快捷；三是具有任意性；四是传递距离要远，覆盖区域要广。“信”的要求是信息内容具有多样性。

信息交流是人类社会活动和发展的基础，通信是推动人类社会发展、进步的巨大动力。从信息源形式看，人类经历了语言方式交流、语言文字方式交流、语言文字和印刷品交流、多种方式交流等发展阶段；从通信的手段看，人类经历了人力—马力—烽火台传递信息、电子传递信息和光电传递信息等阶段。目前人类已经进入信息时代，随着现代科学技术和现代经济的发展，现已建立起全球通信网。

现代通信与传感技术、计算机技术紧密结合，成为了整个社会的高级“神经中枢”，使人类已建立起来的世界性全球通信网或地区部门通信网成为各国现代经济的最重要的基础结构之一。没有现代通信就没有现代经济的高速发展。

3.5.1 移动通信系统

移动通信系统有多种分类方法，其中按使用环境可分为陆地移动通信系统、海上移动通信系统、航空移动通信系统。

若以服务对象分，可以将移动通信分为公用网和专用网，其中，专用网只适合于专门的部分网络（如校园电话网）。专用网一定可以接入公用网，公用网却不一定能接入专用网。

若以提供的服务类型分，可以将移动通信分为移动电话系统、无线寻呼系统、集群调度系统、无绳电话系统和卫星移动通信系统等。

若按覆盖范围划分，可将移动通信分为宽域网和局域网；若按业务类型分可分为电话网、数据网和综合业务网；若按信号形式分可分为模拟网和数字网。

我们以陆地移动通信系统为例，了解移动通信系统的组成。

所谓陆地移动通信系统，是指通信双方或至少有一方是通过陆地通信网进行信息交换的。陆地移动通信系统一般由移动台（MS）、基站（BS）及移动交换中心（MSC）组成，称为公共陆地移动网（PLMN）。移动通信网通过中继线与公共交换电话网络（PSTN）连接，组成移动通信系统，如图 3.17 所示。

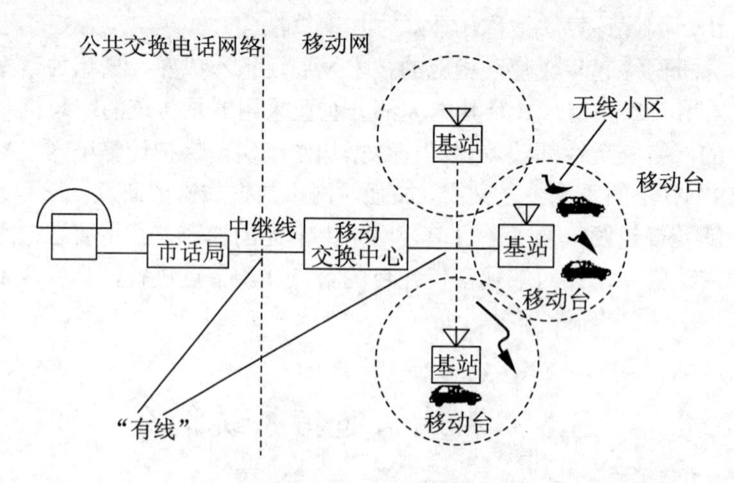

图 3.17　移动通信系统组成

移动通信系统中，基站天线是很重要的一个组成部分，陆地移动通信系统分为蜂窝公用陆地移动通信系统、集群调度移动通信系统、无绳电话系统和无线寻呼系统等。在日常生活中，我们听到最多的是蜂窝移动通信。实际上，早期的移动通信系统是在其覆盖区域中心设置一个大功率的发射机，通过高架天线把信号发送到整个覆盖地区（半径可达几十千米）内。由于单个无线的发射机只能达到一定的区域，这种系统很难适应大区域通信的要求，并且，它同时能够提供给用户使用的信道数极为有限，远远满足不了移动通信业务迅速增长的需要。蜂窝的概念对处理覆盖区域问题极其有用。它把通信网络服务的整个区域划分为若干个较小的六边形小区域，用正六边形的图形来模拟实际中的小区域要比用圆形、正方形等其他图形效果更好，衔接也更紧密，然后在各个小区域内均用小功率的发射机进行覆盖，这些小区域一个个鳞次栉比，看上去就像是蜂窝一样，形成了蜂窝状结构，蜂窝移动通信由此得名，如图 3.18 所示。

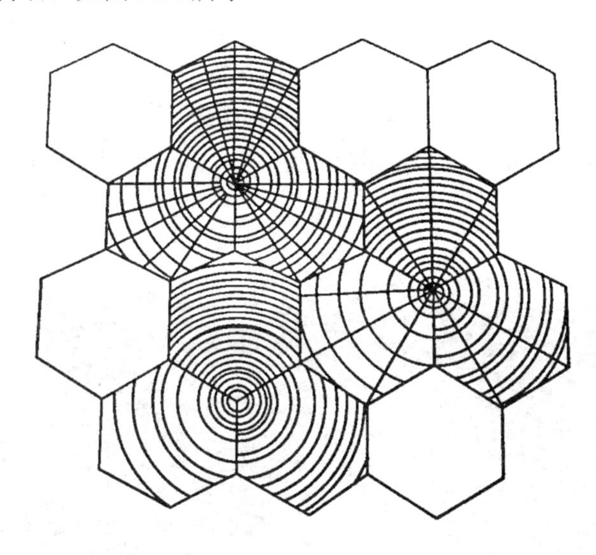

图 3.18　蜂窝小区域示意图

移动通信的出现源于固定电话已不能满足人们生活、工作越来越广泛的流动性需要，以及人们对随时随地可以自由通信的强烈渴望。到目前为止，移动通信的发展经历了五代。第一代移动通信（1G）为模拟通信，给人们开辟了移动通信的崭新天地；第二代移动通信（2G）为数字通信，让普通人享受到移动通信的方便和益处；第三代移动通信（3G）为宽带移动通信，能提供基本的数据和多媒体业务。第四代移动通信（4G）是 3G 技术的改良，结合 WLAN 技术让用户的上网速度更加迅速，速度可达 100Mpbs。而当前已进入了第五代移动通信的实施阶段。

由于受两次世界大战的影响，早期的移动通信的雏形在当时已开发了出来，如步话机、对讲机等。随着对电磁波研究的深入，使用频段由 150MHz 发展为 400MHz，设备由电子管到晶体管发展到大规模集成电路，移动电话终于被制造出来了，但使用范围很受限制。20 世纪 70 年代初，贝尔实验室提出蜂窝系统覆盖小区的概念和相关的理论后，蜂窝移动电话立即得到迅速的发展并很快进入了使用阶段。我国在 1987 年开始使用第一代模拟蜂窝移动电话系统。随着模拟式蜂窝电话的迅速发展，它的缺点也开始逐渐显现。由于模拟式蜂窝电话采用的频分多址技术会造成频率资源严重不足，同时，它易被窃听和盗码，非法并机，对用户利益造成危害。20 世纪 90 年代，以 GSM 和 CDMA 为代表的数字蜂窝移动电话系统开始投入商用。其系统规模和漫游性能在应用中得到不断提高，移动电话业务开始爆炸性增长并呈现出超越固定电话的趋势，一时间，手机成为风靡全球的通信工具。我们相信，未来，移动通信系统将提供全球性优质服务，真正实现在任何时间、任何地点，向任何人提供通信服务这一移动通信的最高目标。

3.5.2 光纤通信系统

光纤通信技术是一种以光信号作为信息载体、以光纤作为传输介质的技术。在该通信系统里，由于光的频率高和光纤介质极低损耗的特点，使得光纤通信有着极大的容量，其容量甚至比微波等方式带宽大数十倍。光纤主要由 3 部分构成，分别是纤芯、包层和涂敷层。

由高度透明的材料制成的是纤芯（如图 3.19 所示），它比一根头发丝还要细微，只有几十微米或者几微米；它的外面层叫作包层，其折射率略低于纤芯，包层的主要作用就是确保光纤是电气绝缘体，无须担心接地回路的问题；涂敷层的主要作用是保护，增加柔韧性；在这一层之外往往加装塑料外套。实质上，光纤的内芯非常微小，因此由它们组成的光缆常常作为传输通道且占据极小的空间，解决了地下管道空间不足问题。

图 3.19　光纤纤芯

我国从 1974 年开始研究光纤通信技术，因光纤具有体积小、质量轻、传输频带极宽、传输距离远、电磁干扰抗性强及不易串音等优点，使光纤的发展十分迅速。目前，光纤通信在邮电通信系统等诸多领域发展迅猛，凭其通信优越的性能及强大的竞争力，很快代替了电缆通信，成为电信网中重要的传输手段。从总体趋势看，光纤通信必将成为未来通信发展的主要方式。

光纤通信系统主要由光发射机、光纤、光接收机及长途干线上必须设置的光中继器组成。光纤数字通信系统示意图如图 3.20 所示。

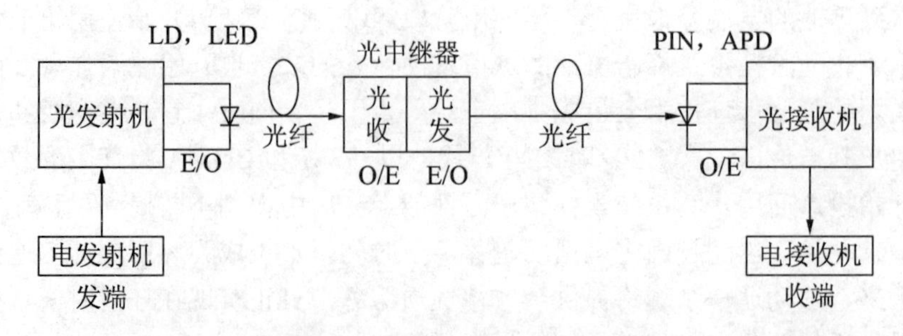

图 3.20　光纤数字通信系统示意图

目前为止，终端和交换机仍然采用电信号方式进行处理，所以在光纤系统中就需要将光信号转换为电信号，其信号的传输过程具体如下：

（1）调制信号由电发射机传入光发射机，光发射机的主要目的就是把电信号转变为光信号，方便在光纤中进行传输。它的重要器件是半导体光源，该半导体光源可以完成电光转换，目前主要采用半导体激光器（LD）或半导体发光二极管（LED）作为光源。

（2）光信号按照一定的角度传入光纤，再经过多次发射折射的过程，仍然在其中传输，并且它的损耗很低。

（3）由光接收机把光信号转换成电信号。光接收机的重要部件是能够完成光/电转换任务的光电检测器，主要是光电二极管或者雪崩光电二极管。通过对电信号的放大处理之后，使其恢复原来的脉码调制信号，然后再送入电接收机。

（4）通常情况下，在收发端机器之间的一定距离中会设置中继器，以此来保证通信质量。在光纤系统中，光中继器主要是光—电—光转换形式的中继器和在光信号上直接放大的光放大器。

虽然光纤通信的优点非常多，但是它仍然有巨大的潜力等待我们去利用、开发。到目前为止，光纤通信的应用只是其潜在能力的 2%左右，因此，光纤技术将会向着更高水平、更高标准阶段发展。

3.5.3　网络通信系统

随着社会经济与科技水平的不断发展，网络信息技术得以迅猛发展。网络通信工程也由此在人们生产、生活的各个领域内得到了越来越广泛的应用。而网络通信工程的运行质量不仅关联着人们的生产、生活，也间接影响着国际经济的发展和城市化建设的发展。

网络通信以物理链路为基础，借助网络技术将主机与工作站联合起来，采用网络媒介的形式进行信息传递。

20 世纪 90 年代是网络通信技术迅速发展的初期。这段时间，通信体系相对单一化，网络通信主要以光纤技术、计算机技术为中心，以高速和多媒体通信为方向快速发展。经过数十年的发展，网络通信技术变得更加成熟和完善，信息传播的领域已经不再受地域与时间的束缚。与此同时，互联网技术已经走进了人们生活的方方面面，成为社会发展不可或缺的一部分。在生产领域，网络通信工程的发展使得信息传递变得更加准确和及时，对巨量信息的处理成为了可能，生产流程管理、部门的沟通合作变得更加规范和有效。网络通信技术不但为企业的生产运营管理发挥了重要的作用，而且在日常生活方面，人们之间的信息交流不再因地域成为阻隔，信息的时效性得以实现，同时，它与互联网技术相互融合带来了多元化的娱乐方式。通信网络建设策略如图 3.21 所示。

未来，网络通信还将开拓许多崭新的领域。互联网信息技术相较于传统技术仍有着极好的发展前景与潜力。在未来的发展阶段中，网络通信技术仍然会不断提高信息传播效益，并尽最大可能控制时间浪费情况的出现。同时，云技术也将随着计算机技术的进步而不断发展，传统储存已经无法应对巨量数据，未来将会有更多的企业把自身发展数据上传至网络，便于企业对自身信息随时查看、整理。未来，云技术还将运用到虚拟现实和人工智能等领域。

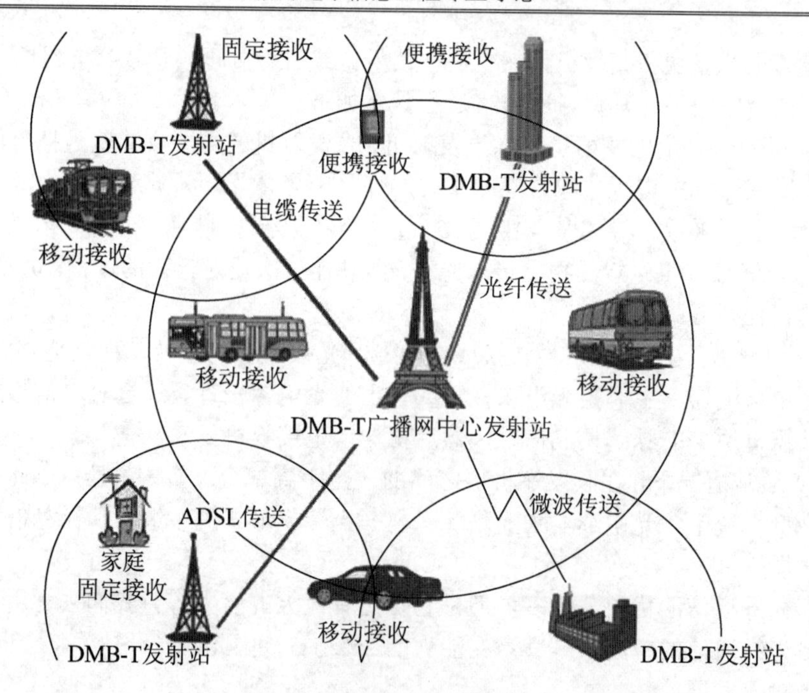

图 3.21　通信网络建设策略

在人工智能方面，通过云技术的应用，让机器掌握数据再以数据为基础做出逻辑推导。简单来说，它能够根据大数据的整合对相应的事件做出反馈。在虚拟现实领域，目前的虚拟现实技术仍不完善，现今的 CPU 和 GPU 无法满足相应需求。为了拓展虚拟现实技术的性能，我们可以引入云技术作为数据支撑，VR 等技术的发展效率也将随着云技术的成熟而更加完善和提升。

除此之外，未来对物联网技术领域也会更加拓展。通过物体与物体、人与物之间实现信息传递，从而逐渐渗透进各个领域，加快国家整体发展速度，不断提高人们的工作效率，提升企业的生产效益，给人们的日常生活带来诸多的便利。

网络通信工程在今后将会推出更加全面的服务领域。比如为促进移动通信的发展，相关产业也将扩展更大的服务范围，网络服务内容也将会得到更多优化。在 5G 技术在国内试用的情形下，网络通信速率快速提高后，信息的安全性也应随之有更严格的保证。所以，网络通信服务企业需要不断完善服务程序，创新出更加符合当今时代需求的服务形式。在经济快速发展的今天，人们的物质生活变得越来越优质，更加细分化的精神需求也随之产生。网络通信服务企业必须以全面发展的眼光看待市场，依据消费者的需求规划自身的服务，构建更加细化的服务市场。未来，相关部门应对网络通信信息进行严格把控，净化网络环境，针对用户的年龄提出不同的服务内容。

其次，未来针对于物联网的技术领域也会更加扩张。在物与物、人与物之间实现信息的传递与控制，从而在各个生产和生活领域进行逐步渗透，加速国家整体的发展步伐，提升人们的工作效率，保障社会的安全性。相关企业要肩负起社会责任感，更加关注未成年人用户，为他们屏蔽不良信息，给予他们更加安全的网络环境。

未来，电子商务将会越来越多地参与到人们的生活中，相关企业要提供更加安全便捷的服务，切实保障用户的信息和财产安全。网络通信工程的发展将会从各个方面为我国的现代化建设做出巨大的贡献。

3.5.4　卫星通信系统

当卫星的运行轨道在赤道平面内时，其高度大约为 35800km，运行方向与地球自转方向相同时，此时围绕地球一周的公转周期约为 24h，恰好与地球自转一周的时间相同。从地球上看上去，卫星如同静止的一样，所以称为静止卫星。利用静止卫星做中继站组成的通信系统称为静止卫星通信系统或同步卫星通信系统。

同步卫星通信系统包括控制与管理系统、星上系统和地球站几部分，如图 3.22 所示。

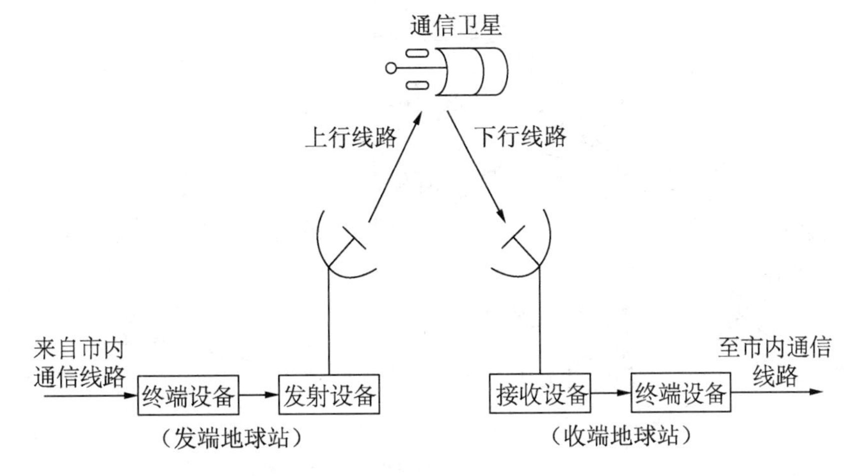

图 3.22　同步卫星通信系统的组成

（1）控制与管理系统是保证卫星通信系统正常运行的重要组成部分。它的任务是对卫星进行跟踪测量，控制其准确地进入轨道上的指定位置。

（2）星上系统：通信卫星实际上就是一个悬挂在空中的通信中继站，即把地球站发上来的电磁波放大后再返送回另一地球站。通信卫星居高临下，视野开阔，只要在它的覆盖照射区以内，不论距离远近都可以通信，通过星上系统进行转发和反射电报、电视、广播和数据等无线信号。

（3）地球站是卫星通信的地面部分，是卫星系统与地面公众网的接口，地面用户通过地球站出入卫星系统形成链路，用户通过它们接入卫星线路进行通信，它是卫星通信系统的重要组成部分。

采用静止卫星组成的全球卫星通信系统如图 3.23 所示。

图 3.23 中的 3 颗静止卫星的运行轨道平面与赤道平面重合，并相互间隔 120°。这样，地球表面除两极地区不能被卫星波束覆盖外，其他区域均在 3 颗静止卫星的波束覆盖范围之内，而且其中一部分地区还是两颗静止卫星的波束覆盖的重叠区。借助重叠区内的地球站作为中继站，便可实现不同卫星覆盖区内各地球站间的通信。这一特点显然是其他通信手段所不具备的。目前国际通信卫星组织建立的国际卫星通信系统（INTELSAT，IS），就是利用静止卫星实现全球通信的。3 颗同步卫星分别位于太平洋、印度洋和大西洋上空，它们构成的全球通信网担负着大约 80%的国际通信业务和全部的国际电视转播业务。

卫星传输作为微波接力传输的一种特殊形式，凭其无线通信的特点和优势，在军用、民用、科研等领域中发挥着巨大的作用。目前在商用卫星通信方面应用最广泛的是语音通信和电视传输，而数据传输所占的比例非常小。随着 Internet 的迅速扩大和信息量的急剧增加，卫星传输在数据通信领域将会得到越来越广泛的应用。

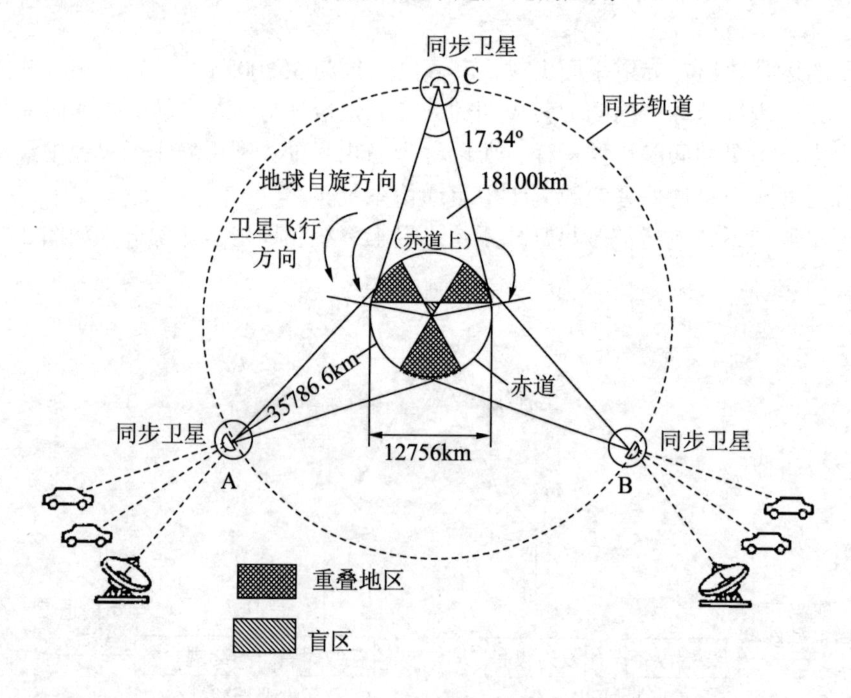

图 3.23　静止卫星通信系统示意图

3.5.5　物联网与智能网系统

1. 物联网

1999 年我国就已经提出了物联网一说，但是当时称之为传感网。它的定义是：借助射频识别、红外感应器、全球定位系统、激光扫描器等信息传感设备，依照约定的协议，把互联网与物体相互联系，进行信息交换，以此来实现智能识别、定位、跟踪、监控和管理。物联网是以互联网为基础，将用户扩展到物品与物品的范围，从而进行信息通信的一种新的网络概念。

国际电信联盟于 2005 年 11 月 27 日的突尼斯信息社会世界峰会上正式提出了物联网的概念，发布了《ITU 互联网报告 2005：物联网》报告，物联网是以计算机网络为根基，通过利用 RFID、无线数据通信等技术的结合，组成了一个覆盖世间万物的网络。通过物联网，物品可以在不需要人为干预的情况下进行“交流”。而物联网的实质是运用 RFID 技术，借助计算机互联网，实现物品的自动识别和相关信息的共享。

物联网的问世，打破了将物理基础设施（机场、公路等）和 IT 基础设施（数据中心、个人电脑等）分开的传统思维。而是把它们整合为统一的基础设施，这种基础设施更像一块新的地球，而物联网和智能电网都是智慧地球的有机组成。

然而，也有人对物联网能否迅速普及这一问题存在疑惑。毕竟 RFID 早已经被市场认可熟知，但是拥有 RFID 业务的上市公司的定期报告中并未表现出其业绩的高成长性。因此，人们对物联网普及速度是存在分歧的。我们可以肯定的是，物联网正处于国家大力推动工业化信息化背景之下，它会成为工业甚至更多行业信息化过程的一个重要突破口。RFID 技术在诸多行业诸多领域进行闭环应用，而在其中的成功案例中，物体的信息已经被自动采集，其管理效率已经大幅度提升，物联网的部分设想已经得以实现。因此，物联网的发展会和互联网早期的形态局域网类似，虽然发挥的作用有很多的局限，但是它的远大前景和发展潜力不容小觑。

近些年，智能家居已经层出不穷，如果物联网发展到一定水平，家用电器与外网连接，通过传感器传达信号，那么厂家就可以实时监控用户家中的电器使用情况，及时发现问题，并且提供及时的维修服务。

在信息网络世界中，由于互联网、移动通信等网络无处不在，可以突破时空的限制，非常方便地实现信息共享，并借助强大的计算能力（云计算和大数据）对这些信息进行处理，即物联网具备大范围、实时动态地监测、管理和控制网络内感兴趣的对象的能力，能够主动参与网络中的活动，可以理解为“智能网”，并通过网络连接起来构成一个整体，实现人与人、人与物、物与物之间的沟通对话。它可以提升人们认识世界和处理复杂问题的能力，给人们的生活带来巨大的变化。

例如，触摸一下手机按钮就可以了解家里的物品状况；发一个短信，就可以打开家里的空调、电视；如果有人入侵住宅，能及时报警……这些不再仅仅出现在好莱坞大片中，物联网正一步步走入我们的生活和工作中。

而这一切的实现正是物联网中存储物体信息的关键技术，那就是射频识别。例如，在手机里插入 RFID SIM 卡，手机内的信息就可以与移动网络相连接，不但可以确定使用者的身份，还可以完成费用支付、车票的订购和彩票投注等诸多支付服务。

可见，只要把特定物体嵌入 RFID 和传感器等设备，再与互联网相连接，我们就可以在千里之外轻松掌握其信息。专家预测，未来十年内将会是物联网大范围普及的时期，它将会在这段时间发展成为拥有上万亿的高科技市场。届时，物联网将在个人健康、交通控制、环境保护和公共安全等领域发挥作用。也有专家表示，仅仅需要 3～5 年时间，物联网就可以全面进入人们的生活中，改变人们的生活方式。

依照电子标准化研究院张晖博士的观点，物联网由感知部分、传输网络和智能处理三部分组成。其中，感知部分就是借助二维码、RFID、传感器对物体进行识别；传输网络借助互联网、通信网络等实现数据的传输；智能处理借助数据挖掘、云计算技术完成物品的智能控制与管理。

在物联网体系架构里的三个部分中，感知层相当于人体的皮肤和五官；网络层相当于人的大脑；应用层相当于人的社会分工，具体表述如下：

感知层是物联网的皮肤和五官——完成对物体的识别和对其信息的采集。感知层主要包含二维码、RFID 标签、读写器和摄像头等。

网络层是物联网的大脑——主要完成物体信息的传递，它通过借助通信与互联网、信息处理中心等，完成物体信息传递与处理的功能。

应用层是物联网的“社会分工”——与行业需求结合，实现广泛智能化。应用层是物联网与行业专业技术的深度融合，这类似于人的社会分工，最终构成人类社会。

以上 3 个层次之间的信息绝不是仅仅单向传递，实际上它是有交互的，并且信息是多种多样的。在这其中，物体信息是至关重要的一部分，它包含了在某些特定系统范围中，能够唯一地识别物体的识别码和物体信息。

物联网的应用其实不仅仅是一个概念而已，它已经在很多领域有应用，只是并没有形成大的规模。几个有名的应用案例如下：

（1）上海浦东机场于 2013 年率先使用物联网传感器产品。整个机场传感节点覆盖地面、栅栏和低空探测，可以最大限度地防止人员翻越、恐怖袭击等攻击性入侵；上海世博会也与中科院无锡高新微纳传感网中心签下了价值 1500 万元的防入侵微纳传感网的产品订单。

（2）ZigBee 无线路灯节能环保成为济南园博园的一大亮点，在整个园区的所有照明都采用了 ZigBee 无线技术搭载的路灯。

（3）智能交通系统中交通信息的采集是该系统的关键，也是该系统的基础。无论是交通控制管理系统还是交通违章管理系统，都离不开交通动态信息的收集。因此智能化交通的首要任务就是交通信息的收集。

2. 智能网

智能网是以通信网为基础，为用户提供更加快速、经济、方便、高效的业务的网络体系结构。它的最大的特点就是把网络交换功能与控制功能分离。智能网技术有非常大的市场需求，因此逐步成为解决现代通信业务的首选方案。其目标就是为用户提供包括 PSTN、ISDN 和 PLMN 等业务。

智能网由业务交换点（SSP）、业务控制点（SCP）、信令转接点（STP）、智能外设（IP）、业务管理系统（SMS）和业务生成环境（SCE）等部分组成。智能网的总体结构如图 3.24 所示。

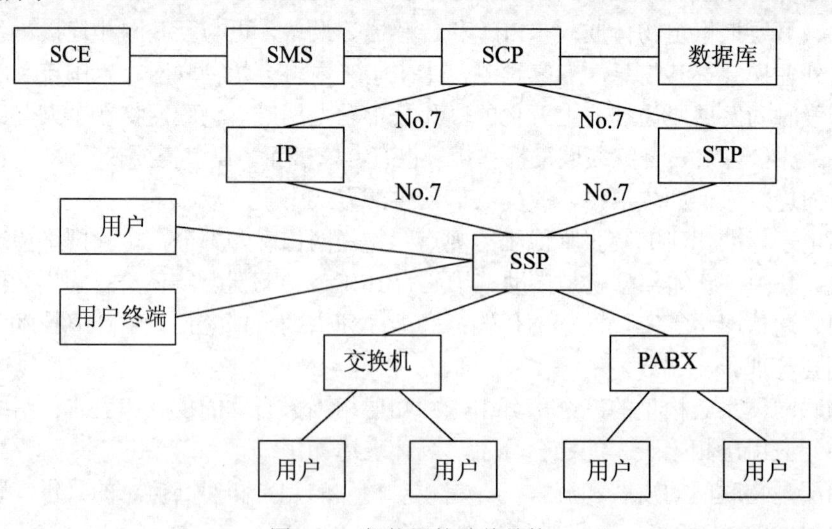

图 3.24　智能网的总体结构

SSP 拥有呼叫处理功能和业务交换功能及可选功能（SRF、SCF 和 SDF 等），并且可以接收 SCP 发来的指令。它经常以原来的数字程控交换机为基础，升级软件，增加硬件及接口。

智能网的核心是能够存储用户数据和业务逻辑；接受 SSP 查询消息；查询数据库；进行译码的业务控制点。它依据 SSP 呼叫事件的不同来启动相应的业务逻辑，也可依据业务逻辑向对应的 SSP 发出呼叫控制指令。目前，我国智能网采用的 SCP 一般内置 SDP，一个 SCP 含有业务控制功能（SCF）和业务数据功能（SDF）。SCP 通常由大、中型计算机和大型数据库构成，它必须满足高可靠性和双备份配置的要求。

STP 是 No.7 信令网的组成部分，采用双备份配置来用于 SSP 和 SCP 之间的信令联系，STP 的功能就是转接 No.7 信令。

智能外设（IP）是协助完成智能业务的特殊资源，通常具有各种语音功能，如语言合成、进行语音识别、播放录音通知等。IP 可以是一个独立的物理设备，也可以是 SSP 的一部分。它接受 SCP 的控制，执行 SCP 业务逻辑所指定的操作。IP 含有专用资源功能（SRF）。

SMS 是一种拥有业务逻辑管理、数据管理和监测等功能的计算机系统，首先它需要在 SCE 上创建新业务逻辑（SCE 的功能是根据需求生成新的业务逻辑），然后由业务提供者输入到 SMS，最后再将其放入 SCP，以此完成在通信网中提供该项业务。对于一个智能网，一般情况下仅仅配置一个 SMS。

3.6　习　　题

1. 简述通信系统的基本构架。
2. 什么叫调制？为什么要调制？
3. 香农定理解决了什么问题？
4. 什么是同步卫星通信系统？都由哪些部分组成？
5. 光纤通信系统由哪几部分组成？简述各部分的作用。
6. 通过本章的学习，请对未来物联网和智能网络系统进行畅想和假设。

第 4 章　信号与信息处理研究内容概述

信号与信息处理是以研究信号与信息的处理为主体，包含信息获取、变换、存储、传输、交换和应用等环节中的信号与信息的处理，是信息科学的重要组成部分。其主要理论和方法已广泛应用于信息科学的各个领域，所属一级学科为信息与通信工程。

4.1　信号与信息处理专业简介

信号与信息处理专业是集信息采集处理、加工传播等学科为一体的现代科技，实质上它是我国科技发展的战略重点，也是现今世界发展研究的重点。该专业的研究生应该在信号信息处理方面具有坚实的理论知识，能够深入了解国内外相关技术的发展，具有独立研究、分析与解决问题的能力，从而更好地投入研究，为我国甚至世界信号与信息处理技术发展做出贡献。

信号与信息处理专业的主要研究领域有：信息管理与集成、实时信号处理与应用、DSP应用、图像处理、光纤传感与微弱信号检测等，并且开展了如 FPGA 的应用、图像识别、指纹识别技术、电力设备红外热像测温等领域的本学科研究特色。这些研究领域含有不同的研究内容，总结如下：

（1）实时信号与信息处理：主要是通过流媒体技术、信号采集、压缩编码、传输技术和 DSP 等技术实现在 DSP 和网络上的视频、图像和文字等信息的实时交互。

（2）语音信号与图像信号的处理：该方向主要是研究例如 HDR 图像处理技术和算法、GPU 的应用等，探索数字语音和图像处理领域的前沿技术。

（3）现代传感及测量技术：该研究方向的理论研究与应用研究同等重要，在理论上开展应用，开发新型传感器的制作工艺；在应用中结合实际需求，开发各式各样的传感检测等相关的系统。

（4）信息系统与信息安全：在现代通信信息系统中，可信信息系统的构建和评估是解决信息安全核心问题的关键。该方向主要是研究如密码理论与技术、安全体系结构理论与技术、信息隐藏理论与技术、信息对抗理论与技术等，致力于信息安全性的提升。

（5）智能信息处理：通过将计算机、通信等多项技术有机融合之后的一种现代技术。为企业培养能够研究、开发智能信息处理技术的人才。其研究方向主要包括数字图像处理技术、视觉计算与机器视觉、智能语音处理与理解等。

（6）信息电力：主要研究内容包括数字电力系统、电力通信技术与规程、计算机软件与网络、电力生产和运营管理。它是信息科学与电力系统两门学科的边缘新学科。

（7）现代电子系统：研究主要使用如嵌入式、DSP、CPLD 等当今世界较为流行的电子设计工具，从而实现通信和计算机等领域的硬件、软件设计工作。

（8）嵌入式系统：研究单片机、DSP 和 ARM 等在智能仪器仪表、交通运输、信息家电、工业智能制造系统、航空航天及军事、通信和信息处理等方面的应用。

（9）模式识别与人工智能：主要研究相关的新理论、新方法，重点研究其在实际应用中包括人工神经元网络、模糊信息处理、统计信号处理、多传感器信息融合，以及信号的超高速多通道采集与实时处理技术等问题。

4.2　信号的基本概念及分类

信号的分类方法多种多样，我们可以依据幅度、频率、相位的变化将信号分为模拟信号和数字信号；也可以依据信号是运载消息的载体这一原则，将信号广义地分为光信号、声信号和电信号等；或者依据实际用途，将信号分为电视信号、广播信号、雷达信号和通信信号等；或者依据时间特性把信号分为确定信号和随机信号等。因此对于信号的分类并没有一个明确的界限，它可以根据我们研究的重点和不同的需要，划分为不同的类别。

通信系统的任务是传递信息，信息往往以消息为载体，如语言、文字、图像、数据、指令等，均为消息。为了便于传输，先由转换设备将所传送的消息按一定的规律变换为相对应的信号，如电信号、光信号，它们通常是随时间变化的电流、电压和光强等物理量。这些信号经过适当的信道，如传输线、电缆、空间、光纤和光缆等，将信号传送到接收方，再转换为声音、文字和图像等。因此，信号是信息的一种表示方式，通过信号传递信息。

信号是消息的载体，是运载消息的工具。广义地讲，信号有光信号、声信号和电信号等。比如在交通路口，通过红绿灯对交通进行管控，交通参与者知道红灯禁行，绿灯通行的原则，进而遵守规则。这就是实现光信号的信息传递；在我们听音乐时候，声波可以传播到我们及他人的耳朵里，知晓音乐的曲调及歌词，这属于声信号。在电话网中的电流可以传输远方的消息，这属于电信号。因此，人们要想接收消息必须要对信号进行接收处理。

信号常可表示为时间的函数，该函数的图形就称为信号的波形。因此在讨论信号的有关问题时，“信号”与“函数”两个词可互相通用。

信号的分类方法十分广泛，可以基于数学关系、能量功率和处理分析等方面，把信号分为确定信号和随机信号、能量信号和功率信号、时域信号和频域信号、时限信号和频限信号、实信号和复信号等。

模拟信号是指信号波形模拟着信息的变化而变化，其主要特征是幅度是连续的，信号的强度变化是平滑的，可取无限多个值；而在时间上则可以连续，也可以不连续，如图 4.1 所示。

数字信号（图 4.2）的特点是在时间和幅度两方面均是离散的。电报信号、PCM 信号和二进制信号都是常见的数字信号。

举例说明，如果把某地的气温值看作一个随时间变化的量，这便是个模拟信号，而某停车场停着的车辆数目则是数字信号。因为前者可以是任意数，而后者被限定为整数，即不可能出现 7.8 或 13.54 这样的数值。

现如今，我们依据传送的是模拟信号还是数字信号，把通信系统分成模拟通信系统和数字通信系统。生活中大多数电话、广播和电视系统都是采用的模拟通信，即在通信系统中传输的是模拟信号。数字通信是将模拟信号经过数字化（取样、量化、编码）后再进行传输。相较于模拟通信，数字通信兼具抗干扰能力强、易于存储处理、集成化和微型化的优点。因此，数字通信方式得到了越来越广泛的应用。

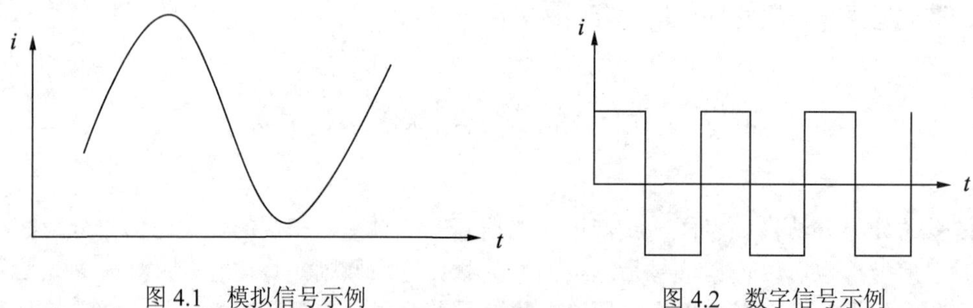

图 4.1　模拟信号示例　　　　图 4.2　数字信号示例

模拟信号和数字信号之间可以相互转换，模拟信号一般通过 PCM 脉码调制方法量化为数字信号，即让模拟信号的不同幅度分别对应不同的二进制值。例如，采用 8 位编码可将模拟信号量化为 2^8=256 个量级，实际中常采取 24 位或 30 位编码；数字信号一般通过对载波进行移相（Phase Shift）的方法转换为模拟信号。计算机、计算机局域网与城域网中均使用二进制数字信号，在计算机广域网中实际传送的则既有二进制数字信号，也有由数字信号转换而得的模拟信号，但是更具应用发展前景的是数字信号。图 4.3 是模拟信号转换为数字信号的示意图。

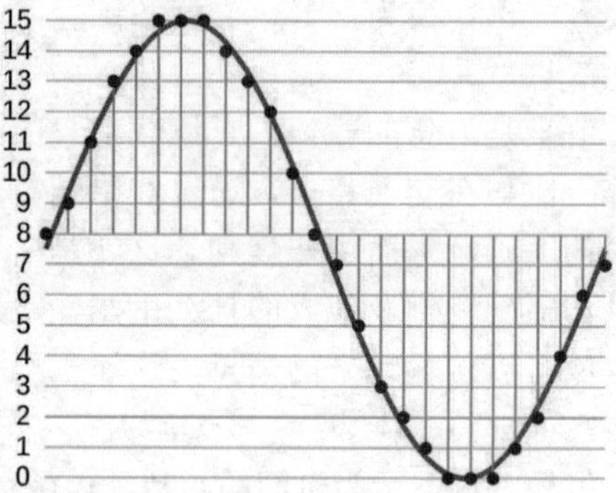

在移动通信系统里，为了让我们的声音能够以电流或电磁波的形式传播，就需要一个输入变换器，将声波转换为电信号，这里的声波和电信号都是典型的模拟信号。在第一代移动通信系统中，信道中传递的就是这个模拟的电信号。从第二代移动通信系统开始，模拟信号被转换为数字信号后才能通过信道传递到接收端。

图 4.3　模拟信号转换为 4bit 数字信号的采样和量化

实际上，由于种种原因，在信号传输过程中存在着某些“不确定性”或“不可预知性”。比如，在通信系统中，收信者在收到所传送的消息之前，对信源所发出的消息总是不可能完全知道的，否则通信就失去意义了。此外，信号在传输和处理的各个环节中不可避免地要受到各种干扰和噪声的影响，使信号产生失真，而这些干扰和噪声的情况总是不可能完全知道的。这类“不确定性”或“不可预知性”统称为随机性。因此，严格来说，在实践中经常遇到的信号一般都是随机信号。研究随机信号要用概率、统计的观点和方法。

信号的特性可从 3 个方面来描述，即时域特性、空域特性和频域特性。信号的时域特性指的是信号的形式，出现时间的先后、持续时间的长短、随时间变化的快慢和大小、重复周期的大小等。信号的空域特性指的是信号的幅度、相位在空间位置的分布范围、边界、轮廓和形态等。信号的频域特性则指它的频率结构，即频谱的宽度、各个频率成分的强度分布等。

4.3　信息的获取与存储

任何一个学科都有自己的基本概念,准确地把握基本概念是进入这门学科的必经之路。人类为了扩展感觉器官和思维器官的功能，利用信息技术来获取、处理、传递和使用外界的信息。因此，信息科学最基本的概念是信息，它主要研究信息的获取、传输、处理、存储与利用等。

4.3.1　信息的获取

信息获取是一切生物在自然界能够生存所必不可少的基本环节，生物如不能从外部世界感知信息，就不可能适当地调整自己的状态，改善与外部世界的关系来适应其变化，也就不可避免地遭到被淘汰的命运。人类作为自然界更高级的生物，必须不停地获取信息，人的眼、耳、口、鼻、舌、皮肤等感觉器官都有获取信息的功能。

例如，眼睛是人类最重要的感觉器官，在人们从外界接收的各种信息中，80%以上的信息是通过视觉获得的。外界物体反射光线，光线进入眼内，经眼部各屈光介质的折射后形成一个物像焦点落在眼底视网膜上，而视网膜上的视觉神经细胞又将物像分解处理，形成视觉神经冲动，经由视路传递到大脑视皮层，进而由大脑视皮层将双眼分别传入的视觉冲动进行处理融合，从而反映到我们的脑海，如图 4.4 所示。这样，我们就看到了这个精彩的世界。

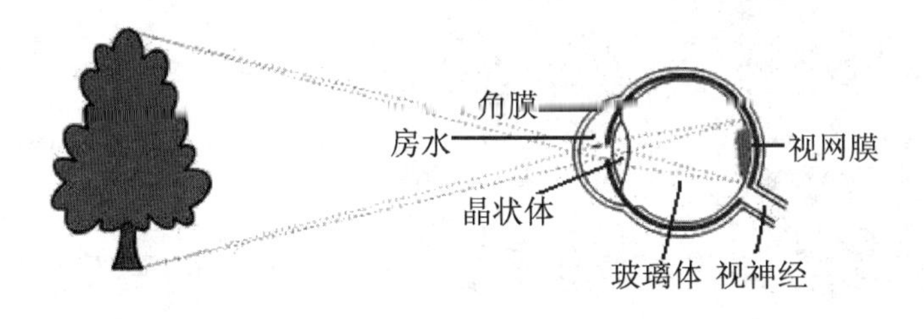

图 4.4　视觉形成过程

可是，人类的感觉器官存在着一些天然的缺陷，如人眼仅能够感受到波长为 380～780nm 的可见光，对小于 380nm 的紫外光和大于 780nm 的红外光谱就无法感知了。人耳也只能对 20Hz～20kHz 范围的音频具有响应能力，而对次声和超声信息就无能为力。因此，人类需要根据信息感知原理去研制具有更优异性能的人工感知系统，扩展和完善人类感知信息的能力。

1. 语音信息的获取

1）留声机

150 年前，法国发明家斯科特发明了声波振记器，这是最早的原始录音机，是留声机的鼻祖。1877 年 11 月 21 日，美国发明家托马斯·阿尔瓦·爱迪生宣布，他发明了第一台留声机——一种录制并重放声音的装置，如图 4.5 所示。爱迪生曾回忆说：“我大声说完一句话，机器就会回放我的声音。我一生从未这样惊奇过”。

1877 年 11 月 29 日，爱迪生首次演示了这一装置。1878 年 2 月 19 日，他取得了美国发明专利。爱迪生早期的留声机可以将声波变换成金属针的振动，然后将波形刻录在圆筒形蜡管的锡箔上。当针再一次沿着刻录的轨迹行进时，便可以重新发出留下的声音。这个装置录下了爱迪生朗读的《玛丽有只小羊》的歌词：“玛丽抱着羊羔，羊羔的毛像雪一样白”。总共 8s 的声音成为世界录音史上的第一声，并且轰动了世界。爱迪生一生取得了一千多种发明专利权，其中留声机是最令他得意的发明。

2）拾音器

留声机采用最直接的记录声波引起的机械震动的方法来获取声音信息。除此之外，现在大量采用的方法是将声音转化成电信号，统称这类转化器为拾音器。固定电话和移动电话中的送话器就属于拾音器。按声波转换成电信号的机理不同，大致分为两类器件，一类是压电陶瓷，另一类是动感线圈。压电陶瓷的物理特性是当磁体受压时会产生电，可通过瓷片两边的金属膜将电信号引出；如果在瓷片两边加电压信号，则瓷片就产生与电压信号相同的振动。压电陶瓷拾音器的结构如图 4.6 所示。动感线圈的工作原理是线圈切割磁力线从而产生电压。这两类拾音器的共同结构是都有一个“纸盆”以感知声波的振动。如果将拾音器的输出送至受话器（或者喇叭）则可发声。压电陶瓷成本低、灵敏度高，但音质不好。目前利用动感线圈原理制作的拾音器较多，体积大的如扩音器中的麦克风，小的如移动电话中的送话器，直径仅约 6mm，厚度不到 1mm。

图 4.5　爱迪生发明的留声机

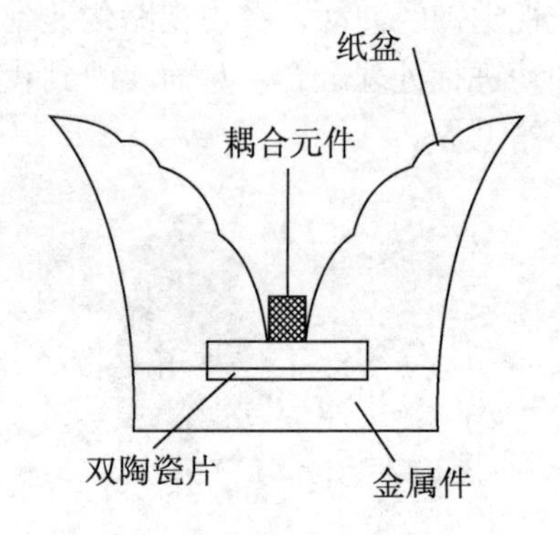

图 4.6　压电陶瓷拾音器的结构

2. 图像信息的获取

图像信息的应用十分广泛，如照相机、摄像头、视频会议、远程医疗、机器视觉、地球资源遥感等。要获取图像，首先要有摄像头。摄像头分为光电扫描摄像头和半导体电荷耦合器件（Charge Coupled Device，CCD）摄像头两大类。早期用光电扫描摄像头，现在几乎都采用 CCD 摄像头。

2009 年 10 月 6 日，2009 年诺贝尔物理学奖揭晓，瑞典皇家科学院诺贝尔奖委员会宣布将该奖项授予一名中国香港科学家高锟（Charles K.Kao）和两名科学家维拉·博伊尔（WillardS.Boyle）、乔治·史密斯（GeorgeE.Smith）。高锟因在光学通信领域中光传输的开创性成就而获奖，维拉·博伊尔和乔治·史密斯因发明了成像半导体电路——电荷耦合器件图像传感器 CCD 获此殊荣。

CCD 是一种半导体器件，能够把光学影像转化为电流信号，其上植入的微小光敏物质称作像素（Pixel）。一块 CCD 上包含的像素数越多，其提供的画面分辨率就越高。CCD 上有许多排列整齐的光电二极管，能感应光线并将光信号转变成电信号，经外部采样放大及模数转换电路转换成数字图像信号。如图 4.7 所示为工业 CCD 相机。

图 4.7　工业 CCD 相机

CCD 广泛应用在数码摄影和天文学中，尤其是光学遥测技术和高速摄影技术。CCD 在摄像机、数码相机和扫描仪中应用广泛，只不过摄像机中使用的是点阵 CCD，即包括 x、y 两个方向用于摄取平面图像；而扫描仪中使用的是线性 CCD，它只有一个 y 方向的扫描，而 y 方向的扫描由扫描仪的机械装置来完成。

3. 物理参数信息的获取——传感器技术

1）传感器的定义和组成

在工业控制中往往需要测量被控制对象的物理参数，如温度、湿度、压力、气体浓度、流量和流速等，这些都是通过传感器来实现的。传感器是一种检测装置，能感受到被测量的信息，并能将感受到的信息按一定规律变换成为电信号或其他所需形式的信息输出，以满足信息的传输、处理、存储、显示、记录和控制等要求。

现如今，信息技术包含多个领域，而传感器技术只是其中的一个重要内容。像通信技术、计算机技术也是信息技术的组成部分。如果把信息技术与人类进行类比，计算机相当于人的大脑，通信相当于神经，而传感器就相当于人的感官。传感器就是能感受外界信息并能按一定规律将这些信息转换成可用信号的装置，它能够把自然界的各种物理量和化学量等非电量精确地变换为电信号，再经过电子电路或计算机进行处理，从而对这些量进行监测或控制。

传感器主要由直接响应于被测量的敏感元件和产生可用输出的转换元件及相应的基本转换电路组成。传感器的组成框图如图 4.8 所示。

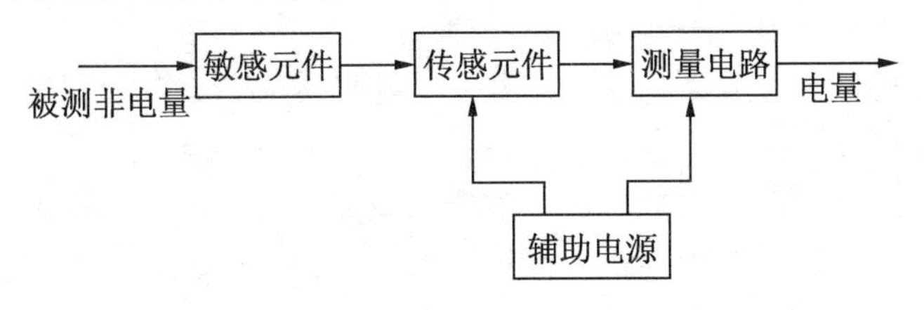

图 4.8　传感器组成框图

敏感元件能敏锐地感受某种物理、化学、生物的信息，并以确定关系输出某一物理量，如弹性敏感元件将力转换为位移或应变输出。传感元件将敏感元件输出的非电物理量（如位移、应变、光强等）转换成适于传输和处理的电信号。测量电路能把传感元件输出的电信号转换为便于显示、记录、处理和控制的有用电信号。

下面我们以压阻式压力传感器为例，介绍传感器的工作原理。其原理示意图如图 4.9 所示。压电片是一种将被测件上的应变变化转换成为一种电信号的敏感器件，它是压阻式应变传感器的主要组成部分之一。压电片通过特殊的黏合剂紧密地黏合在产生力学应变基体上，当基体受力发生应力变化时，压电片也一起产生形变，使压电片的阻值发生改变，从而使加在电阻上的电压发生变化。这种压电片在受力时产生的阻值变化通常较小，一般这种压电片都组成应变电桥，并通过后续的仪表放大器进行放大，再传输给处理电路（通常是 A/D 转换和 CPU）或执行机构。

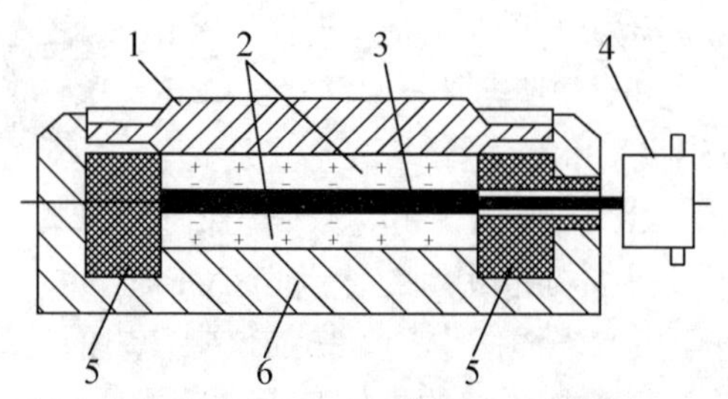

注：1—传力上盖；2—压电片；3—电极；
4—电极引出插头；5—绝缘材料；6—底座

图 4.9　压阻式压力传感器原理示意图

压力传感器是工业实践中最常用的一种传感器，其广泛应用于各种工业自控环境，涉及水利水电、铁路交通、智能建筑、生产自控、航空航天、军工、石化、油井、电力、船舶、机床和管道等诸多行业。

2）传感器的分类

传感器的种类繁多，按照不同的划分标准，具有不同的分类方式。目前采用较多的传感器分类方法主要有以下几种：

- 按能量供给形式分类：分为无源传感器和有源传感器。无源传感器只是被动地接收来自被测物体的信息；有源传感器则可以有意识地向被测物体施加某种能量，并将来自被测物体的信息变换为便于检测的能量后再进行检测。
- 按功能分类：分为电传感器、磁传感器、位移传感器、压力传感器、振动传感器、声传感器、速度传感器、加速度传感器、流量传感器、流速传感器、真空传感器、温度传感器、湿度传感器、光传感器、射线传感器、分析传感器、仿生传感器、气体传感器和离子传感器等。
- 按使用材料分类：分为陶瓷传感器、半导体传感器、复合材料传感器、金属材料传感器和高分子材料传感器。
- 按技术特点分类：分为电传送、气传送或光传送，位式作用或连续作用，有触点或无触点，模拟式或数字式，常规式或灵巧式，接触式或非接触式，普通型、隔爆型或本安型（本质安全型）等传感器。

3）传感器的地位和作用

现代信息产业的三大支柱是传感器技术、通信技术和计算机技术，它们分别构成了信息系统的“感官”“神经”“大脑”。传感器是信息采集系统的首要部件。鉴于传感器的重要性，发达国家对传感器在信息社会中的作用又有了新的认识和评价。美国把 20 世纪 80 年代看作是传感器时代，把传感器技术列为 90 年代 22 项关键技术之一；日本曾把传感器列为十大技术之首；我国的“863”计划、科技攻关等计划中也把传感器研究放在重要的位置。传感器还是测控系统获得信息的重要环节，在很大程度上影响和决定了系统的功能。在现代工业生产尤其是自动化生产过程中，要用各种传感器来监视和控制生产过程中的各个参数，使设备在正常状态或最佳状态下工作，并使产品达到最好的质量。因此可以说，没有众多的优良的传感器，现代化生产也就失去了基础。

不仅工程技术领域中如此，在基础科学研究中，由于新机理和高灵敏度检测传感器的出现，也会导致该领域的突破。例如约瑟夫逊效应器件的出现，不仅解决了对 10^{-13}T 超弱磁场的检测，同时还解决了对 10^{-12}A 及 10^{-13}J 等物理量的高精度检测，还发现和证实了磁单极子的存在，对于多种基础科学的研究和精密计量产生了巨大的影响。所以从 20 世纪 80 年代以后，世界各国都将传感器技术列为了重点发展的高新技术，备受关注。

4）传感器技术的发展方向

传感技术在人类的历次产业革命中一直是一个重要角色。在 18 世纪产业革命以前，传感技术大多是基于人的感官，比如观天象事农耕，察火色以冶钢铁。然而，在近几十年的信息革命中，传感技术逐步由工程传感器得以实现。

传感器技术所涉及的知识非常广泛，渗透到各个学科领域。它们的共性是利用物理定律和物质的物理、化学和生物特性，将非电量转换成电量。所以如何采用新技术、新工艺、新材料及探索新理论达到高质量的转换，是总的发展途径。

当今，传感器技术的主要发展动向是：一方面开展基础研究，重点研究传感器的新材料和新工艺；另一方面实现传感器的微型化、阵列化、集成化和智能化。传感器的具体发展方向如下：

（1）发现和应用新现象。

利用物理现象、化学反应和生物效应设计制作各种用途的传感器，这是传感器技术的重要工作。因此，发现和应用新现象，其意义极为深远。

（2）开发新材料。

传感器材料是传感器技术的重要基础，随着物理学和材料科学的进步，人们也有可能通过自由地控制制造出来的材料成分，设计制造出用于各种传感器的材料。

（3）发展微机械加工技术。

微机械加工技术除全面继承氧化、光刻、扩散和淀积等微电子技术外，还发展了平面电子工艺技术、各向异性腐蚀、固相键合工艺和机械分断技术。当今平面电子工艺技术中备受瞩目的是利用薄膜制作快速响应传感器，其中用于检测 NH_3 和 H_2S 的快速响应传感器已较为成熟。

（4）发展多功能传感器。

研制能同时检测多种信号的传感器，已成为传感器技术发展的一个重要方向。日本丰田研究所开发实验室成功研制出了能同时检测 Nat 和 H_+的多离子传感器。

（5）仿生传感器。

化学和生物战可能是仿生传感器的主要应用领域，它在出现生物攻击时可瞬时识别可疑的病原体，食品工业也可利用它监视变质和污染的食品。例如，检验员只要将传感器在肉上擦一下，就可以探测出是否存在大肠杆菌等危险的病原体。此外，还可以在食品包装袋上附上这样的传感器条，顾客可以根据颜色的变化判断食品是否变质。

（6）智能化传感器。

智能化传感器是一种具有判断能力和学习能力的传感器。它实际上是一种带微处理器的传感器，具有检测、判断和信息处理的功能。智能化传感器的代表是美国霍尼威尔公司的 ST-3000 型智能传感器，它是一种带有微处理器的兼有检测和信息处理功能的传感器。

同一般传感器相比，智能化传感器具有以下几个显著特点：

- 精度高。由于智能式传感器具有信息处理的功能，因此通过软件不仅可以修正各种确定性系统误差（如传感器输入/输出的非线性误差、温度误差、零点误差、正反行程误差等），而且还可以适当地补偿随机误差，降低噪声，从而使传感器的精度大大提高。
- 稳定、可靠性好。它具有自诊断、自校准和数据存储功能，对于智能结构系统还有自适应功能。
- 检测与处理方便。它不仅具有一定的可编程自动化能力，可根据检测对象或条件的改变方便地改变量程及输出数据的形式等，而且输出数据可通过串行或并行通信线直接送入远程计算机进行处理。
- 功能广。不仅可以实现多传感器、多参数综合测量，扩大测量与使用范围，而且可以有多种形式的输出（如 RS-232 串行输出、PIO 并行输出、IEE-488 总线输出，以及经 D/A 转换后的模拟量输出等）。
- 性价比高。在相同精度条件下，多功能智能化传感器与单一功能的普通传感器相比，其性价比高，尤其是在采用比较便宜的单片机后更为明显。

4.3.2 信息的数字化表示

1. 数字化时代

在电子信息系统中，获取信息的初始形态一般都是随时间而连续变化的模拟量，如模拟语音波形、模拟电视信号等。自 20 世纪末期以来，随着微电子设计和加工技术从微米逐步向纳米技术的发展，构筑数字化电子系统的各类微电子器件的性能和性价比得到了大大提高，正推动着现代通信、家用电子产品、工业自动化控制、军事信息化电子系统等向数字化快速发展。数字通信取代了模拟通信，数字化工业控制日益普遍，数字化家用电子产品正被人们日益追逐，数字化潮流已成为时代的特征。

数字化技术的重要性至少可以体现在以下几个方面：

（1）数字化是数字计算机的基础。若没有数字化技术，就没有当今的计算机，因为数字计算机的一切运算和功能都是用数字来完成的。

（2）数字化是多媒体技术的基础。数字、文字、图像、语音包括虚拟现实，以及可视世界的各种信息等，实际上通过采样定理都可以用 0 和 1 来表示，这样数字化以后的 0 和 1 就是各种信息最基本、最简单的表示。因此计算机不仅可以计算，还可以发出声音、打电话、发传真、看电影，这是因为多媒体可以通过 0 和 1 进行数字化，然后利用计算机显现出来。用 0 和 1 还可以产生虚拟的房子，因此用数字媒体就可以代表各种媒体，就可以描述千差万别的现实世界。

（3）数字化是软件技术的基础，也是智能技术的基础。软件中的系统软件、工具软件和应用软件等，以及信号处理技术中的数字滤波、编码、加密、解压缩等都是基于数字化实现的。例如图像的数据量很大，数字化后可以将数据压缩十倍到几百倍；图像受到干扰变得模糊，可以用滤波技术使其变得清晰。这些都是经过数字化处理后得到的结果。

（4）数字化是信息社会的技术基础。数字化技术正在引发一场范围广泛的产品革命，各种家用电器设备、信息处理设备都将向数字化方向变化，如数字电视、数字广播、数字电影和 DVD 等，现在通信网络也向数字化方向发展。有人把信息社会的经济说成是数字经济，这足以证明数字化对社会的影响有多么重大。

2．二进制

人类用文字、图表、数字表达和记录着世界上各种各样的信息，便于对它们进行处理和交流。现在可以把这些信息都输入到计算机中，由计算机来保存和处理。现代计算机都使用二进制来表示数据，因此我们所要讨论的就是怎样用二进制来表示这些数据。二进制并不符合人们的表示习惯，但是计算机内部却采用二进制来表示信息，其主要原因有如下 4 点。

（1）电路简单。

在计算机中，若采用十进制，则要求处理 10 种电路状态，相对于两种状态的电路来说是很复杂的；而用二进制表示，则逻辑电路的通、断只有两个状态。例如，开关的接通与断开，电平的高与低等，这两种状态正好用二进制的 0 和 1 来表示。

（2）工作可靠。

在计算机中，用两个状态代表两个数据，数字传输和处理方便、简单，不容易出错，因而电路更加可靠。

（3）简化运算。

在计算机中，二进制运算法则很简单，相加或相减的运算速度快，求积规则有 3 个，求和规则也只有 3 个。

（4）逻辑性强。

二进制只有两个数码，正好代表逻辑代数中的“真”与“假”，而计算机的工作原理是建立在逻辑运算基础上的，逻辑代数是逻辑运算的理论依据。用二进制计算具有很强的逻辑性。

3．进位记数制

用若干数位（由数码表示）的组合去表示一个数，各个数位之间是什么关系，即逢“几”进位，这就是进位记数制的问题，也就是数制问题。数制是人们利用数字符号按进位原则进行数据大小计算的方法，通常是以十进制来进行计算的。另外还有二进制、八进制和十六进制等。在计算机的数制中，要掌握 3 个概念，即数码、基数和位权。

下面简单地介绍这 3 个概念。

- 数码：在一个数制中表示基本数值大小的不同数字符号。例如，八进制有 8 个数码：0，1，2，3，4，5，6，7。
- 基数：一个数值所使用数码的个数。例如，八进制的基数为 8，二进制的基数为 2。
- 位权：一个数值中某一位上的 1 所表示的数值的大小。例如，八进制的 123，1 的位权是 64，2 的位权是 8，3 的位权是 1。

（1）十进制（Decimal Notation）。

十进制的特点如下：

- 有 10 个数码：0，1，2，3，4，5，6，7，8，9。
- 基数：10。
- 逢十进一（加法运算），借一当十（减法运算）。
- 按权展开式。对于任意一个 n 位整数和 m 位小数的十进制数 D，均可按权展开为：

$$D = D_{n-1} \times 10^{n-1} + D_{n-2} \times 10^{n-2} + \cdots + D_1 \times 10^1 + D_0 \times 10^0 + D_{-1} \times 10^{-1} + \cdots + D_{-m} \times 10^{-m}$$

例如，将十进制数 456.24 写成按权展开式的形式为：

$$456.24 = 4\times10^2 + 5\times10^1 + 6\times10^0 + 2\times10^{-1} + 4\times10^{-2}$$

（2）二进制（Binary Notation）。

二进制的特点如下：

- 有两个数码：0，1。
- 基数：2。
- 逢二进一（加法运算），借一当二（减法运算）。
- 按权展开式。对于任意一个 n 位整数和 m 位小数的二进制数 D，均可按权展开为：

$$D = B_{n-1} \times 2^{n-1} + B_{n-2} \times 2^{n-2} + \cdots + B_1 \times 2^1 + B_0 \times 2^0 + B_{-1} \times 2^{-1} + \cdots + B_{-m} \times 2^{-m}$$

例如，二进制数$(11001.101)_2$表示的十进制数为：

$$1\times2^4+1\times2^3+0\times2^2+0\times2^1+1\times2^0+1\times2^{-1}+0\times2^{-2}+1\times2^{-3}=(25.625)_{10}$$

（3）八进制（Octal Notation）。

八进制的特点如下：

- 有 8 个数码：0，1，2，3，4，5，6，7。
- 基数：8。
- 逢八进一（加法运算），借一当八（减法运算）。
- 按权展开式。对于任意一个 n 位整数和 m 位小数的八进制数 D，均可按权展开为：

$$D = O_{n-1} \times 8^{n-1} + O_{n-2} \times 8^{n-2} + \cdots + O_1 \times 8^1 + O_0 \times 8^0 + O_{-1} \times 8^{-1} + \cdots + O_{-m} \times 8^{-m}$$

例如，八进制数$(5346)_8$表示的十进制数为：

$$5\times8^3+3\times8^2+4\times8^1+6\times8^0 = (2790)_{10}$$

（4）十六进制（Hexadecimal Notation）。

十六进制的特点如下：

- 有 16 个数码：0，1，2，3，4，5，6，7，8，9，A，B，C，D，E，F。
- 基数：16。
- 逢十六进一（加法运算），借一当十六（减法运算）。
- 按权展开式。对于任意一个 n 位整数和 m 位小数的十六进制数 D，均可按权展开为：

$$D = H_{n-1} \times 16^{n-1} + H_{n-2} \times 16^{n-2} + \cdots + H_1 \times 16^1 + H_0 \times 16^0 + H_{-1} \times 16^{-1} + \cdots + H_{-m} \times 16^{-m}$$

在 16 个数码中，A、B、C、D、E 和 F 这 6 个数码分别代表十进制的 10、11、12、13、14 和 15，这是国际上通用的表示法。

例如，十六进制数$(4C4D)_{16}$代表的十进制数为：

$$4\times16^3+C\times16^2+4\times16^1+D\times16^0 = (19533)_{10}$$

几种常用进制之间的对应关系见表 4.1。

表 4.1　几种常见进制之间的对应关系

十　进　制	二　进　制	八　进　制	十 六 进 制
0	0000	0	0
1	0001	1	1
2	0010	2	2
3	0011	3	3
4	0100	4	4
5	0101	5	5
6	0110	6	6
7	0111	7	7
8	1000	10	8
9	1001	11	9
10	1010	12	A
11	1011	13	B
12	1100	14	C
13	1101	15	D
14	1110	16	E
15	1111	17	F

4．几个基本概念

经过收集、整理和组织起来的数据，能成为有用的信息。数据是指能够输入计算机并被计算机处理的数字、字母和符号的集合。我们平常所看到的景象和听到的事，都可以用数据来描述。可以说，只要计算机能够接受的信息都可叫作数据。

在计算机内部，数据都是以二进制的形式存储和运算的。计算机数据的表示经常用到以下几个概念。

（1）位。

二进制数据中的一个位（bit）简写为 b，音译为比特，是计算机存储数据的最小单位。一个二进制位只能表示 0 或 1 两种状态，要表示更多的信息，就要把各个位组合成一个整体，一般以 8 位二进制组成一个基本单位。

（2）字节。

字节是计算机数据处理的最基本单位，并主要以字节为单位解释信息。字节（Byte）简记为 B，规定一个字节为 8 位，即 1B=8b。每个字节由 8 个二进制位组成。一般情况下，一个 ASCII 码占用一个字节，一个汉字国际码占用两个字节。

（3）字。

一个字通常由一个或若干个字节组成。字（Word）是计算机进行数据处理时，一次存取、加工和传送的数据长度。由于字长是计算机一次所能处理信息的实际位数，因此它决定了计算机处理数据的速度是衡量计算机性能的一个重要指标。字长越长，性能越好。

（4）数据的换算关系。

1B=8b，1KB=1024B，1MB=1024KB，1GB=1024MB，1TB=1024GB。

计算机型号不同，其字长是不同的，常用的字长有 8、16、32、64 位。一般情况下，IBM PC/XT 的字长为 8 位，80286 计算机字长为 16 位，80386/80486 计算机字长为 32 位，Pentium 系列计算机字长为 64 位。

例如：一台计算机其光盘容量为 256MB，U 盘容量为 4GB，硬盘容量为 2TB，则它实际的存储字节数分别为：

光盘容量= 256×1024×1024B=268 435 456B

U 盘容量= 4×1024×1024×1024B=4 294 967 296B

硬盘容量= 2×1024×1024×1024×1024B=2 199 023 255 552B

如何表示正负和大小，在计算机中采用什么记数制，是学习计算机知识的一个重要问题。数据是计算机处理的对象，在计算机内部，各种信息都必须通过数字化编码后才能进行存储和处理。

5. 各种数据在计算机中的编码

计算机中不但使用数值型数据，还大量使用非数值型数据，如字符、汉字等。例如，表示一条操作指令通常要使用英文字母；在输入和输出时，要使用大量的图形符号。这些字符在计算机中都以二进制代码形式表示。

计算机是以二进制方式组织、存放信息的，信息编码就是指对输入计算机中的各种数值和非数值型数据用二进制数进行编码的方式。对于不同机器、不同类型的数据其编码方式是不同的，编码的方法也很多。为了使信息的表示、交换、存储或加工处理更方便，在计算机系统中通常采用统一的编码方式，因此制定了编码的国家标准或国际标准。例如，位数不等的二进制码、BCD 码、ASCII 码和汉字编码等。计算机使用这些编码在计算机内部和键盘等终端之间及计算机之间进行信息交换。

在输入过程中，系统自动将用户输入的各种数据按编码的类型转换成相应的二进制形式存入计算机存储单元中。在输出过程中，再由系统自动将二进制编码数据转换成用户可以识别的数据格式输出给用户。

1）英文字符的数字化编码

计算机中使用最多的字符包括十进制数字 0～9，大、小写英文字母 A～Z 和 a～z，常用的运算符和标点符号等共 128 个。可以用 7 位二进制数对这些字符进行编码（因为 $128=2^7$），使得每个字符得到的码值都不重复。国际上通用的字符编码是美国标准信息交换码，简称 ASCII 码。

ASCII 码使用指定的 7 位或 8 位二进制数组合来表示 128 种或 256 种可能的字符。标准 ASCII 码（见表 4.2）也叫基础 ASCII 码，使用 7 位二进制数来表示所有的大写和小写字母、数字 0～9、标点符号，以及在美式英语中使用的特殊控制字符。其中，0～31 及 127（共 33 个）是控制字符或通信专用字符（其余为可显示字符），控制符如 LF（换行）、CR（回车）、FF（换页）、DEL（删除）、BS（退格）、BEL（振铃）等；通信专用字符如 SOH（文头）、EOT（文尾）、ACK（确认）等；ASCII 值为 8、9、10 和 13 分别转换为退格、制表、换行和回车字符，它们并没有特定的图形显示，但会依据不同的应用程序，对文本显示有不同的影响。32～126（共 95 个）是字符（32SP 是空格），其中，ASCII 码的数值 48～57 代表计算机里的 0～9 十个阿拉伯数字，65～90 为 26 个大写英文字母，97～122 为 26 个小写英文字母，其余为一些标点符号、运算符号等。

表 4.2　标准ASCII码

（1）ASCII控制字符

ASCII值（十六进制）	字　　符	ASCII值（十六进制）	字　　符
0	NUL	10	DLE
1	SOH	11	DC1
2	STX	12	DC2
3	ETX	13	DC3
4	EOT	14	DC4
5	ENQ	15	NAK
6	ACK	16	SYN
7	BEL	17	ETB
8	BS	18	CAN
9	HT	19	EM
0A	NL	1A	SUB
0B	VT	1B	ESC
0C	FF	1C	FS
0D	ER	1D	GS
0E	SO	1E	RE
0F	SI	1F	US

（2）ASCII常用字符

ASCII值（十六进制）	字　　符	ASCII值（十六进制）	字　　符
20	Sp	30	0
21	!	31	1
22	"	32	2
23	#	33	3
24	$	34	4
25	%	35	5
26	&	36	6
27	`	37	7
28	(	38	8
29	)	39	9
2A	*	3A	:
2B	+	3B	;
2C	,	3C	<
2D	~	3D	=
2E	.	3E	>
2F	/	3F	?

（3）ASCII字母字符

ASCII值（十六进制）	字符	ASCII值（十六进制）	字符
40	@	5B	[
41	A	5C	\
42	B	5D	]
43	C	5E	^
44	D	5F	_
45	E	6A	j
46	F	6B	k
47	G	6C	l
48	H	6D	m
49	I	6E	n
4A	J	6F	o
4B	K	70	p
4C	L	71	q
4D	M	72	r
4E	N	73	s
4F	O	74	t
50	P	75	u
51	Q	76	v
52	R	77	w
53	S	78	x
54	T	79	y
55	U	7A	z
56	V	7B	{
57	W	7C	|
58	X	7D	}
59	Y	7E	~
5A	Z	7F	del

同时还要注意，在标准 ASCII 码中，其最高位（b7）用作奇偶校验位。奇偶校验是指在代码传送过程中用来检验是否出现错误的一种方法，一般分奇校验和偶校验两种。奇校验规定：正确的代码一个字节中 1 的个数必须是奇数，若非奇数，则在最高位 b7 添 1；偶校验规定：正确的代码一个字节中 1 的个数必须是偶数，若非偶数，则在最高位 b7 添 1。

2）汉字的数字化编码

英文是拼音文字，一个不超过 128 种字符的字符集，就可满足英文处理的需要。汉字是平面结构，字数多，字形复杂，长期被认为不便于计算机存储和处理，因而有一些人主张用拼音文字来取代汉字。经过我国科技工作者的不懈努力，这一问题已得到了较好的解决，我国已经具备了成熟的汉字信息处理方法，并且得到了广泛应用。

汉字系统对每个汉字规定了输入计算机的编码，即汉字的输入码。计算机为了识别汉字，要把汉字的输入码转换成汉字的机内码，以便进行处理和存储。为了将汉字以点阵的形式输出，还要将汉字的内部码转换为汉字的字形码，确定一个汉字的点阵，并且在计算机和其他系统或设备需要进行信息、数据交流时还必须采用国标码。

（1）国标码。

用计算机处理汉字，首先要解决汉字在计算机里如何表示的问题，即汉字编码问题。根据统计，在人们日常生活交往中，包括社会生活、经济、科学技术交流等方面，经常使用的汉字约有四五千个。汉字字符集是一个很大的集合，至少需要用两个字节作为汉字编码的形式。原则上，两个字节可以表示 256×256=65 536 种不同的符号，作为汉字编码表示的基础是可行的。但考虑到汉字编码与其他国际通用编码，如 ASCII 西文字符编码的关系，我国国家标准局采用了加以修正的两字节汉字编码方案，只用了两个字节的低七位。这个方案可以容纳 128×128=16 384 种不同的汉字，但为了与标准 ASCII 码兼容，每个字节中都不能再用 32 个控制功能码和码值为 32 的空格及码值为 127 的操作码。因此，每个字节只能有 94 个编码。这样，双七位实际能够表示的字数是 94×94=8836 个。

我国根据汉字的常用程度定出了一级和二级汉字字符集，并规定了编码。国家标准局于 1981 年公布了 GB 2312-1980《信息交换用汉字编码字符集基本集》，其中共收录汉字和图形符号 7445 个。

每一个汉字或符号都用两个字节表示。其中，每一个字节的编码取值范围都是 20H～7EH，即十进制写法的 33～126，这与 ASCII 编码中可打印字符的取值范围一样，都是 94 个。因为这样两个字节可以表示的不同字符总数为 8836 个，而国标码字符集共有 7445 个字符，所以在上述编码范围中实际上还有一些空位。

（2）机内码。

汉字国标码作为一种国家标准，是所有汉字编码都必须遵循的统一标准，但由于国标码每个字节的最高位都是“0”，与国际通用的标准 ASCII 码无法区分。例如，“天”字的国标码是 001100 1101100 即两个字节分别是十进制的 76、108，十六进制的 4CH、6CH；而英文字符 L 和 l 的 ASCII 码也恰好是 76 和 108，因此，如果内存中的两个字节为 76 和 108 就难以确定到底是汉字“天”字，还是英文字符 L 和 l。显然，国标码必须进行某种变换才能在计算机内部使用。常见的用法是将两个字节的最高位设定为 1（低 7 位采用国标码）。经过这样处理后的国标码称之为机内码。例如，汉字“天”字的机内码是 11001100 1110100，写成十六进制是 CCH ECH，即十进制的 204 236。由于 ASCII 码只用低 7 位，首位置 0，因此国标码每个字节最高位的“1”就可以作为识别汉字码的标志。计算机在处理到首位是“1”的代码时把它理解为是汉字的信息，在处理到首位是“0”的代码时把它理解为 ASCII 码。

但这种用法对国际通用性及 ASCII 码在通信传输时加奇偶检验位等都是不利的，因而还有改进的必要。

（3）输入码。

输入码是计算机输入汉字的代码，是代表某一个汉字的一组键盘符号。为了建立友好的用户界面，输入码的规则必须简单清晰、直观易学、容易记忆、操作方便、码位短、输入速度快、重码少，既适合初学者学习，又能满足专业输入者的要求，便于盲打。汉字的输入方法不同，同一个汉字的输入码就可能不一样。人们根据汉字的属性（汉字字量、字形、字音、使用频度）提出了数百种汉字输入码的编码方案。由于用户不同、用途不同，他们各自喜爱的编码方式也不尽相同，因而对选用什么编码方案不能强求统一。例如，拼音码和五笔字型比较受用户的欢迎。

（4）字形码。

字形码是表示汉字字形的字模数据，通常用点阵、矢量函数等方式表示。用点阵表示字形时，字形码一般指确定汉字字形的点阵代码。字形码也称字模码，它是汉字的输出形式，随着汉字字形点阵和格式的不同，字形码也不同。常用的字形点阵有 16×16 点阵、24×24 点阵、48×48 点阵等。字形点阵的信息量是很大的，占用存储空间也很大，以 16×16 点阵为例，每个汉字占用 32（2×16）个字节，两级汉字大约占用 256KB。因此，字形点阵只能用来构成“字库”，而不能用于机内存储。字库中存储了每个汉字的点阵代码，当显示输出时才检索字库，输出字形点阵得到字形。

以 8×8 点阵记录“人”字字形为例来说明字形码，如图 4.10 所示。每格即 1 个点，共 8×8=64 点，若白色为 0，黑色为 1，则对于这个“人”字，需记录为右侧二进制形式。这就是使用点阵法将字形与二进制对应的方法。如果将这些点再细分成 16×16 点阵，显示的“人”字会更精细一些，但需要用到的二进制位也会更多。因此，点越多，文字越精细，占用的存储空间也越大。

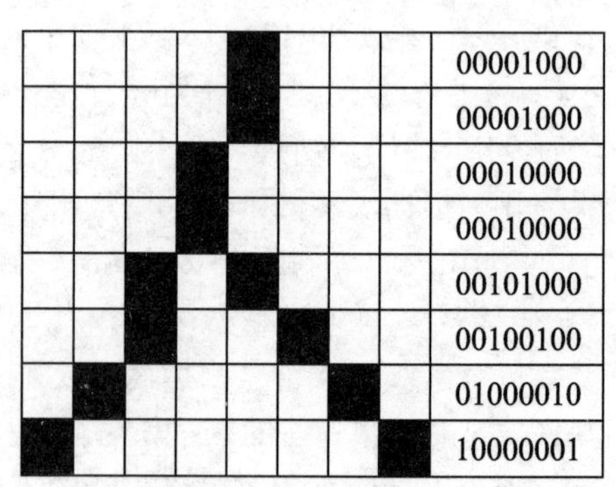

图 4.10　字形码示意

4.3.3　信息的存储

随着信息技术的全球化、多媒体化，人类要处理的信息量与日俱增，要求不断开发具有更高信息存储密度及更快响应速度的材料和器件。在信息时代，采用的存储类型主要有光存储、半导体存储、磁存储及新型的固体存储器。对于信息的存储，我们的兴趣点集中在这几个方面：保真性、稳定性、读写难易度、单位存储价格。人们循着这些要求不断地提升、改进信息存储的材料和器件。

1．光存储

光存储主要是基于光子与材料表面直接作用（进行数据存储），发生光热、光折变、光致变色、光诱导化学反应等各种光致物理化学效应，使得材料在记录前后的物理特性发生改变，从而达到信息存储的目的。它的存储密度受到光的波长和有机材料的影响。传统光盘存储受衍射分辨率极限的限制，即使采用更大数值孔径的聚焦镜和更短的波长，也很难进一步提高存储密度。随着全息图像的出现及激光技术的发展，全息光存储技术的发展成为可能，它采用合理的复用技术，可以有效地增加系统的存储容量，提高存储系统的性能。2007 年 1 月，InPhase 公司与德国厂商 DSM 签订了 OEM 协议，由后者制造存储容量达 300GB 的 Tapestry 300R 全息存储驱动器。

2．半导体存储

半导体存储器的发展历史实际上也是半导体业的发展历史，并且存储器型半导体是半导体业的主要组成部分之一。比如计算机的内在主要就是半导体存储，分为 RAM 和 ROM，但是晶体管的集成受到摩尔定律的限制。例如，由 IBM、AMD、意法半导体、东芝等公司推出的 22nm 制程工艺的芯片在 $0.1\mu m^2$ 区域可以集成 6 个晶体管。现在 CPU 一般采用 14nm 制程工艺，存储密度获得了进一步提高。目前 7nm 和 5nm 制程工艺也逐渐成熟，将进一步提高芯片的存储密度。现在市场上推出的固态硬盘也属于半导体存储，但是其价格高昂，容量也不及普通磁盘大。

3．磁存储

磁存储技术历史悠久，第 1 台 0.5in 磁带机 1952 年在 IBM 公司问世，迄今 60 多年来，磁带的发展从来没有停止过。磁带主要有 DAT 技术、DLT 技术、VXA 技术、LTO 技术、Mammoth 技术和 AIT 技术等。磁带的可移动性、高容量和可靠性是其生命力长久的主要因素。IBM 公司展示过一款磁带样品，存储密度达到每平方英寸 29.5GB，其存储量是非常大的，因此磁带一般作为大数据库的存储器。磁盘的发展也很迅速，1898 年，丹麦工程师波尔逊首次用磁存储方法将声音记录于钢丝上，然后重新播放。如今，磁性材料在信息时代的应用越来越广泛，利用它可对多种图像、声音、数码等信息进行转换、记录、存储和处理。

在磁存储中信息的记录与读出原理是磁致电阻效应。磁致电阻磁头的核心是一片金属材料，其电阻随磁场变化而变化。磁记录方式可分为水平磁记录和垂直磁记录两种，垂直磁记录技术目前已经广泛应用于硬盘中。

水平磁记录的磁位单元两个磁极都在盘片表面上，磁头采用环式写入元件，通过其下方的狭缝磁场即可将磁变换记录到磁位单元。而使用垂直磁记录后，磁位单元只有一个磁极暴露在盘片表面上，磁头必须改用底部开口很大的单极写入元件，并在磁记录层下面加入较厚的软磁底层，单极写入元件的信号极和返回极之间的磁场通过磁记录层和软磁底层形成完整的回路。因此，水平磁记录模式下，每个磁位占的面积较大，也就很难提高磁记录密度，一张 3.5 英寸的硬盘一般不能超过 500GB。

垂直磁记录模式下，薄膜是在沿法线方向上被磁化的。在记录状态下，由于静磁相互作用的存在，水平磁记录模式在低记录密度时是稳定的，而垂直磁记录模式则在高记录密度时是稳定的。二者的这个本质区别就决定了磁记录模式从水平磁记录向垂直磁记录过渡的必然趋势。希捷 2006 年 4 月底发布的 Barracuda 7200. 10 就导入了垂直磁记录技术，是第一款容量达到 750GB 的硬盘驱动器。如图 4.11 所示为西门子计算机磁芯存储器。

信息存储是人类永恒的课题，我们要不断提高信息存储密度、信息读写速度、存储时间及保真度。光存储、磁存储、半导体存储一直在不断发展，并且各有其自身的特点。作为 IT 技术的主要组成部分，信息存储技术对于构建信息技术强国和国家经济特区的推动作用是显而易见的，然后我国在信息存储技术的发展和应用上与国外发达国家相比还有较大的差距。在技术上，磁存储研究徘徊不前；光盘存储产业看起来很大，但是缺乏知识产权；半导体存储器也就是集成电路的水平，我国整体与领先国家相差 2～3 代，即相差 6～8 年的水平；网络存储技术研究刚刚起步，存储系统基本上都是国外的，在应用水平和使用规模上也存在着差距。

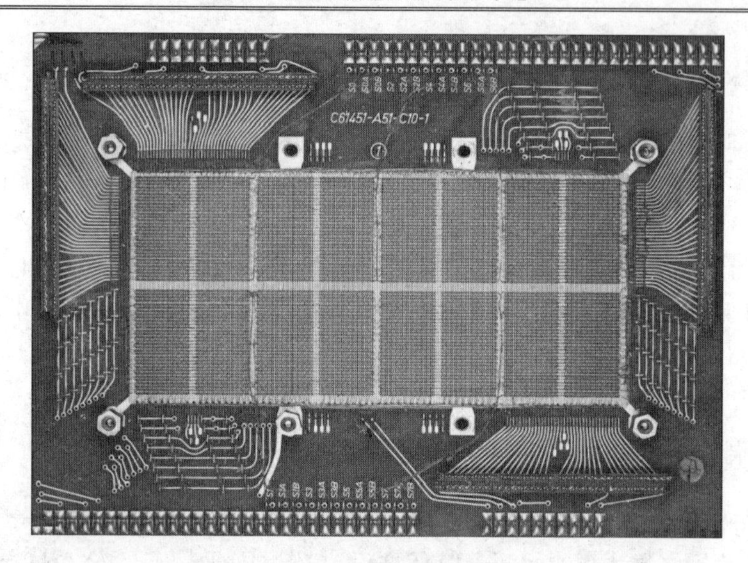

图 4.11　西门子计算机磁芯存储器

4.4　信号与信息处理的基本原理

获取和传递信息的目的是为了应用信息来解决问题，而为了达到一定的应用目的，通常需要对所获得的信息进行适当地处理。信号是信息的载体和外壳，人的五官是信息的感受器。然而，还有大量的信息是人的五感不能直接感受到的。人类利用不同波长的电磁波与物体相互作用的不同特性，发明了各种传感器来获取各种对象的多种物理现象的信号，而电子方式的信号容易产生，容易存储、处理、变换、传输、控制与显示，通过分析和处理这些信号，可以获得关于对象的更深刻的信息。

信号处理是指对信号的各种参数进行的各种调整，如滤波、提取、变换、分析和综合等运算和加工的过程。在时域和空域中它是对波形的处理，在频域中是对频谱的处理。信号处理的目的一般包括以下几个方面：

（1）信号增强：去除信号中的冗余和次要成分，包括不仅没有任何意义反而会带来干扰的噪声，也就是提高信噪比。

（2）特征提取：把信号变成易于进行分析和识别的形式。

（3）编码解码：把信号变成适于传输、变换和存储的形式（编码），或者从编码信号中恢复出原始信号（解码）。

信号处理是信息技术的基础理论和技术之一。它建立在数学理论与分析的基础上，主要依靠器件、电路、系统分析、合成及电子计算机技术加以实现。就所获取信号的来源而言，信号处理有通信信号的处理、雷达信号的处理、图像信号的处理、语音信号的处理、生物医学信号的处理、地球物理信号的处理、振动信号的处理等。

4.4.1　信号与信息处理的发展历程

信号处理与人类历史同样悠久。换句话说，信号处理一直以来就是人类社会生活不可或缺的一部分，自从有了人类，信号处理就已经和人类密不可分。形象地讲，人类的口、鼻、舌等器官是信号处理的感官，大脑是终端，而处理的对象就是我们现如今的客观世界。但直到 17 世纪，随着微积分的发明，人们才开始有意识地用数学的方式描述信号处理问题，或者说，从那时开始建立信号处理的基本模型和框架。随着科技的不断进步，信号处理系统逐步完善、实用。直至 20 世纪 50 年代之前，信号处理系统大多是采用电子线路甚至机械装置的模拟系统。之后，在各种合力的推动下，数字信号处理技术才开始兴起，并不断地向广度和深度发展，成为当今最重要、最热门的技术之一。

概括地讲，推动数字信号处理兴起和发展的主要动力包括以下几个方面。

（1）计算机的发明。

可以说，数字信号处理的任务就是“用计算机来处理现实世界中的信号”，正是计算机的出现，才使得“用计算机技术来感知世界”成为可能。在 20 世纪 50 年代，计算机技术刚刚兴起，技术水平有限并且计算机的价格十分昂贵，因此，只能在国防安全领域、石油勘探领域、太空探索领域与医学影像领域等关键领域率先应用和发展。

同样还是在 20 世纪 50 年代，计算机对信号处理的影响以另外一种方式出现——计算机仿真。也就是说，利用计算机的灵活性，在一种新的信号处理算法或系统在工程化之前先进行计算机的仿真，确认满足要求之后再用模拟器件实现。因为在那个时代，模拟器件在处理速度、造价成本和体积方面较数字器件都有非常明显的优势。

（2）FFT 算法的出现。

FFT 算法也称为快速傅里叶变换算法。顾名思义，这是一种计算傅里叶变换的高效算法。为什么这样一种快速算法具有这么重大的影响呢？实际上，早在 18 世纪人们就认识到信号在时域和频域所展现的不同特性。有些信号在时域的特性非常清楚，有些信号则在频域更容易被理解，傅里叶变换就是信号从时域通向频域的桥梁，但在很长时间内，人们往往只能在时域对信号进行处理。因为通常得到的信号绝大多数是时域信号，而傅里叶变换的运算量又实在是太大。也即是说，傅里叶变换的处理速度成为信号处理的一个瓶颈。FFT 算法将傅里叶变换的处理速度提高了几个数量级，这使得一些复杂信号算法的实现在其处理时间内允许与系统之间进行在线交互试验。而且 FFT 算法事实上可以用专用的数字硬件来实现，这样从前很多被认为是不切实际的信号处理算法开始显露出具体实现的可能性。时至今日，绝大部分的实时处理算法是以 FFT 为基础的，而且 FFT 算法的运行时间也成为衡量数字信号处理器等专用芯片性能的重要标准。由此就不难理解 FFT 算法对推动数字信号处理发展的革命性和历史性贡献。图 4.12 所示为常用的 FFT 蝶式算法示意图。

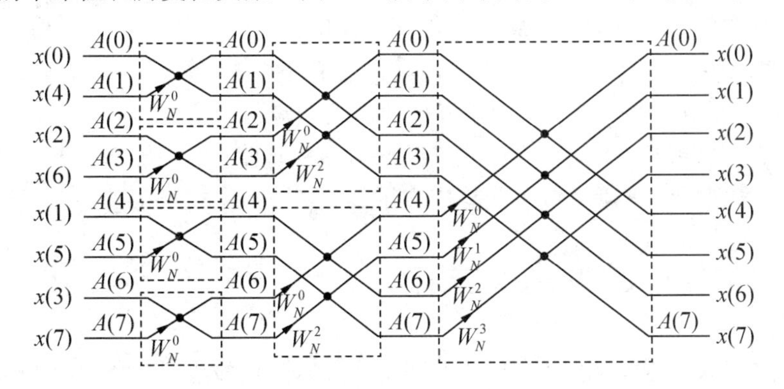

图 4.12　按时间抽取 FFT 蝶式算法示意图

（3）微电子学和半导体工业的迅猛发展。

以 DSP 芯片为代表的微处理器的发明及其在数量上的激增为数字信号处理的实现铺平了道路。1958 年，美国得州仪器（TI）公司的杰克·基尔比研制成功了历史上第一个集成电路，由此揭开了人类“数字革命”的大幕，基尔比也因此获得 2000 年的诺贝尔物理学奖。为表彰他在数字信号处理方面的杰出贡献，美国国际电子与电气工程师协会（IEEE）将该协会信号处理方面的最高奖以他的名字命名。从 1979 年贝尔实验室第一款单芯片数字信号处理器开始，数字信号处理的专用芯片随着集成电路技术的发展也得到了飞速发展，这使得许多复杂的数字信号处理算法能够在廉价、高速的专用芯片上很方便地实现，由此也反过来推动了数字信号处理理论和算法研究的进一步深入，并逐步渗透到生产和生活的各个方面。

2010 年，中国电科（中国电子科技集团有限公司，以下简称中国电科）14 所成功研制出华睿 1 号，是我国首款面向雷达领域的多核高端 DSP。华睿 1 号采用四核同构架构，融合了 DSP 与 CPU 设计技术，支持嵌入式实时操作系统。与国外同类处理器相比，华睿 1 号在拥有较高处理性能的同时，具有低功耗的特点。华睿 DSP 的成功研制实现了国外高性能 DSP 的完全替代，填补了国内空白。华睿 1 号芯片集成了 4 个高性能 DSP 处理器核，支持 32/64 位浮点运算和 8/16/32/64 位定点运算，具有 4MB 分布式共享二级 Cache，以及 2 个 64 位带 ECC 的 DDR2/3 内存控制器，采用 65nm CMOS 工艺，工作主频为 550MHz，处理能力 32Gflops，功耗为 10W。

2018 年 5 月 14 日，由中国电科 14 所耗时 4 年带头研制的华睿 2 号 DSP（数字信号处理器）芯片顺利通过“核高基”课题正式验收，成为国家“十二五”核高基重大专项高端芯片中首个通过验收的 DSP 项目。如图 4.13 所示为华睿 2 号数字信号处理器图片。华睿 2 号为八核异构架构，采用了超标量结构、SIMD 向量处理、可重构加速处理等技术，峰值处理能力达到 400Gflops。下一步，研发人员将在华睿 3 号上采用更为先进的制造工艺，进一步提高主频，以提高通用性能。在专用性能方面，采用流处理器方式，提高专用计算的性能，同时降低功耗。

华睿 2 号 DSP 为全自主设计，芯片研发过程中突破了多核异构架构、自主指令集、动态可重构和矢量化编译等 10 余项核心技术，取得发明专利、布图设计和软件著作权等知识产权 40 余项。其芯片工作主频为 1GHz，每秒可完成 4000 亿次浮点运算，支持 64 位标准双精度。国产芯片的应用不是孤立的，还需要工具链的支持。通过和清华大学等单位合作，华睿 2 号支持国产化操作系统和工具等，构建了全国产业化软件生态链，面向不同性能需求的应用，还形成了华睿 2 号高端、中端等系列化产品，可在安防监控、安全计算机等民用领域和雷达、通信、电子对抗等军用领域全面推广应用。

图 4.13　华睿 2 号数字信号处理器

4.4.2　信号与信息处理的基本流程

国际上，一般把 1965 年 FFT 算法的问世作为数字信号处理这一新学科的开端。经过几十年的发展，数字信号处理自身已基本上形成一套较为完整的体系。概括地说，数字信号处理的主要研究内容包括以下10个方面：

（1）信号的采集，包括模/数变换技术、采样定理等。

（2）离散时间信号的分析，包括时域及频域分析、离散傅里叶变换等。

（3）离散系统的分析，包括差分方程、单位冲激响应、频率响应、Z变换等。

（4）信号处理中的快速算法，包括快速傅里叶变换、快速卷积与相关等。

（5）数字滤波技术，包括各种滤波器的设计与实现等。

（6）信号的建模，包括MA、AR及ARMA等各种模型。

（7）信号的传输与存储，包括信号的各种调制方式和压缩算法等。

（8）信号的检测与估计，包括信号的参数估计、波形估计和各种检测算法等。

（9）数字信号处理的实现，包括软件实现与硬件实现。

（10）数字信号处理的应用。

当然，数字信号处理的理论体系并不仅仅局限于上述10个方面。因为数字信号处理是一门实践性的学科，伴随着电子技术、通信技术及计算机技术的飞速发展，数字信号的理论也在不断丰富和完善，各种新算法和新理论正在不断推出。

我们知道现实世界的绝大多数信号都是模拟信号，如语音、温度、电磁波、脑电图、心电图等。为了对这些信号进行数字化处理，必须先将现实世界的模拟信号转换成数字信号，然后再进行滤波、频谱分析等各种各样的数字处理。在处理完成之后，还需要再将数字信号还原成模拟信号。比如在激光唱盘播放系统中，先要将声音信号变成数字信号存储在激光唱盘上，在回放的时候又要重新还原成模拟信号。典型的数字信号处理系统框图如图4.14所示。

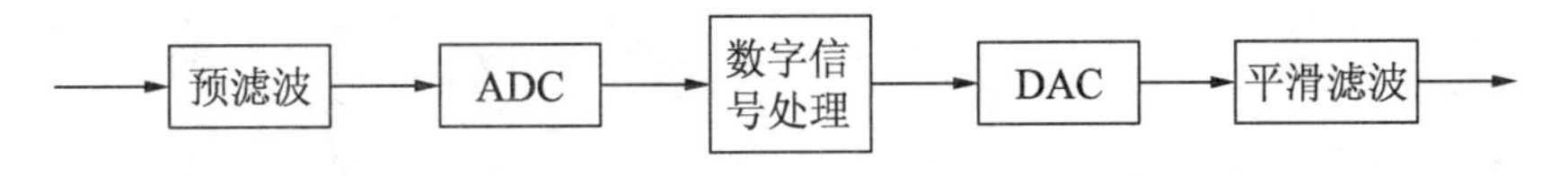

图4.14　典型的数字信号处理系统框图

模/数转换器（Analog to Digital Converter，ADC）将模拟信号变为数字信号，数字信号处理系统完成对数字信号的各种处理，输出的数字信号经数/模转换器（Digital to Analog Converter，DAC）还原成模拟信号。在有的应用场合，无须输出模拟信号，这时可以省略DAC。为了保证信号在经过ADC转换后没有混叠，还要加上一个抗混叠平滑滤波器。基于类似的道理，在DAC之后要加上一个抗镜像滤波器。

4.5　信号与信息处理常见的应用领域

信号与信息处理作为一门新兴学科，由于其技术的先进性和应用的广泛性，越来越显示出强大的生命力，凡是需要对各种各样的信号进行谱分析、滤波、压缩等的科学领域和工程领域都要用到它，这种趋势还在发展。信号与信息处理在语音处理、通信系统、声呐、雷达、地震信号、空间技术、自动控制系统、仪器仪表、生物医学工程和家用电器等方面得到了广泛应用。下面简要介绍它的主要应用。

4.5.1 通信信号处理

人类是群居动物，除了最基本的衣食住行外，人们还需要不断地与外界和他人进行联系和沟通，这就是通信。在现代社会，常用的通信工具包括采取有线通信方式的固定电话、采用无线通信方式的电台及综合应用无线和有线通信方式的移动电话等。特别是现今，移动电话已成为必不可少的工具，移动通信也成为目前世界上增长最快的领域。数字信号处理是使移动电话成为可能的关键技术之一。

先来看移动通信中的第一项数字信号处理技术——数字调制（如图 4.15 所示为数字调制的 3 种基本形式）。其中，ASK 指二进制幅度键控，形式是载波在二进制调制信号 1 或 0 的控制下通或断。FSK 指二进制频移键控，在 FSK 信号中载波频率随调制信号 1 或 0 跳变，1 对应载波频率 f1，0 对应载波频率 f0。在任意波形发生器中只有一个载波频率的概念，因此另一个载波被称为“跳频”。PSK 指二进制相移键控（BPSK）。在 BPSK 中，载波的相位随调制信号 1 或 0 而改变，通常 1 和 0 代表的相位差为 180°。

在移动通信中，如图 4.16 所示，主叫方的手机首先向附近的基站发送信息，基站将此信息通过控制中心发送到被叫方附近的基站，最后再传送到被叫方的手机中。

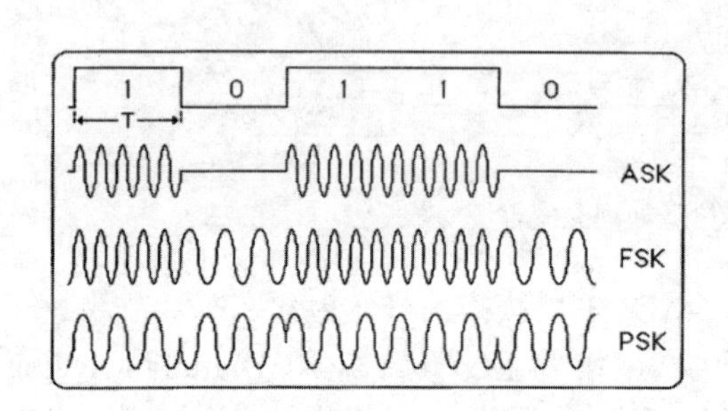

图 4.15 数字调制的 3 种基本形式

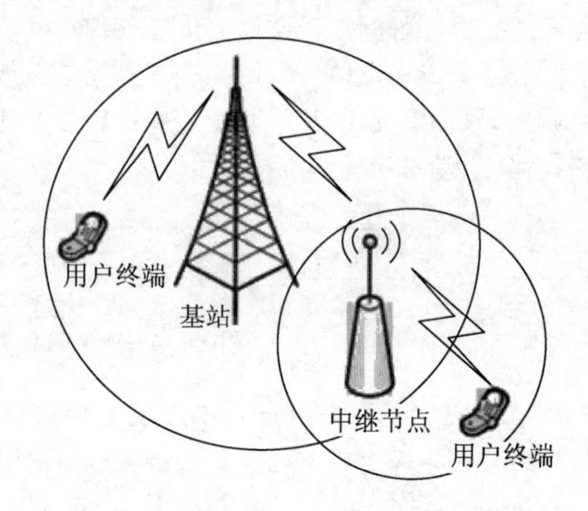

图 4.16 基站通信

以语音通信为例，人类能听得见的声音频率范围是 20～20000Hz，但这个频率范围的信号传播距离很近，如果手机将人们的声音信号变成对应频率的电信号后直接发送的话，可能根本就到不了基站。这时候必须要对声音信号进行调制，使其变为适合无线传输的信号形式。换句话说，调制就是把基带信号变换为适合传输的高频带通信号的处理过程。

实际上，调制是各种通信都必不可少的最基本内容，但不同的通信系统和通信环境有不同的调制和解调技术。移动通信的通信条件和通信环境可以说是各种通信方式中最苛刻、最恶劣的，这就要求使用先进的数字调制技术，能在低接收信噪比条件下提供低误比特率解调性能，还要使发射频谱尽可能窄，并能提供较高的传输速率。

在移动通信中，常常会遇到多径传播的问题。多径是指无线电信号从发射天线经过多个路径抵达接收天线的传播现象。比如基站发出的信号有一部分是直接到达移动电话，另外有一小部分可能经过了某个高层建筑，然后再经反射后才到达移动电话，这在高楼林立的现代都市是非常普遍的情况。

由于从基站到移动电话之后的信号经过了多条路径传播，不同路径的信号在移动电话中叠加之后，其幅度和相位起伏会比较大，影响通信的质量。具体情况则取决于多径的特性和移动电话的运动。多径传播问题的解决依靠的是另一种数字信号处理技术——数字均衡。通常的做法是发射一个 26 位长的已知序列以规则间隔发射，在接收机末端，均衡器使用训练序列调整数字滤波器的系数来估计多径的特性，在此基础上来消除数据多径的影响。

回声抵消是数字信号处理在移动通信中的另外一个重要应用。很多朋友可能有过这样的体会：在打电话的过程中，自己能从手机中听到自己刚才所说的话，这就是回声。实际上，在固定电话中，回声的问题同样存在。

造成回声的原因很多，比如手机设计过程中收发隔离度不好会导致回声，线路繁忙也可能会造成回声。在电信网络中各种原因造成的回声通常可分为电气回声和声学回声。对人耳来说，如果延时时间超过 10ms，就能明显地感觉到回声的存在，从而导致通话质量下降。

如何降低或消除回声呢？通常的做法是利用一个回声估计器监视接收路径，并动态构建一个与回声产生线路数学模型有关的滤波器。这个滤波器与接收路径上的语音流进行卷积，得到一个回声的估计值。叠加有回声的有用信号通过一个减法器减掉回声的估计值，就可以从发送路径线路中减去回声的线性部分。通过不断调整滤波器系数，可以使回声的估计值收敛于回声，也就是达到消除回声的目的。

4.5.2　数字音频信号处理

音乐改变生活，千百年来音乐一直都是人们休闲娱乐的一项主要内容。当然不仅如此，音乐还能净化心灵，提升修养，甚至在某些特定的场合还能激发出无与伦比的力量。从黑胶薄膜唱片到盒式录音机，从随身听到 CD 唱机，人们能很容易地感觉到的是科技的进步改变着人们的聆听方式，人们不容易感觉到的是数字信号处理在其中发挥的巨大作用。下面就以 CD 唱机为例来了解数字信号处理在其中的应用。

声音是连续变化的信号，即模拟信号，在制作 CD 唱片的过程中，首先是要把模拟信号转换成数字信号。人耳能听到的声音信号频率范围是 20～20 000Hz，为了避免高于 20 000Hz 的高频信号干扰采样，在进行采样之前，需要对输入的声音信号进行滤波。声音信号示例如图 4.17 所示。考虑到滤波器在 20 000Hz 的地方大约有 10%的衰减，所以可以用 22 000Hz 的 2 倍频率作为声音信号的采样频率。

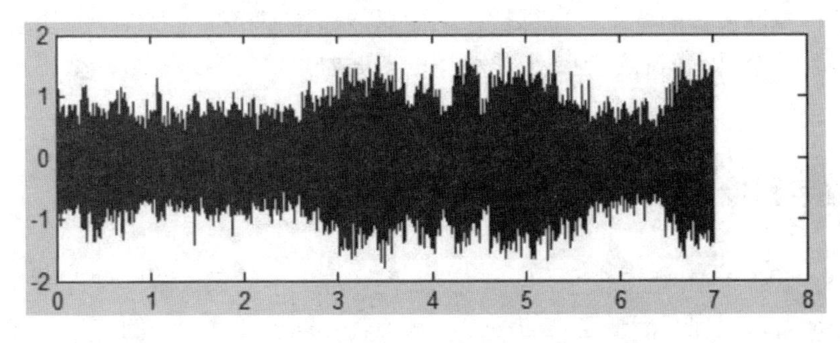

图 4.17　声音信号示例

在实际中，为了能够与电视信号同步，PAL 电视的场扫描为 50Hz，NTSC 电视的场扫描为 60Hz，所以取 50 和 60 的整数倍，选用了 44 100Hz 作为激光唱盘声音的采样标准。

声音转换成用“1”和“0”表示的数字信号之后，并不是直接把它们记录到唱盘上。物理盘上记录的数据和真正的声音数据之间需要做变换处理，这种处理统称为通道编码。通道编码不只是光盘需要，凡在物理线路上传输的数字信号都需要进行通道编码。在激光唱盘中，常用的通道编码有 RS 编码和 EFM 编码。经过通道编码后的数字信号称为信道比特流，在进一步处理后用来控制激光波束，使数字信息记录到正在旋转的唱盘的光敏层上。利用照相的显影过程在主盘上产生凹痕图案，有凹痕的表示“1”，没有凹痕的表示“0”，这样就将声音记录在唱盘上了。

在 CD 播放器（如图 4.18 所示）的重放过程中，为了读出记录的信息，当唱盘以 3.5～8r/s 的速度旋转时，唱盘上的轨道以 1.2m/s 的恒定速度进行光学扫描。来自唱盘上的数字信息首先被解调，然后对数据进行检测，看是否有错误。制造上的缺陷、损坏、指印或者唱盘上的灰尘都有可能引起错误。如果有错误的话，则尽可能加以校正。如果错误是不可校正的，则通过用邻近的正确抽样值经内插来取代错误的值；如果错误不止一个采样值，则将其设为 0（静音）。

图 4.18　老式 CD 播放器

在误差校正或者隐藏以后，得到的数据是一串 16 位的字，每一个字表示一个音频信号的抽样值。这些抽样值可以直接送往 16 位的数/模转换器（DAC），然后进行模拟的低通滤波再驱动扬声器或音响。然而这对模拟器的性能要求非常高，实现非常困难。

为了避免这一点，通常是让数字信号通过工作在音频抽样频率 44.1kHz 的 4 倍的数字滤波器，从而得到进一步的处理。增加抽样频率的效果是使 DAC 的输出更加光滑，从而降低对后续模拟滤波器的要求。应用数字滤波器能够保证相位的线性，减少交叉调制的概率，从而得到一个具有随时钟频率变化特性的滤波器，使得音乐播放的效果对唱盘的旋转速度不敏感。

4.5.3　数字图像处理

早在 1964 年，美国喷气推进实验室对“旅行者 7 号”航天探测器传送的大批月球照片用计算机处理后，得到了清晰逼真的图像，从此就开创了图像处理的先河。20 世纪 70 年代，数字图像处理技术开始应用于医学、地球遥感监测和天文学等领域，其中的 CT（计算机断层摄像术）就是图像处理在医学诊断领域最重要的应用。图 4.19 是第一张 X 射线成像图片，1895 年由德国维尔茨堡大学校长兼物理研究所所长伦琴教授获取。

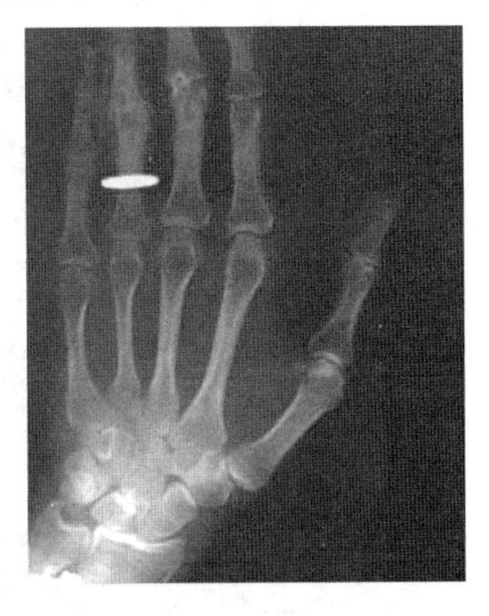

图 4.19　第一张 X 射线成像图片

“图”是物体透射或反射光的分布，是客观存在的。“像”是人的视觉系统对图在大脑中形成的印象或认识，是人的感觉。图像是图和像的有机结合，既反映物体的客观存在，又体现人的心理因素。图像也是对客观存在的物体的一种相似性的生动模仿或描述，或者说图像是客观对象的一种可视表示，它包含了被描述对象的有关信息。人们在工作或日常生活中会经常见到图像，比如红外图像、雷达图像、医学图像、照片、绘画、动画、电视画面等都是图像最直接的例子，它是人们最主要的信息源。据统计，人类从外界获取的信息中约有 75%来自视觉，即以图像的形式获取。人们常说的“百闻不如一见”“一目了然”都说明了这个事实。

人们可以通过各种观测系统从被观察的场景中获得图像。观测系统有照相机和摄像机、显微图像摄像系统、卫星多光谱扫描成像系统、合成孔径雷达成像系统、医学成像系统（超声成像系统、磁共振成像系统等）等。从观测系统中所获取的图像可以是静止的，如照片、绘画、医学显微图片等；也可以是运动的，如飞行物、心脏图像等视频图像；还可以是三维（3D）的，大部分装置都将 3D 客观场景投影到二维（2D）像平面，所得图像是 2D 的。图像可以是黑白的，也可以是彩色的。根据空间坐标和幅度（亮度或色彩）的连续性可将图像分为模拟图像和数字图像。模拟图像是空间坐标和幅度都连续变化的图像，而数字图像是空间坐标和幅度均用离散的数字（一般是整数）表示的图像。

数字图像处理技术在广义上是指各种与数字图像处理有关的技术的总称，目前主要指应用数字计算机和数字系统对数字图像进行加工处理的技术。图像处理和分析所涉及的知识种类繁多，但从主要研究内容和方法上可以分为以下几个方面：

（1）图像数字化。它将非数字形式的图像信号通过数字化设备转换成数字计算机能接收的数字图像，是数字图像处理技术的基础，包括采样和量化。图 4.20 是图像采样示意图。

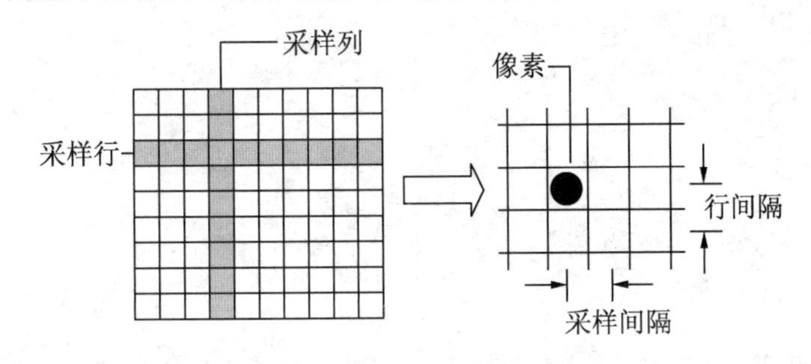

图 4.20　图像采样示意图

（2）图像变换。为了便于在频域内对图像进行更有效的处理，需要对图像信息进行变换。根据图像的特点，一般采用正交变换，如傅里叶变换、沃尔什—哈达码变换、离散余弦变换、KL 变换和小波变换等，以改变图像的表示域和图像数据的排列形式，有利于图像增强或压缩编码。图 4.21 展示了图像经过小波分解以后的效果。

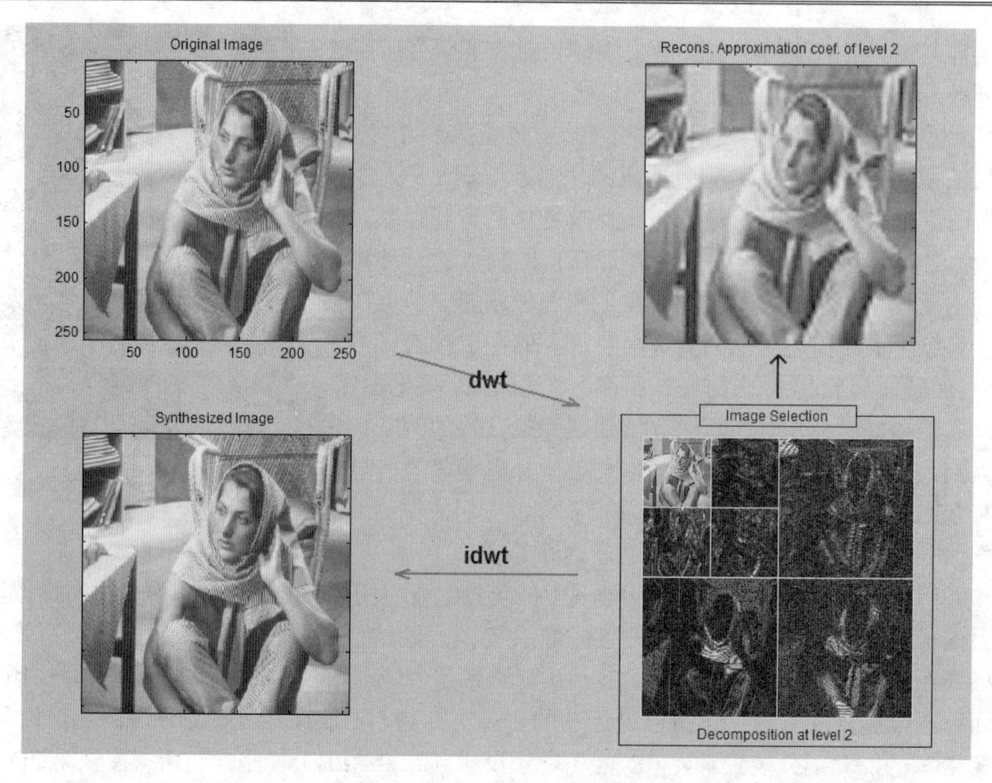

图 4.21　两层小波分解示意图

（3）图像增强。图像增强是增强图像中的有用信息，削弱干扰和噪声，提高图像的清晰度，突出图像中所感兴趣的部分，一方面用以改善人们的视觉效果，另一方面便于人或机器分析、理解图像内容。它主要包括灰度增强、图像平滑、锐化、同态增强和彩色增强等。图 4.22 展示了直方图均衡的图像增强效果。

图 4.22　基于直方图均衡的图像增强效果

（4）图像恢复。图像恢复（复原）是对退化的图像进行处理，使处理后的图像尽可能地接近原始的图像。退化图像是指由于各种原因（设备问题、周围环境、干扰等）使原来清晰的图像变模糊或使原图像未达到应有质量而形成的降质图像。它主要包括退化模型的表示、退化系统的模型及参数的确定、无约束恢复、有约束最小二乘恢复、频域恢复方法、图像的几何畸变校正、超分辨率图像复原方法等。图 4.23 展示了图像的运动模糊恢复效果。

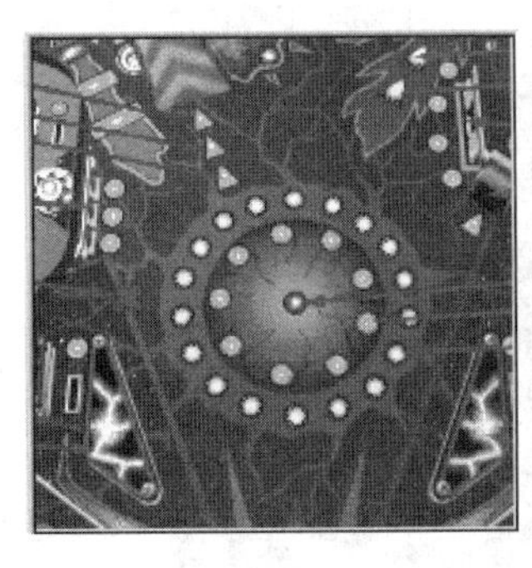
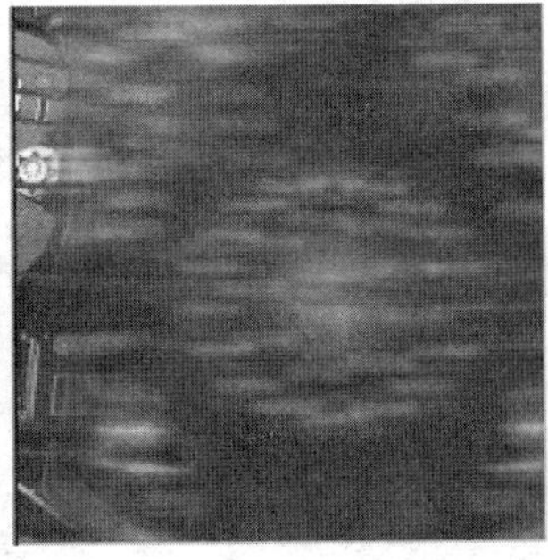
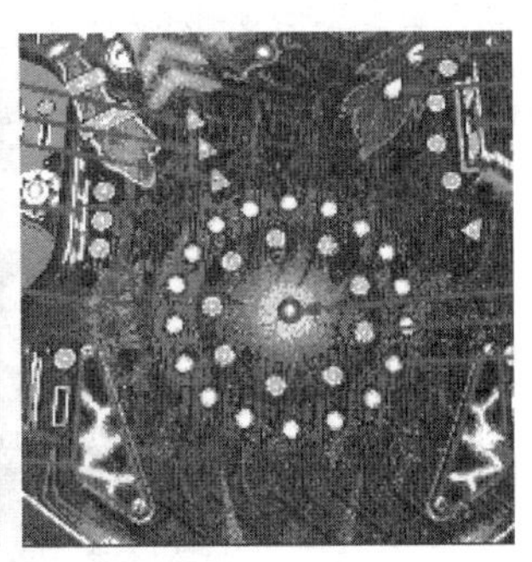

图 4.23　图像的运动模糊恢复效果图

在图 4.23 中，左图为原始的清晰图像，中图为运动模糊图像，右图为去模糊复原图像。

（5）图像压缩编码。由于图像中通常存在冗余，数据量大，不利于传输、处理和存储，因此需要对待处理图像进行压缩编码，以减少描述图像的数据量。压缩可以在不失真的前提下进行，也可以在允许的失真条件下进行。前者解压后可无失真地得到原图像信息，称为无损压缩编码；而后者只能得到原图像的近似，称为有损压缩编码。图 4.24 展示了基于 DCT 变换的图像压缩编码效果图。

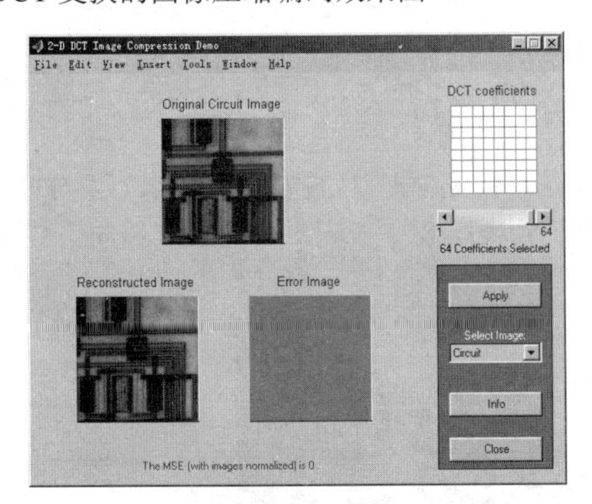

（a）不进行编码

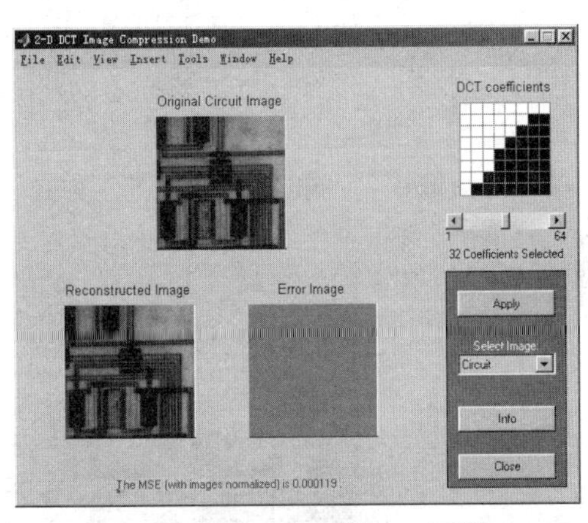

（b）压缩二分之一的 DCT 系数

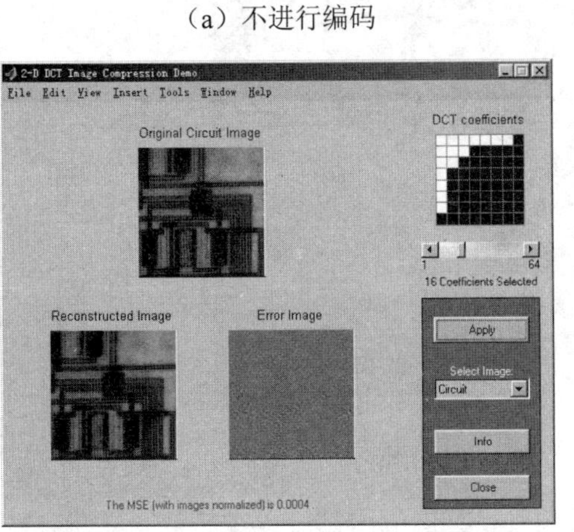

（c）压缩四分之三的 DCT 系数

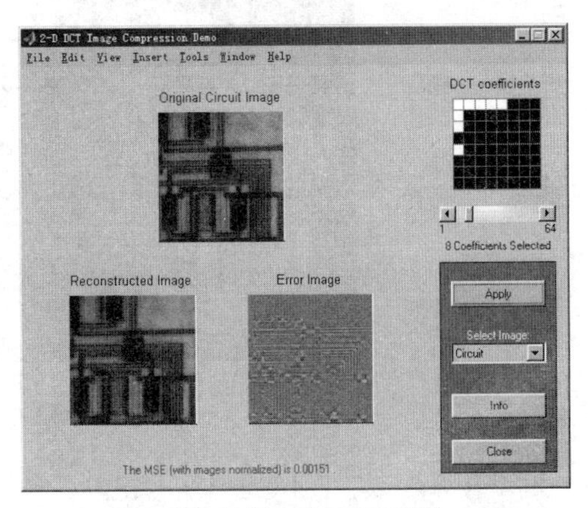

（d）保留 8 个 DCT 系数

图 4.24　基于 DCT 变换的图像压缩编码效果图

（6）图像分割。图像分割是数字图像处理中的关键技术之一，是指根据选定的特征将图像划分成若干个有意义的部分。这些选定的特征包括图像的边缘和区域等，这是进一步进行图像识别、分析和理解的基础。图像分割主要包括边缘检测的基本方法、基于灰度的门限分割和区域分割等。如图 4.25 所示为红外图像分割的效果图。

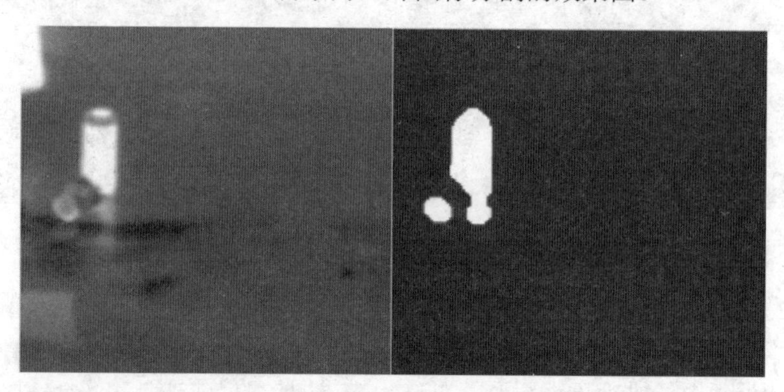

图 4.25　红外图像分割效果图

（7）图像分析与描述。图像分析与描述主要是对已经分割的或正在分割的图像中各部分的属性及各部分之间的关系进行分析、表述。它主要包括灰度幅值与统计特征描述、区域的几何特征、边界描述、区域描述、纹理描述和形态学描述等。随着图像处理研究的深入发展，已经有人进行三维物体描述的研究，提出了体积描述、表面描述和广义圆柱体描述等方法。

（8）图像识别分类。图像识别分类就是根据从图像中提取的各目标物的特征，与目标物固有的特征进行匹配、识别，以做出对各目标物类属的判别。图 4.26 展示了 YOLO 系统的物体识别效果图。

图 4.26　YOLO 物体识别效果图

近十年来，数字图像处理技术得到了迅猛发展，并已应用到许多领域，如工业、农业、国防军事、生物医学、通信等领域和日常生活中。今天，几乎不存在与数字图像处理无关的技术领域，而最主要的应用包括以下几个方面：

（1）宇宙探测中的应用。在宇宙探测和太空探索中，有许多星体的图片需要获取、传送和处理，这些都依赖于数字图像处理技术。如图 4.27 所示为拍摄的嫦娥四号月球背面之旅。

图 4.27　嫦娥四号月球背面之旅

（2）通信中的应用。通信中的应用主要包括图像信息的传输、电视电话、卫星通信（如图 4.28 所示）和数字电视等。传输的图像信息包括静态图像和动态序列（视频）图像，要解决的主要问题是图像压缩编码。

图 4.28　卫星通信

（3）遥感方面的应用。遥感包括航空遥感（三峡库区航空遥感图像如图 4.29 所示）和卫星遥感（澳大利亚卫星遥感图片如图 4.30 所示）。人们应用数字图像处理技术对卫星或飞机摄取的温感图像进行处理和分析，以获取其中的有用信息。这些应用包括地形、地质、资源的勘测，自然灾害监测、预报和调查，环境监测、调查等。

（4）生物医学领域的应用。生物医学是数字图像处理应用最早、发展最快、应用最广泛的领域。主要包括细胞分析、染色体分类、放射图像处理、血球分类、各种 CT 和核磁共振图像分析、DNA 显示分析、显微图像处理、癌细胞识别、心脏活动的动态分析、超声图像成像、生物进化的图像分析等。图 4.31 所示为显微镜下癌细胞的实时观测。

图 4.29　三峡库区航空遥感图像

图 4.30　澳大利亚卫星遥感图片

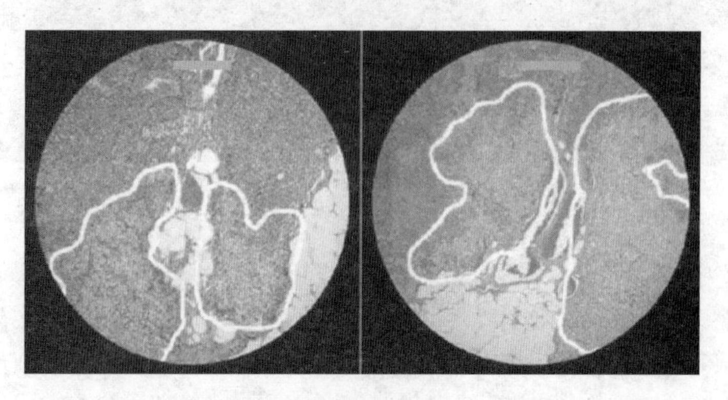

图 4.31　显微镜下癌细胞的实时观测

（5）工业生产中的应用。CAD 和 CAM 技术可以应用于模具和零件优化设计及制造、印制板质量和缺陷的检测、无损探伤、石油气勘测、交通管制和机场监控、纺织物的图案设计、光的弹性场分析、运动工具的视觉反馈控制、流水线零件的自动监测识别、邮件自动分拣及包裹的自动分拣识别等。图 4.32 所示为世界领先的自动包裹分拣机。

图 4.32　世界领先的自动包裹分拣机

（6）军事、公安领域的应用。在任何时候，最先进的技术总是应用在军事中，数字图像处理技术也不例外。数字图像处理技术在军事方面的应用主要包括军事目标的侦察和探测，导弹制导，各种侦察图像的判读和识别，雷达、声呐图像处理，指挥自动化系统等；在公安方面的应用包括现场实景照片、指纹（如图 4.33 所示为指纹对比识别）、足迹的分析与鉴别，人像、印章、手迹的识别与分析，集装箱内物品的核辐射成像检测，人们随身携带的物品的 X 射线检查等。

图 4.33　指纹对比识别

（7）天气预报方面的应用，包括天气云图的测绘和传输、气象卫星云图的处理和识别等。图 4.34 为台风“杜鹃”的高清天气云图（图片来自中国气象局国家气象中心）。

（8）考古及文物保护方面的应用，包括珍贵稀有名画的电子化保存，珍贵文物图片、名画、壁画的辅助恢复（图 4.35 为经大英博物馆恢复后的古埃及壁画）等。

图 4.34　台风“杜鹃”的高清天气云图

图 4.35　经大英博物馆恢复后的古埃及壁画

总之，以目前的趋势表明，数字图像处理技术的应用呈现爆炸式增长，而且将持续相当长的时间。

4.5.4　数字视频处理

数字视频就是以数字形式记录的视频。数字视频有不同的产生方式、存储方式和播出方式。比如通过数字摄像机直接产生数字视频信号，存储在数字带、P2 卡、蓝光盘或者磁盘上，从而得到不同格式的数字视频，然后通过个人计算机中特定的播放器播放出来。

为了存储视觉信息，模拟视频信号的山峰和山谷必须通过模拟/数字（A/D）转换器来转变为数字的“0”或“1”。这个转变过程就是我们所说的视频捕捉（或采集过程）。如果要在电视机上观看数字视频，则需要一个从数字到模拟的转换器将二进制信息解码成模拟信号，然后才能进行播放。

模拟视频的数字化存在不少技术问题，如电视信号具有不同的制式而且采用复合的

YUV 信号方式，而计算机工作在 RGB 空间；电视机是隔行扫描，计算机显示器大多逐行扫描；电视图像的分辨率与显示器的分辨率也不尽相同等。因此，模拟视频的数字化主要包括色彩空间的转换、光栅扫描的转换及分辨率的统一。

模拟视频一般采用分量数字化方式，先把复合视频信号中的亮度和色度分离，得到 YUV 或 YIQ 分量，然后用 3 个模/数转换器对 3 个分量分别进行数字化，最后再转换成 RGB 空间。

数字视频的发展实际上是与计算机所能处理的信息类型密切相关的，自 20 世纪 40 年代计算机诞生以来，计算机大约经历了以下几个发展阶段：

1. 数值计算阶段

数值计算阶段是计算机问世后的“幼年”时期。在这个时期计算机只能处理数值数据，主要用于解决科学与工程技术中的数学问题。实际上，世界上第一台电子计算机 ENIAC 就是为美国国防部解决弹道计算问题和编制射击表而研制生产的。

2. 多媒体阶段

20 世纪 50 年代发明了字符发生器，使计算机不但能处理数值，也能表示和处理字母及其他各种符号，从而使计算机的应用领域从单纯的数值计算进入了更加广泛的数据处理。这是由世界上第一个批量生产的商用计算机 UNIAC-1 首开先河的。随着电子器件的进展，尤其是各种图形、图像设备和语音设备的问世，计算机逐渐进入多媒体时代，信息载体扩展到文、图、声等多种类型，使计算机的应用领域进一步扩大。由于视觉，即图形、图像最能直观明了、生动形象地传达有关对象的信息，因而在多媒体计算机中占有重要的地位。

在多媒体阶段，计算机与视频就产生了“联姻”。数字视频的发展主要是指在个人计算机上的发展，可以大致分为初级、主流和高级几个历史阶段。

第一阶段是初级阶段，其主要特点就是在台式计算机上增加简单的视频功能，利用计算机来处理活动画面，这给人们展示出了一番美好的前景，但是由于设备还未能普及，都是面向视频制作领域的专业人员，普通 PC 用户还无法奢望在自己的计算机上实现视频功能。

第二阶段是主流阶段，在这个阶段数字视频在计算机中得到广泛应用，成为主流。初期数字视频的发展没有人们期望的那么快，原因很简单，就是对数字视频的处理很费力，这是因为数字视频的数据量非常大，1min 的满屏的真彩色数字视频需要 1.5GB 的存储空间，而在早期，一般的台式机配备的硬盘容量大约是几百兆，显然无法胜任如此大的数据量。

虽然在当时处理数字视频很困难，但它所带来的诱惑促使人们采用折中的方法。先是用计算机捕获单帧视频画面，可以捕获一帧视频图像并以一定的文件格式存储起来，然后可以利用图像处理软件进行处理，将它放进准备出版的资料中。之后，在计算机上观看活动的视频成为可能，虽然画面时断时续，但毕竟是动了起来，带给人们无限的惊喜。

而最有意义的突破是计算机有了捕获活动影像的能力，将视频捕获到计算机中，随时可以从硬盘上播放视频文件。能够捕获视频，得益于数据压缩方法。压缩方法有两种：纯软件压缩和硬件辅助压缩。纯软件压缩方便易行，只用一个小窗口显示视频，有很多这方面的软件。硬件压缩花费高，但速度快。在这一过程中，虽然能够捕获到视频，但是缺乏一个统一的标准，不同的计算机捕获的视频文件不能交换。虽然期间也有过一个所谓的“标准”，但是它没有得到足够的普及，因此没有变成真正的标准，它就是数字视频交互（DVI）。DVI 在捕获视频时使用硬件辅助压缩，但在播放时却只使用软件，因此在播放时不需要专门的设备。但是 DVI 没有形成市场，因此没有被广泛地使用。这就需要计算机与视频再做一次结合，建立一个标准，使每台计算机都能播放令人心动的视频文件。这次结合成功的关键是各种压缩解压缩 Codec 技术的成熟。Codec 来自于两个单词 Compression（压缩）和 Decompression（解压），它是一种软件或者固件（固化于用于视频文件的压缩和解压的程序芯片）。压缩使得将视频数据存储到硬盘上成为可能。如果帧尺寸较小且帧切换速度较慢，再使用压缩和解压，存储 1min 的视频数据只需 20MB 的空间而不是 1.5GB，所需存储空间的比例是 20∶1500，即 1∶75。当然，在显示窗口看到的只是分辨率为 160×120 的邮票般大小的画面，帧速率也只有 15 帧/s，色彩也只有 256 色，但画面毕竟活动起来了。

Quicktime 和 Video for Windows 通过建立视频文件标准 MOV 和 AVI，使数字视频的应用前景更为广阔，使它不再是一种专用的工具，而成为每个人的计算机中的必备成分。而正是数字视频发展的这一步，为电影和电视提供了一个前所未有的工具，为影视艺术带来了影响空前的变革。

第三阶段是高级阶段，在这一阶段，普通个人计算机进入了成熟的多媒体计算机时代。各种计算机外设产品日益齐备，数字影像设备争奇斗艳，视/音频处理硬件与软件技术高度发达，这些都为数字视频的流行起到了推动作用。

使用数字视频，需要考虑的一个重要因素是文件大小，因为数字视频文件往往会很大，这将占用大量的硬盘空间。解决这些问题的方法是压缩——让文件变小。数字视频之所以需要压缩，是因为它原来的形式占用的空间大得惊人，经过压缩后，存储时会更方便。数字视频压缩以后并不影响作品的最终视觉效果，因为它只影响人的视觉不能感受到的那部分视频。

例如，有数十亿种颜色，但是我们只能辨别大约 1024 种。因为我们觉察不到一种颜色与其邻近颜色的细微差别，所以也就没必要将每一种颜色都保留下来。还有一个冗余图像的问题：如果在一个 60s 的视频作品中每帧图像中都有位于同一位置的同一把椅子，有必要在每帧图像中都保存这把椅子的数据吗?

压缩视频的过程实质上就是去掉我们感觉不到的那些东西的数据。标准的数字摄像机的压缩率为 5∶1，有的格式可使视频的压缩率达到 100∶1。但过分压缩也不是件好事。因为压缩得越多，丢失的数据就越多。如果丢弃的数据太多，产生的影响就显而易见了。过分压缩的视频会导致无法辨认。

视频压缩的目标是在尽可能保证视觉效果的前提下减少视频数据率。视频压缩比一般指压缩后的数据量与压缩前的数据量之比。由于视频是连续的静态图像，因此其压缩编码算法与静态图像的压缩编码算法有某些共同之处，但是运动的视频还有其自身的特性，因此在压缩时还应考虑其运动特性才能达到高压缩的目标。

在视频压缩中有损（Lossy）和无损（Lossless）的概念与静态图像中基本类似。无损压缩即压缩前和解压缩后的数据完全一致。多数的无损压缩都采用 RLE 行程编码算法。有损压缩意味着解压缩后的数据与压缩前的数据不一致。在压缩的过程中要丢失一些人眼和人耳所不敏感的图像或音频信息，而且丢失的信息不可恢复。几乎所有高压缩的算法都采用有损压缩，这样才能达到低数据率的目标。丢失的数据率与压缩比有关，压缩比越小，丢失的数据越多，解压缩后的效果一般就越差。此外，某些有损压缩算法采用多次重复压缩的方式，这样还会引起额外的数据丢失。

数字视频还有几种格式：

1）MPEG-1 格式

用于传输 1.5Mbps 数据传输率的数字存储媒体运动图像及其伴音的编码，经过 MPEG-1 标准压缩后，视频数据压缩率为 1/100 至 1/200，音频压缩率为 1/6.5。MPEG-1 提供每秒 30 帧 352×240 分辨率的图像，当使用合适的压缩技术时，具有接近家用视频制式（VHS）录像带的质量。MPEG-1 允许超过 70min 的高质量的视频和音频存储在一张 CD-ROM 盘上。VCD 采用的就是 MPEG-1 的标准，该标准是一个面向家庭电视质量级的视频、音频压缩标准。

2）MPEG-2 格式

MPEG-2 格式主要针对高清晰度电视（HDTV）的需要，传输速率为 10Mbps，与 MPEG-1 兼容，适用于 1.5～60Mbps 甚至更高的编码范围。MPEG-2 有每秒 30 帧 704×480 的分辨率，是 MPEG-1 播放速度的 4 倍。它适用于高要求的广播和娱乐应用程序，如 DSS 卫星广播和 DVD，MPEG-2 是家用视频制式（VHS）录像带分辨率的两倍。

3）DAC 格式

DAC 格式即数/模转换器，一种将数字信号转换成模拟信号的装置。DAC 的位数越高，信号失真就越小，图像也更清晰稳定。

4）AVI 格式

AVI 格式是将语音和影像同步组合在一起的文件格式。它对视频文件采用了一种有损压缩方式，但压缩比较高，因此尽管画面质量不太好，但其应用范围仍然非常广泛。AVI 支持 256 色和 RLE 压缩。AVI 信息主要应用在多媒体光盘上，用来保存电视、电影等各种影像信息。

5）RGB 格式

对一种颜色进行编码的方法统称为“颜色空间”或“色域”。“颜色空间”都可定义成一个固定的数字或变量。RGB（红、绿、蓝）只是众多颜色空间的一种。采用这种编码方法，每种颜色都可用 3 个变量来表示红色、绿色及蓝色的强度。记录及显示彩色图像时，RGB 是最常见的一种方案。但是它缺乏与早期黑白显示系统的良好兼容性，因此许多电子电器厂商普遍采用的做法是将 RGB 转换成 YUV 颜色空间以维持兼容，然后再根据需要换回 RGB 格式，以便在计算机显示器上显示彩色图形。

6）YUV 格式

YUV（亦称 YCrCb）是被欧洲电视系统所采用的一种颜色编码方法（属于 PAL）。YUV 主要用于优化彩色视频信号的传输，使其向后兼容老式黑白电视。与 RGB 视频信号传输相比，YUV 最大的优点在于只需占用极少的带宽（RGB 要求 3 个独立的视频信号同时传输）。其中，Y 表示明亮度（Lumina nce 或 Luma），也就是灰阶值；而 U 和 V 表示的则是色度（Chrominance 或 Chroma），作用是描述影像色彩及饱和度，用于指定像素的颜色。通过 RGB 输入信号来创建的方法是将 RGB 信号的特定部分叠加到一起。“色度”则定义了颜色的两个方面，即色调与饱和度，分别用 Cr 和 CB 来表示。其中，Cr 反映了 GB 输入信号红色部分与 RGB 信号亮度值之间的差异；而 CB 反映的是 RGB 输入信号蓝色部分与 RGB 信号亮度值之同的差异。

7）视频和S-V

NTSC和PAL彩色视频信号是这样构成的：首先有一个基本的黑白视频信号，然后在每个水平同步脉冲之后加入一个颜色脉冲和一个亮度信号。因为彩色信号是由多种数据“叠加”起来的，因此称之为“复合视频”。S-Video则是一种信号质量更高的视频接口，它取消了信号叠加的方法，可有效避免一些无谓的质量损失。它的功能是将RGB三原色和亮度进行分离处理。

8）NTSC、PAL和SECAM

基带视频是一种简单的模拟信号，由视频模拟数据和视频同步数据构成，用于接收端正确地显示图像。信号的细节取决于应用的视频标准或者“制式”——NTSC（National Television Standards Committee，美国全国电视标准委员会）、PAL（Phase Alternate Line，逐行倒相）以及SECAM（SEquential Couleur Avec Memoire，顺序传送与存储彩色电视系统，法国采用的一种电视制式）。在PC领域，由于使用的制式不同，存在不兼容的情况。以分辨率为例，有的制式每帧有625线（50Hz），有的则每帧只有525线（60Hz）。后者是北美和日本采用的标准，统称为NTSC。通常，一个视频信号是由一个视频源生成的，比如摄像机、VCR或者电视调谐器等。为传输图像，视频源首先要生成一个垂直同步信号（VSYNC）。这个信号会重设接收端设备（PC显示器），保证新图像从屏幕的顶部开始显示。发出VSYNC信号之后，视频源接着扫描图像的第一行。完成后，视频源又生成一个水平同步信号重设接收端，以便从屏幕左侧开始显示下一行，并针对图像的每一行都要发出一条扫描线，以及一个水平同步脉冲信号。

另外，NTSC标准还规定视频源每秒钟需要发送30幅完整的图像（帧）。假如不作其他处理，闪烁现象会非常严重。为解决这个问题，每帧又被均分为两部分，每部分262.5行。一部分全是奇数行，另一部分则全是偶数行。显示的时候，先扫描奇数行，再扫描偶数行，这样就可以有效地改善图像显示的稳定性，减少闪烁。

目前的彩色电视机主要采用的就是NTSC、PAL和SECAM这3种制式，3种制式目前尚无法统一。我国采用的是PAL-D制式。

9）Ultrascale格式

Ultrascale是Rockwell（洛克威尔）采用的一种扫描转换技术，可对垂直和水平方向的显示进行任意缩放。在电视这样的隔行扫描设备上显示逐行视频时，整个过程本身就已非常麻烦。而采用Ultrascale技术，甚至还能像在计算机显示器上那样，进行类似的纵横方向自由伸缩。

4.5.5 生物医学信号处理

根据生物医学信号的特点，生物医学信号处理应用信息科学的基本理论和方法，研究如何从被干扰和噪声淹没的观察记录中提取各种生物医学信号中所携带的信息，并对它们进行分析、解释和分类。

生物医学信号是属于强噪声背景下的低频微弱信号，它是由复杂的生命体发出的不稳定的自然信号，从信号本身特征、检测方式到处理技术，都不同于一般的信号。

从电的性质来讲，可以把信号分成电信号和非电信号，如心电、肌电、脑电等属于电信号；其他如体温、血压、呼吸、血流量、脉搏、心音等属于非电信号。非电信号又可分为：①机械量，如振动（心音、脉搏、心冲击、Korotkov 音等）、压力（血压、气血和消化道内压等）、力（心肌张力等）；②热学量，如体温；③光学量，如光透射性（光电脉波、血氧饱和度等）；④化学量，如血液的 pH 值、血气、呼吸气体等。如从处理的维数来看，可以把信号分成一维信号和二维信号，如体温、血压、呼吸、血流量、脉搏、心音等属于一维信号；而脑电图、心电图、肌电图、X 光片、超声图片、CT 图片、核磁共振（Mm）图像等则属于二维信号。

生物医学信号检测是对生物体中包含生命现象、状态、性质、变量和成分等信息的信号进行检测和量化的技术。生物医学信号处理的研究，是根据生物医学信号的特点，对所采集到的生物医学信号进行分析、解释、分类、显示、存贮和传输，其研究目的一是对生物体系结构与功能的研究，二是协助对疾病进行诊断和治疗。

生物医学信号检测技术是生物医学工程学科研究中的一个先导技术，由于研究者所站的立场、目的及采用的检测方法不同，使生物医学信号的检测技术的分类呈现多样化，具体为：①无创检测、微创检测、有创检测；②在体检测、离体检测；③直接检测、间接检测；④非接触检测、体表检测、体内检测；⑤生物电检测、生物非电量检测；⑥形态检测、功能检测；⑦处于拘束状态下的生物体检测、处于自然状态下的生物体检测；⑧透射法检测、反射法检测；⑨一维信号检测、多维信号检测；⑩遥感法检测、多维信号检测；⑪一次量检测、二次量分析检测；⑫分子级检测、细胞级检测、系统级检测。

随着社会的发展和生活水平的提高，人们越来越注重健康了，定期或者经常性的体检即是其具体的表现之一。在体检中，有很多项目是依靠医疗电子设备来完成的，比如 B 超、心电图、X 光机等。在这些医疗电子设备的背后，几乎都活跃着数字信号处理的身影。

1）心电图检查

心电图检查是体检中经常检查的项目。可以说做过体检的人都做过心电图检查。整个过程很简单。被检查者躺在床上，医生拿几个吸球吸在被检查者胸部，用几个夹子夹住被检查者手腕和踝部，然后打开检查仪，经过几十秒就完成了。别看心电图做起来很简单，但作用可不简单，在冠心病、心绞痛、心肌梗死、心律失常的诊断中有确诊或者非常大的帮助诊断的作用。

心电图指的是心脏在每个心动周期中，由起搏点、心房、心室相继兴奋，伴随着心电图生物电的变化，通过心电描记器从体表引出多种形式的电位变化的图形（简称 ECG）。心电图信号示例如图 4.36 所示。由于人体的心电信号是低频微弱信号，因而对干扰很敏感。最主要的干扰来自电源频率所在的 50Hz 干扰，也称为 50Hz 工频干扰。它会使系统的信噪比下降，甚至会淹没微弱的有用心电信号。因此，设计滤波器消除工频干扰是心电图检查中最重要且最基础的工作之一。

除了在时域观察和分析，还经常需要将心电图信号进行频谱分析。心电图信号不同的频率成分都有其确切的生理意义，表征了人体的健康机能，选取不同频段的信号可进行不同的病理分析。比如，研究表明，心率变异信号的频率范围为 0～0.5Hz。低频心率变异信号（0.04～0.15Hz）反映了交感神经的活动情况，高频心率变异信号（0.15～0.5Hz）反映了迷走神经的调节情况。通过对心电图信号不同频率成分的研究，可以很好地检查人体潜在的一些不健康因素，对尽早发现并预防多种疾病具有重要的意义。

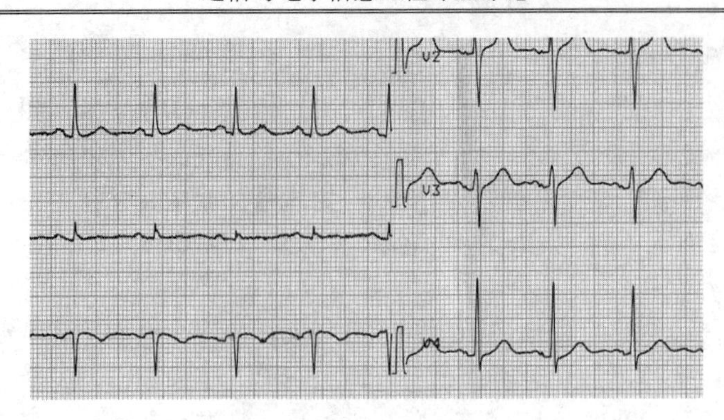

图 4.36　心电图信号图示

2）B 超检查

人们在说话或唱歌的时候，我们听到的声音称为声波，它的频率在 50～10 000Hz，超过 20 000Hz 以上的声波人耳就不能听见，称为超声波，简称超声。超声在诊断疾病时有多种形式：①以振幅（Amplitude）形式诊断疾病称为“一维显示”，因振幅第一个英文字母是 A，所以称 A 超，又称一维超声。②以灰阶即亮度（Brightness）模式形式来诊断疾病称为“二维显示”，因亮度第一个英文字母是 B，所以称 B 超，又称二维超声或灰阶超声。

B 型超声检查的范围很广，不同的检查部位检查前的准备亦不相同。①腹部检查：包括肝、胆、胰、脾及腹腔等。腹部检查一般应该空腹检查，因为进食后胃及肠道产生气体，影响超声的穿透，空腹检查效果最好。②妇科检查：应该饮水，憋尿，当膀胱充盈后，挤开肠管让超声更好地穿透到盆腔，清晰地显示子宫及卵巢的正常与异常情况。③泌尿系检查：应该多饮水，当膀胱充盈后，内部的结石、肿瘤和息肉等，即能更好地显示。④体表肿物及病变：可以即时检查，一般无须特殊准备。⑤心脏及四肢血管检查，亦无须准备。如图 4.37 所示为 B 超下的胎儿影像。

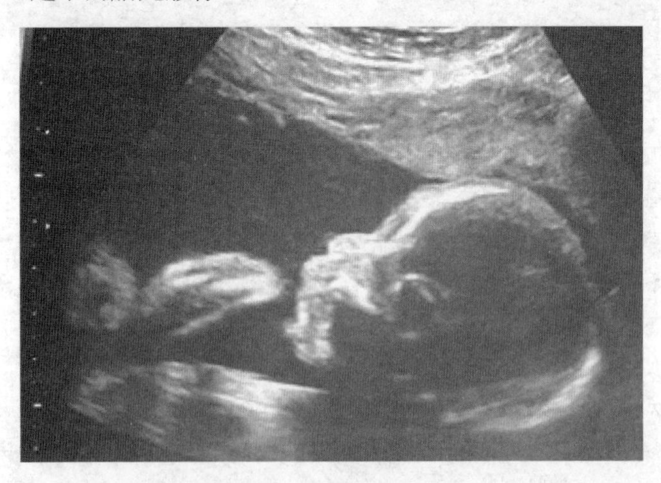

图 4.37　B 超下的胎儿影像

B 型超声是超声的主要检查方法，如内镜超声、超声造影、三维成像和弹性成像等，都是在 B 型超声基础上发展起来的。

3）X 光检查

X 光的本质是一种电磁波，具有一定的波长和频率，具有波粒二重性。X 光成像利用它与物质相互作用时发生能量转换，突出了微粒性。X 光的波长极短、能量极大，它的波长介于紫外线和 γ 射线之间，为 0.0006～50nm，X 光诊断常用的波长为 0.008～0.031nm。

X 光检查在外科疾病的诊断中有着广泛的应用，是临床早期发现、早期诊断和鉴别诊断某些疾病最有效的手段之一。随着 X 光检查和诊断经验积累、设备的不断改进和新技术的应用，X 光检查在外科疾病诊断中已成为不可缺少的工具。

（1）胸部 X 光检查。

胸部 X 光检查（如图 4.38 所示）：主要用于肺炎实变、纤维化、钙化、肿块、肺不张、肺间质病变、肺气肿、空洞、支气管炎症及扩张、胸腔积液、气胸、胸膜肥厚粘连、纵隔肿瘤、心脏、血管形态、乳房肿块的诊断。

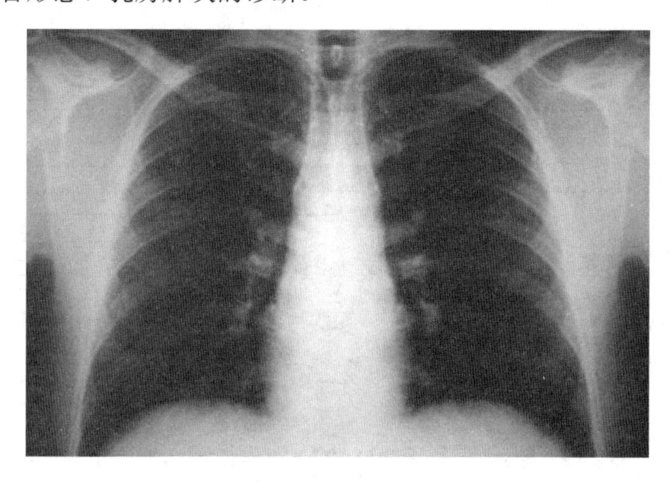

图 4.38　胸部 X 光检查

（2）腹部 X 光检查。

腹部 X 光检查，主要有腹平片、消化道造影和胆囊造影。适用于食道静脉曲张，食道裂孔疝，消化道炎症、溃疡、肿瘤、息肉、结核，肠梗阻，胆囊炎症、结石，胆道蛔虫病的诊断。

（3）骨、关节 X 光检查。

骨、关节 X 光检查：主要用于骨折，炎症性和退行性骨、关节病，风湿病，化脓性骨髓炎，骨、关节肿瘤和结核，脊椎形态改变的诊断。

（4）泌尿系统 X 光检查。

泌尿系统 X 光检查：主要用于泌尿系统结石，肾癌，肾盂扩张、积水等检查。

（5）鼻窦 X 光检查。

鼻窦 X 光检查：主要用于慢性鼻窦炎、鼻窦肿瘤的诊断。

4）表面肌电信号去噪

表面肌电信号作为人机交互的一种媒介获得了广泛的关注。为了有效去除表面肌电信号中的噪声，研究人员提出了一种基于熵和经验模态分解的表面肌电信号去噪方法。该方法引入了样本熵的概念，根据经验模态分解获得的本征模态函数分量样本熵的特征，给出了确定表面肌电信号含噪本征模态分量的方法。该方法根据样本熵反映信号复杂程度的特性，来评价各本征模态分量的复杂性，进而自适应地确定主要的含噪本征模态分量，避免了凭借经验选择的不足。同时，基于熵和经验模态分解的表面肌电信号去噪方法结合了一种改进的小波阈值函数，在去除表面肌电信号噪声的同时避免了过多的有效信息的丢失。仿真实验和实测表面肌电实验都表明，该方法在去除噪声的同时能够保留表面肌电信号的原有特征，而且能够改善信号的信噪比。

表面肌电信号去噪需要经过信号获取、预处理、EMD 分解、样本熵计算、阈值去噪和信号重构等步骤。

首先信号获取后，由于采集过程中的不完善和噪声的存在，想要对信号进行初步处理。第一步就是预处理，即对采集到的原始信号进行陷波滤波和差分滤波；第二步，对差分滤波后的数据进行 EMD 分解，获得多个待处理 IMF 分量。具体流程如图 4.39 所示。

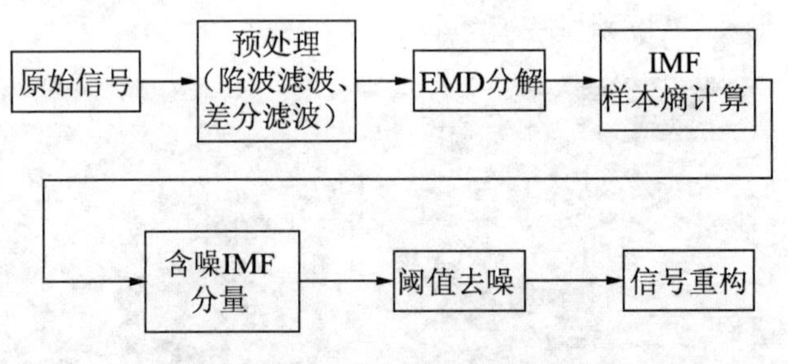

图 4.39　表面肌电信号去噪流程

处理步骤如下：

（1）对原始信号进行 50Hz 的陷波滤波去除工频干扰，进行二阶差分滤波对背景噪声进行有效的抑制。

（2）对差分滤波后数据 Xt 进行 EMD 分解，获得多个待处理 IMF 分量。

（3）分别计算各 IMF 的样本熵，然后根据样本熵的特征，确定含噪的 IMF 分量。

（4）对确定的含噪的 IMF 分量进行阈值去噪处理。

（5）最后利用处理后的 IMF 和未处理的 IMF 重构去噪后的信号。

去噪结果对比如图 4.40 所示。

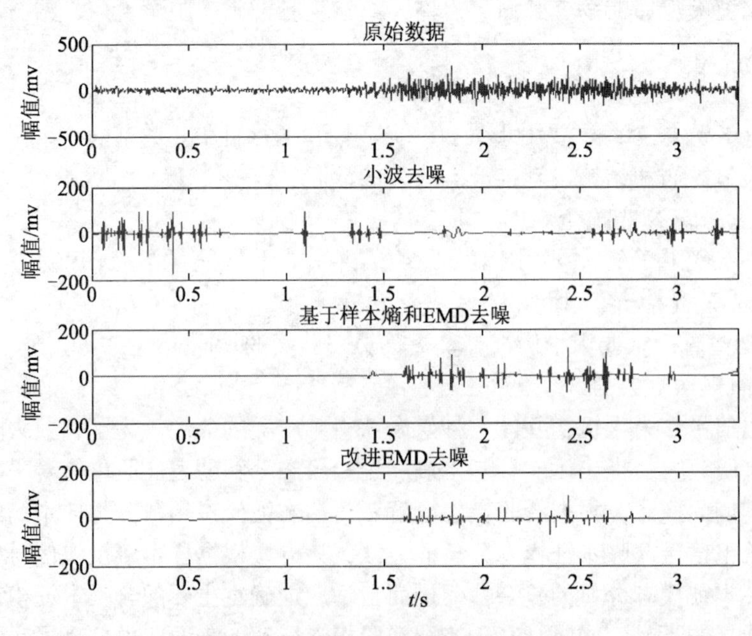

图 4.40　去噪结果对比

4.5.6　复杂网络简介

复杂网络（Complex Network）是指具有自组织、自相似、吸引子、小世界、无标度中部分或全部性质的网络。复杂网络的特征是小世界、集群即集聚程度的概念、幂律的度分布概念。钱学森给出了复杂网络一个较严格的定义：具有自组织、自相似、吸引子、小世界、无标度中部分或全部性质的网络称为复杂网络（如图 4.41 所示）。

图 4.41　复杂网络示意图

复杂网络即呈现高度复杂性的网络，其复杂性主要表现在以下几个方面：

（1）结构复杂：表现为节点数目巨大、网络结构呈现多种不同的特征。

（2）网络进化：表现在节点或连接的产生与消失。例如 world-wide network、网页或链接随时可能出现或断开，导致网络结构不断发生变化。

（3）连接多样性：节点之间的连接权重存在差异且有可能存在方向性。

（4）动力学复杂性：节点集可能属于非线性动力学系统，例如节点状态随时间发生复杂变化。

（5）节点多样性：复杂网络中的节点可以代表任何事物。例如，人际关系构成的复杂网络节点代表单独个体，万维网组成的复杂网络节点可以表示不同的网页。

（6）多重复杂性融合：即以上多重复杂性相互影响，导致更为难以预料的结果。例如，设计一个电力供应网络需要考虑此网络的进化过程，其进化过程决定网络的拓扑结构。当两个节点之间频繁进行能量传输时，它们之间的连接权重会随之增加，通过不断地学习与记忆，逐步改善网络性能。

目前，复杂网络研究的内容主要包括：网络的几何性质、网络的形成机制、网络演化的统计规律、网络上的模型性质，以及网络的结构稳定性和网络的演化动力学机制等问题。其中，在自然科学领域，网络研究的基本测度包括度（degree）及其分布特征，度的相关性，集聚程度及其分布特征，最短距离及其分布特征，介数（betweenness）及其分布特征，连通集团的规模分布。

复杂网络一般具有以下特性：

（1）小世界。它以简单的措辞描述了大多数网络尽管规模很大但是任意两个节（顶）点间却有一条相当短的路径的事实。以日常语言看，它反映的是相互关系的数目可以很小但却能够连接世界的事实。正如麦克卢汉所说，地球变得越来越小，变成一个地球村。也就是说，变成了一个小世界。

（2）集群即集聚程度（clustering coefficient）的概念。例如，社会网络中总是存在熟人圈或朋友圈，其中每个成员都认识其他成员。集聚程度的意义是网络集团化的程度，这是一种网络的内聚倾向。连通集团概念反映的是一个大网络中各集聚的小网络分布和相互联系的状况。例如，它可以反映这个朋友圈与另一个朋友圈的相互关系。

（3）幂律（power law）的度分布概念。度指的是网络中某个顶（节）点（相当于一个个体）与其他顶点关系（用网络中的边表达）的数量；度的相关性指顶点之间关系的联系紧密性；介数是一个重要的全局几何量。顶点 u 的介数含义为网络中所有的最短路径之中经过 u 的数量。它反映了顶点 u（即网络中有关联的个体）的影响力。无标度网络（Scale free network）的特征主要集中反映了集聚的集中性。

4.6 习　　题

1．通过学习，请简述信号与信息处理的主要研究内容。

2．通常从哪些方面描述信号的特性？

3．信息可以通过哪些途径获取？又有哪些存储方式？

4．推动数字信号处理兴起和发展的主要动因有哪些方面？

5．请以框图的形式描绘典型的数字信号处理系统。

6．信号与信息处理通常应用于哪些领域？请对某一领域的应用进行简单介绍。

7．数字图像处理有哪些常见的处理方式？

8．生物医学信号处理给人类的社会发展带来了哪些改变？

第 5 章　考研与就业

相信不少本科毕业生都面临着一个抉择：是就业好，还是考研好。因人而异，选择就业和考研都有各自的理由。如果选择考研，可以为以后的发展铺就一条更好的路，能有一个更好的升职空间；如果选择就业，可以更早地积累工作经验，更早地走向适合自己的工作岗位。

5.1　考研与就业的各自出路

步入大学，各位同学的社会起点有了进一步的提高。但是当大学即将毕业之时，又会发现未来就业等诸多问题仍然需要我们去好好考虑。现如今，就业形势变得越来越严峻，大部分同学选择了考研继续深造。毫无疑问，考研有很多好处，它可以让我们进一步提高自我修养和学识，在未来的求职中占得更加有利的地位。但这并不意味着找工作就不好，大四毕业后的选择，要因人而异，做出最适合自己的选择才是最为关键的。

5.1.1　考研

1.专业及研究方向

信息与通信工程一级学科（0810）下设两个二级学科：通信与信息系统（081001）和信号与信息处理（081002）。

1）通信与信息系统

通信与信息系统是一级学科信息与通信工程下设的二级学科。该专业是现代高新技术的重要组成部分，是信息社会的主要支柱，是国民经济高速发展的前提。现代通信与信息技术正影响着我们生活的方方面面。国家在《中共中央关于制定国民经济和社会发展第十三个五年规划的建议》中提出，推动政府职能从研发管理向创新服务转变，完善国家科技决策咨询制度，坚持战略和前沿导向，集中支持事关发展全局的基础研究和共性关键技术研究，加快突破新一代信息通信、新能源、新材料、航空航天、生物医药、智能制造等领域的核心技术。瞄准瓶颈制约问题，制定系统性技术解决方案。

通信与信息系统学科主要的研究对象是以信息传输、信息交换及信息网络为主体的各类通信与信息系统。主要研究方向有：

（1）移动通信与无线技术：研究数字移动通信和个人通信系统的系统模拟、多址技术、数字调制解调技术、信道动态指配技术、同步技术、多用户检测技术、语音压缩技术、宽带多媒体技术及射频技术；研究各种数字微波通信、移动通信和卫星通信系统，以及

WLAN、WMAN、Ad-Roc 网的组成、新技术及性能分析，并包括 SDH 技术和上述系统中常用的编码、调制和解调、同步与信令方式、多址及网络安全等技术的研究与开发。

（2）无线数据与移动计算网络：研究无线数据通信广域网、无线局域网和个人区域网中的无线数字传输、媒质接入控制、无线资源管理、移动性管理、移动多媒体接入、无线接入 Internet、移动 IP、无线 IP 和移动计算网络等理论、协议、技术、实现，以及基于移动计算网络的各种应用。无线数据与移动计算网络还研究现代移动通信中的智能技术（如智能天线、智能传输、智能化通信协议和智能网管系统等）。

（3）IP 和宽带网络技术：研究宽带 IP 通信网的 QoS 流量工程和合法侦听；VoIP 的组网技术、通信协议和控制技术；下一代网络的软交换技术；SIP 协议研究及应用开发；B3G 核心网络技术；IP 宽带接入和城域网中的关键设备和技术开发；多层交换技术、IP/ATM 集成技术和 MPLS 技术；IP 网络管理模型和技术实现；移动代理及其在 IP 通信网中的应用。

（4）网络与应用技术：研究宽带通信网的结构、接口、协议、网络仿真和设计技术；研究网络管理的管理模型、接口标准、网管系统的设计和开发；研究可编程网络的体系、软件和系统开发。

（5）通信和信息系统中的信息安全：研究与通信和信息系统中的信息安全有关的理论和技术，主要包括数据加密、密钥管理、数字签名与身份认证、网络安全、计算机安全、安全协议、隐形技术、智能卡安全等。重点在无线通信网的信息安全，根据 OSI 协议，从网络各层出发，研究安全解决方案，以达到可信、可控、可用的目标。

2）信号与信息处理

信号与信息处理是一级学科信息与通信工程下设的二级学科。此专业是当前发展最快的热点学科之一。随着信号与信息处理理论及技术的发展，世界科技形势发生了很大的变革。信息处理科学与技术已渗透到计算机、通信、交通运输、医学、物理、化学、生物学、军事和经济等各个领域。它作为当前信息技术的核心学科，为通信、计算机应用及各类信息处理技术提供基础理论、基本方法、实用算法和实现方案。它探索信号的基本表示、分析和合成方法，研究从信号中提取信息的基本途径及实用算法，发展各类信号和信息编解码的新理论及技术，提高信号传输存储的有效性和可靠性。

在当前网络条件下，研究信号传输、加密、隐蔽及恢复等最新技术，均属于信号与信息处理学科的范畴。积极开辟新的研究领域，不断地吸收新理论，在科学研究中运用交叉、融合、借鉴移植的方法不断地完善和充实本学科的理论，使之逐步形成自身的理论体系也是信号与信息处理学科的特点。信号与信息处理主要研究方向如下：

（1）现代通信中的智能信号处理技术：研究方向以现代信号处理为基础，研究提高通信与信息系统有效性和可靠性的各种智能处理技术及其在移动通信、多媒体通信、宽带接入和 IP 网中的应用。目前侧重于研究新一代无线通信网络中各种先进的智能信号处理技术，如通信信号盲分离、信道盲辨识与均衡、多载波调制、多用户检测、空—时联合处理、信源—信道编码，以及网络环境下的各种自适应技术等。

（2）量子信息技术：研究以量子态为信息载体的信息处理与传输技术，包括量子纠错编码、量子数据压缩、量子隐形传态、量子密码体系等关键技术与理论。它对实现新一代高性能计算机和超高速、超大容量通信信息系统具有极其重要的意义。

（3）无线通信与信号处理技术：研究 Ad-hoc 自组织网络、传感器网络、超宽带（UWB）

网络等新一代无线通信网络中的通信和信号处理技术。主要研究内容包括基于信号处理的多包接收和盲处理技术、基于粒子滤波的信道估计和均衡技术、基于信号处理的媒体接入控制技术、目标跟踪与信息融合技术及网络协议体系等。

（4）现代语音处理与通信技术：语音是人类进行通信的最方便和快捷的手段，因而在各种现代通信网络和智能信号处理应用中起着十分重要的作用。现代语音处理与通信技术研究语音信号的数字压缩、识别、合成和增强技术，基于语音的智能化人机接口技术、面向 IP 网络的实时语音通信技术和信息隐藏技术、移动通信中的语音数字处理及传输技术、基于 DSP 的软件无线电通信技术，以及各种网络环境下的音频、视频、数据、文字、多媒体处理及通信技术。

（5）现代信息理论与通信信号处理：在现代信息理论的基础上，研究 ATM 和 IP 网、移动与个人通信，多媒体通信、宽带接入网中的各种信号处理技术，如低时延、低比特率、高质量语音编码、图像编码，适用于第三代移动通信的纠错编码，高效多载波调制，各种自适应处理技术等。它们是确保实现 21 世纪通信发展的目标，提高通信有效性和可靠性的核心技术。

（6）图像处理与多媒体通信：研究多媒体信息，特别是图像信息的处理、描述，以及应用系统和关键技术。主要包括①图像和视频信号的处理及压缩编码算法研究、应用系统的设计和实现；②基于 IP 的视频传输技术和业务生成环境；③移动网及 Cable 网上的数据与多媒体通信；④基于 xDSL 宽带接入网技术；⑤图像数据库及影像网络技术；⑥三维图像处理、建模、显示和分析技术。

（7）信息网络与多媒体技术：在进行信息网络及多媒体技术应用基础研究的同时，利用 DSP、FPGA 和 CPLD 等软、硬件开发平台，着重研究开发各种多媒体终端，包括①多媒体信息压缩编码；②信道编码（重点为纠错编解码）；③视频点播（VOD）与交互电视，会议电视，远程教学、考试、医疗；④视频驱动系统；⑤视频、音频信号编码压缩算法研究及 ASIC 设计；⑥宽带网络的应用研究。

2. 院校综合实力

1）通信与信息系统专业

通信与信息系统专业院校综合实力列表见表 5.1 所示。

表 5.1　通信与信息系统专业院校综合实力列表

院 校 名 称	水　平
北京邮电大学	A+
西安电子科技大学	A+
清华大学	A+
电子科技大学	A+
东南大学	A+
上海交通大学	A+
中国科学技术大学	A
北京交通大学	A
北京大学	A
浙江大学	A

2）信号与信息处理专业

信号与信息处理专业院校综合实力列表见表 5.2 所示。

表 5.2　信号与信息处理专业院校综合实力列表

院 校 名 称	水　平
北京邮电大学	A+
清华大学	A+
西安电子科技大学	A+
电子科技大学	A+
上海交通大学	A+
东南大学	A+
中国科学技术大学	A+
北京航空航天大学	A
北京交通大学	A
浙江大学	A

5.1.2　就业

通信工程可以说是当前最具有活力的产业之一，通信技术人才是我国需求量最大的八大类人才之一。有关通信工程就业前景的相关信息，想必也是大家很想了解的，尤其是对于通信工程专业人才来说更是如此。通信工程以电子技术、信号与系统、现代通信原理等理论为基础，学习和掌握各种数据、文字、语音、图像等的处理、传输和交换，以及电子信息产品的开发、生产和检测，并学习通信设备的安装、使用和维护。由于该行业的发展速度太快，对人才的需求量又相当大，因此该专业的毕业生有很大的机会可以进入知名外企或者在国内具有领先地位的 IT 类企业及大型通信运营类企业工作，并且待遇相当优厚，可以算是“最好就业”的专业之一。

1. 就业方向

（1）移动应用产品经理：随着智能手机的普及和移动互联网的发展，iPhone、Android 应用开发已成为炙手可热的方向，移动应用产品经理将拥有较强的薪酬竞争力。

（2）增值产品开发工程师：增值产品服务主要包括短信息、彩信彩铃、WAP 等业务。增值产品开发工程师主要负责增值技术平台的开发（SMS/WAP/MMS/Web 等）及运营管理的技术支撑、实现和维护，需要熟悉 J2EE 体系的技术应用架构，掌握一定的 Java 应用开发，懂得 XML、XHTML、JavaScript 等相关知识。

（3）数字信号处理工程师：随着大规模集成电路及数字计算机的飞速发展，用数字方法来处理信号，即数字信号处理，已逐渐取代模拟信号处理。数字信号处理工程师是将信号以数字方式进行表示并处理的专业人员。

（4）通信技术工程师：随着 5G 时代的全面铺开，通信技术工程师将有更大的发展空间，因为大规模的固态网络兴建需要他们，移动设备生产商需要他们，各种类型的移动服务和终端设备提供商也需要他们。此外，他们还能在 IT 行业有所作为。因为三网融合的趋势已势在必行。毫无疑问，他们是最抢手的人才之一。

（5）有线传输工程师：我们的生活已离不开有线网络连接的世界，有线传输工程师就是这个网络的设计者。他们负责光缆传输等规划设计工作，要求他们了解通信行业建设的标准和规范，能编制通信工程概算和预算，能够熟练使用 CAD、Visio 等常用软件或 4G 和 5G 网络规划软件。

（6）无线通信工程师：无线网络带给人们无限的便利，因为可以随时随地使用万维网。比如手机已经成为一个多功能的无线终端，能够随时接入互联网，因此与无线通信有关的业务正在大规模地出现。无线通信工程师是实现这些业务和开发新业务的保障。

（7）电信交换工程师：电信交换技术的发展带动了整个电信行业的发展，是电信行业核心中的核心。分组交换网发展趋势使我国电信发展向前迈进了一大步。这一切都预示着电信交换工程师将大有作为。电信交换工程师是一个了解电话交换机技术、系统集成、电信增值业务、语音交换系统，熟悉综合布线的重要职业。

（8）数据通信工程师：信息产业是朝阳产业，电信网络是信息社会的基石，数据通信是信息基础通信建设的重要部分。数据通信工程师的工作是从事电信网的维护，参与和指导远端节点设备的安装调试与技术指导，负责编制相关技术方案和制订维护规范。

（9）移动通信工程师：手机已经成为生活中不可缺少的一部分，而手机通信需要依靠移动通信工程师的技术支持。他们熟悉蜂窝移动无线系统、无线系统（如近距离通信系统）、无线局域网系统、固定无线接入或无线本地环路系统、卫星系统、广播系统。他们能够对移动通信进行建立、维护和调控。

（10）电信网络工程师：在电信网络构建的社会信息生态环境里，信息交互将如空气一般无处不在。它将把人们的生活、娱乐、商务、教育、医疗和旅行等活动完全纳入其中。电信网络工程师的工作主要是负责计算机网络系统网络层日常运行维护，根据业务需求调整设备配置，撰写网络运行报告，熟悉主流路由器和交换机等常用网络设备的安装调试和维护。

（11）通信电源工程师：通信电源的稳定性是通信系统可靠性的保证。通信电源工程师是从事通信电源系统、自备发电机、通信专用不间断电源等电源设备及相应的监控系统的科研、开发、生产、销售和技术支持、规划、设计、工程建设、运行维护等工作的工程技术人员。这要求他们必须掌握交流供电系统、直流供电系统、高频开关电源、蓄电池、UPS、传感器的基本工作原理，以及动力环境集中监控系统的拓扑结构和系统配置标准等知识。

2．就业晋升通道

（1）通信技术研发人员晋升通道：研发员→研发工程师→高层市场或管理人员。

过去几年是通信行业正处于蒸蒸日上的时期，在许多企业中尤其是研发领域，均提供了很多高薪职位。即便是当今，我国通信技术领域仍然在飞速发展。华为、中兴、UT 斯达康等企业的待遇仍然很高，但是相较于我国每年不断增加的信息与通信工程专业的本科毕业生来讲，这些公司的岗位数量还是远远不够的。究其原因，主要是通信产业规模、市场发展及大学对通信专业设置的态度决定的。许多学校无论是师资力量还是实验设备等硬件条件，尚不具备开设通信类相关专业的条件，但仍然开设了该专业，从而使得总体通信行业人才数量供大于求。但是不要灰心，毕竟对于应届毕业的本科生而言，一般很难做到一毕业就达到企业的用人要求。因此，许多企业对于员工的遴选标准是“专业基础扎实、思路开阔、英语良好、有创意”，如果能够满足这些基本要求，仍然是有很大机会的。

（2）电信运营商工作人员晋升通道：职员→主管→中高层管理人员。

目前，各大运营商服务类职位进入门槛较低，甚至个别服务岗位采取外包形式，因此在发达地区各运营商的人才已经趋于饱和。虽然通信类专业本科生没有太过明显的优势，但是 5G 通信、物联网技术的兴起，给当今就业市场带来了极大的动力和人才需求。无论是未来从事网络优化还是基站等设备的维护，都是很好的就业方向。

（3）电信行业销售人员晋升通道：销售助理→销售工程师→销售（市场）经理。

电信行业销售人员需求量大，对专业功底要求不是特别高，适合一般的本科生。最重要的是，该职业发展空间足够大，即使没有上升空间，还可以转行去别的行业继续做销售工作。

5.1.3　考研与就业对比分析

下面来浅析考研与直接就业所面临的社会形势，它们各自的优势如下：

（1）考研让大学本科毕业生有了取得更高学历的机会，提升了大学本科毕业生在未来严峻的就业形势下的竞争力。现如今，我国高校应届毕业生人数在逐年增加，就业的竞争力也在不断攀升。仅靠本科学历并没有比其他人有很大的优势，而且本科学习大多仅停留于理论阶段，实践内容还是过少。甚至很多同学还没有把理论知识很好地消化，从而使自己在毕业后的就业中没有竞争力。然而，读研却能够使我们有更多时间进行更深层次的学习。

与此同时，读研期间能够让我们的人际网更加广阔，读研期间的授课老师大多是成功人士，多向老师学习，机会也会随之而来。除此之外，考研更会给我们一个进入高薪职业的机会，也给了我们改变本科不喜欢所学专业的机会。如果你不喜欢本科所学的专业，可以通过考研，选择自己喜欢的专业，进而更好地改变未来。

（2）考研对于未来就业，无论是升职还是薪金都有很大优势。依据 2018 年中国大学生就业报告可以得知，2017 届大学毕业生人均月收入达到了 4300 元左右，这一数字相较于 2008 年有了很大的提高。但是，实际上的薪金与专业的差别是有很大关系的。在本科专业中，信息安全相关专业薪金最高，达到了 6386 元。其次分别是软件工程和网络工程，薪金均超过 6000 元。在就业市场，从事与计算机软件和网络设计等相关的工作，有着较高的薪金报酬。

如果一个本科生去工作的话，一般是从事一线的技术工作，在不同的城市薪金有所不同，比如在一线城市，一般工资在 6000～8000 元，在二线城市，一般在 5000～6000 元，而三线和四线城市一般在 3000～5000 元。由于学历低，无法从事研究工作，职位的发展方向只能偏向于管理方面，升职的机会相对较少也比较慢。如果是硕士生、博士生进入企业的话，在二线城市一般工资为 8000～15000 元，可以从事相关的科研工作，以后也有可能在企业担任要职。如果选择在学校当老师的话，还可以做自己的科研项目，申请项目经费。博士生毕业后一般年薪都会超过 10 万，尤其是互联网企业，年薪可能在 20 万以上。虽然比别人花了更多的时间去学习，但是未来的路却比别人更为精彩、轻松。一个本科毕业生即使可以和一个研究生、硕士生做到同一个位置，但前者所要付出的努力和汗水肯定更多。

但是并不是每个人都适合考研。决定是否要考研，需要先明白考研的目的是什么，是逃避暂时的就业压力，还是确实喜欢本专业，并且能够进行深入研究。

（1）直接就业会有更多实践的机会，用读研时间去参加工作，不但可以更早地经济独立，还可以获取更多的工作经验，并很有可能在几年内在企业内担任一定的职务，取得一定的成就。在大学学习的多是理论知识，而理论知识与实际应用仍然有很大差别。除去一些研究机构，工作经验与学历一样重要。

（2）学校起点较低，自身学习能力有限，花费时间考研或许并没有什么优势，那么也许早日参加工作是更好的选择。另外，对于经济困难的学生，可能更需要早日参加工作，为家庭分担经济压力。

对于考研还是找工作这个问题，没有标准的答案，学生要考虑自己的实际情况，仔细权衡利弊，为未来的人生道路和职业发展做好规划。

5.2　国内通信方向知名高校院系介绍

随着 5G 时代的来临，我国的互联网的发展将会迈上一个新的台阶。在这个过程中，互联网经济会创造无数个工作岗位和高薪职业。而通信行业也会迎来新一轮的春天，大规模的固态网络兴建、各种终端设备需要建设和维修，而这些都需要大量的通信类的技术人才，所以通信工程专业在未来的发展前景还是很好的。

通信工程（也称作电信工程，旧称远距离通信工程、弱电工程）是电子工程的一个重要分支，同时也是其中的一个基础学科。

专业毕业生可从事无线通信、电视、大规模集成电路、智能仪器及应用电子技术领域的研究、设计，以及通信工程的研究、设计、技术引进和技术开发工作。

通信工程专业本着加强基础、拓宽专业、跟踪前沿、注重能力培养的指导思想，培养德、智、体全面发展，具有扎实的理论基础和开拓创新精神，能够在电子信息技术、通信与通信技术、通信与系统和通信网络等领域，从事研究、设计、运营和开发的高级人才。

表 5.3 所示为电子通信类专业全国前 20 名的高校排名情况。

表 5.3　电子通信类专业全国前 20 名的高校排名

排　　名	高 校 名 称	水　　平
1	北京邮电大学	5★+
2	电子科技大学	5★+
3	西安电子科技大学	5★+
4	清华大学	5★+
5	上海交通大学	5★+
6	哈尔滨工业大学	5★+
7	北京交通大学	5★
8	北京航空航天大学	5★
9	东南大学	5★
10	北京理工大学	5★
11	南京邮电大学	5★

续表

排　　名	高 校 名 称	水　　平
12	北京大学	5★
13	哈尔滨工程大学	5★
14	中国科学技术大学	5★
15	西南交通大学	5★
16	西安交通大学	5★
17	华中科技大学	5★
18	天津大学	5★
19	浙江大学	5★
20	重庆邮电大学	5★

排名前 3 位的是通信领域赫赫有名的“两电一邮”，这 3 所大学都是电子信息类里的重点大学，也是行业特色名校。因为开设该专业的时间较长，无论是科研成果的积累，还是师资的教学经验都非常丰富，所以这 3 所高校的通信工程专业都是本校的“王牌专业”，在社会上也非常有名，在全国的通信工程专业排名也处于领先地位。

除了“两电一邮”外，一些传统的工科名校的通信工程专业也是非常不错的，比如清华大学（以下简称清华）、哈尔滨工业大学（以下简称哈工大）、上海交通大学（以下简称上海交大）这 3 所名校就位于第 2 梯队。在学校的知名度方面也不输于“两电一邮”，但是这 3 所名校的高考录取分数线比较高，不太适合普通的学生报考。

如果你不是“学霸”，成绩不足以考上 985、211 高校里的通信工程专业，那么这 20 所大学里的南京邮电大学和重庆邮电大学这两所非 211 工程大学也值得考虑。因为这两所大学也是行业特色高校，综合性实力可能不如其他大学，但是贵在优势学科非常突出，通信工程专业都是本校的“招牌专业”，在全国的知名度也较高，并且在毕业生就业方面也不比综合性的 211 大学差。

随着信息社会的发展，通信技术的应用日益广泛，提供的就业机会也会增多，所以通信工程专业的毕业生就业面会比较广。比如华为、中兴、UT 斯达康等知名企业的研发岗位，以及三大运营商和终端设备制造公司等。总的来说，如果大学四年期间能学好通信工程专业，那么毕业后的前景将会非常好！

5.2.1　北京邮电大学

北京邮电大学（Beijing University of Posts and Telecommunications），简称北邮，是中华人民共和国教育部直属，工业和信息化部共建的一所以信息科技为特色，工学门类为主体，管理学、文学、法学、理学等多个学科门类协调发展的全国重点大学，是北京高科大学联盟成员高校、国家首批“双一流”世界一流学科建设高校、中国政府奖学金来华留学生接收院校、国家建设高水平大学公派研究生项目实施高校。该校系国家“211 工程”“985 工程优势学科创新平台”项目重点建设，入选首批“卓越工程师教育培养计划”“111 计划”“新工科研究与实践项目”“全国深化创新创业教育改革示范高校”“两电一邮”成员之一，被誉为“中国信息科技人才的摇篮”。2017 年，“信息网络科学与技术学科群”

和“计算机科学与网络安全学科群”两个学科群进入一流学科建设行列。北京邮电大学校徽如图 5.1 所示。

图 5.1　北京邮电大学校徽

北京邮电大学创建于 1955 年，原名北京邮电学院，是新中国第一所邮电高等学府，隶属原邮电部。1960 年被国务院确定为全国重点高校，1993 年更名为“北京邮电大学”，2000 年划入教育部直属高校行列。学校学科专业已经涵盖理学、工学、文学、法学、经济学、管理学、教育学、哲学、艺术学 9 个学科门类，涉及 22 个一级学科。学校信息与通信工程、计算机科学与技术及电子科学与技术 3 个一级学科在教育部第 4 轮学科评估中被评为 A 类学科，其中信息与通信工程取得了 A+的优异成绩。

据 2019 年 7 月学校官网显示，学校现有西土城路校区、沙河校区、宏福校区和小西天校区，在江苏无锡和广东深圳分别设有研究院，全日制本、硕、博学生及留学生近 23 000 名，正式注册的非全日制学生近 55 000 名。学校以“211 工程”建设和“985 工程优势学科创新平台”建设为重点，不断加强学科建设，学科布局进一步优化。目前，学校具有博士学位授权一级学科点 10 个，硕士学位授权一级学科点 22 个（含一级学科博士点 10 个），有 7 类专业硕士学位授权点，有 43 个本科专业，建立博士后科研流动站 6 个。学科涵盖了理、工、文、法、哲、经济、管理、教育、艺术 9 个学科门类，初步形成了信息学科优势突出、“工管文理”相互支撑的多科性学科架构。在重点学科建设方面，学校现有一级学科国家级重点学科 2 个、北京市重点学科 7 个、部级重点学科 8 个。

北京邮电大学信息与通信工程学院以信息科技为特色，以突出的学科实力和明显的专业优势，在全国信息通信领域享有很高的声誉。重点建设的一级学科“信息与通信工程”是国家级重点学科，也是学校“211 工程”和“985 工程优势学科创新平台”重点建设的学科，在 2012 年学科评估中评为全国第一。学院的学科和专业源自于北京邮电大学 1955 年建校时创建的有线电工程系和无线电工程系，经过 60 余年的建设与发展，已经成为北京邮电大学学科实力最突出、专业优势最明显、师资力量最雄厚、历史渊源最深远的学院。

据 2019 年 3 月学院官网信息展示，学院拥有一支学术思想活跃、整体水平较高、年龄结构合理的学术队伍，包括“院士”“长江学者”“国家杰出青年基金”和“国家优秀青年基金”获得者、973 首席科学家、国家级教学名师、教育部跨世纪人才、百千万人才工程国家级人选等一批国内一流、具有国际影响力、能把握学科前沿的杰出的高水平学科带头人，各主要研究方向上拥有若干名国内外具有较高学术影响力的优秀专家、高水平中青年学术带头人，还有一批发展潜力较大的年轻学术骨干，总计博士生导师 80 余名，硕士生导师 190 余名。

据 2019 年 3 月学院官网信息展示，学院拥有“信息内容安全技术”国家工程实验室、“移动互联网安全技术”国家工程实验室、“泛网无线通信”教育部重点实验室、先进信息网络北京实验室、“高等智能与网络服务”和“无线网络融合”111 创新引智基地、“网络体系构建与融合”和“网络系统与网络文化”北京市重点实验室，还拥有“国家基金委创新群体”和“教育部创新团队”。学院承担和完成了大量的国家重大科技专项、国家 973 计划、国家 863 计划、国家科技支撑计划、国家自然科学基金及省部级的重大重点科研项目，以及大量的国际合作和企业合作科研项目；获得许多项国家技术发明奖、国家科技进步奖、省部级自然科学奖、省部级科技进步奖、中国人民解放军科学技术进步奖等重大奖励。

注：以上资料摘自于2019年北京邮电大学官网信息及百度百科资料。

5.2.2 电子科技大学

电子科技大学（University of Electronic Science and Technology of China）坐落于四川省会成都市，直属中华人民共和国教育部，由教育部、工业和信息化部、四川省和成都市共建。电子科技大学原名成都电讯工程学院，是1956年在周恩来总理的亲自部署下，由交通大学（现上海交通大学、西安交通大学）、南京工学院（现东南大学）、华南工学院（现华南理工大学）的电讯工程有关专业合并创建而成。学校1960年被中共中央列为全国重点高等学校，1961年被中共中央确定为七所国防工业院校之一，1988年更名为电子科技大学，1997年被确定为国家首批“211工程”建设的重点大学，2000年由原信息产业部主管划转为教育部主管，2001年进入国家“985工程”重点建设大学行列，2017年进入国家建设“世界一流大学”A类高校行列。经过60余年的建设，学校形成了从本科到硕士研究生、博士研究生等多层次、多类型的人才培养格局，成为一所完整覆盖整个电子类学科，以电子信息科学技术为核心，以工为主，理工渗透，理、工、管、文、医协调发展的多科性研究型大学。电子科技大学校徽如图5.2所示。

电子科技大学设有清水河、沙河、九里堤3个校区，占地面积4100余亩，拥有馆藏丰富的现代化数字图书馆和一批设施齐备的现代化体育场馆。学校设有23个学院（部），63个本科专业，其中14个为国家级特色专业建设点，现有各类全日制在读学生33 000余人，其中博士、硕士研究生13 000余人。学生就业率一直保持在96%以上，本科生国内外深造率超过2/3，其中出国（境）深造率超过1/5。

图5.2 电子科技大学校徽

学校现有2个国家一级重点学科（所包括的6个二级学科均为国家重点学科）、2个国家重点（培育）学科；一级学科博士学位授权点16个，一级学科硕士学位授权点27个，具有电子与信息领域工程博士专业学位授予权和金融、翻译、新闻与传播、护理、药学、公共管理（MPA）、工商管理（MBA）、工程硕士（含11个工程领域）8种硕士专业学位授予权，设有博士后流动站13个。在第四轮全国一级学科评估中，学校4个学科获评A类；其中电子科学与技术、信息与通信工程两个学科为A+，A+学科数并列西部高校第一。学校工程学、材料科学、物理学、计算机科学、化学、神经科学与行为学、生物学与生物化学、数学这8个学科进入ESI前1%，其中工程学自2016年7月以来一直处于ESI前1‰，并已进入世界前100名。

信息与通信工程学院成立于2018年1月，学院现有教职工288人，其中专任教师206人。学院拥有中国工程院院士2人，特聘专家计划入选者8人，全国教学名师2人，长江学者5人，国家杰出青年科学基金获得者2人，青年特聘专家计划入选者7人，国家青年拔尖人才支持计划入选者1人。

学校的信息与通信工程学院拥有新型微波探测技术教育部工程研究中心、光纤传感与通信教育部重点实验室等省部级重点实验室、高性能计算领域国家工程实验室（先进微处理器技术）、精密测量雷达系统技术四川省重点实验室。近几年来，学院获得国家科技奖励 3 项，国防及省部级科技奖励 12 项，重大重点项目 10 项，年均发表 SCI 检索高水平学术论文 200 余篇，年均科研经费 8000 余万元。

学院设有通信工程、电子信息工程、网络工程、信息对抗技术和物联网工程 5 个本科专业，其中包括 3 个国家特色专业，1 个教育部卓越工程师计划专业；学院通信工程专业于 2015 年、电子信息工程专业于 2017 年分别通过工程教育专业认证，实现了国际实质等效，进入全球工程教育的“第一方阵”；学院建设有国家精品资源共享课、国家精品课程、国家精品 MOOC 课程 6 门次，拥有国家优秀教学团队、四川省优秀教学团队各 1 个；学院建设有通信与信息系统国家级实验教学示范中心，累计获得省级以上教学成果奖励 30 余项。学院高度重视高水平、创新型人才培养，在高层次人才培养方面取得显著成绩，获得全国百篇优博论文提名 4 篇，学会优博论文（含提名）3 篇。本科生继续深造率超过 63%，学生在国际/国内学术会议、科技竞赛中屡获佳绩。

学院积极开展国际合作与交流，建有“可视媒体信号与信息处理学科”“光纤传感与通信学科”两个高等学校学科创新引智基地（“111 计划”）；每年主办或承办两次以上高水平国际学术会议，与国外知名高校、研究机构建立了广泛和紧密的学术合作与交流关系，极大地扩大了学院的学术影响。

建校以来，信息与通信工程学院共培养了 20 000 余名毕业生，他们遍布海内外 IT 领域，在国防科研战线、航空航天、电子领域处处都有学院校友的风采。以谭述森院士为代表的知名学者、以“神舟载人飞船”测控系统总工程师席政少将为代表的国防顶尖技术专家、以华为公司前董事长孙亚芳为代表的 IT 领军人物等一大批优秀毕业生成为国内外电子信息领域的中坚力量，为我国信息技术及其产业的发展做出了重要贡献。

注：以上资料摘自于 2019 年电子科技大学官网信息及百度百科资料。

5.2.3　西安电子科技大学

西安电子科技大学（Xidian University）简称“西电”或“西军电”，直属中华人民共和国教育部，由教育部与工业和信息化部、国家国防科技工业局、中国电子科技集团公司、陕西省、西安市共建，位列国家“双一流”世界一流学科建设高校、“211 工程”“985 工程优势学科创新平台”，入选“2011 计划”“111 计划”“卓越工程师教育培养计划”“国家建设高水平大学公派研究生项目”，是 1959 年首批 20 所全国重点大学、“两电一邮”成员、新丝绸之路大学联盟成员、中国政府奖学金来华留学生接收院校之一，是中国电子信息领域科学研究和人才培养的核心基地，是中国雷达、信息论、密码学、电子对抗、微波天线等学科的发源地。西安电子科技大学校徽如图 5.3 所示。

学校前身是 1931 年诞生于江西瑞金的中央军委无线电学校，是毛泽东等老一辈革命家亲手创建的第一所工程技术学校。1958 年迁址西安，1966 年转为地方建制，1988 年定名为西安电子科技大学。西电是国内最早建立信息论、信息系统工程、雷达、微波天线、电子机械、电子对抗等专业的高校之一，开辟了中国 IT 学科的先河。学校先后为国家输送了 20 余万名电子信息领域的高级人才，产生了 120 多位解放军将领，成长

图 5.3　西安电子科技大学校徽

起了近20位两院院士。形成了鲜明的电子与信息学科特色与优势。“十三五”期间，学校获批8个国防特色学科。学校现有2个国家“双一流”重点建设学科群（包含信息与通信工程、电子科学与技术、计算机科学与技术、网络空间安全、控制科学与工程5个一级学科），2个国家一级重点学科（覆盖6个二级学科），1个国家二级重点学科，34个省部级重点学科，14个博士学位授权一级学科，26个硕士学位授权一级学科，具有工程博士专业学位授权，有17个硕士专业学位授权点，9个博士后科研流动站，59个本科专业。在全国第四轮一级学科评估结果中，学校有3个学科获评A类，分别是电子科学与技术学科评估结果为A+档，并列全国第一；信息与通信工程学科位于A档；计算机科学与技术学科评估结果为A-档。学校电子信息类学科继续保持国内领先水平。根据ESI公布的数据显示，学校工程学和计算机科学均位列全球排名前1‰。

通信工程学院有通信工程、信息工程、电子技术3个系和信息科学、信息保密2个研究所；建有“综合业务网理论与关键技术”国家重点实验室、“通信与信息工程”国家级实验教学示范中心、“无线通信”信息产业部重点实验室。此外，还设置有现代无线信息网络基础理论与技术学科创新引智基地、陕西省现代无线通信创新技术研发与支撑服务平台。

学院设有通信工程、信息安全、信息工程和空间信息与数字技术4个本科专业，其中，通信工程专业为国家级特色专业和国防重点专业，信息安全专业为国家级特色专业，信息工程专业为陕西省特色专业。学校现有在读本科生3600余名，硕士研究生2000余名，博士研究生200余名。

学校在通信与信息系统、密码学、军事通信学、光通信、信息安全、空间信息科学技术等学科拥有博士和硕士学位授予权，在交通信息工程与控制学科拥有硕士学位授予权，在信息与通信工程、军队指挥学两个一级学科设有博士后科研流动站。其中，通信与信息系统、密码学是国家级重点学科，军事通信学是省部级重点学科，通信与信息系统是国务院首批批准的硕士、博士点，设有“长江学者”特聘教授岗位。2012年，“信息与通信工程”一级学科在全国评比中排名第二。2017年，“信息与通信工程”一级学科在全国评估为A+。

学院科研力量强大，成果丰硕，曾研制出了我国第一套流星余迹通信系统、第一套毫米波通信设备，第一台ATM交换机，为我国通信事业的发展做出了重要贡献。

注：以上资料摘自于2019年西安电子科技大学官网信息和百度百科资料。

5.2.4 清华大学

清华大学（Tsinghua University），简称“清华”，由中华人民共和国教育部直属，中央直管副部级建制，位列“211工程”“985工程”“世界一流大学和一流学科”，入选“基础学科拔尖学生培养试验计划”“高等学校创新能力提升计划”“高等学校学科创新引智计划”，为九校联盟、中国大学校长联谊会、亚洲大学联盟、环太平洋大学联盟、清华—剑桥—MIT低碳大学联盟成员，被誉为“红色工程师的摇篮”。

清华大学的前身清华学堂始建于1911年，校名“清华”源于校址“清华园”地名，是清政府设立的留美预备学校，其建校的资金源于1908年美国退还的部分庚子赔款。1912年更名为清华学校。1928年更名为国立清华大学。1937年抗日战争全面爆发后南迁长沙，与国立北京大学、私立南开大学组建国立长沙临时大学，1938 年迁至昆明改名为国立西南联合大学。1946 年迁回清华园。1949 年中华人民共和国成立，清华大学进入新的发展阶段。1952 年全国高等学校院系调整后成为多科性工业大学。1978 年以来逐步恢复和发展为综合性的研究型大学。清华大学校徽如图 5.4 所示。

图 5.4　清华大学校徽

根据《清华大学科研机构管理规定》，清华大学科研机构根据其批准设立的主体不同，分为三类，包括政府批准机构、学校自主批建机构和学校与校外独立法人单位联合共建机构。

截至 2019 年 3 月，在运行的校级科研机构共 421 个，其中，政府部门批准建立的科研机构共 160 个，学校自主批准建立的科研机构共 131 个，学校以协议形式与校外独立法人单位联合建立的科研机构共 130 个。下面列举一些具有代表性的科研机构。

- 国家研究中心 1 个：北京信息科学与技术国家研究中心；
- 国家重大科技基础设施 3 个：国家蛋白质科学基础设施（北京基地）、地球系统数值模拟装置、极深地下极低辐射本底前沿物理实验设施；
- 国家大型科学仪器中心 2 个：北京电子显微镜中心、北京电子能谱中心；
- 国家重点实验室 13 个：化学工程联合国家重点实验室、环境模拟与污染控制联合国家重点实验室、低维量子物理国家重点实验室、膜生物学国家重点实验室、精密测试技术及仪器国家重点实验室、集成光电子学国家重点实验室、微波与数字通信技术国家重点实验室、智能技术与系统国家重点实验室、水沙科学与水利水电工程国家重点实验室、摩擦学国家重点实验室、汽车安全与节能国家重点实验室、电力系统及发电设备控制和仿真国家重点实验室、新型陶瓷与精细工艺国家重点实验室；
- 国家工程实验室 11 个：数字电视国家工程实验室（北京）、电子商务交易技术国家工程实验室、神经调控技术国家工程实验室、抗肿瘤蛋白质药物国家工程实验室、下一代互联网核心网国家工程实验室、特高压工程技术（昆明、广州）国家工程实验室、工业酶国家工程实验室、城市轨道交通绿色与安全建造技术国家工程实验室、烟气多污染物控制技术与装备国家工程实验室、危爆物品扫描探测技术国家工程实验室、大数据系统软件国家工程实验室；
- 国家工程研究中心 4 个：光盘系统及应用技术国家工程研究中心、工业锅炉及民用煤清洁燃烧国家工程研究中心、燃气轮机与煤气化联合循环国家工程研究中心、生物芯片北京国家工程研究中心；
- 国家工程技术研究中心 3 个：国家计算机集成制造系统工程技术研究中心、国家企业信息化应用支撑软件工程技术研究中心、国家道路交通管理工程技术研究中心（清华大学分中心）；
- 清华大学—北京大学生命科学联合中心 1 个：清华大学—北京大学生命科学联合中心；
- 国家国际科技合作基地（联合研究中心）6 个：新能源与环境国际研发中心、清华大学新材料国际研发中心、功能材料国际联合研究中心、中美清洁汽车技术国际联合研究中心、中拉清洁能源与气候变化国际联合研究中心、中俄航天航空创新技术国际联合研究中心；

- ❑ 国家国际科技合作基地（示范型合作基地）2 个：摩擦学国家重点实验室（清华大学）、清华大学中俄战略合作研究所；
- ❑ 习近平新时代中国特色社会主义思想研究院 1 个：清华大学习近平新时代中国特色社会主义思想研究院。

清华大学信息科学技术学院（以下简称信息学院）组建于 1994 年，如今由 4 个系（电子工程系、计算机科学与技术系、自动化系、微电子与纳电子学系）、2 个研究实体（信息技术研究院、微电子学研究所）、1 个国家示范性软件学院组成，有 1 个国家集成电路人才培养基地、2 个国家工程技术研究中心（计算机集成制造系统、企业信息化应用支撑软件）和 1 个国家工程实验室（下一代互联网核心网），是全国首批建设的 5 个国家实验室之一“清华信息科学与技术国家实验室”的依托单位。依托信息学院 4 个一级学科的综合优势，在计算机科学与人工智能、下一代互联网、通信系统与网络、集成光电子学及其应用、微纳电子学、复杂网络化系统、生物信息学及普适计算等尖端领域进行创新探索，同时也为高层次人才的培养提供了一个高水平、交叉性、国际化的平台。清华大学电工电子学教学实验中心挂靠信息学院，承担全校电类基础实验教学，为培养学生创新能力提供良好的环境和条件。

据 2019 年 3 月清华大学信息科学技术学院官网信息展示，学院师资力量雄厚，人才济济，有科学院院士 5 人，工程院院士 4 人，长江学者 5 人，获国家杰出青年基金资助 7 人次。学院现有 4 个一级学科，17 个二级学科，4 个博士后流动站，所有一级学科均有硕士和博士学位授予权。学院设置有电子信息工程、电子科学与技术、微电子学、计算机科学与技术、自动化、计算机软件 6 个本科专业。在 2006 年全国一级学科评估中，信息学院涵盖的 4 个一级学科——电子科学与技术、信息与通信工程、计算机科学与技术、控制科学与工程均排名第一，并全部被列入 2007 年 8 月教育部公布的国家重点学科。

2007 年后，信息学院所属各单位科研经费和承担国家项目情况稳步增长，新增国家“973”计划主持项目 6 项，国家自然科学基金项目 364 项。2000 年以来，信息学院各单位共获得国家级奖励 30 项，其中包括国家自然科学奖 1 项，国家技术发明奖 5 项和国家科技进步奖 24 项。

注：以上资料摘自于 2019 年清华大学官网信息和百度百科资料。

5.2.5 北京大学

北京大学（Peking University），简称“北大”，由中华人民共和国教育部直属，中央直管副部级建制，位列“211 工程”“985 工程”“世界一流大学和一流学科”，入选“基础学科拔尖学生培养试验计划”“高等学校创新能力提升计划”“高等学校学科创新引智计划”，为九校联盟、京港大学联盟、亚洲大学联盟、国际研究型大学联盟、环太平洋大学联盟、中俄综合性大学联盟成员，以及国际公立大学论坛、东亚研究型大学协会、东亚四大学论坛、中国大学校长联谊会成员。北京大学校徽如图 5.5 所示。

图 5.5 北京大学校徽

北京大学创立于 1898 年维新变法之际，初名京师大学堂，是中国近代第一所国立综合性大学，创办之初也是国家最高教育行政机关。1912 年改为国立北京大学。1937 年南迁至长沙，与国立清华大学和私立南开大学组成国立长沙临时大学。1938 年迁至昆明，更名为国立西南联合大学。1946 年返回北平。1952 年经全国高校院系调整，成为以文理基础学科为主的综合性大学，并自北京城内沙滩等地迁至现址。2000 年与原北京医科大学合并，组建为新的北京大学。

据北大官网信息显示，北大拥有 31 个国家级研究机构、93 个省部级研究机构和 19 个校地校企共建机构，下面列举一些具有代表性的科研机构。

- 国家级人文社科类机构 13 个：中国古文献研究中心、中国特色社会主义理论研究中心、中国语言学研究中心、教育经济研究所、外国哲学研究所、中国考古学研究中心、中国社会与发展研究中心、国家治理研究院、中国古代史研究中心、东方文学研究中心、美学与美育研究中心、宪法与行政法研究中心、中国经济研究中心；
- 国家研究中心 1 个：北京分子科学国家研究中心；
- 国家重点实验室 8 个：人工微结构和介观物理国家重点实验室、湍流与复杂系统国家重点实验室、核物理与核技术国家重点实验室、蛋白质与植物基因研究国家重点实验室、天然药物及仿生药物国家重点实验室、膜生物学国家重点实验室（北大分室）、环境模拟与污染控制国家重点联合实验室（北大分室）、区域光纤通信网与新型光纤通信系统国家重点实验室；
- 国家级重点实验室 1 个：微米/纳米加工技术国家级重点实验室；
- 国家工程研究中心 2 个：电子出版新技术国家工程研究中心、软件工程国家工程研究中心；
- 国家工程实验室 3 个：数字视频编解码技术国家工程实验室、口腔数字化医疗技术和材料国家工程实验室、大数据分析与应用技术国家工程实验室；
- 国家临床医学研究中心 3 个：国家精神心理疾病临床医学研究中心、国家妇产疾病临床医学研究中心、国家口腔疾病临床医学研究中心。

截至 2017 年 12 月，北大拥有教职工（不包含博士后）21 183 人；专任教师数 7317 人，其中按职称划分，正高级 2217 人，副高级 2231 人；其中中国科学院院士 76 人，中国工程院院士 19 人，发展中国家科学院院士 25 人，哲学社会科学资深教授 13 人，“千人计划”入选者 72 人，“青年千人计划”入选者 153 人，“万人计划”入选者 28 人，“青年拔尖人才计划”入选者 35 人，“长江学者奖励计划”特聘教授、讲座教授、青年学者 231 人，国家杰出青年基金获得者 237 人，国家基金委创新群体 40 个，国家基金委优秀青年基金获得者 130 人，国家级教学名师 17 人，博士生导师 2474 人，科研机构人员 1161 人，附属医院教职工 10 131 人。

北京大学信息科学技术学院是北京大学最大的学院，师资力量雄厚，拥有教职员工 340 余人，其中，中国科学院院士 4 人，中国工程院院士 1 人，教授 91 人，副教授 116 人。学院全日制学生 2700 人，其中，本科生和研究生（含博士生）约各占一半。学院拥有 3 个国家级重点实验室、2 个国家级工程研究中心、7 个省部级重点实验室（中心）和 2 个实验教学示范中心。

信息科学技术学院现有计算机科学与技术、电子科学与技术、信息与通信工程 3 个一级学科，其中，计算机科学与技术、电子科学与技术为国家一级重点学科。学院下设 9 个二级学科，其中，计算机软件与理论、计算机应用技术、物理电子学、微电子与固体电子学、通信与信息系统 5 个二级学科为国家重点学科。学院获得国家级科研成果二等奖以上 9 项，完成包括国家自然科学基金、“973”项目、“863”项目在内的科研经费超过 8 亿元，发表学术论文 3400 多篇，获授权专利 350 余项。学院有计算机科学与技术、电子信息科学与技术、微电子学、智能科学与技术 4 个本科专业，实行按学院统一招生。

北京大学信息学科历经 50 多年的发展，见证了我国信息科学技术的创建和发展。在这里诞生了我国信息科学技术发展的多个第一：我国第一台百万次数字计算机——150 机，第一块大规模集成电路——1024 位 MOS 随机存储器，改变了印刷产业的第一个汉字激光照排系统，第一个多通道操作系统，第一台原子钟，第一个大规模商用指纹识别系统，第一个大型软件工程环境，第一个波分复用光纤通信系统，第一个 CDMA 甚小口径卫星通信系统；被国际上称为吴氏理论的银氧铯阴极光电发射的物理模型，国际上第一个螺旋型氧化钛纳米管模型，国际上第一个无须掺杂的单根单壁碳纳米管等。

北京大学信息科学技术学院是由原电子学系、计算机科学技术系、信息科学中心和微电子所合并构成。合并后的信息科学技术学院拥有教职员工近 400 人，学生超过 3000 人（其中本科生和研究生 2000 多人），覆盖了计算机科学与技术、电子科学与技术、信息与通信工程和物理学 4 个一级学科、11 个二级学科、3 个国家级重点实验室、6 个部委和市级重点实验室，以及和国际著名公司、科研机构组建的若干联合实验室，成为北京大学最大的学院。

注：以上资料摘自于 2019 年北京大学官网信息及百度百科资料。

5.2.6　北京交通大学

北京交通大学（Beijing Jiaotong University）由教育部直属，是由教育部、交通运输部、北京市人民政府和中国国家铁路集团有限公司共建的全国重点大学，是“211 工程”“985 工程优势学科创新平台”项目建设高校和具有研究生院的全国首批博士、硕士学位授予高校。学校牵头的“2011 计划”“轨道交通安全协同创新中心”是国家首批认定的 14 个协同创新中心之一。2017 年，学校正式进入国家“双一流”建设行列，将围绕优势特色学科，重点建设“智慧交通”世界一流学科领域。北京交通大学校徽如图 5.6 所示。

图 5.6　北京交通大学校徽

北京交通大学作为交通大学的三个源头之一，历史渊源可追溯到 1896 年，前身是清政府创办的北京铁路管理传习所，是中国第一所专门培养管理人才的高等学校，是中国近代铁路管理、电信教育的发祥地。1917 年改组为北京铁路管理学校和北京邮电学校，1921 年与上海工业专门学校、唐山工业专门学校合并组建交通大学。1923 年交通大学改组后，北京分校更名为北京交通大学。1950 年学校定名北方交通大学，毛泽东主席题写校名，著名桥梁专家茅以升任校长。1952 年，北方交通大学撤销，学校改称北京铁道学院。1970 年恢复“北方交通大学”校名。2000 年与北京电力高等专科学校合并，由铁道部划转教育部直属管理。2003 年恢复使用“北京交通大学”校名。学校曾培养出中国第一个无线电台创建人刘瀚、中国第一台大马力蒸汽机设计者应尚才、中国第一本铁路运输专著作者金士宣、中国铁路运输经济学科的开创者许靖、中国最早的四大会计师之一杨汝梅，以及中国现代作家、文学评论家、文学史家郑振铎等一大批蜚声中外的杰出人才。“东京审判”担任首席检察官的向哲浚，中国著名的经济学家、人口学家马寅初等都曾在学校任教。

根据学校官网统计信息显示，学校在世界大学排行榜中稳步提升，在 U.S.News 世界大学排行、上海软科世界大学学术排行中进入 500+。在最具影响力的世界大学学科排行榜均有学科上榜，工程与技术、计算机科学、商科与经济学、物理学 4 个学科入围“THE 世界大学”学科排名；电气与电子工程，计算机科学与信息系统，机械、航空与制造工程，材料科学，数学，物理学与天文学，商业与管理研究，统计与运筹学 8 个学科进入 QS 世界顶尖学科；交通运输工程学科位列上海软科世界一流学科第一；工程学接近 ESI 前 1‰，计算机科学、材料科学进入 ESI 前 3‰；系统科学学科在全国学科评估中连续 4 次蝉联全国第一；系统科学、交通运输工程、信息与通信工程、计算机科学与技术、工商管理 5 个学科进入全国第四轮学科评估前 10%（A 类）；应用经济学、土木工程、统计学、马克思主义理论、机械工程、管理科学与工程、软件工程 7 个学科进入全国第四轮学科评估前 20%（B+类）。

学校有交通运输工程、信息与通信工程 2 个一级学科国家重点学科，产业经济学、桥梁与隧道工程 2 个二级学科国家重点学科，包括一级学科所涵盖的二级学科国家重点学科总数达到 8 个；建有博士后科研流动站 15 个；有一级学科博士点 21 个，一级学科硕士点 33 个，有工程博士、MBA、工程硕士、会计硕士、法律硕士等 14 类专业学位。

据学校官网统计信息显示，全校在职教职工 2972 人，其中，专任教师 1877 人（具有副高级及以上专业技术职称的 1286 人，具有硕士及以上学历的 1774 人）。学校有中国科学院院士 4 人，中国工程院院士 9 人，国家级教学名师 5 人，国务院学位委员会学科评议组成员 6 人，国家“万人计划”专家 13 人，长江学者特聘教授 6 人、讲座教授 1 人、青年学者 3 人，百千万人才工程国家级人选 11 人，国家杰出青年基金获得者 12 人、优秀青年基金获得者 17 人，享受政府特殊津贴专家 156 人。

据学校官网显示，学校拥有省部级以上科研平台 61 个，其中包括国家重点实验室 1 个，国家工程研究中心 1 个，国家工程实验室 6 个，轨道交通安全协同创新中心（牵头）1 个，国家能源研发中心 1 个，国家国际科技合作基地 2 个，国家认可实验室 4 个，国家大学科技园 1 个，教育部重点实验室/工程研究中心 9 个，北京实验室 2 个，北京市重点实验室/工程技术研究中心 17 个，首批首都高端智库 1 个，北京市哲学社会科学研究基地 4 个，建有北京市习近平新时代中国特色社会主义思想研究中心北京交通大学研究基地，以及交通运输行业重点实验室 2 个，其他省部级科研平台 8 个。

近 5 年，学校承担了原“973”计划、“863”计划、国家重点研发计划项目（课题）、国家社会科学基金重大项目、国家自然科学基金项目及有关部委的各类科研课题 1 万余项，科研经费 38 亿元；发表 SCIE 检索论文 4942 篇、EI 检索论文 7516 篇、ISTP 检索论文 2627 篇；申请专利 2743 项，获授权专利 1418 项；创立学术交流品牌“中国交通高层论坛”“交大大讲堂”，主办和承办高水平国际学术会议 60 余场；获得国家级奖励 10 项，省部级科技奖励 155 项，其中主持完成项目获国家科学技术进步奖一等奖 1 项，国家科技进步奖二等奖 2 项及国家技术发明奖二等奖 2 项；主持完成的 4 项人文社会科学研究成果获高等学校科学研究优秀成果奖（人文社会科学）；拥有教学、科研仪器设备资产 12.9 亿元；图书馆纸本藏书、电子图书、网络资源等总量约 1189 万册，建有交通运输特色数据库。

根据学校官网资料显示，2017 年主持完成的“复杂环境下高速铁路无缝线路关键技术及应用”“智慧协同网络及应用”“复杂路网条件下高速铁路列控系统互操作和可靠运用关键技术及应用”分别获得国家科技进步奖一等奖、国家技术发明奖二等奖和国家科技进步奖二等奖。2017 年 1 月，“高水压条件下隧道工程结构模拟系统的关键技术研究及应用”项目获得 2016 年度中国铁道学会科技奖一等奖。

北京交通大学电子信息工程学院是北京交通大学的一个二级学院，是最早成立的学院之一。1996 年电子信息工程学院正式成立。

截至目前，学院下设信息与通信工程系、自动控制工程系、电子科学技术系、光波技术研究所、国家电工电子教学基地 5 个行政单位。学院现有教职工 269 人，其中教授 71 人（含研究员），副教授 117 人（含高工），具有博士学位的教师占教师总数的 90.1%。学院师资力量雄厚，拥有中国科学院院士、中国工程院院士、国家“973”计划首席科学家、中组部“万人计划”领军人才、“国家杰出青年基金”获得者、“新世纪百千万人才工程”国家级人选、国家级教学名师、“国家优秀青年基金”获得者、IEEE 会士、中青年科技创新领军人才、国务院学科评议组成员、教育部“新世纪优秀人才”等各类人才。学院建设有“未来互联网络体系研究”“面向高速铁路控制的无线移动通信系统研究”2 个教育部创新团队，以及教育部黄大年式教师团队、国家级电工电子教学团队。近年来，学院获得了多项国家科技进步奖、国家技术发明奖，以及多项国家教学成果奖一等奖和二等奖。

学院设置有通信工程、自动化、轨道交通信号与控制、电子科学与技术 4 个本科专业，面向全国每年招收约 450 名本科生。学院拥有通信与信息系统、交通信息工程及控制、电子科学与技术、控制科学与工程、信息安全 5 个硕士学位授权点，3 个专业硕士学位授权点，每年招收硕士研究生约 500 名。学院拥有通信与信息系统、交通信息工程及控制、电子科学与技术、控制科学与工程 4 个博士学位授权点，每年招收博士研究生约 60 名。近年来，学院本科生深造率超过 63%，本科生就业率超过 98%，研究生就业率达 100%。

学院设有国家级重点一级学科：信息与通信工程、交通运输工程。在全国第四轮学科评估中，信息与通信工程学科、交通运输工程学科都进入 A 类学科。学院设有国家级重点二级学科 2 个，分别是通信与信息系统、交通信息工程及控制。其中，通信与信息系统学科在光通信和光网络、光传感及光电子器件、下一代互联网技术、宽带无线移动通信等方面的研究达到了国际水平。交通信息工程及控制学科在高速铁路和轨道交通领域发挥了重要作用，研究成果已达到国际先进水平。学院每年承担的科研经费达亿元，承担了国家自然科学基金重大项目，国家“973”计划项目、国家“863”计划项目、国家自然科学基金重点项目，国家自然基金高铁联合基金重点项目，以及引领轨道交通领域发展的基础研究和应用研究项目。学院拥有一批高水平的科研平台和教学平台，包括轨道交通控制与安全国家重点实验室、下一代互联网互联设备国家工程实验室、轨道交通运行控制系统国家工程研究中心、电磁兼容国家认可实验室、轨道交通控制与安全国际联合研究中心、全光网络与现代通信网教育部重点实验室、城市轨道交通北京实验室、通信与信息系统北京市重点实验室、轨道交通电磁兼容与卫星导航北京市工程技术研究中心、高速铁路宽带移动通信北京市工程技术研究中心等高水平科研平台。学院设有电工电子国家级实验教学示范中心、电子信息与计算机国家级实验教学示范中心、轨道交通通信与控制国家级虚拟仿真实验教学中心、国家级电工电子教学基地、国家级工程实践教育中心等多个教学平台。

注：以上资料摘自于 2019 年北京交通大学官网信息及百度百科资料。

5.2.7　北京理工大学

北京理工大学是中国共产党创办的第一所理工科大学，隶属于中华人民共和国工业和信息化部，是全国重点大学，首批进入国家“211 工程”“985 工程”，入选“世界一流大学”建设高校 A 类行列、“世界一流学科”建设高校、高等学校学科创新引智计划、卓越工程师教育培养计划、高等学校创新能力提升计划、国家建设高水平大学公派研究生项目、中国政府奖学金来华留学生接收院校、学位授权自主审核单位。

学校前身是 1940 年成立于延安的自然科学院，历经晋察冀边区工业专门学校、华北大学工学院等办学时期，1949 年定址北京,并接收中法大学校本部和数理化三个系，1952 年定名为北京工业学院，1988 年更名为北京理工大学。学校占地 188 公顷，建筑面积 157 公顷，图书馆馆藏 271.3 万册，固定资产总额 65.61 亿元；有教职工 3300 余名、全日制在校生 2.7 万余人；设有 18 个专业学院及徐特立学院，开办了 67 个本科专业，拥有学术学位一级学科博士点 25 个、学术学位一级学科硕士点 31 个、专业博士授权领域 2 个、专业硕士授权类别 11 个、专业硕士授权领域 21 个、博士后科研流动站 18 个。

在英国 QS 教育集团公布的 2018 世界大学排行榜中，学校位居世界第 389 名、亚洲第 76 名、中国内地第 17 名。北京理工大学校徽如图 5.7 所示。

学校有国家重点一级学科 4 个、国家重点二级学科（不含一级学科覆盖点）5 个、国家重点培育学科 3 个、省部级重点一级学科 30 个、省部级重点二级学科 2 个、国防特色学科方向 10 个、交叉学科北京市重点学科 2 个，有世界一流学科建设点 3 个。国家重点一级学科有机械工程、光学工程、信息与通信工程、兵器科学与技术；世界一流学科建设点有材料科学与工程、控制科学与工程、兵器科学与技术。截至 2018 年 11 月，学校的工程、材料科学、化学、物理、数学、计算机科学、社会科学先后进入 ESI 国际学科排名前 1%，其中工程学科进入前 1‰。

图 5.7　北京理工大学校徽

学校有教职工 3300 余名，其中包括 23 名两院院士（5 名中国科学院院士（专职）、10 名中国工程院院士（专职）、1 名中国科学院外籍院士、2 名中国科学院院士（非全职）、5 名中国工程院院士（非全职））、47 名“长江学者奖励计划”教授、40 名“国家杰出青年科学基金”获得者、22 名“万人计划”领军人才、4 名国家级教学名师等高层次人才和 6 个国家级教学团队。

学校拥有国家级精品课程 10 门、国家精品视频公开课 10 门、国家级精品资源共享课 9 门、国家级精品在线开放课 8 门、国家级精品教材 7 项、国家级“十二五”规划教材 23 项、工业和信息化部“十二五”规划教材 36 项，有国家级特色专业 10 个、国防特色专业

24个、工业和信息化部重点专业10个、卓越工程师教育培养计划专业18个、国家级专业综合改革试点项目4个、通过中国工程教育认证的专业13个；有国家级实验教学示范中心6个、省部级实验教学示范中心14个、国家级工程实践教育中心16个、国家大学生校外实践教育基地4个、国防科技工业研究生教育创新基地4个、全国示范性工程专业学位研究生联合培养基地1个。

学校设有前沿交叉科学研究院、先进结构技术研究院、医工融合研究院，拥有5个国家自然科学基金创新研究群体、1个“2011计划”国家级协同创新中心、9个国家级实验室（中心）、6个国家级实验教学中心、55个省部级实验室（中心）、1个北京高等学校高精尖创新中心、2个“2011计划”工信部协同创新中心、高等学校学科创新引智基地7个、教育部部门开放实验室1个、教育部研究生教育创新计划研究生开放实验室1个。

学校曾创造了中华人民共和国科技史上多个“第一”：第一台电视发射接收装置、第一枚二级固体高空探测火箭、第一辆轻型坦克、第一部低空测高雷达、第一台20千米远程照相机等，在精确打击、高效毁伤、机动突防、远程压制、军用信息系统与对抗等国防科技领域代表了国家水平，在智能仿生机器人、绿色能源、现代通信、工业过程控制等军民两用技术方面具有优势。

北京理工大学信息与电子学院的前身是电子工程系（五系），1953年建立雷达设计与制造专业，是我国首批建立的从事雷达、遥控遥测专业教学与科研工作的单位之一；1956年建立无线电工程系，1971年更名为电子工程系，2002年由原电子工程系等4个系组建信息科学技术学院，院内保留电子工程系（一院五系），2008年底重组为信息与电子学院。学院曾研制了中国第一套电视发射接收设备，诞生了中国电视第一频道，研制了中国第一部低空测高雷达。

目前，学院设有信号与图像处理研究所、通信技术研究所、微波技术研究所、微电子技术研究所、专用处理器研究所、雷达技术研究所、雷达与对抗技术研究所、信息安全与对抗技术研究所及电工电子教学实验中心等单位。

目前，学院共有各类学生2000余名。其中，本科生900余名，硕士研究生800余名，博士研究生300余名，留学生30余名。

学院设有两个一级学科：国家重点学科信息与通信工程（一级学科博士点，博士后流动站），电子科学与技术（一级学科博士点，博士后流动站），拥有通信与信息系统、信号与信息处理两个国防特色学科。

学院共设置4个本科专业：电子信息工程、通信工程、信息对抗技术、电子科学与技术。其中，电子信息工程为北京市特色专业且入选了教育部卓越工程师教育培养计划；通信工程为国防特色专业；信息对抗技术为教育部特色专业、国防特色专业、工业和信息化部重点专业、北京市特色专业，学院自1994年起设立了学校第一个教改试验班——电子信息类本科教学实验班，制订了专门的培养方案与教学计划，进行统一管理和专门培养。

学院现有教职工210余人，其中正高级职称（教授、研究员）35人，副高级职称72人，博士生导师48人（含兼职博导6人）；拥有中国科学院和中国工程院院士1人、中国工程院院士1人、国家千人计划长期项目专家1人、教育部长江学者特聘教授3人、国家杰出青年科学基金获得者2人、国家级有突出贡献中青年专家3人、国家重大基础研究发展计划（973计划）项目首席科学家1人、高等学校教学名师（国家级）1人、新世纪百千万人才工程国家级入选者2人、教育部跨世纪/新世纪优秀人才7人、国防科技工业“511”

人才工程 2 人、创新人才推进计划中青年科技创新领军人才 1 人、科技北京百名领军人才培养工程 1 人。

学院拥有国家级教学团队 2 个、教育部创新团队 2 个、国防科技创新团队 2 个、国家自然科学基金委创新研究群体 1 个、北京市优秀教学团队 2 个。学院每年承担国家“863”、国家“973”、国家自然科学基金、科技攻关、国防预研、国防基础研究等重要科研项目数十项，横向科技合作项目 200 余项，年均科研经费超 2 亿元。

学院实验室面积约 2.4 万 m^2，实验设备资产总值约 1.14 亿元。学院建有“电工电子教学实验中心”国家级实验教学示范中心、“卫星导航电子信息技术”教育部重点实验室、“多元信息系统”国防重点学科实验室、“信号采集与处理”国家重点学科实验室、“嵌入式实时信息处理技术”北京市重点实验室、“毫米波与太赫兹技术”北京市重点实验室、“分数域信号与系统”北京市重点实验室、“硅基高速片上系统”北京市工程技术研究中心、“信息系统及安全对抗实验中心”和“电子信息技术实验中心”两个校级实验教学示范中心及多个校企联合实验室。

注：以上资料摘自于 2019 年北京理工大学官网信息及百度百科资料。

5.2.8　北京航空航天大学

1951 年 1 月，中国政府代表团赴苏联谈判关于援助中国建立航空工业时，就将发展中国的航空高等教育及聘请苏联专家事项作为重要内容。同年 3 月，全国高等学校开始进行大规模的院系调整，对国内大学原有的航空工程系（科）进行了初步调整：清华大学、北洋大学、西北工学院和厦门大学的航空系合并成立清华大学航空工程学院；云南大学航空系并入四川大学航空系；原中央工业专科学校航空科和华北大学航空系合并成立北京工业学院（即北京理工大学）航空系。北京航空航天大学校徽如图 5.8 所示。

1952 年 5 月，根据周恩来总理要办专门的航空高等学府的指示及中央军委做出的决定，中央教育部又制订了全国高等学校院系调整计划，并进行了进一步的调整。同年 6 月，中央重工业部、中央教育部决定，并经国家财经委员会批准及中央军委同意，正式筹建北京航空学院。1952 年 10 月 25 日，在清华大学和四川大学、北京工业学院（即北京理工大学）的基础上，汇集了沈元、屠守锷、王俊奎、林世鄂、陆士嘉和伍荣林等一批高水平学者，成立了新中国第一所航空航天科技大学——北京航空学院。

图 5.8　北京航空航天大学校徽

北京航空航天大学是新中国第一所航空航天高等学府，现隶属于工业和信息化部。学校所在地北京，分为学院路校区和沙河校区，占地 3000 多亩，总建筑面积 170 余万平方米。建校以来，北京航空航天大学一直是国家重点建设的高校，是全国第一批 16 所重点高校之一，也是 20 世纪 80 年代恢复学位制度后全国第一批设立研究生院的 22 所高校之一，首批进入“211 工程”，2001 年进入“985 工程”，2013 年入选首批“2011 计划”国家协同创新中心，2017 年入选国家“双一流”建设高校名单。学校第十六次党员代表大会中提出，以建设扎根中国大地的世界一流大学为发展愿景目标。

北京航空航天大学学科繁荣，特色鲜明，有工、理、管、文、法、经、哲、教育、医和艺术 10 个学科门类；有 8 个一级学科国家重点学科（并列全国高校第 7 名），28 个二级学科国家重点学科，10 个北京市重点学科，10 个国防特色学科，14 个 A 类学科，其中航空宇航科学与技术、仪器科学与技术、材料科学与工程、软件工程为 A+学科；有 60 个本科专业，23 个博士学位授权一级学科点，40 个硕士学位授权一级学科点，20 个博士后科研流动站。学校突出学科基础地位，构建“空天信融合、理工文交叉、医工结合”的一流学科体系，形成珠峰引领、高峰集群、高原拓展的良性学科生态。在航空、航天、动力、信息、材料、仪器、制造和管理等学科领域具有比较明显的优势，形成了航空航天与信息技术两大优势学科群，国防科技主干学科达到国内一流水平，工程学、材料科学、物理学、计算机科学、化学 5 个学科领域的 ESI 排名进入全球前 1%，工程学进入全球前 1‰，具备了建设世界一流学科的基础。在 2018 年“软科世界一流学科排名”中，航空航天工程学科为世界第一。

北京航空航天大学电子信息工程学院成立于 2002 年 10 月，目前学院拥有 5 个一级学科，通信与信息系统和电磁场与微波技术为国家重点二级学科，信息与通信工程、电子科学与技术、光学工程 3 个北京市一级重点学科，2 个国防重点学科，2 个教育部特色专业，9 个本科专业，2 个工程硕士领域，14 个工学博士和硕士授权点，3 个博士后流动站的学科群。学院下设信息与通信工程系、电子科学与技术系、光电与信息工程系和 1 个教学实验实践中心。学院现有学生 2500 余人，研究生与本科生比达到 1∶1。

学院现有教授 41 名，副教授 49 人，讲师 61 人，拥有中国工程院院士 2 人，长江学者特聘教授 2 人，国家杰出青年基金获得者 3 人，领域专家 8 人，教育部新世纪人才 10 人，“卓越百人”4 人；另有自然基金创新研究群体 1 个，教育部创新团队 1 个，科技部人才推进计划创新团队 1 个，国防创新团队 1 个，北京市优秀教学团队 1 个，校蓝天创新团队 1 个。学院拥有国家级教学团队 1 个、国家教学名师 1 人、北京市教学团队 1 个、北京市教学名师 32 人、国家集成电路人才培养基地 1 个，国家级工程实践教学基地 2 个，建有国家精品课程 2 门，国家重点、十一五国家级规划、北京市精品教材多本；荣获国家级教学成果奖二等奖 2 项、省部级优秀教学成果奖 3 项。

学院参与筹建了航空科学与技术国家实验室，建有两个国家级工程研究中心、四个省部级重点实验室/中心、一个总装军用实验室、一个国防科技重点实验室分室，为总参陆航部电磁兼容技术支撑单位，成立了卫星导航重大项目办公室和卫星导航应用研究所、测控通信技术研究所。学院在空天通信、无人飞行器遥控遥测测控与通信、无线通信、数字电视与无线多媒体通信、二代卫星导航芯片组、卫星导航、现代空中交通管理、信息对抗、信息安全、飞行器电子综合、卫星综合电子测试、空天信息感知与处理、机载/星载合成孔径成像、微波光子学、全光信息处理与获取、电磁环境及电磁兼容、隐身及反隐身、专用集成电路与系统、情感信号处理等方面实力雄厚，上述研究方向属于国内领先或国际先进水平。学院承担了国家自然科学基金创新群体、杰出青年基金、国际合作重点项目，国家 973、863 计划，国家科技支撑计划、国防重大预研和国防重大重点型号等项目百余项，近两年作为首席单位承担 973 项目两项，主持国家重大科学仪器设备开发专项一项；4 年来科研经费到款总计超过 6 亿元。

近 20 年来，在航空航天信息尖端技术领域取得了多项标志性成果，获国家科技发明奖一等奖 1 项、国家科技进步奖一等奖 3 项、国家科技进步奖二等奖 23 项，教育部科技进步奖一等奖 1 项，民用航空局科技进步奖一等奖 1 项，国防科技进步奖二等奖 1 项，军队科技进步奖一等奖 1 项，军队科技进步奖二等奖 2 项等省部级二等奖以上 30 余项。近 5 年来，学院发表的高水平论文被 SCI 收录近 200 篇。近 3 年共获授权发明专利 160 余项，其中 66 项已成功转化应用。

学院是教育部与中国工程院联合批准的高层次应用人才培养试点单位，与大唐电信联合培养高水平博士生，与中航集团、航天科工及科技集团所属单位建立了人才培养基地，与国家空管委创建了高级空管人才培训基地。此外，学院还是航空学会航电与空管分会、电子学会 DSP 专家委员会的挂靠单位。

注：以上资料摘自于 2019 年北京航空航天大学官网信息及百度百科资料。

5.2.9　华中科技大学

华中科技大学是国家教育部直属的重点综合性大学，由原华中理工大学、同济医科大学、武汉城市建设学院于 2000 年 5 月 26 日合并成立，是国家“211 工程”重点建设和“985 工程”建设高校之一，是首批“双一流”建设高校。华中科技大学校徽如图 5.9 所示。

学校学科齐全、结构合理，基本构建起综合性、研究型大学的学科体系。学校拥有哲学、经济学、法学、教育学、文学、理学、工学、医学、管理学、艺术学 10 大学科门类；设有 99 个本科专业，202 个硕士学位授权点，189 个博士学位授权点，39 个博士后科研流动站。学校现有一级学科国家重点学科 7 个，二级学科国家重点学科 15 个，国家重点（培育）学科 7 个。在教育部第四轮学科评估中，学校 44 个学科参评并全部上榜，其中，机械工程、光学工程、生物医学工程、公共卫生与预防医学 4 个学科进入 A+，A 类学科 14 个，B+及以上学科 33 个，入选一流建设学科数 8 个。

图 5.9　华中科技大学校徽

学校实施“人才兴校”战略，师资力量雄厚，现有专任教师 3400 余人，其中，教授 1200 余人，副教授 1400 余人；教师中有院士 17 人，长江学者特聘教授 59 人、长江学者青年项目 15 人，国家杰出青年科学基金获得者 69 人，“973 计划”项目首席科学家 15 人，重大科学研究计划项目首席科学家 2 人，国家重点研发计划项目首席科学家 24 人，973 计划（含重大科学研究计划）青年科学家 3 人，优秀青年科学基金获得者 49 人，国家级教学名师 9 人，“万人计划”领军人才 29 人、青年拔尖人才 21 人，教育部新世纪优秀人才支持计划入选者 224 人，国家百千万人才工程入选者 40 人。

学校建设有武汉光电国家研究中心及国家脉冲强磁场科学中心（筹）、精密重力测量研究设施等国家重大科技基础设施，还拥有 1 个国家制造业创新中心、4 个国家重点实验室、1 个国防科技重点实验室、6 个国家工程（技术）研究中心、1 个国家工程实验室、2 个国家专业实验室及一批省部级研究基地。

华中科技大学电子信息与通信学院始建于 1960 年，创立之初为华中工学院无线电工程系，后改名为华中理工大学电子与信息工程系，2000 年 5 月合校后为华中科技大学电子与信息工程系，2014 年 11 月更为现名。学院教学实力雄厚，拥有两个一级学科（信息与通信工程、电子科学与技术）及相同名称的博士后科研流动站；“通信与信息系统”二级学科现为国家重点（培育）学科，“信息与通信工程”和“电子科学与技术”均为湖北省一级重点学科。

学院师资力量雄厚，现有教职工 158 人，其中，专任教师 122 人，含教授 27 人，副教授 64 人。学院迄今已培养了本科、硕士和博士 15 000 余人，其中包括中国科学院朱中梁院士，中国工程院罗锡文院士，华中科技大学电子信息与通信学院院长黄晓庆，2010 年和 2014 年胡润百富榜上榜者、武汉高德红外股份有限公司董事长黄立，金地集团董事长凌克，UT 斯达康公司首席执行官卢鹰，“微信之父”、Foxmail 创始人、微信事业群总裁张小龙，创办电子商务有限公司及电商导购平台“米折网”的张良伦（入选 2013 年福布斯“30 位 30 岁以下创业者”名单）、柯尊尧及军队中多位将军等一大批国内外各领域的精英和骨干。

学院国际联合办学和留学生培养在华中科技大学独树一帜。在 2012 年全国一级学科评估中，“学生国际交流”指标评估为全国第一。同时，电信学院是学校第一个成建制招收全英语教学外国留学生班并完成本科培养的院系，包括本科、硕士、博士 3 个阶段，目前在校的本科以上的留学生达 160 多人。

学院科研实力雄厚。在宽带无线通信网络技术、信息安全与防伪技术、图像图形与多媒体处理技术、空间导航与探测技术、辐射特性与电磁目标探测、互联网技术与工程等研究方向上具有鲜明的特色。2008 年以来，学院获省部级奖励 10 余项，包括省部级自然科学奖一等奖、技术发明奖一等奖和科技进步奖一等奖 5 项；在国外期刊及国际会议上发表了大量高水平论文，其中被 SCI 收录 200 余篇、被 EI 收录 400 余篇；在 2012 年全国一级学科评估中，“代表性学术论文质量”指标评估为全国第一；获专利授权 208 项，同时参加了多项国家标准的规划与制定工作；科研经费 2.29 亿元，国家纵向项目经费占总经费比重超过 70%。

学院现拥有国家防伪工程技术研究中心、国家电工电子实验教学示范中心（电子）、中国高校社会科学数据中心、湖北省智能互联网技术重点实验室、湖北省国际合作基地——绿色宽带无线通信国际科技合作基地；同时参与建设了下一代网络接入系统国家工程实验室、多谱信息处理技术国防科技重点实验室等多个国家级、省部级研究基地和教学实验中心。

注：以上资料摘自于 2019 年华中科技大学官网信息及百度百科资料。

5.2.10 东南大学

东南大学（Southeast University）简称“东大”，位于江苏省会南京市，是中华人民共和国教育部直属、中央直管副部级建制的全国重点大学，是建筑老八校及原四大工学院之一，是国家首批双一流（A 类）、“211 工程”“985 工程”重点建设高校，入选“2011 计划”“111 计划”、卓越工程师教育培养计划、卓越医生教育培养计划、国家大学生创新性实验计划、国家级大学生创新创业训练计划、国家建设高水平大学公派研究生项目、新工科研究与实践项目，是全国深化创新创业教育改革示范高校、中国政府奖学金来华留学生接收院校、教育部来华留学示范基地、学位授权自主审核单位，以及卓越大学联盟、中俄工科大学联盟、中欧工程教育平台、长三角高校合作联盟成员，是教育部与江苏省、国家国防科技工业局共建高校。东南大学校徽如图 5.10 所示。

图 5.10　东南大学校徽

东南大学的前身是创建于 1902 年的三江师范学堂。1921 年以南京高等师范学校为基础建立国立东南大学，下设工科，其后工科又经历国立第四中山大学工学院、国立中央大学工学院、国立南京大学工学院等历史时期；1952 年全国院系调整，以原南京大学工学院为主体，并入复旦大学、交通大学、浙江大学、金陵大学等学校的相关院系，在中央大学本部原址建立南京工学院；1988 年 5 月，学校复更名为东南大学；2000 年 4 月，原东南大学、南京铁道医学院、南京交通高等专科学校合并，南京地质学校并入，组建了新的东南大学。

截至 2019 年 3 月，学校设有 33 个院系，拥有 77 个本科专业，33 个博士学位一级学科授权点，49 个硕士学位一级学科授权点，5 个国家一级重点学科（涵盖 15 个二级学科），5 个国家二级重点学科，1 个国家重点（培育）学科，12 个江苏高校优势学科建设工程三期项目立项学科，1 个江苏省重点序列学科，17 个“十三五”江苏省重点学科，30 个博士后科研流动站。

2017 年 12 月 28 日，教育部学位与研究生教育发展中心公布全国第四轮学科评估结果。东南大学共有 31 个学科参评，12 个学科进入 A 类。评估结果是 A+的学科 5 个、A 的学科 1 个、A-的学科 6 个。东南大学获得 A+的学科数位列全国高校第八、江苏省高校第一。建筑学、土木工程、交通运输工程、生物医学工程、艺术学理论 5 个学科评估结果为 A+；电子科学与技术学科评估结果为 A；仪器科学与技术、信息与通信工程、控制科学与工程、城乡规划学、风景园林学、管理科学与工程 6 个学科评估结果为 A-。

截至 2017 年 11 月，东南大学进入 ESI 学科排名的学科数增至 11 个，分别是工程学、计算机科学、材料科学、数学、物理学、化学、临床医学、生物学与生物化学、药理学与毒理学、神经科学与行为科学和社会科学总论。其中，工程学位列全球第 34 位，计算机科学位列全球第 37 位，均位居全球前 1‰。在 2016 年 9 月发布的世界大学学科领域排名（ARWU-FIELD）中，东南大学的工程学位列全球第 20 位，中国内地第 5 位。

“双一流”建设学科（11 个），分别是材料科学与工程、电子科学与技术、信息与通信工程、控制科学与工程、计算机科学与技术、建筑学、土木工程、交通运输工程、生物医学工程、风景园林学、艺术学理论。

一级学科国家重点学科（5 个），分别是电子科学与技术（物理电子学、电路与系统、微电子学与固体电子学、电磁场与微波技术）、信息与通信工程（通信与信息系统、信号与信息处理）、建筑学（建筑历史与理论、建筑设计及其理论、城市规划与设计、建筑技术科学）、交通运输工程（道路与铁道工程、交通信息工程及控制、交通运输规划与管理、载运工具运用工程）、生物医学工程（不分设二级学科）。

截至 2019 年 3 月，东南大学拥有专任教师 2899 人，其中，具有博士学位的教师 2434 人，正、副高级职称教师 1959 人，博士研究生指导教师 987 人，硕士研究生指导教师 2094 人；有两院院士 11 人，欧洲科学院院士 1 人，国务院学位委员会第七届学科评议组成员 13 人，国家“万人计划”专家 37 人，“长江学者奖励计划”教授 62 人，国家级教学名师获得者 6 人，“万人计划”教学名师 5 人，国家杰出青年科学基金获得者 46 人，人事部“百千万人才工程”国家级人选 24 人，全国十大青年法学家 2 人。截至 2017 年 4 月，东南大学有 3 个国家重点实验室，3 个国家工程研究中心，2 个国家工程技术研究中心，11 个教育部重点实验室，5 个教育部工程研究中心。

东南大学信息科学工程学院的前身为南京工学院无线电工程系，其悠久厚重的历史可追溯至 1923 年的国立东南大学工科电机工程系。1928 年国立东南大学电机工程系更名为国立中央大学电机工程系。1932年，陈章先生来到国立中央大学电机工程系任教授，并于1936年起担任系主任，在此期间开创了我国无线电教育之先河。1952年，在全国高等学校的院系调整中建立了南京工学院，电机工程系分设为电力工程系和电信工程系；后又有相关院校的电信系并入建立了无线电工程系。陈章教授担任首任系主任。1956年，约有三分之一的教师调去成都支援新建的成都电讯工程学院（现电子科技大学）。1961年，电真空器件专业从无线电工程系分出，单独成立了电子器件系（现东南大学电子科学与工程学院）。2006年，无线电工程系更名为信息科学与工程学院。2018年4月，“信息安全”学科从学院分出，和相关学院组建成立网络空间安全学院。学院现有“电子科学与技术”“信息与通信工程”2个国家一级重点学科，并设有2个一级学科博士学位授权点及博士后流动站，涵盖“通信与信息系统”“电磁场与微波技术”“信号与信息处理”“电路与系统”4个国家二级重点学科。2017年，“电子科学与技术”学科和“信息与通信工程”学科双双列入国家“双一流”学科建设名单，第四轮全国高校学科评估结果分别为A和A-。

学院现有教师226名，拥有中国工程院院士1人；加拿大两院院士1人；IEEE Fellow 7名；国家“千人计划”入选教授3人；青年千人计划1人；国家特聘专家2人；长江学者特聘教授12人；国家级教学名师1人，江苏省教学名师1人；博士生导师69人，教授61人，副教授88人；国家百千万人才工程人选4人；国家杰出青年科学基金获得者6人；国家级有突出贡献中青年专家4人；教育部跨世纪人才5人；教育部新世纪优秀人才支持计划11人；江苏省双创人才3人； 江苏省“333工程”人才17人；江苏省青蓝工程人选5人；江苏省“六大人才高峰”人选8名；国家自然科学基金创新群体2个，教育部创新团队3个。

信息科学与工程学院设有“信息与通信工程”“电子科学与技术”两个一级学科博士后流动站，拥有“毫米波”和“移动通信”两个国家重点实验室，4个教育部长江学者计划特聘教授岗。目前有3人入选国家百千万人才工程，4人入选教育部跨世纪人才计划，5人获国家杰出青年基金，4人获有突出贡献的中青年专家称号，7人任全国各类专家组成员，12人入选江苏省“333”人才工程，3人为江苏省“蓝青工程”人选，对外合作拥有7个联合研究中心、4个省市级工程中心、1个实验中心、4个股份公司，共有资本8000万元。

注：以上资料摘自于2019年东南大学官网信息及百度百科资料。

5.3 国内知名通信行业企业简介及招聘需求分析

通信工程是以电子技术、信号与系统，现代通信原理等理论为基础，学习和掌握各种数据、文字、语音、图像等的处理、传输和交换技术，电子信息产品的开发、生产、检测技术，以及通信设备的安装、使用和维护技术。由于该行业的发展速度太快，对人才的需求量又相当大，进入知名外企或者国内大企业及大型通信运营类国企的机会比较多，并且待遇相当优厚，可以算是“最好就业”的专业。

5.3.1 华为技术

华为技术有限公司（以下简称华为）创立于1987年，是全球领先的ICT（信息与通信）

基础设施和智能终端提供商，华为的目标是致力于把数字世界带入每个人、每个家庭、每个组织，构建万物互联的智能世界。目前，华为有 18.8 万员工，业务遍及 170 多个国家和地区，服务 30 多亿人口。

华为在通信网络、IT、智能终端和云服务等领域为客户提供有竞争力和安全可信赖的产品、解决方案与服务，与生态伙伴开放合作，持续为客户创造价值，释放个人潜能，丰富家庭生活，激发组织创新。华为聚焦 ICT 基础设施领域，围绕政府及公共事业、金融、能源、电力和交通等客户需求持续创新，提供可被合作伙伴集成的 ICT 产品和解决方案，帮助提升通信、办公和生产系统的效率，降低经营成本。华为的产品和解决方案已经应用于全球 170 多个国家，服务全球运营商 50 强中的 45 家运营商及全球 1/3 的人口。华为的具体服务项目包括 10 个方面：无线接入、固定接入、核心网、传送网、数据通信、能源与基础设施、业务与软件、OSS、安全存储、华为终端。

截至 2015 年 12 月 31 日，华为全球员工总数约 17 万人，其中研发员工占员工总数比例约为 45%。华为的员工来自全球 163 个国家和地区，其中，中国员工覆盖了 39 个民族。2015 年，公司女性管理者的比例达到 8%，公司 17 名董事会成员中就有 4 名女性成员；海外聘用的员工总数超过 3.4 万人，海外员工本地化率达到 72%，中高层管理者本地化率达到 17.7%。2015 年，华为全球员工保障投入超过 14 亿美元，较 2014 年增加约 25%。

下面对华为的招聘需求进行分析。

1．应用软件架构师

1）岗位职责

（1）负责 PC 客户端软件架构设计，Windows 平台 C++优先。

（2）负责应用软件的架构与长远竞争力，致力于构建高内聚、低耦合的软件解决方案。

（3）负责 PC 软件产品基础架构的方案设计及框架定义。

2）岗位要求

（1）长期从事操作系统领域的工作，熟悉内核调优、应用程序架构。

（2）对设计模式有深刻理解和认识。

（3）熟悉 AI 相关知识，有产品化的成功经验。

（4）对微服务有深刻理解，能够快速重构、解耦负责程序。

3）专业知识要求

（1）熟悉 Windows 系统架构和内核。

（2）熟悉微服务架构。

（3）熟悉 AI 相关知识。

（4）以上满足一条即可。

2．系统架构专家

1）岗位职责

（1）作为 IT 产品线可信设计领域首席专家，规划并设计 IT 系统可信架构，引入可信关键技术，确保系统可信能力业界领先。

（2）负责 IT 产品线系统可信架构规划，深刻洞察各业务面临的可信挑战，提取关键可信特征，与系统架构匹配，输出可信架构能力提升规划，确保可信能力领先业界。

（3）负责核心产品的可信架构设计，交付设计方案并落地到产品，在韧性、隐私性、安全性、可靠性、可用性和 Safety 方面达到业界一流水准。

（4）负责可信领域前沿技术洞察，了解 IT 产业内主要友商，如微软、Google、EMC、VMware 等的可信能力和关键技术进展，紧跟业界标准组织（BSI、ISO、NIST 等）在可信标准方面的动向，及时引入新技术为我所用。

（5）负责产品线可信设计团队能力建设，输出可信设计模式，开发培训课程赋能，组织认证，培养一支高水平的可信设计队伍。

2）岗位要求

（1）在 IT 系统设计方向具有 10 年以上工作经验，具备主导大型系统架构设计和开发能力。

（2）精通 IT 业界主流开发技术和系统框架，并能熟练运用。

（3）具备良好的英语沟通能力，可参与标准组织讨论，流畅表达技术观点。

3）专业知识要求

（1）熟练掌握云计算、存储、服务器、智能安防、MDC（至少具备一种）等 IT 产品知识，熟悉产品系统架构原理。

（2）深刻理解可信系统诸特性：韧性、隐私性、安全性、可靠性、可用性、Safety，掌握其设计模式，具备一种或若干种特性成功设计经验。

3．计算机视觉与图像建模算法应用专家

1）岗位职责

（1）主导基于图像和激光点云的数据处理和三维建模业务，包括相机标定、图像匹配、图像与点云融合处理等算法设计与开发。

（2）主导和带领基于图像和三维模型的语义分割算法设计与开发，基于图像/视频的人物/人体/物体检出、识别、追踪等算法设计与开发。

（3）敏锐洞察学术界/业界最新技术动态，负责本领域工作的规划和可行性分析。

2）岗位要求

（1）对计算机视觉的相关算法有深刻的理解，熟悉 CV 相关的几何问题，对相关的理论如线性代数、多视角几何等有深入的理解。

（2）熟悉激光点云特征，具有点云去噪滤波、分割、配准、特征提取等激光点云算法成功经验。

（3）熟悉 Kalman、Extended KF 和 Bundle adjustment 等滤波算法，在图像、IMU 和点云数据融合处理方面具有丰富的经验。

（4）熟悉深度学习算法，有基于 DL 进行图像匹配、语义分割的成功经验，具有带领团队进行深入技术积累和研究，取得商业成功的经验。

3）专业知识要求

（1）精通 C++、Python 等开发语言，熟悉 OpenCV、ROS 等开源软件。

（2）熟悉 TensorFlow、PyTorch、Caffe 等一种或多种深度学习框架。

（3）对数据结构和算法设计有深刻的理解和洞察，能把握技术脉搏。

（4）科研能力强，对技术研究有持续热情，对 CV 有浓厚兴趣，沟通能力强，有良好

的团队合作精神。

4．安全开发工程师

1）岗位职责

（1）基于 NIST、IETF、ISO/IEC、国家商用密码等标准，开发符合 FIPS、CC 等安全认证的可信密码模块。

（2）从事密码模块、安全传输协议的增强特性开发，满足 5G/车联网等场景的安全需求。

（3）负责 OpenSSL 社区公开漏洞的分析和解决方案开发。

2）岗位要求

（1）熟练使用 C 语言编程，基于 Linux/UNIX 等熟练调试。

（2）熟练实现队列、堆栈等常用数据结构。

（3）具备以下知识/开发经验者优先：

- ❑ 熟悉 AES、SHA、RSA、DH 等密码算法原理；
- ❑ 熟悉 X86、ARM、PPC、MPIS 等 CPU 指令集；
- ❑ 熟悉 QAT 或者其他密码加速芯片的使用；
- ❑ 熟悉多核软件系统编程（并发/内存管理/优化/调测等）。

3）专业知识要求

（1）C 语言编程、Linux 基本操作，GDB 等调试。

（2）操作系统原理、编译原理、性能分析与调优。

（3）网络多线程编程，队列、堆栈等数据结构。

5.3.2　小米科技

北京小米科技有限责任公司（以下简称小米）成立于 2010 年 3 月 3 日，是一家专注于智能硬件和电子产品研发的移动互联网公司，同时也是一家专注于高端智能手机、互联网电视及智能家居生态链建设的创新型科技企业。小米是继苹果、三星、华为之后第四家拥有手机芯片自研能力的科技公司。小米已经建成了全球最大消费类 IoT 物联网平台，连接的智能设备超过 1 亿台，MIUI 月活跃用户达到 2.42 亿。小米投资的公司接近 400 家，覆盖智能硬件、生活消费用品、教育、游戏、社交网络、文化娱乐、医疗健康、汽车交通和金融等领域。

根据 2018 年 2 月，Google 联合 WPP 和凯度华通明略发布的《2018 年中国出海品牌 50 强报告》显示，小米在中国出海品牌中排名第 4，仅次于联想、华为和阿里巴巴。小米的产品已进入 74 个国家的市场，2017 年底，在 15 个国家中处于市场前 5 位；2018 年第一季度，小米在印度的市场份额已超过 30%，遥居第一。2018 年 7 月 9 日，小米正式登陆中国香港交易所主板。2018 年，小米的出货量达 1.2 亿台以上，占比市场份额 8.7%，全球排名第 4、中国厂商第 2，逆势上扬 32.2%。

下面对小米公司的招聘需求进行分析。

1. Android工程师—云服务

1）岗位职责

负责小米云服务相关系统 App 和独立 App 的设计和研发工作。

2）岗位要求

（1）本科以上学历，计算机相关专业，有扎实的数据结构/算法基础。

（2）有扎实的 Java 语言基础，有 C/C++语言经验者优先。

（3）两年以上 Android 项目开发经验，能够独立完成 Android 项目的设计、开发和维护的各个环节。

（4）深入了解 Android 系统机制，阅读过 AOSP 源码者优先。

（5）熟悉多线程模型，并能在 Android 组件中熟练运用。

（6）熟悉网络编程。

（7）具有较强的新知识学习能力。

2. 系统工程师

1）岗位职责

负责小米 IDC 自动化、信息化平台建设。

2）岗位要求

（1）至少熟练 Java/Golang/Python 中的一种编程语言，有 Ruby/Bash 经验更好。

（2）熟悉 Linux/UNIX 系统、计算机网络。

（3）熟悉软件开发方法/流程，理解软件设计、开发、测试、发布过程。

（4）持续学习，不断追求更好，不断挑战自己，包括产品/架构/方案/流程/编码。

（5）乐于分享，具备服务精神，有良好的沟通能力和团队合作精神。

3. 机器学习平台开发工程师

1）岗位描述

（1）负责深度学习平台研发工作，包括需求沟通、功能设计与开发等。

（2）优化深度学习平台计算与调度性能，提升平台作业吞吐率与资源利用率。

（3）指导与帮助深度学习推理服务开发者进行推理架构设计、线上维护、性能调优。

（4）指导与帮助深度学习训练用户进行分布式适配、调优。

2）岗位要求

（1）有良好的 CS 基础，扎实的算法与数据结构能力，良好的编程习惯。

（2）掌握 Java/Python/Go/C++中任一门编程语言，有多语言经历优先。

（3）至少掌握 git、svn、hg 中的一种，熟悉 Linux、Docker 优先。

（4）有深度学习相关经验，掌握深度学习框架 TensorFlow、PyTorch、Keras 至少一种。

（5）熟悉 Kubernetes，熟悉 Hadoop、Spark、Ceph 优先。

（6）对追求极致高性能充满热情，有分布式机器学习系统优化经验，有高并发、高可用分布式系统优化经验优先。

（7）有强烈的责任心和上进心，能自我驱动，具备团队精神，善于沟通和合作，乐于分享，有良好的时间观念。

5.3.3　大唐电信

大唐电信全称是大唐电信科技股份有限公司，公司是电信科学技术研究所（大唐电信科技产业集团）控股的高科技企业，公司于 1998 年在北京注册成立，同年 10 月，“大唐电信”股票在上交所挂牌上市。

大唐移动通信设备有限公司(以下简称大唐移动)于 2002 年 2 月 8 日在北京注册成立，并形成以北京为总部，西安、上海分设分公司子公司的组织架构。大唐移动是国务院国资委下属的大型高科技央企——大唐电信科技产业集团旗下的核心企业，是我国拥有自主知识产权的第三代移动通信国际标准 TD-SCDMA 和第四代移动通信国际标准 TD-LTE 的提出者、核心知识产权的拥有者、产业化的推动者和设备市场的领先者，是第五代移动通信国际标准和技术的引领者和推动者。

2018 年 6 月 27 日，国资委网站发布了“经报国务院批准，武汉邮电科学研究院有限公司与电信科学技术研究院有限公司实施联合重组”的消息，标志着央企中从事通信产业的两家国企走到了一起。两者在具体应用设备上的融合，也就是通信设备相关模块产品的内部协同（高效协同+低成本）如果做得好，才是这次重组的实际额外收益，而这必须依赖于 5G 行业的快速发展。当然，它们还需要与国内的两大对手华为和中兴通讯竞争。

下面对大唐电信的招聘需求进行分析。

1．岗位介绍

大唐移动 2019 年校园招聘为应届生准备了 80 多个职位，分布在北京、上海、西安，涉及技术研发、测试、市场、工程等多个领域。其中研发类职位占整体招聘计划的 90%，涵盖了系统、软件、硬件、射频和测试。笔试、面试安排在 10 月下旬至 11 月上旬。

2．可应聘职位（部分）

（1）C 语言嵌入式开发（5G 控制协议方向）

工资（元）：8000～12000　　工作地点：北京

（2）通信设计主管工程师（无线专业）

工资：12000～20000　　工作地点：北京

（3）软件开发工程师

工资：5000～10000　　工作地点：北京

（4）FPGA 工程师

工资：10000～20000　　工作地点：北京

（5）测试开发工程师（硬件方向）

工资：8000～10000　　工作地点：西安分公司

（6）应用软件工程师

工资：8000～13000　　工作地点：西安分公司

（7）高层协议软件工程师

工资：10000～15000　　工作地点：北京-海淀区

（8）功放工程师

工资：10000～15000　　　　　工作地点：北京

（9）档案管理专员

工资：4000～6000　　　　　工作地点：北京

（10）高级销售经理（运营商方向）

工资：6000～10000　　　　　工作地点：太原

3．岗位职责介绍

1）研发管理专员

（1）负责软件研发整体质量体系建设、研发过程跟踪、发现各开发阶段改进点并推动优化。

（2）负责维护软件开发流程，持续探索、提供规范的工具和方法，提供必要的培训和支持。

（3）制定软件开发质量保证计划并监督实施，确保软件开发过程按规定的质量标准进行。

（4）定期组织软件质量过程的检查、统计与度量，如需求变更、文档质量评审、代码检查、工具检查、测试覆盖率/规范性、Bug 遗漏分析、缺陷率分析等。

（5）定期组织质量问题的回溯，明确根由，制定改进方案，推动过程改进。

2）通信设计主管工程师（无线专业）

（1）建立国际项目的无线工程设计能力和交付体系，完成无线工程设计的体系和能力建设，输出工程设计流程、设计作业规范、标准化项目过程文档等体系文档。

（2）国际项目交付中无线专业工程设计及管理：组织项目的勘察设计，团队开展无线基站的勘察设计工作；同客户及其他建设单位日常沟通；负责评审和审核项目设计文件；设计交底，输出项目过程文档。

（3）设计能力知识传递及技术支持：负责无线专业设计知识传递及技术支持工作。

4．任职要求

（1）统招本科以上学历，计算机、通信、电子类相关专业。

（2）有一定的软件开发、软件测试或软件质量管理经验，主导或参与过软件质量过程的改进，有一定的管理意识和质量意识。

（3）熟悉主流软件开发过程，尤其是瀑布式软件开发过程，了解嵌入式软件开发的特点。

（4）熟悉软件各开发阶段的质量关键点，熟悉常用的软件质量保证手段和工具。

（5）具有良好的分析问题能力、沟通协调能力，具有较强的进取精神和推动能力。

（6）能承受较大的工作压力。

（7）英语可作为工作语言的能力，熟练使用常用的办公软件。

5.3.4　烽火通信

烽火通信科技股份有限公司（以下简称烽火通信）建立于 1999 年，目前是国内唯一集光通信领域三大战略技术于一体的科研与产业实体，先后被国家批准为“国家光纤通信技术工程研究中心”“亚太电信联盟培训中心”“MII 光通信质量检测中心”“国家高技术研究发展计划成果产业化基地”等，在推动我国信息技术的研究、产业发展与国家安全方面具有独特的战略地位。

烽火通信是国内优秀的通信设备制造业上市企业。公司创立于 1999 年 12 月 25 日，注册资金 4.1 亿元，总股本 4.1 亿股。2001 年 8 月，烽火通信 8800 万 A 股股票在上海证券交易所上市。烽火通信长期专注于通信网络从核心层到接入层整体解决方案的研发，掌握了大批光通信领域的核心技术，其科研基础和实力、科研成果转化率和效益居国内同行业中之首，参与制定国家标准和行业标准 200 多项，涵盖光通信各个领域。历年来，烽火通信承担了我国“五年计划”“863 计划”光纤通信领域的绝大部分重点课题，90%以上的科研成果均已转化为产业。烽火通信主发起人烽火科技集团是中国光纤通信的发源地，从 1976 年拉出中国的第一根光纤至今，伴随着祖国通信事业走过了飞速发展的时代，我国的第一个光通信系统工程及一系列重大科技成果都在这里诞生。

烽火通信第一个研制成功 8Mb/s、34Mb/s、140Mb/s、565Mb/s PDH 光传输系统并推广商用；第一个提出适合中国国情并至今仍在广泛应用的 1B1H 码型，使我国的光通信技术在 PDH 技术时代具备与国外先进技术一比高低的独特核心技术；第一个开发出光通信系统专用超大规模集成电路 ASIC 并批量应用，标志着我国在产品制造方面掌握了光通信的自主知识产权；第一个研制成功 2.5Gb/s SDH 高速光传输系统及 20Gb/s、40Gb/s、80Gb/s 密集波分复用系统，并广泛应用于我国骨干通信网，标志着我国光通信技术达到国际同等商用水平；承担国家“863”重大项目“中国高速信息示范网”核心设备 OXC、OADM 的研发，为我国 21 世纪初叶通信产业的发展、信息业务的开发与应用提供技术基础；成功研制“863”重大项目 32×10Gb/s DWDM 波分设备，并成功开通了广西宽带传输骨干网工程。

烽火通信是国内优秀的信息通信领域设备与网络解决方案提供商，国家科技部认定的国内光通信领域唯一的“863”计划成果产业化基地、“武汉·中国光谷”龙头企业之一。公司是国家基础网络建设的主流供应商，其产品类别涵盖光网络、宽带数据、光纤光缆三大系列，光传输设备和光缆占有率居全国首列，10 万套设备在网上稳定运行，50 余万皮长公里光缆装备国家基础光缆干线网。2014 年 11 月，通过 7.5 亿元收购旗下南京烽火星空剩余股权，加码信息安全；通过参与武汉地铁 2 号线、重庆地铁建设等布局信息集成领域，通过与烽火网络的整合进入数据产品领域，通过成立烽火国际公司来整合国际市场资源。公司承担的全球首条 80×40GDWDM 干线在中国的成功开通，标志着我国 DWDM 的商用水平已达到世界先进水平。

下面对烽火通信的招聘需求进行分析。

1．光网络高级研究师

1）职位描述

（1）光通信网络（骨干网、城域网和接入网）及相关技术的研究和探索，进行各种光网络解决方案设计及仿真建模。

（2）组织和负责科研项目的申报工作。

2）职位要求

（1）通信相关专业（通信工程、信息与通信工程、通信与信息系统、光电信息工程、电子信息工程、信号与信息处理、电磁场与微波、无线通信、光学、光学工程、光信息科学与技术、光电子等）硕士或硕士以上学历。

（2）精通光（无线）通信领域一项或多项光传输技术，如高速光通信系统架构设计、信源信道编码调制技术、数字相干接收技术、光纤无线电技术、信道的建模仿真与补偿设计、数字信号处理技术及光路/电路的开发。

（3）能熟练使用 MATLAB、VPI 仿真软件，具备丰富的光传输系统实验经验。

（4）具有较好的专业文档资料的撰写能力。

（5）具有良好的英语阅读、听、说能力。

（6）具有优秀的团队协作精神和人际交往能力。

（7）具有一定的会议演讲能力。

（8）具有博士学位者优先。

2．无线通信产品检测工程师

职位要求：

（1）本科及以上学历，无线通信专业。

（2）英语四级以上水平，具备熟练的英语读写能力，具备一定的听说能力。

（3）勤奋，严谨，踏实，能吃苦，热爱检测工作，年龄在 30 岁以下。

（4）有无线产品检测经验者优先，如无源器件、BBU/RRU、直放站、WLAN、基站天线等产品。

3．数据产品检测工程师

职位要求：

（1）本科以上学历，计算机或计算机通信专业。

（2）英语四级以上水平，能熟练阅读英文资料。

（3）勤奋，严谨，踏实，能吃苦，热爱检测工作。

（4）有相关测试工作经验或有 CCNA、CCNP 类证书者可优先考虑。

4．电磁兼容检测工程师

职位要求：

（1）大学本科及以上学历，电子、通信、电磁场、微波和天线等专业。

（2）英语四级以上水平，能独立阅读英文标准和技术资料。

（3）学习能力强、责任心强、乐于思考和钻研，有客户服务意识、有团队精神。

（4）对电磁兼容有一定了解，愿意长期从事电磁兼容检测工作。

（5）有电磁兼容检测相关工作经验者优先，有第三方检测实验室工作经验者优先。

5.3.5 亨通集团

亨通集团有限公司（以下简称为亨通集团），成立于 1991 年，是服务于光纤光网、智能电网、大数据物联网、新能源新材料等领域的国家创新型企业，拥有全资及控股公司 70 余家（其中 3 家上市公司），产业遍布全国 13 个省，是中国光纤光网、电力电网领域规模最大的系统集成商与网络服务商，跻身中国企业 500 强、中国民企 100 强、全球光纤通信前 3 强。

集团拥有全资或控股的生产研发型子公司 24 家（其中两家已分别在境内和境外上市），成为了国内线缆行业产品门类最全、综合实力最强、影响力最大的国家级企业集团。其中，通信电缆系列产品产销量排名中亨通集团全国同行业第一，光纤光缆系列产品跻身全国行业前三强。

亨通集团是国家级“重合同、守信用”企业，集团先后被评为国家火炬计划重点高新技术企业、中国 500 强企业（中国线缆行业首家进入）、中国制造业 500 强、中国电子元件百强、中国电子信息 100 强、中国通信企业综合实力 50 强、中国最具竞争力高新技术 100 强企业、中国光纤光缆金牌企业、中国光纤光缆行业最具品牌影响力企业等。“亨通光电”为中国驰名商标、“中国名牌” 和中国 500 最具价值品牌，其系列产品被认定为国家免检产品。

亨通集团博士后科研工作站于 2002 年 10 月经国家人事部批准正式成立，是顺应吴江市实施产业结构调整、产业技术提升，推进自主知识产权战略，继续做大、做强光电通信传输的支柱产业，实现可持续发展而依托于亨通集团有限公司，为国家火炬计划吴江光电缆产业基地搭建的一个人才和科研平台。

亨通集团是一家集“产学研、科工贸”为一体的技术密集型企业集团，现有员工 7000 余人，总资产超过百亿元，是从事光纤光缆、通信线缆、电力电缆、光器件的生产和制造的国家大型企业和国家重点高新技术企业。其中，通信电缆已连续 16 年保持全国同行业排名第一，光缆销售连续 10 年进入国内前两名，2003 年，集团实现产值 33.8 亿元，2010 年集团实现营业收入超过 150 亿元，是目前国内通信传输产品制造领域门类最全、科技含量和装备水平及管理最卓越的企业之一。

亨通集团拥有一支以享誉国内外的光电线缆专家为核心、以大批中青年技术骨干为中坚的专业技术队伍，先后引进了 15 名高级职称技术人员和 600 多名大中专以上毕业生等各类人才。集团建有省级企业技术创新中心及华东地区光缆测试中心。多年来，集团坚持以人才为依托，以科技为动力，推进企业技术进步。集团每年均投入 5000 万元以上用于新技术、新产品的研发和技术改造。为实现 21 世纪的科技战略，确保企业持续健康发展，2000 年集团成立了由中科院和工程院 4 名院士及国内著名学者组成的亨通集团发展战略咨询委员会，并与上海光通信学会共同主编出版了国内唯一公开发行的光通信专业杂志《光通信》，始终准确把握国际上光通信技术的最新发展动向。

下面对亨通集团的招聘需求进行分析。

1．基站天线结构设计工程师

1）工作职责

基站天线结构的设计和研发。

2）任职资格

（1）相关专业本科或以上学历，工作经验丰富者可放宽学历要求。

（2）有 3 年以上从事机械结构设计的相关工作经验。

（3）熟练使用行业二维和三维设计软件。

（4）具有设计与创新能力，能对项目的实施提出有效的解决方案。

（5）熟悉五金件、塑胶件、压铸件的设计，了解各种加工方式和工艺，并对室外设备可靠性设计有相关经验。

（6）具有较强的学习和沟通能力，工作积极主动、认真。

（7）具有天线行业工作经验者优先。

2. 质量工程师

1）工作职责

（1）负责客户投诉事件的联络处理及内部改善推进。

（2）负责光模块的可靠性测试相关事宜，并根据测试结果进行数据分析与推进改善。

（3）负责制程和出货质量管理，检验标准的制定和完善，巡检规范的完善。

（4）负责质量问题的处理，包括原因查找、措施制定，推动改善。

（5）公司领导交代的其他事项。

2）任职资格

（1）年龄：25～35 周岁。

（2）语言能力：普通话较标准，英语四级以上，具备一定的英文听、说、读、写的能力。

（3）教育背景：本科及以上学历，电子或光电相关专业。

（4）经验背景：三年及以上光模块行业质量管理相关工作经验，可开展可靠性测试及分析。

3）知识技能

（1）熟悉 QC 工程图、QC 七大手法，熟练使用办公软件。

（2）熟悉 ISO9001 质量管理体系，有客户审核经验优先。

（3）熟悉 SPC、CPK 等工具，能使用统计工具进行数据分析与评价。

（4）具备较强的沟通、协调能力，工作细心，责任心强，有团队协作精神，有较强的品质意识，能吃苦耐劳。

3. 芯片研发工程师

1）工作职责

（1）负责硅光及其他关联光芯片的研发及设计，实施充分的仿真分析、工艺调试及实验。

（2）负责研发项目提案及计划书编写，研发计划的实施。

（3）负责评估产品设计及各部分的风险，对关键要素实施仿真或实验来进行验证，使风险变得可控。

（4）负责产品的成本分析及管理，满足市场及客户要求。

（5）负责设计芯片流片的工艺流程及工艺参数，制定工艺相关的流程和操作规范。

（6）与芯片代工厂技术人员进行详细的工艺沟通，保证设计的芯片能够成功地做出。

（7）负责项目阶段性总结、项目技术文件制定，负责研发所需的技术文档生成及管理。

（8）负责前沿技术动态的调研，对外能够与同行进行技术交流，对内积极向团队提建议，并接受和审议他人的建议，积极创新和申报专利。

（9）完成上级安排的其他工作任务。

2）任职资格

（1）硕士及以上学历，光电或者物理等相关专业出身，5 年以上工作经验。

（2）熟悉半导体硅光的各种集成工艺和技术，从事过硅光芯片设计，或者 III-V 族化合物半导体设计。

（3）有丰富的硅光芯片流片经验和硅光子芯片测试经验，能够协助、配合完成芯片测试、模块应用验证，能够指导测试人员完成芯片测试、模块应用。

（4）较强的分析和沟通能力、学习和创新能力，熟练运用设计软件和办公软件。

（5）有较强的英语书写和口头沟通能力，具备主动与他人合作的团队精神。

（6）具有 100G/400G 硅光设计经验者优先考虑。

4．软件工程师

1）工作职责

（1）参与公司软件系统的设计、开发、测试等过程。

（2）负责公司 SAP/MES 系统和其他信息化系统之间的接口开发。

（3）负责公司信息化系统和智能化系统间的接口开发工作。

（4）根据业务部门的建议，对现有的业务流程或系统架构进行优化，对软件程序进行改写。

（5）对已有项目或正在实施的项目提出优化方向，引入新的技术，提供对特定问题的解决方案，也包括对数据库的性能调优。

2）任职资格

全日制本科，1～3 年工作经验，计算机相关专业。

5．技术研发工程师

1）工作职责

（1）负责制定、改进、实施公司各类产品的工艺文件及其他有关技术文件。

（2）负责组织新产品调研及试制工作，解决相关技术与鉴定的工作，负责设计定型产品的移交生产工作。

（3）负责产品的技术支持工作和成熟产品的改进工作。

（4）负责组织实施产品相关标准，组织研究和处理贯彻产品标准中出现的问题，保证产品符合技术标准和有关技术要求。

（5）负责协助销售部门做好有关技术咨询、产品工艺介绍、标书技术应答和招/投标谈判等工作。

2）任职资格

（1）年龄：40 周岁以下。

（2）学历及专业要求：全日制本科及以上学历，通信专业优先考虑。

（3）工作经验：具备四年以上通信光缆制造及研发工作经历。

（4）基本技能：掌握光缆产品设计工艺知识，熟练操作 Office、Photoshop 等办公软件。

5.3.6 中天科技

中天科技集团有限公司（以下简称为中天科技）起步于1992年，以光纤通信起家，现在，中天科技已经形成了信息通信、智能电网、新能源、海洋系统、精工装备、新材料等多元产业格局。中天科技依靠精细制造、智能制造，产品技术水平部分与国际“并行”甚至“领跑”，创造了26个“中国第一”，主营的4个产品全球市场份额第一、7个产品国内第一。集团核心企业江苏中天科技股份有限公司于2002年在上海证券交易所上市，誉为中国特种光缆第一股。

作为中国光电线缆领域的龙头企业之一，中天科技1995年起承担国家火炬项目，1997年被国家科技部和中国科学院评为国家重点高新技术企业，现已跻身中国电子信息百强、中国通信业综合实力50强、中国光通信最具综合竞争力10强和中国光纤光缆金牌企业之列；产品荣膺中国名牌，拥有近50项国家专利；商标被认定为中国驰名商标。

“特种光缆找中天”“特种导线找中天”在业界广为流传。中天科技的特种线缆囊括了目前世界上最新产品和最新技术，数十个产品系列被列为国家火炬项目和国家级产品，填补了国内多项空白。中天产品在各大运营商国家干线和国际干线、电力、石油、石化、海洋石油、国防、矿山及上海明珠线、粤海铁路、西气东输、西电东送、三峡工程、奥运工程等国家重点项目中应用，已形成500多万芯千米光纤、15万千米皮长光缆、8000千米海缆、2.5万千米OPGW光缆、3万千米RF电缆、2万吨各类导线的年产销能力。

作为国家创新型示范企业，中天科技始终秉承“精细制造、踏实创新”的发展理念，与上海交通大学、中科院、上海电缆研究所、浙江大学、南京邮电大学、华北电力大学、海军工程大学等国内知名高校、科研院所建立了多层次、长期紧密的合作关系，并建有国家级企业技术中心、博士后科研工作站、企业院士工作站，承担了4项国家863计划，6项国家重点研发项目，590余项国家、省、市级科技创新项目，拥有国家重点新产品和高新技术产品220多项，核心产品填补了国内空白，替代了进口产品。

对中天科技的招聘需求分析如下：

职业：电气工程师

岗位描述

（1）男女不限，大专及以上学历，自动化/电子等相关专业。

（2）熟练编写PLC程序及相关电路设计或有设备相关经验。

（3）具有团队合作精神，工作负责，有电气相关工作经验者优先。

（4）研发工程师：材料类专业，需要熟悉金属基材料研发、加工工艺及相关设备。

（5）软件工程师：软件工程专业，负责独立开发通信软体，对产品进行系统设计，编写程序，完成系统后台机构设计和功能测试。

（6）天线项目经理：电磁场相关专业，负责天线产品项目管理。

（7）研发或管理：金属材料、自动化专业，负责工艺完善和新品研发。

（8）高级研发工程师：高分子专业，负责电缆料研发。

5.3.7　中国移动

中国移动通信集团有限公司（China Mobile Communications Group Co.,Ltd，简称“中国移动”“CMCC”“中国移动通信”“中国移动集团”或“中移动”）是按照国家电信体制改革的总体部署，于 2000 年 4 月 20 日成立的中央企业。2017 年 12 月，中国移动通信集团公司进行公司制改制，企业类型由全民所有制企业变更为国有独资公司，并更名为中国移动通信集团有限公司。中国移动是一家基于 GSM、TD-SCDMA 和 TD-LTE 制式网络的移动通信运营商。中国移动全资拥有中国移动（香港）集团有限公司，由其控股的中国移动有限公司在国内 31 个省（自治区、直辖市）和香港地区设立了全资子公司，并在香港和纽约上市，主要经营移动语音、数据、宽带、IP 电话和多媒体业务，并具有计算机互联网国际联网单位经营权和国际出入口经营权。注册资本 3000 亿元人民币，资产规模近 1.7 万元亿人民币，员工总数近 50 万人。

2017 年是中国移动上市 20 周年，公司已成为全球网络和客户规模最大、盈利能力领先、市值排名位居前列的世界级电信运营商。2017 年 1 月，“第四代移动通信系统（TD-LTE）关键技术与应用”获国家科技进步奖特等奖。2017 年 5 月，中国移动发起成立数字家庭合作联盟，共建产业新生态；2017 年 6 月，发布物联网发展计划，成立中国移动物联网联盟和创新研发应用无人机高空基站；发布全球尺寸最小的 eSIM NB-IoT 模组；2017 年 8 月，宣布派发上市 20 周年纪念特别股息，每股 3.200 港元；2017 年 11 月，发布“139 合作计划”，包括 1 个全新网络、3 个产业联盟、9 个能力应用，服务产业发展；2017 年 12 月，牵头完成第一版 5G 网络架构国际标准，在英国推出 MVNO（移动虚拟网络运营商）服务，在 346 个城市开通 NB-IoT 网络，实现端到端规模商用。2017 年 12 月，中国移动进行公司制改制，企业类型由全民所有制企业变更为国有独资公司，企业名称由“中国移动通信集团公司”变更为“中国移动通信集团有限公司”。

2018 年 5 月 18 日，中移信息技术有限公司宣告成立。6 月 14 日，中国移动与百度在京举行战略合作签约仪式。2018 年 7 月，中国移动在《财富》世界 500 强排行榜中排名第 53 名。7 月 6 日，中国移动在雄安宣布成立中移（雄安）产业研究院，涉及国家重大创新项目落地，以及 5G 网络建设、智能交通、行业应用等领域的研发工作，并构建创新体系和开放共享的研发生态。2019 年上半年中国移动推出了 5G 智能手机及中国移动自主品牌的 5G 终端产品。2019 年 6 月 6 日，工信部正式向中国移动发放 5G 商用牌照。

中国移动在每年的毕业季都会进行校园招聘，毕业生应注意关注校园招聘信息，及时填报招聘志愿，参与笔试和面试。

5.3.8　中国电信

中国电信集团公司（以下简称中国电信）于 2000 年 5 月 17 日正式揭牌，作为国家主体的电信企业，中国电信始终以超前于社会经济发展需求的速度，不断加大国家信息化基础设施的建设力度，建成了我国网络规模最大、覆盖面最广、高速发展的固定电话网和中国公用计算机互联网。

中国电信集团有限公司是国有特大型通信骨干企业，注册资本 1580 亿元人民币。2017

年，中国电信经营收入3662亿元，净利润186.17亿元。2018年度位列《财富》杂志全球500强第141位，多次被国际权威机构评选为亚洲最受尊崇企业、亚洲最佳管理公司、亚洲全方位最佳管理公司等。

2019年4月18日，中国电信集团有限公司与百度在线网络技术（北京）有限公司签署了战略合作协议。中国电信与百度已经在5G核心技术之一的边缘计算领域展开了多项合作。在此基础上，将在5G边缘计算平台服务、能力集合及AI技术研发等方面展开合作创新研发。双方在智能驾驶领域开展合作，推进中国电信5G部署和百度Apollo自动驾驶能力融合，助力5G时代的自动驾驶商用落地。此外，中国电信将与百度在智能云、物联网、智能音箱等多领域进一步加深合作，面向企业和家庭共同拓展市场。

中国电信在每年的毕业季都有校园招聘活动，毕业生应注意关注校园招聘信息，及时填报招聘志愿，参与笔试和面试考核。

5.3.9 中国联通

中国联合网络通信集团有限公司（以下简称中国联通）是在原中国网通和原中国联通的基础上合并组建而成，在国内31个省（自治区、直辖市）和境外多个国家和地区设有分支机构，是中国唯一一家同时在纽约、香港、上海三地上市的电信运营企业，连续多年入选《财富》世界500强。

中国联通主要经营固定通信业务，移动通信业务，国内、国际通信设施服务业务，卫星国际专线业务，数据通信业务，网络接入业务和各类电信增值业务，以及与通信信息业务相关的系统集成业务等。中国联通于2009年4月28日推出具有全新服务理念和创新精神的全业务品牌“沃”，面向公众和集团客户提供全面服务。截至2016年底，中国联通服务的用户总数达到4.1亿户，资产规模6683.1亿元。中国联通拥有覆盖全国、通达世界的现代通信网络，积极推进固定网络和移动网络的宽带化，扩大国际网络覆盖，完善营销网点布局，为广大用户提供全方位、高品质的信息通信服务。截至2016年底，中国联通4G基站达到73.7万站，固网宽带接入端口约1.89亿个，国际漫游业务覆盖250个国家和地区的610家运营商。

中国联通在每年的毕业季都有校园招聘，毕业生应及时关注校园招聘信息，填报招聘志愿，进行笔试和面试。

5.3.10 中兴通讯

中兴通讯股份有限公司（以下简称中兴通讯）成立于1985年，是在香港和深圳两地上市的大型通讯设备公司。1986年深圳研究所成立，中兴通讯开始自主研发产品。1990年，中兴通讯自主研发的第一台数据数字用户交换机ZX500成功上市。1998年设立美国研究所，获巴基斯坦交换总承包项目，是当时中国通信制造企业在海外获得的最大一个通信“交钥匙”工程项目。2007年入选“影响中国十佳上市公司”，2008年入选全球IT企业百强，2009年中兴通讯无线通信产品出货量跻身全球第四，其中CDMA产品出货量连续4年居全球第一。中兴通讯已全面服务于全球主流运营商及企业网客户，智能终端发货量位居全球第六、美国前四，并被誉为“智慧城市的标杆企业”。中兴通讯PCT国际专利申请三度居全球首位，位居“全球创新企业 70 强”与“全球 ICT 企业 50 强”。目前中兴通讯拥有超过 7.3 万件全球专利申请，已授权专利超过 3.5 万件，连续 9 年稳居 PCT 国际专利申请全球前五名。

中兴通讯是全球领先的综合通信解决方案提供商，是中国最大的通信设备上市公司。其主要产品包括：2G/3G/4G/5G 无线基站与核心网、IMS、固网接入与承载、光网络、芯片、高端路由器、智能交换机、政企网、大数据、云计算、数据中心、手机及家庭终端、智慧城市、ICT 业务，以及航空、铁路与城市轨道交通信号传输设备。

中兴通讯是中国重点高新技术企业、技术创新试点企业和国家 863 高技术成果转化基地，承担了近 30 项国家“863”重大课题，是通信设备领域承担国家 863 课题最多的企业之一，公司每年投入的科研经费占销售收入的 10%左右，并在美国、印度、瑞典及国内设立了 14 个研究中心。2016 年 12 月 11 日，中兴通讯面向工业智能装备的电信级实时操作系统获得第四届中国工业大奖。

对中兴通讯的招聘需求分析如下：

1. 岗位介绍

1）硬件开发工程师

（1）根据产品需求，完成产品方案、原理图、PCB 等详细设计。

（2）根据产品方案需要，负责电力电子元器件的品牌、型号和规格选择。

（3）依据公司流程，编写项目文档。

（4）负责产品硬件测试，并协助软件工程师完成系统测试，确保产品各项指标满足设计输入的性能及质量要求。

2）软件开发工程师

（1）从事通信产品相关软件开发。

（2）进行软件详细设计、代码编写、单元测试、集成测试、系统测试等工作。

（3）进行软件代码的维护和改进工作。

（4）完成测试方案规划及测试用例设计和执行工作。

（5）完成部门安排的其他研发相关工作。

2. 应聘岗位要求

1）硬件开发工程师要求

（1）通信、电子工程、自动化、计算机及其相关专业。

（2）熟悉电子产品的相关专业知识和业务流程，能熟练操作各类仪器仪表，并能熟练使用相关硬件开发常用软件，如 Cadence、Protel、MATLAB 等。

（3）有良好的英语阅读能力，能够阅读英文测试资料。

（4）工作严谨细致，有责任心；勤奋踏实，善于思考；时间观念强，独立性强，注重团队合作。

2）软件开发工程师要求

（1）掌握 C/C++或者 Java 编程语言，对面向过程或面向对象软件开发有一定认识。

（2）掌握软件工程概念，熟悉软件开发和测试流程。

（3）工作热情、积极，学习能力强，具有一定的创造力，具有较好的沟通及协作能力，能承受一定的压力。

（4）英语四级及以上水平，能熟练阅读及翻译相关技术文档。

（5）具有通信相关软件研发经验者优先考虑。

5.4 习　　题

1．你认为考研与就业应该如何选择，为什么？

2．请对目前你所就读的专业的考研情况进行简单地分析，给出你的考研目标院校，并说明原因。

3．请对目前你所就读的专业的就业情况进行简单地分析，给出你理想中的就业企业，并说明原因。

4．考研需要注意的事项有哪些？请汇总出重要的事项。

5．请对就业所需的能力进行汇总。

6．请根据你个人情况对自己将来的学习进行规划，给出具体的规划内容。

第 6 章　通信工程专业必备技能及自主学习

随着 5G 通信网络的拓展，物联网、移动网等行业必然面临革命性的技术爆发。这些行业也为通信工程专业毕业生提供了更多和更好的就业机会。本章主要内容是对通信工程专业需要掌握的软件和硬件开发工具进行简单的介绍，并对学生的自主学习进行指导。

6.1　软件开发语言与工具

软件开发工具是用于辅助软件生命周期过程的基于计算机的工具。通常可以设计并实现工具来支持特定的软件工程方法，减少手工方式管理的负担。开发者试图让软件工程更加系统化，工具的种类包括支持单个任务的工具及囊括整个生命周期的工具。本节将介绍 3 种软件开发语言和工具。

6.1.1　C 语言

C 语言是介于汇编语言和高级语言之间的语言，属于高级语言，也可以称为中级语言，是集汇编和高级语言优点于一身的程序设计语言。1972 年 C 语言在美国贝尔实验室里问世。早期的 C 语言主要用于 UNIX 系统。由于 C 语言的强大功能和各方面的优点逐渐为人们认识，到了 20 世纪 90 年代，C 语言开始进入其他操作系统，并很快在各类大、中、小和微型计算机上得到广泛的应用，成为当代最优秀的程序设计语言之一。

1．C语言的重要性及作用

C 语言是一门面向过程的计算机语言，由于它比其他高级语言高效，运行效率又比较接近低级语言，所以至今仍在广泛应用。C 语言对程序设计人员而言尤其重要，如果不懂 C 语言，很难编写出优秀高效的程序。

C 语言是一个程序语言，设计目标是提供一种能以简易的方式编译、处理低级存储器，产生少量的机器码，以及不需要任何运行环境支持便能运行的编程语言。C 语言也很适合搭配汇编语言来使用。尽管 C 语言提供了许多低级处理的功能，但仍然保持着良好的跨平台特性，以一个标准规格写出的 C 语言程序可在许多计算机平台上进行编译，甚至包含一些嵌入式处理器（单片机或称 MCU）及超级计算机等作业平台。

C 语言作为一门面向过程的计算机语言，应用广泛，无论是 Windows 系统还是 Linux

系统，你所看到的底层都是用 C 语言写的，大部分的网络协议也都是用 C 语言实现的，你看到的最漂亮的游戏画面也有很多是用 C 语言实现的，工业控制程序大多数也是用 C 语言实现的。而且一旦对 C 语言精通以后，再学习其他的语言就会事半功倍。

2. C语言特点

C 语言的特点如下：

（1）简洁紧凑、灵活方便。C 语言一共只有 32 个关键字，9 种控制语句，程序书写形式自由，区分大小写。它把高级语言的基本结构和语句与低级语言的实用性结合了起来。

（2）运算符丰富。C 语言的运算符包含的范围很广泛，共有 34 种运算符。C 语言把括号、赋值、强制类型转换等都作为运算符处理，从而使 C 语言的运算类型极其丰富，表达式类型多样化。灵活使用各种运算符可以实现在其他高级语言中难以实现的运算。

（3）数据类型丰富。C 语言的数据类型有整型、实型、字符类型、数组类型、指针类型、结构体类型和共用体类型等。C 语言能用来实现各种复杂的数据结构的运算，并引入了指针概念，使程序效率更高。

（4）表达方式灵活实用。C 语言提供多种运算符和表达式的方法，对问题的表达可通过多种途径获得，其程序设计更主动、灵活。C 语言的语法限制不太严格，程序设计自由度大，如对整型与字符型数据及逻辑型数据可以通用等。

（5）允许直接访问物理地址，对硬件进行操作。C 语言允许直接访问物理地址，可以直接对硬件进行操作，因此既具有高级语言的功能，又具有低级语言的许多功能，能够像汇编语言一样对位、字节和地址进行操作，而这三者是计算机最基本的工作单元，可用来写系统软件。

（6）生成目标代码质量高，程序执行效率高。C 语言描述问题比汇编语言迅速，工作量小、可读性好，易于调试、修改和移植，而代码质量与汇编语言相当。C 语言一般只比汇编语言生成的目标代码效率低 10%～20%。

（7）可移植性好。C 语言在不同机器上的编译程序中，86%的代码是公共的，所以 C 语言的编译程序便于移植。在一个环境上用 C 语言编写的程序，不改动或稍加改动就可移植到另一个完全不同的环境中运行。

（8）表达力强。C 语言有丰富的数据结构和运算符，包含了各种数据结构，如整型、数组类型、指针类型和联合类型等，用来实现各种数据结构的运算。C 语言的运算符有 34 种，范围很宽，灵活使用各种运算符可以实现难度极大的运算。

3. 学习C语言方法

C 语言的内容很丰富，有的部分涉及的细节很多，如硬件知识和数据结构知识等，学习时不可能面面俱到，否则必然会顾此失彼，反而抓不住重点。对于初学 C 语言的学生，开始不必在每一个细节上过于“死抠”，而应当把主要精力放在最基本、最常用的部分，待有一定的基础后再深入学习一些非主要的细节，有一些细节需要通过长期的实践才能熟练掌握。初学 C 语言时，可能会遇到有些问题理解不透，不要气馁，鼓足勇气继续后面内容的学习，待学完后面的章节知识，前面的问题也就迎刃而解了。学习 C 语言始终要记住“曙光在前头”和“千金难买回头看”。“千金难买回头看”是学习知识的重要方法，就是说，学习后面的知识，不要忘了回头弄清遗留下的问题并加深理解前面的知识，这是初学者最不易做到的，然而却又是最重要的。

在初步掌握 C 语言相关知识要点的基础上，按下述方法学习，可以达到理解、巩固、提高 C 语言知识和提高程序调试能力的目的。

（1）验证性练习。这一步要求按照教材上的程序实例进行原样输入，运行程序是否正确，基本掌握 C 语言编程软件的使用方法（包括新建、打开、保存、关闭 C 程序，熟练地输入、编辑 C 程序；初步记忆新学章节的知识点，养成良好的 C 语言编程风格）。

（2）照葫芦画瓢。在第（1）步输入的 C 程序的基础上进行试验性地修改，运行程序，看一看程序结果发生了什么变化，分析结果变化的原因，加深对新学知识点的理解。事实上，第（2）步和第（1）步是同步进行的，实现“输入”加深对知识点的记忆、“修改”加深对知识点的理解。记忆和理解是相辅相成、相互促进的。

（3）不看教材，看自己是否能将前两步的程序进行正确地输入并运行。在这一步要求不看教材，如果程序不能运行，看自己能否将其改正，使其能正确运行。这一步的目的是对前两步的记忆、理解进一步强化。

（4）增强程序的调试能力。在教材中一般都会讲到初学者易犯的错误，按照易出错的类型，将教材中的正确程序改成错误的程序，运行程序，查看并记下错误信息，然后再将程序改成正确的程序，再次运行程序。这样反复修改，就能够提高发现错误和修改错误的能力。

（5）研究典型的 C 语言程序，提高程序设计能力。C 语言初学者遇到最多的困惑是：上课能听懂，书上的例题也能看明白，可是到自己动手编程时，却不知道如何下手。产生这种现象的原因是：所谓的看懂听明白，只是很肤浅的语法知识，而没有深刻地理解 C 语言的语句执行过程（或流程）。

计算机是按照人的指令（编写的程序）去执行的，如果不知道这些 C 语句在计算机中是如何执行的，怎么能灵活运用这些知识去解决实际问题呢？

解决问题的方法是要先理解 C 语言各种语句的流程（即计算机执行这些语句的过程），然后研读现成的典型 C 语言程序，看懂别人是如何解决问题的，以提高自己的程序设计能力。

C 语言所需要的编程环境可以从如下软件中选取：

- Visual Studio C++ 6.0（Windows XP 和 Windows 7）；
- Microsoft Visual Studio（2005、2008、2010、2012、2013、2014、2017、2018、2019 及 Windows 7 和 Windows 10）；
- WIN-TC（Windows XP 和 Windows 7）；
- Borland Turbo C（Windows XP）；
- GCC（GNU 编译器套件，Linux 或 UNIX 系统）；
- DEV C++。

6.1.2　MATLAB 编程软件

1. MATLAB概述及优势

在科学研究和工程应用等领域中会涉及大量的科学计算问题，自从计算机出现以来，人们就一直在使用计算机这个有力的工具来解决科学计算问题，并由此发明了许多用于科学计算的程序语言，如 BASIC、FORTRAN、C 等。随着科学技术的持续发展，科学研究对程序编程易用性的要求越来越高，从而使 MATLAB 成为最常用的科学计算工具。MATLAB 不仅具有强大的矩阵计算功能，还可以很容易地绘制出图形、图像。

（1）MATLAB 具有强大的科学计算及数据处理能力。MATLAB 拥有 600 多个工程中要用到的数学运算函数，可以方便地实现用户所需的各种计算功能。函数中所使用的算法都是科研和工程计算中的最新研究成果，而且经过了各种优化及容错处理，因此使用起来稳定性和可靠性非常高。通常情况下，可以用它来代替底层编程语言，如 C 语言和 C++语言等，在计算要求相同的情况下，使用 MATLAB 的编程工作量会大大减少。MATLAB 函数所能解决的问题包括矩阵运算、多维数组操作、阵列运算、复数的各种运算、三角函数和其他初等数学函数运算、非线性方程求根、线性方程组的求解、微分方程及偏微分方程组的求解、符号运算、傅里叶变换和数据的统计分析、工程中的优化问题、稀疏矩阵运算、建模和动态仿真等。

（2）MATLAB 具有出色的图形处理功能。在科学计算中，通常需要使用各种图形来直观地表示数值计算的结果，以帮助人们更好地理解、识别和发现科学定律。MATLAB 不仅提供数值计算功能和符号计算功能，而且从诞生之日起便具有方便的数据可视化功能，完全满足计算结果的可视化要求。MATIAB 在二维曲线和三维曲线的绘制和处理等方面的功能比一般数据可视化软件更加完善，在一些其他软件所没有的功能（如图形的光照处理、色度处理及四维数组的表现等）方面也表现得非常出色。在 MATLAB 6.x 及更高版本中有一个图形属性编辑界面，用于设置图形对象属性。该接口比 MATLAB 5.x 中的接口更全面，操作更方便。MATLAB 6.x 以上的版本也对图形输出进行了适当的改进，提供了更丰富的属性集，以提高图形输出的效果。对一些特殊的可视化要求，如图形动画等，MATLAB 也有相应的功能函数，保证了用户不同层次的要求。此外，新版 MATLAB 还在图形用户界面（GUI）的生产方面进行了很大的改进，同时也满足了对该领域有特殊要求的用户。

MATLAB 将数值计算功能、符号运算功能和图形处理功能高度地集成在一起，在数值计算、符号运算和图形处理上做到了无缝衔接，极大地方便了用户，这是它在科学计算中能得到广泛应用的重要原因之一。

（3）MATLAB 简单易用。由于计算机存储器容量和计算速度的限制，用于科学计算的早期计算机语言经常定义恒定数据、变量、向量和矩阵等。结果，编程变得无比复杂。与这些语言不同，MATLAB 对它们进行了高度抽象，实现了数据类型的高度一致性，即常量、变量、向量和矩阵都具有相同的数据类型，MATLAB 将所有数据视为对象类，用户不需要事先定义数据，如常量、变量、向量和矩阵，并且可以直接使用它们。当然，MATLAB 的设计思想是基于高性能计算机的普及。例如，在 MATLAB 中，基本计算单元由复数双精度矩阵表示。

MATLAB 是一种"数学形式的语言"，其操作和功能说明用普通计算机和数学书籍上的英文单词和符号表示。与 BASIC、FORTRAN 和 C 语言等相比，MATLAB 更接近人们所写的数学公式，更接近人们在科学计算中的思考方式。用 MATLAB 进行程序的编写与在草稿纸上进行公式的推导和求解非常类似。因此，MATLAB 简单、自然，并且更容易学习和使用。

MATLAB 程序文件是一个扩展名为 m 的纯文本文件，可以使用任何文字处理软件进行编辑。MATLAB 本身就是一个解释系统，对其中的函数形式的执行以一种解释执行的方式进行，程序可以不经过编译就能直接运行，而且能够及时报告出现的错误，进行错误分析，因此程序调试容易，编译效率高。

MATLAB 的用户界面精致，接近于 Windows 的标准界面，人机交互性强，操作简单。新版本的 MATLAB 提供了完整的联机查询和帮助功能，极大地方便了用户的使用。例如，在开发环境中，MATLAB 6.x 提供了强大的帮助功能。几乎所有的问题都可以通过在线帮助的形式解决。它还提供了一个新的帮助浏览器，使用户可以更轻松地获取所需的信息。相比于 MATLAB 5.x，MATLAB 6.x 对原始系统架构进行了改进，并用一个新的 MATLAB 开发环境囊括了支持 MATLAB 应用程序的各种系统，其中最明显的是各种 MATLAB 文件的集合。MATLAB 桌面系统集各种对 MATLAB 文件、数据变量进行操作的工具及 MATLAB 自身的辅助工具为一体。从开始应用 MATLAB 到退出 MATLAB，几乎所有具体的操作都将在桌面系统内完成。

（4）MATLAB 功能强大。MATLAB 为许多专业领域（通常由这些领域的专家开发）开发了强大的模块集或工具箱，用户可以直接使用而无须编写自己的代码。目前，MATLAB 已经把工具箱延伸到了科学研究和工程应用的诸多领域，例如数学研究方面，包括概率统计、NAG 和偏微分方程求解、样条拟合等。还有数学优化方面，包括优化算法、模型预测、模型处理、模糊逻辑和工程规划等。不仅如此，MATLAB 还在神经网络、DSP 与通信和数字信号处理等方面具有广泛的应用。并且随着科学技术的发展，MATLAB 还被应用到了系统辨识、控制系统设计及非线性控制设计、健壮控制、LMI 控制等控制与自动化领域。随着计算机视觉技术的飞速发展，MATLAB 在小波分析、光谱分析、图像处理、数据库接口等方面也具有非常重要的应用前景。MATLAB 还可以应用到金融分析、金融管理、地图工具、嵌入式系统开发、实时快速原型及半物理仿真、定点仿真、电力系统仿真等领域。

对于系统级建模和仿真，MATLAB 开发了行业标准的 Simulink 产品，主要实现工程问题的建模和动态仿真。Simulink 体现了模块化设计和系统级仿真的特定思想，使用模块化设计使建模仿真可以像搭房子一样简单。Simulink 的仿真实现可应用于各种领域，如电力系统、信号控制、通信设计、财务会计和生物医学等。

MATLAB 提供了与其他语音交互的接口。MATLAB 可以轻松连接到 FORTRAN、C 和其他语言接口，以充分利用各种资源。用户只需要将现有的 exe 文件转换为 MEX 文件，就可以轻松调用相关的程序和子程序。在新版本的 MATLAB 中留有 MATLAB 编译器和 C/C++数学库和图形库之间相互调用的接口，可以很方便地将现成的 MATLAB 程序自动转换为独立于 MATLAB 运行的 C 和 C++代码。MATLAB 还和其他数学编程软件一样具有良好的接口，如 MATALB 与 Maple 之间具有很好的交互接口，这也大大扩充了 MATLAB 的符号运算功能。此外，在 MATLAB 6.x 中增加了与 Java 的接口，并为实现两者的数据交换提供了相应的函数库。

（5）MATLAB 开放性强。MATLAB 的强大功能与其开放式设计理念密不可分。正是这种开放式设计理念增强了 MATLAB 的强大生命力。

MATLAB 执行功能程序是以解释的方式执行的。MATLAB 完全是一个开放系统。用户可以轻松查看功能的来源，并可以轻松开发自己的程序甚至创建自己的程序库。

在工具箱方面，Mathworks 公司本身已经推出了 30 多个应用工具箱，全球已有 200 多家公司开发出了与 MATLAB 兼容的第三方产品，为用户提供了重命名的工具箱和模块集等。

众所周知，MATLAB 是一个开放的开发平台，全球各地的研究机构和大学都开设了利用 MATLAB 进行学习研究的课程，并且可以通过互联网交流学习心得和经验。此外，MATLAB 是攻读学位的大学生、硕士生和博士生必须掌握的基本工具，在科研院所、大型公司或企业的工程计算部门，MATLAB 也是最常用的计算工具之一。由此可见，MATLAB 就是 21 世纪真正的科学计算语言。

2. MATLAB软件的发展历史

MATLAB 是由 MATrix 和 LABoratory 两个词的前三个字母组合而成的，含义是矩阵实验室。它是 Mathworks 公司于 1984 年推出的一套高性能的数值计算和数据可视化数学软件。20 世纪 70 年代，Moler 及其同事通过调用 LINPACK 和 EISPACK 研发了可以用于科学计算的 FORTRAN 子程序库。当时的科学计算主要是线性方程组的求解和矩阵特征值的求解问题，这些子程序库的开发非常有助于对当时科研问题的求解和计算。随后，Moler 在新墨西哥大学给学生开线性代数课程时，将使用方便的 LINPACK 和 EISPACK 的接口程序取名为 MATLAB。之后，Moler 先后到多所大学讲学，使 MATLAB 逐渐为人们所接受并成为应用数学界的术语。

1983 年，Moler 到斯坦福大学进行访问。在访问期间，工程师 John Little 对 MATALB 非常感兴趣，认为 MATLAB 一定会在工程计算领域中占有非常重要的地位。于是，John Little 与 Moler 及 Steve Bangert 等人一起合作开发了第二代专业版 MATLAB。第二代专业版的 MATLAB 与第一代有很大的不同。首先，第二代 MATLAB 的核心是利用 C 语言重新编写的；其次，这一代的 MATLAB 具备了数据可视化的功能。在完成第二代 MATLAB 程序开发以后，在 1984 年，他们成立了 Mathworks 公司。同年，他们以公司的形式开始推广 MATLAB，并在此基础上对 MATLAB 的相关内容继续进行研究和开发。

随着 Windows 操作系统的兴起，Mathworks 公司于 1993 年开发了第一个 Windows 版本。同年，该公司推出了支持 Windows 3.x 的 MATLAB 4.0 版本。MATLAB 4.0 版本中有一些划时代的功能，增加了 Simulink、Control、NeuralNetwork、Optimization、Signal Processing、Spline、State-space Identification、RobustControl、Mu-analysis and Synthesis 等工具箱。1993 年 11 月，Mathworks 首次推出 MATLAB 版本 4.1 并开发了数学符号工具箱。MATLAB 4.2c 的升级版本被用户广泛使用。

1997 年出现了 MATLAB 5.0 版本。与 MATLAB 4.x 版本相比，MATLAB 5.0 版本可以进行 32 位运算并且功能强大，具有加快数值计算的功能，还可以有效地表示图形，编程界面简洁、直观，用户界面十分友好。

2000 年下半年，Mathworks 公司又推出了 MATLAB 6.0（R12）的试用版，然后于 2001 年初正式发布了 MATLAB 6.0（R12）正式版。2002 年 7 月又推出了最新产品 MATLAB 6.5（R13），并将 Simulink 升级到 5.0 版本。MATLAB 6.5 中提供了一个 JIT 程序执行加速器，可以大大提高程序执行的速度。

2004 年，MATLAB 7.0（R14）发布，极大改进了软件的易用性并丰富了工具箱的种类。从 2006 年起，Mathworks 公司每年会发布两个版本，以 XXX 年 a 和 XXX 年 b 来命名。2012 年，Mathworks 公司发布了 MATLAB 8.0（R2012b），主要包括 MATLAB、Simulink 和 Polyspac 产品的新功能，以及对 77 种其他产品的更新和补丁修复，其中数据导入和导出功能非常受欢迎。2016 年 3 月，Mathworks 公司发布了 MATLAB 9.0（R2016a），新版本中增加了许多新的功能，拥有了全新的 3D 制图和新的函数名，可以帮助科技人员加快模型的开发和仿真速度，提高自己的工作效率，除了常用功能的增强和优化外，新加入的 live script 功能可以优化代码的可读性，解决不规范代码出现的不可读问题。MATLAB 8.0 中还包含了 MATLAB 实时编辑和 App Designer 两个模块，前者可以为用户提供一个全新的方式来创建、编辑和运行代码，加快探索性编程和分析的速度；后者可以提供超强的设计环境和 UI 组件集，主要用于构件 MATLAB 应用程序，两者相结合可以帮助科学家和工程师更加方便地设计程序。到目前为止，MATLAB 的版本号为 MATLAB 9.x。

目前，从学术界来看，MATLAB 已经成为科学计算、信号与图像处理和系统仿真的主流软件之一。MATLAB 的窗口界面如图 6.1 所示。

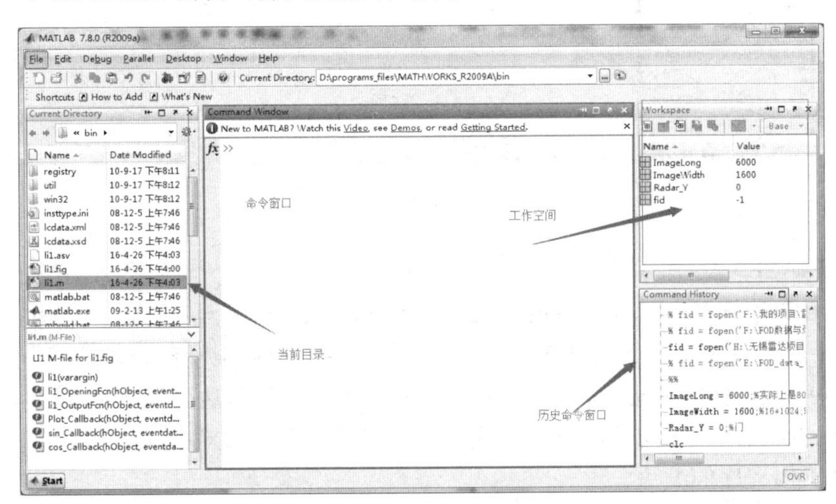

图 6.1　MATLAB 的窗口界面

由图 6.1 可知，MATLAB 软件开发平台是一个集成的用户工作空间，这个软件开发工具允许用户输入、输出数据，并且提供了 M 文件的集成编译和调试环境，其中包括命令窗口、M 文件编辑调试器、MATLAB 工作空间。

MATLAB 跟微软的 Windows 系统一样也有开始菜单（如图 6.2 所示），特别方便初学者使用。

开始键是指主界面窗口左下角的 Start 按钮，它是通往 MATLAB 所包含的各种组件、模块库、图形用户界面、帮助分类目录、演示算例等的捷径，并可向用户提供自建快捷操作的环境，如图 6.2 所示。

3. MATLAB软件系统的构成

MATLAB 软件主要由 MATLAB 主包、Simulink 系统和 MATLAB 工具箱三部分组成。

1）MATLAB 主包

MATLAB 主包包括以下 5 个部分：

（1）MATLAB 语言。

MATLAB 语言是一种基于矩阵/数组的高级语言。MATLAB 语言包含脚本文件、函数文件、各种数据结构和程序控制语句，而且 MATALB 程序设计具有面向对象的程序设计特性。因此，可以利用 MATLAB 语言迅速地开发出临时性的小程序，也可以用其创建非常复杂的大型应用程序。

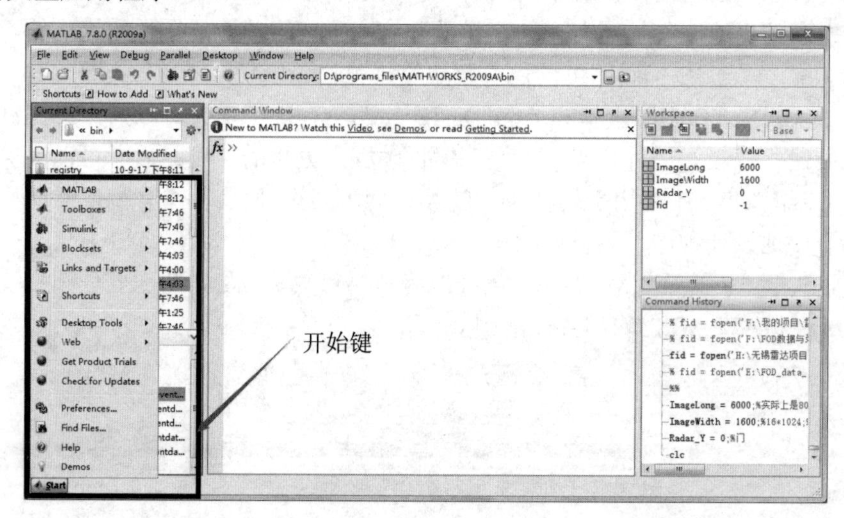

图 6.2　开始键示意图

（2）MATLAB 工作环境。

MATALB 的许多工具都已经被集成到了 MATLAB 的工作环境中，工作环境可以提供用户所需要的功能。通过 MATLAB 的工作环境，用户可以很轻松地管理工作空间内的变量，并且可以通过输入/输出与 MATLAB 进行互动，从而达到数据处理的目的。而且 MATLAB 还给用户提供了不同的工具箱，非常有助于 M 文件的开发和调试，也有助于 MATLAB 应用程序的编写。

（3）句柄图形。

二维和三维数据可视化、图像处理、动画等功能可以通过句柄图形来实现。当然，在进行图形绘制或图像处理时，句柄图形还包括一些制定图形的显示以及建立 MATLAB 应用程序的图形用户界面的低级命令。尤其是在 GUI 界面设计时，句柄图形的作用就显得更为重要，可以通过句柄图形完成多个程序的协同操作，从而构成复杂的但具有很好操作界面的大型程序。MATLAB 的图形界面辅助设计工具界面如图 6.3 所示。

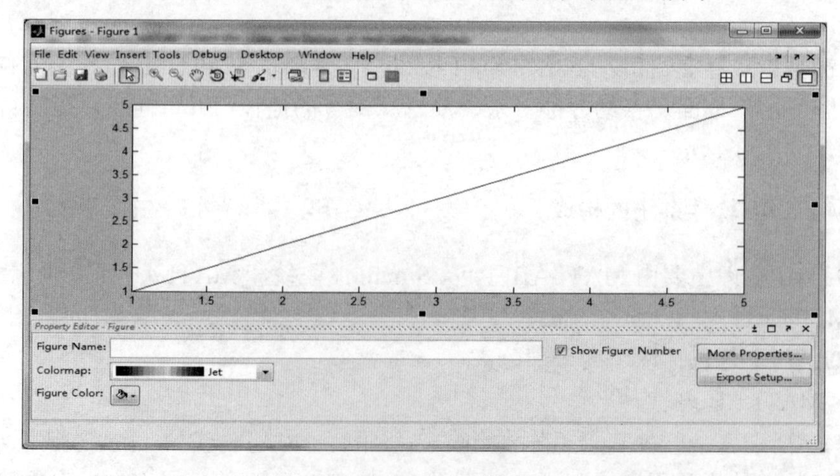

图 6.3　MATLAB 的图形界面辅助设计工具界面

（4）MATLAB 数学函数库。

MATLAB 数学函数库是数学算法的一个巨大集合，该函数库既包括了诸如求和、正弦、余弦、复数运算之类的简单函数，也包含了矩阵转置、特征值、贝塞尔函数、快速傅里叶变换等复杂函数。

（5）MATLAB 应用程序接口（API）。

MATLAB 提供了一个可以直接调用 C 或 FORTRAN 的程序库，通过该程序库，MATLAB 可以与其他高级语言进行交互，包括读写 MATLAB 数据文件（MAT 文件）。

2）Simulink 系统

Simulink 是一个用于动态系统仿真的交互式系统。使用 Simulink，用户可以在屏幕上绘制框图以模拟系统并动态控制系统。Simulink 是鼠标驱动的，可以处理线性、非线性、连续、离散、多变量和多级系统。此外，Simulink 还为用户提供了两个附加功能，即 Simulink Extension（扩展）和 Blocksets（模块集）。

Simulink Extension 是一些可选择的工具，支持在 Simulink 环境中所开发的系统的具体实现，包括 SimulinkAccelerator、Real-Time Workshop、Real-Time Windows Target 和 State-flow。Blocksets 是为了特殊应用领域设计的 Simulink 模块集合，包括 DSP（数字信号处理）、Fixed-Point（定点）、Nonlinear Control Design（非线性控制设计）和 Communication（通信）几个领域的模块集。

3）MATLAB 工具箱

工具箱是 MATLAB 用来解决各个领域特定问题的函数库，它是开放式的，可以应用，也可以根据自己的需要进行扩展。

MATLAB 工具箱为用户提供了丰富的实用资源，涵盖了广泛的科学研究。目前，MATLAB 有 20 多个工具箱，涉及数学、控制、通信、信号处理、图像处理、经济学、地理学和许多其他领域。利用信号处理工具箱的设计范例图如图 6.4 所示。

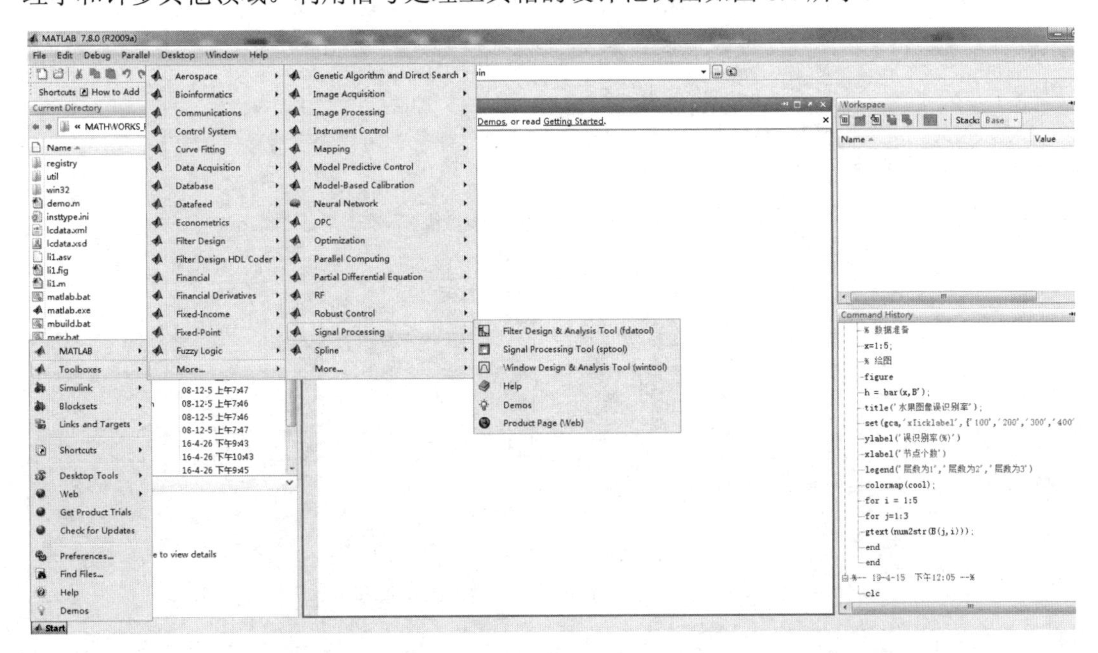

图 6.4　利用信号处理工具箱的设计范例

6.1.3 Android 平台

如今正处于信息高速发展的时代，手机已经成为人们生活中不可或缺的一部分。手机给我们带来的不仅仅是通信上的便利，它逐渐成为智能家庭监控 App 的重要组成部分。由图 6.5、图 6.6 和图 6.7 可以看出，智能手机在近些年的普及度是有目共睹的，截至 2017 年上半年，我国的手机网民占整体网民的 96.3%。而这个数字无疑还会继续增加。

图 6.5 2013 年至 2019 年中国手机网民规模及占网民比例

图 6.6 2010—2017 年中国移动电话（手机）用户规模情况

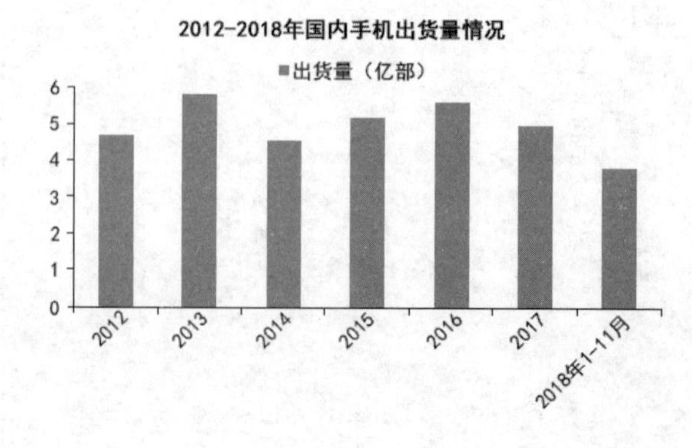

图 6.7 2012—2018 年国内手机出货量情况

由图 6.6 和图 6.7 可知，目前我国手机的普及率非常高，并且将会持续提升，这无疑打开了家庭监控系统市场的大门，也为智能安防系统 App 带来了前所未有的机遇。

智能手机现在已经全方位地融入到我们的生活中，说到智能手机不得不提到的是手机操作系统 Android。为什么市场上大部分的智能手机都使用 Android 系统呢？相对来说，诺基亚的塞班系统软件编写方式复杂，开发周期又长，已被诺基亚公司彻底放弃。而微软公司推出的 Windows Phone 系统 2014 年 9 月在中国市场的占有率由 3.2%下降到了 0.4%，在中国已经基本不使用了。据相关资料统计，2015 年国内智能手机市场中，阿里巴巴集团旗下的 YunOS 系统市场份额仅占 7.10%，iOS 系统市场份额占 11%，Android 市场份额达到 81.36%，由此可以看出 Android 系统以超过八成的占有率占据市场，仅给 iOS 和其他操作系统留下了不到 20%的市场空间。

据国外媒体报道，统计机构 Statista 公布了从 2009 年第一季度到 2016 年第二季度期间所有移动操作系统市场份额和全球出货量的比例。数据显示，截至 2016 年第二季度，Android 手机的市场份额已达到 86.2%，创历史新高，iOS 排名第二，占 12.9%，而 Windows Phone 的份额不到 1%，仅为 0.6%。

Android 系统内置了全新的手机开发模式，这是一款全开放的手机开发模式。Android 手机不仅可以使用第三方应用程序，还可以打开手机系统本身的应用程序。在这种开发模式中，不仅制造商可以在统一的开放平台上开发手机系统，而且第三方可以继续开发 Mobile Phone 应用程序。Android 的开放平台为第三方开发者提供了一个非常广泛和自由的环境，不受各种各样的阻碍条款和规则限制。此外，Android 的最大优点是完全开源，使用户可以用到很多免费的软件，这样基于 Android 软件的开发就有了空前的市场，它使其拥有了更多的开发者。

Android 这个词的本义是指机器人，它也是谷歌公司于 2007 年 11 月 5 日宣布的基于 Linux 平台的开源移动操作系统的名称。该平台包括操作系统、中间件、用户界面和应用软件。它是第一款真正开放和完整的移动设备移动软件。

Android 的制作来自 Andy Rubin，他的目标是让 Android 成为可以向任何软件设计师开放的移动终端平台。谷歌公司率先收购了他的业务。

2007 年 11 月 5 日，谷歌公司宣布将与 33 家手机制造商（包括摩托罗拉、华为、HTC、三星和 LG 等）、手机芯片供应商、硬件和软件供应商及电信运营商组成开放手机联盟。开放手机联盟发布了一个名为 Android 的开放式移动软件平台。Android 为移动电话制造商和移动运营商提供了一个开放的平台，供其开发新应用。Android 基于 Linux 技术，它由操作系统、用户界面和应用程序组成，允许开发人员自由访问和修改源代码。这意味着它是一套具有开源性质的移动终端解决方案。作为谷歌公司战略的重要组成部分，Android 将进一步推进“随时随地为每个人提供信息”的企业目标。

自 2009 年 5 月以来，Android 操作系统使用甜点作为版本代号，这些版本代号以大写字母的顺序命名，如表 6.1 所示。Android 1.0 是 2008 年 9 月 23 日发布的 Android 的第一个版本。Android 1.1 于 2009 年 2 月 2 日发布，但事实上在谷歌中有更多的 1.1 版本。甜点术语开始于 Android 1.5 的第三版（实际上是第四版，因为 Android 1.0 实际上有两个版本）。从 Android 1.6 甜甜圈开始，项目团队正式决定继续从“C”开始以大写字母的顺序命名，使用甜点对 Android 版本代号进行命名。值得一提的是 Android 的内部版本代号 1.1 是 Petit Four，Petit Four 是项目经理喜欢的美味小吃。

表 6.1 Android系统的版本号

Android 1.0（没有开发代号）	Android 4.0 - Ice Cream Sandwich：冰激凌三明治
Android 1.1 - Petit Four：花式小蛋糕	Android 4.1/4.2/4.3 -Jelly Bean：果冻豆
Android 1.5 - Cupcake：纸杯蛋糕	Android 4.4 - KitKat：奇巧巧克力棒
Android 1.6 - Donut：甜甜圈	Android 5.0/5.1 - Lollipop：棒棒糖
Android 2.0/2.1 - Éclair：闪电泡芙	Android 6.0 - Marshmallow：棉花糖
Android 2.2 - Froyo：冻酸奶	Android 7.0 -Nougat：牛轧糖
Android 2.3 - Gingerbread：姜饼	Android 8.0 –Oreo：奥利奥
Android 3.0/3.1/3.2 - Honeycomb：蜂巢	Android 9.0 – Pie：派

同时随着版本的更迭，应用程序编程接口（API）等级也在不断更新。下面将目前为止所有的 API 等级罗列出来，并与 Android 各版本一一对应，如表 6.2 所示。

表 6.2 Android系统的API等级

API1：Android 1.0	API14：Android 4.0 - 4.0.2 Ice Cream Sandwich
API2：Android 1.1 Petit Four	API15：Android 4.0.3 - 4.0.4 Ice Cream Sandwich
API3：Android 1.5 Cupcake	API16：Android 4.1 Jelly Bean
API4：Android 1.6 Donut	API17：Android 4.2 Jelly Bean
API5：Android 2.0 Éclair	API18：Android 4.3 Jelly Bean
API6：Android 2.0.1 Éclair	API19：Android 4.4 KitKat
API7：Android 2.1 Éclair	API20：Android 4.4W
API8：Android 2.2 - 2.2.3 Froyo	API21：Android 5.0 Lollipop
API9：Android 2.3 - 2.3.2 Gingerbread	API22：Android 5.1 Lollipop
API10：Android 2.3.3-2.3.7 Gingerbread	API23：Android 6.0 Marshmallow
API11：Android 3.0 Honeycomb	API24：Android 7.0 Nougat
API12：Android 3.1 Honeycomb	API25：Android 7.1 Nougat
API13：Android 3.2 Honeycomb	API26：Android 8.0 Oreo

短短九年时间已经经历诸多大版本的更新，在短时间内的系统更新导致市面上的 Android 版本系统参差不齐，碎片化严重。Android 依靠谷歌的生态运作，全球市场份额在 2016 年底已超过 85%。

Android 作为全世界唯一一个全面开放的手机操作系统，随着手机厂商的各种产品的推出，其市场占有率在不断提高，那么 Android 系统到底有什么优点呢？下面就来介绍一下 Android 系统的特点及 Android 系统架构。

与其他的手机操作系统相比，Android 系统有 4 个无可比拟的好处。

（1）开放性。

Android 是一个真正开放的移动设备平台，包括底层操作系统、上层用户界面和应用程序。谷歌通过与运营商、设备制造商、开发商和其他相关方建立深厚的合作伙伴关系，在移动通信行业中建立一个标准化、开放的手机软件平台，在行业内形成一个开放的生态系统，以实现多功能性和应用程序之间的互连性。另一方面，Android 平台的开发也体现在不同的供应商可以根据自己的需求定制和扩展平台，而不需要任何授权。

（2）所有的应用都是平等的。

所有 Android 应用都完全相同。在开发之初，Android 平台被设计为由一系列应用程序组成的平台，所有应用程序都在核心引擎上运行。核心引擎实际上是一个虚拟机，为应用程序和硬件资源之间的通信提供了一组 API。这个核心引擎在所有机器上和所有的软件上都是一样的，用户甚至可以用其他电话拨号软件替换系统中默认的电话拨号软件；还可以更改主界面显示窗口的内容，或将手机中的任意应用程序替换为自己需要的其他应用程序。这些功能在其他手机平台几乎是不可能的，对于开发者来说更是觉得不可思议，但是，在 Android 系统中，一切应用程序是平等的。

（3）应用间无界限。

Android 打破了应用之间的界限，比如开发人员可以进行基于位置服务的开发等。这往往会有很多的创新应用产生。

（4）快速、方便的应用开发。

Android 平台为开发人员提供了大量的实用库和工具，开发人员可以快速地创建自己的应用。

了解 Android 系统的特点以后，就知道为什么那么多人选择 Android 系统进行手机应用开发了，下面来介绍一下 Android 系统架构，如图 6.8 所示。

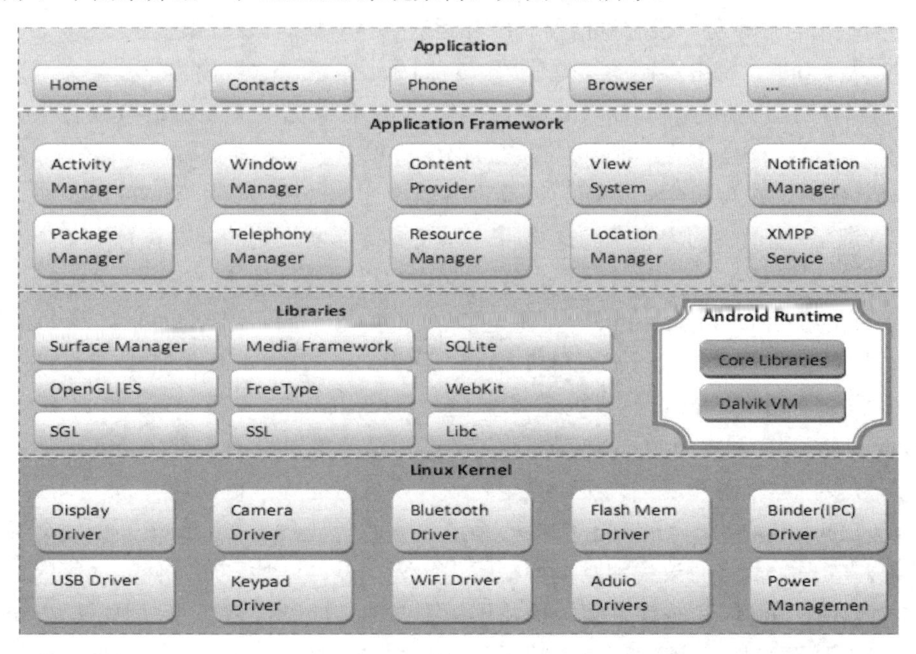

图 6.8　Android 系统架构

Android 是基于 Linux 平台完全开放和免费的开源手机操作系统，其系统架构和其他操作系统一样，采用了分层的架构。从架构图看，Android 分为 4 层，从高层到低层分别是应用程序层、应用程序框架层、系统运行库层和 Linux 核心层。

（1）应用程序层。Android 会同一系列核心应用程序包一起发布，所有的应用程序都是使用 Java 语言编写的。Android 平台默认包含了一系列的核心应用程序，包括电子邮件、短信、日历、地图、浏览器和联系人管理程序等。这些应用程序都以 Java 程序语言编写，同时作为开发人员，你也可以用你的程序来替换 Android 提供的应用程序，这个替换的机制实际是由应用框架来保证的。

（2）应用程序框架层。这是进行 Android 开发的基础，对应用开发人员而言，大部分情况下也是和应用框架层打交道。应用程序架构设计简化了组件的重用，任何一个应用程序都可以发布它的功能块，并供其他的任何应用程序使用，使用户可以方便地替换程序组件。应用程序框架层包含了视图系统、内容提供器、资源管理器、通知管理器、活动管理器、窗口管理器、电话管理器、包管理器、位置管理和 XMPP 服务。这里有必要强调的是在 Android 平台中，开发人员可以完全访问核心应用程序即应用框架所使用的 API 框架，同时 Android 平台在设计时就考虑了组件的重用，比如前面提到的应用平等和应用无界限等特性就是由应用框架来保证的。

在 Android 中，任何一个应用程序都可以发布它的功能块并且其他的应用程序都可以使用其所发布的功能块（不过得遵循框架的安全性限制）。基于这样的应用程序重用机制，用户就可以方便地替换平台本身的各种应用程序组件，这在 Symbian 及 Windows Mobile 平台上都是无法想象的。例如，虽然 Android 本身已在框架中提供了许多软件组件，不过这并不表示所有的应用程序一定要调用 Android 所提供的组件，开发人员在开发 Android 平台所用的应用程序时，也可以顺带开发新的软件组件，并将该软件组件放入 Android 的应用程序框架中。

（3）系统运行库层。该层包括系统库和运行库。其中，系统库包含一些 C/C++库，这些库能被 Android 系统中不同的组件使用。它们通过 Android 应用程序框架为开发者提供服务。而运行库则由核心库和 Dalvik 虚拟机构成。核心库提供了 Java 编程语言核心库的大多数功能，每个 Android 应用程序都在它自己的进程中运行，都拥有一个独立的 Dalvik 虚拟机实例。Dalvik 虚拟机器是专门为移动设备而设计的一种缓存器形态的虚拟机，它在开发时就已经设想用最少的内存资源来执行，以及支持前面提到的同时执行多个虚拟机的特性。Dalvik 虚拟机所执行的中间码并非是 Java 虚拟机所执行的 Java Bytecode，同时也不直接执行 Java 的类（Java Class File），而是依靠转换工具将 Java Bytecode 转为 Dalvik 虚拟机执行时特有的 dex（Dalvik excutable）格式，称为.dex。Dalvik 虚拟机相较于 Java 虚拟机最大的不同之处在于 Java 虚拟机是基于栈（Stack-based），而 Dalvik 是基于寄存器（register-based）。从技术层面来考虑，基于寄存器的虚拟机的一个好处就是所需要的资源也相对较少，运行的速度比较快，甚至在硬件实现方面虚拟机比较容易。

（4）Linux 核心层。Android 的核心系统服务基于 Linux 2.6 内核，如安全性、内存管理、进程管理、网络协议栈和驱动模型。内核充当软件堆栈层和硬件层之间的抽象层。Linux 内核还充当硬件和软件之间的抽象层，隐藏特定的硬件细节并为上层提供统一的服务。如果你已经学习了计算机网络并已了解 OSI/RM，将会知道分层的好处是使用较低层提供的服务为上层提供统一服务，以屏蔽此层与以下层之间的差异图层，以及以下图层更改时图层不会影响上层。也就是说，每个层都有自己的功能，每个层都提供固定的 SAP（服务访问点）。专业地说是高内聚和低耦合。如果你只是在进行应用程序开发，则无须深入研究 Linux 内核层。Android 程序开发一般使用 Java 语言即可，如果要追求高效率的话，使用 C/C++也是可以的，但这就需要 JNI。在编辑完 Android 的开发程序后，需要编译和运行程序，所以需要安装 JDK。注意在完成 JDK 安装后需要进行环境变量的添加。

在安装完 JDK 后，Android 开发有两种工具，一种是 Eclipse+ADT 的开发环境，另一种就是 Android Studio 的开发环境。

1. Eclipse+ADT的开发环境

首先下载 Eclipse，下载完成后接着下载 Eclipse-jee-helios-win32。Eclipse 是绿色软件，下载完成以后将其解压到 D:\programs_files\里就可以使用了。双击 eclipse.exe 就可以打开 Eclipse 应用了，如图 6.9 所示。我们需要选择将来工程（源码）需要存储的位置，这里设置为 F:\android 来存储源码，E 盘也可以，随你的喜好。然后单击 OK 按钮进入如图 6.10 所示的窗口就可以了。

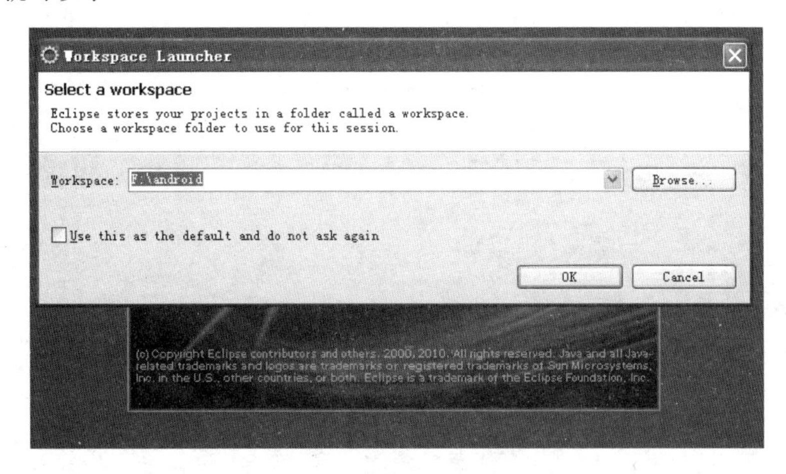

图 6.9　安装 Eclipse

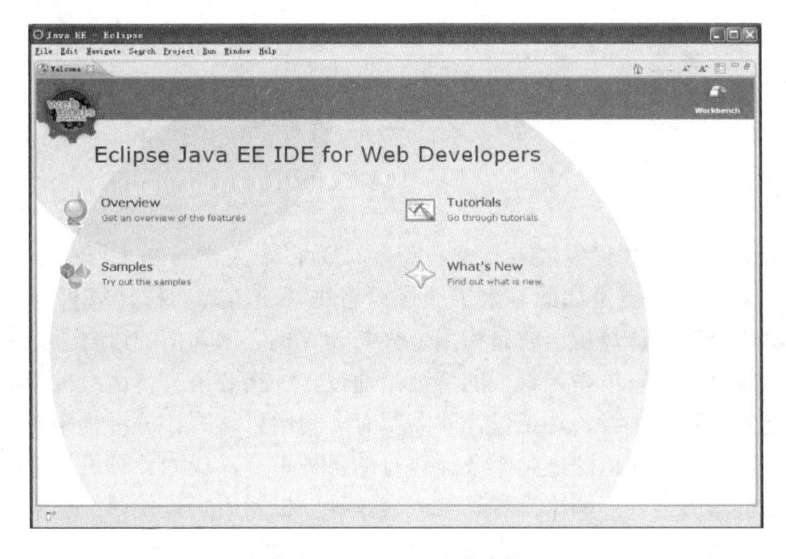

图 6.10　Eclipse 安装完毕

然后可以到 Android 官网上下载最新的 Android SDK 版本和 ADT 版本进行软件的开发，目前 ADT 的版本已经停止更新了，因此建议大家采用 Android Studio 的开发环境。

2. Android Studio的开发环境

Android Studio 是开发 Android 应用程序的官方 IDE，是基于 IntelliJ IDEA 开发的。可以从官网（http://developer.android.com/sdk/index.html）下载最新版本的 Android Studio。如

果你是在 Windows 上安装 Android Studio，找到名为 android-studio-bundle-135.17407740-windows.exe 文件并下载，然后通过 Android Studio 向导指南安装即可。

如果要在 Mac 或者 Linux 上安装 Android Studio，可以从 Android Studio Mac 或者 Android Studio Linux 下载最新的版本，查看随下载文件提供的说明，进行软件的安装。图 6.11 为安装完成后的 Android Studio 的界面。

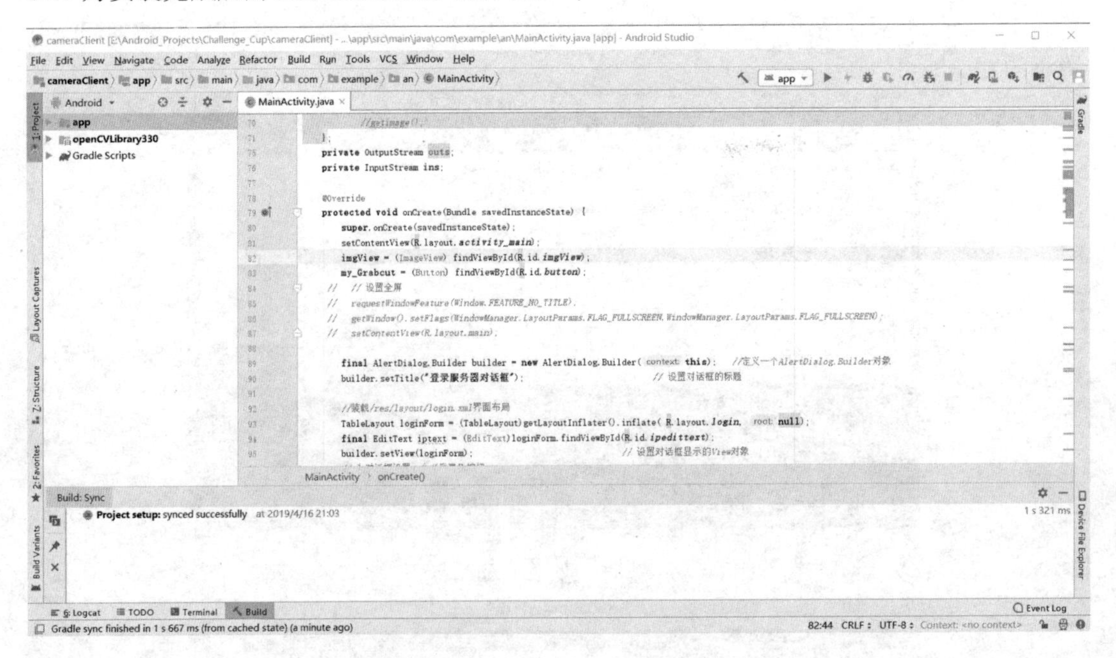

图 6.11　Android Studio 运行界面

6.1.4　Python 语言

随着信息化时代的高速发展，计算机已经成为很多人学习和工作中不可或缺的一部分，尤其是针对大学生更是如此。人类通过语音进行交流，同样计算机也有属于自己的语言——计算机语言。计算机语言是指用于人与计算机之间通信的语言，是人与计算机之间传递信息的媒介。计算机系统最大的特征是通过一种指令语言传达给机器。

为了使电子计算机进行各种工作，就需要有一套用以编写计算机程序的数字、字符和语法规则，由这些字符和语法规则组成计算机的各种指令，成为计算机能接受的语言。计算机语言包括机器语言、汇编语言和高级语言 3 种。机器语言是使用二进制代码表示的计算机能直接识别和执行的一种机器指令的集合，具有灵活、直接执行和速度快的特点；汇编语言是计算机的设计者通过计算机的硬件结构赋予计算机的操作功能；高级语言比较容易识记和理解。说到高级语言我们就不得不说一下 Python 了。

Python 是完全面向对象的语言，函数、模块、数字和字符串等都是对象。Python 支持重载运算符和动态类型，相对于 Lisp 这种传统的函数式编程语言，Python 对函数式的设计只提供了有限的支持。Python 提供丰富的 API 和工具，以便程序员能够轻松地使用 C 语言和 C++来编写扩充模块。Python 编译器也可以被集成到其他需要脚本语言的程序内，因此很多人把 Python 作为一种“胶水语言”，使用 Python 将其他语言的程序进行集成和封装。

例如 Google Engine 使用 C++编写性能要求极高的部分，然后用 Python 或 Java 语言调用相应的模块。Google 在操控硬件场合使用 C++，在快速开发时使用 Python。

Python 是一个高层次地结合了解释性、变异性、互动性和面向对象的脚本语言，其设计具有很强的可读性，相比其他语言经常使用英文关键字，具有比其他语言更有特色的语法结构，并且 Python 是交互式语言，即可以在一个 Python 提示符 >>> 后直接执行代码。对于语言的初学者，Python 是一种功能强大的语言，它支持广泛的应用程序开发，比如从简单文字处理到浏览器再到游戏。

Python 一词取自英国 20 世纪 70 年代首播的电视喜剧《蒙提·派森干的飞行马戏团》（Monty Python's Flying Circus），其创始人是荷兰人 Guido van Rossum，在 1989 年的圣诞节期间，Gudio 为了打发圣诞节的无趣，决心开发一个新的脚本解释程序，作为 ABC 语言的一种继承。ABC 是由 Gudio 参加设计的一种教学语言，其功能非常强大，是专门为非专业程序员设计的，但是 ABC 语言并没有成功，究其原因，Gudio 认为是其非开放造成的，他决心在 Python 中避免这一错误，同时还想实现 ABC 中出现过但未曾实现的功能。就这样，Python 诞生了。可以说 Python 是从 ABC 语言的基础上发展起来的，主要受到了 Modula-3 的影响，并结合了 UNIX shell 和 C 的习惯。

由于 Python 语言的简洁性、易读性及可扩展性，使其成为了最受欢迎的程序设计语言之一。自 2004 年以后，Python 的使用率呈线性增长。在国外用 Python 做科学计算的研究机构日益增多，一些知名的大学已经采用 Python 来教授程序设计课程，例如麻省理工学院的计算机科学技术编程导论就使用 Python 语言来讲授。众多开源的科学计算软件包都提供了 Python 的调用接口，例如著名的计算机视觉库 OpenCV、三维可视化库 VTK 等。而 Python 专用的科学计算扩展库就更多了，例如三个十分经典的科学计算扩展库：Numpy、SciPy 和 Matplotlib，它们分别为 Python 提供了快速数组处理、数值运算及绘图功能。因此 Python 语言及其众多的扩展库所构成的开发环境十分适合工程技术人员和科研人员处理实验数据，甚至开发科学计算应用程序。

Python 自问世以来在不断地更新和发展，其版本也随着功能逐渐改进而更新，现在市面上所存在的版本是 Python 2 和 Python 3 两种，Python 2 于 2000 年 10 月 16 日发布，稳定版本是 Python 2.7；Python 3 于 2008 年 12 月 3 日发布，不完全兼容 Python 2。

Python 2 是一种更加清晰、更加包容的语言开发过程，和之前的版本相比较，Python 2 还包括了更多的程序性功能，增加了对 Unicode 的支持，实现字符的标准化，并采用列表综合的方式在现有列表基础上创建列表。随着 Python 2 的不断更新和发展，新功能被添加进来，例如将 Python 的类型在 Python 2.2 版本中统一为一层。

Python 3 是目前正在开发的语言版本，以解决和修正以前语言版本的内在设计缺陷，其开发的重点是清理代码并删除冗余，清晰地表明只能用一种方式执行给定的任务。对 Python 3.0 的主要修改包括将 print 语句更改为内置函数，改进整数分割的方式，并对 Unicode 提供更多的支持。在 Python 3.0 发布之后，Python 2.7 于 2010 年 7 月发布，并计划作为 2.x 版本的最后一版，发布此版本的目的在于通过提供一些测量两者之间兼容性的措施，使 Python 2.x 的用户能更容易地将功能移植到 Python 3 上。Python 2.7 具有 Python 2 和 Python 3.0 之间的早起迭代版本的独特位置，因为它对许多具有鲁棒性的库具有兼容性，对于程序员而言是非常明智的选择。

Python 在执行时，首先会将.py 文件中的源代码编译成 Python 的 byte code（字节码），然后再由 Python 虚拟机来执行这些编译好的 byte code。这种机制的基本思想跟 Java 和.NET 是一致的。然而，Python 虚拟机与 Java 或.NET 的虚拟机不同的是，Python 的虚拟机是一种更高级的虚拟机。这里的高级并不是通常意义上的高级，不是说 Python 的虚拟机比 Java 或.NET 的功能更强大，而是说和 Java 或.NET 相比，Python 的虚拟机距离真实机器更远。或者可以这么说，Python 的虚拟机是一种抽象层次更高的虚拟机。基于 C 的 Python 编译出的字节码文件通常是.pyc 格式。除此之外，Python 还可以以交互模式运行，比如主流操作系统 UNIX/Linux、Mac OS、Windows 等都可以在命令模式下直接运行 Python 交互环境，直接下达操作指令即可实现交互操作。

Python 作为当今最流行的编程语言之一，其使用率也在不断地增加。Python 的优点如下：

（1）简单易学且速度快。Python 是一种代表简单主义思想的语言，阅读一个良好的 Python 程序感觉就好像是在读英语一样，使读者能够专注于解决问题本身而不是去搞明白语言本身；Python 的底层是用 C 语言编写的，很多标准库和第三方库也都是用 C 写的，这样极其容易上手，并且运行速度非常快。

（2）可移植性、可嵌入性、可扩展性、解释性。由于它的开源本质，Python 已经被移植到许多平台上，可以经过改动使其在不同平台上进行工作，这些平台包括 Linux、Windows、FreeBSD、Macintosh、Solaris、OS/2、Amiga、AROS、AS/400、BeOS、OS/390、z/OS、Palm OS、QNX、VMS、Psion、Acom RISC OS、VxWorks、PlayStation、Sharp Zaurus、Windows CE、PocketPC、Symbian 及谷歌基于 Linux 开发的 Android 平台。除此之外，Python 可以嵌入到 C/C++程序中，从而向程序用户提供脚本功能。也可以根据功能需求，部分程序用 C 或 C++编写，然后在 Python 程序中使用它们。

（3）丰富的库。Python 标准库比较庞大，它可以帮助处理各种工作，包括正则表达式、单元测试、数据库、CGI、FTP、XML、GUI 和其他与系统有关的操作，这些被称作 Python 的标准库。除了标准库，还有许多其他高质量的库，如 Twisted 和 Python 图像库等。

（4）单行语句和命令行输出问题。在运用 Python 编写程序时，不能坚持程序连写成一行，而 perl 和 awk 就没有此限制，可以较为方便地在 shell 下完成简单程序，不需要像 Python 一样，必须将程序写入一个.py 文件中。

由于 Python 具有独特的优点，因此被应用于许多应用之中，比如 Web 应用框架、应用服务器、用于管理成百万上千台 Linux 主机的程序库和 C 结合的开源 3D 绘图软件等。了解了 Python 的优点和应用之后，我们来看一下它的开发环境。

Python 本身就具有一个集成开发环境（IDE），它是随 Python 安装包提供的，不需要单独下载和安装。常见的运行 Python 的软件有 Pycharm、Spyder、Visual Studio 和 Eclipse+ Pydev 等，这里主要介绍 Windows 下利用 Visual Studio 进行 Python 环境搭建的方法。

（1）从网站（https://visualstudio.microsoft.com/zh-hans/downloads/）下载 Visual Studio 2017 专业版，如图 6.12 所示。

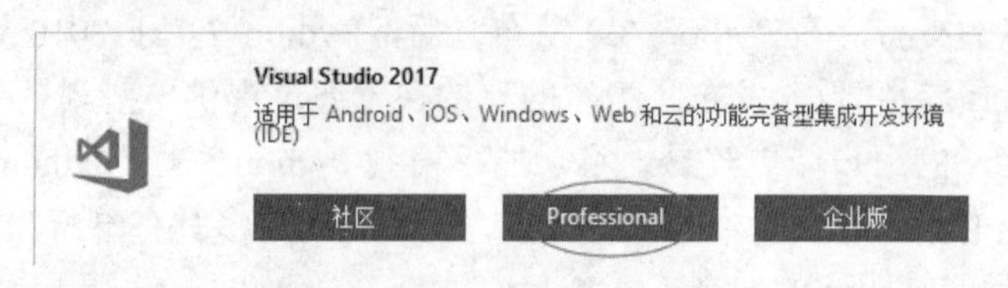

图 6.12　下载 Visual Studio 2017

（2）下载完之后，打开 Visual Studio 2017 专业版安装程序，单击“继续”按钮，进入安装界面，默认安装即可。然后会弹出一个工作负载对话框，勾选 Python 和 Anaconda 选项，其他项默认即可，如图 6.13 所示。安装路径可以根据自己的需要进行选择，选择完毕之后单击开始按钮开始安装。

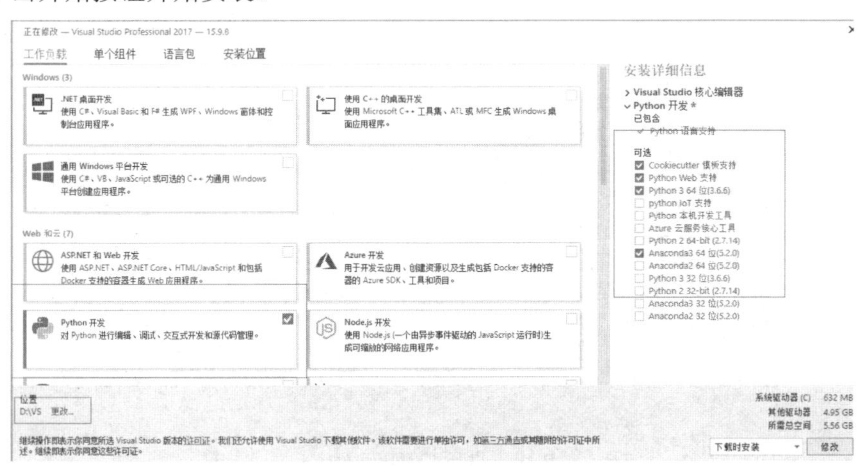

图 6.13　安装选项

（3）此时显示正在获取信息，稍等片刻，安装即将完成。安装完成后，可以通过 cmd 命令窗口查看 Python 是否安装成功，如图 6.14 所示；若显示没有 Python，则打开计算机的环境变量，将 Python 的安装路径添加到 path 中，然后再查看 Python。安装成功之后进入 Visual Studio，就可以看到 Python 已经集成到了 IDE 环境中，如图 6.15 所示。

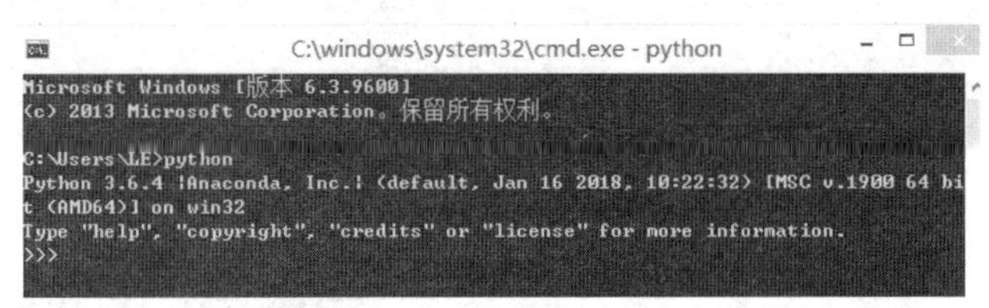

图 6.14　查看 Python 版本

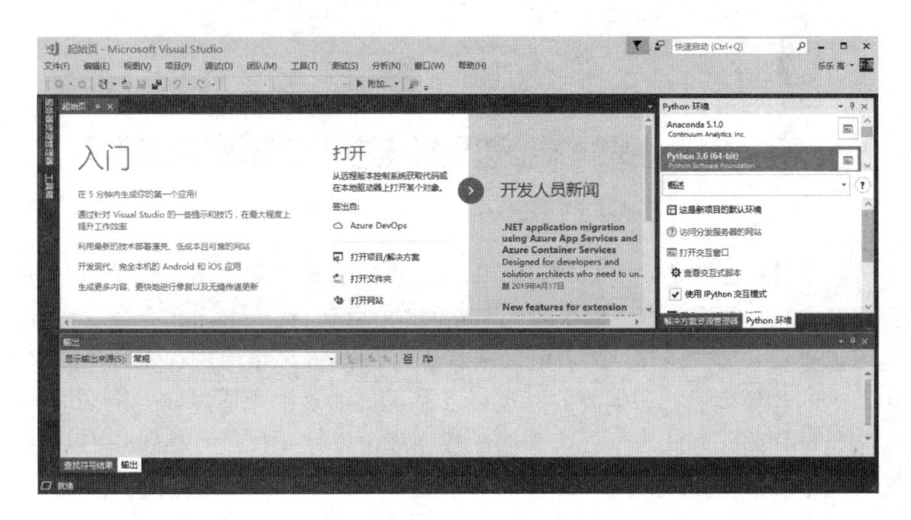

图 6.15　Visual Studio 集成 Python 环境

（4）选择“文件”|“新建”|“项目”命令，在弹出的对话框中选择“Python 应用程序”新建 Python 应用程序，然后单击“确定”按钮即可，如图 6.16 和图 6.17 所示。

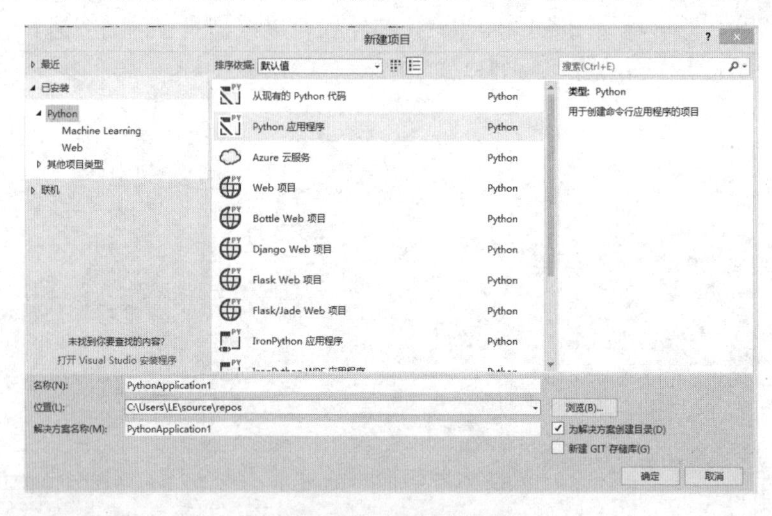

图 6.16　新建 Python 应用程序

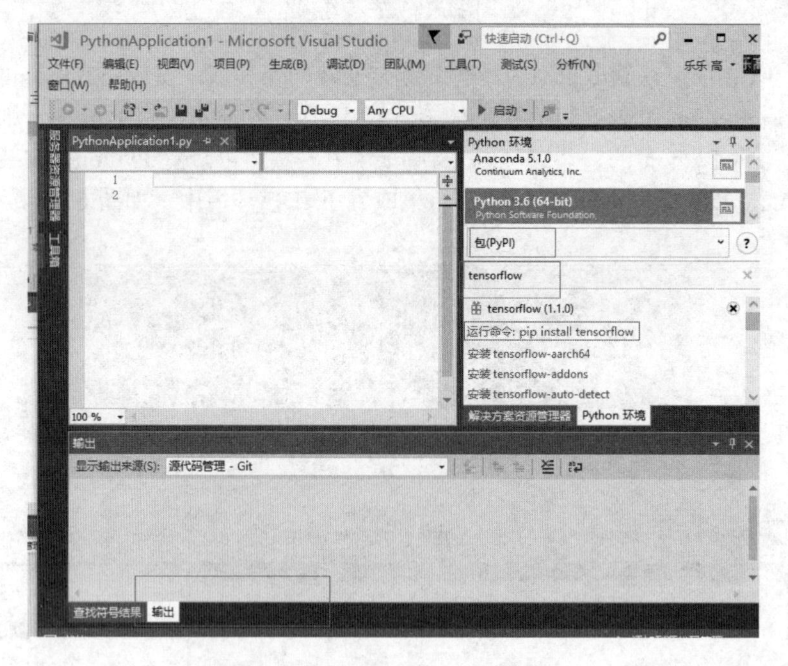

图 6.17　完成新建 Python 应用程序

这时可以在图 6.17 的右边看到使用的是 Python 3.6，然后单击下方列表框内的包 PyPI，可以看到安装的包，在搜索框内输入我们需要的包，并运行 pip install 命令安装包。在输出命令框内可以查看安装的进度，之后可以在右边的 Python 环境中进行安装包的查看。在运行过程中，Python 环境运行所需要的库也可以在 cmd 命令框中通过 pip 命令进行安装，这两种方法都是可行的。至此，Python 环境配置完成，可打开自己的 Python 程序运行一下，同时安装程序中所需要的库。

6.2　硬件开发平台

智能硬件作为智能手机之后出现的新科技概念，标志着电子制造业进入了一个崭新的时代。以“创客”为代表的个性化定制群体成为智能硬件创新的中坚力量，他们可以在智能硬件开放平台的基础上创造出更多、更好的产品，让世界因智能产品而变得更加美好。智能硬件平台也是在传统硬件开发平台的基础上进行再创造而得来的。因此，我们有必要介绍一下常用的传统硬件平台。

6.2.1　单片机

单片微型计算机简称单片机，是典型的嵌入式微控制器，常用 MCU 表示单片机，最早是被用在工业控制领域。单片机是一种集成电路芯片，是采用超大规模集成电路技术把具有数据处理能力的中央处理器 CPU、随机存储器 RAM、只读存储器 ROM、多种 I/O 口和中断系统、定时器/计时器等功能（可能还包括显示驱动电路、脉宽调制电路、模拟多路转换器、A/D 转换器等电路）集成到一块硅片上构成的一个小而完善的计算机系统。

单片机不是完成某一个单一逻辑功能的芯片，而是把一个计算机系统集成到一个芯片上，相当于一个微型的计算机，和计算机相比，单片机只缺少了 I/O 设备。概括地讲，一块芯片就成了一个计算机。它的体积小、质量轻、价格便宜，为应用和开发提供了便利条件。

单片机内部也有与 PC 机功能类似的模块，如 CPU、内存、并行总线，还有与硬盘作用相同的存储器件，不同的是它的这些部件性能都相对微型计算机来讲弱很多，不过价钱也是很低的，一般不超过 10 元，用它来做一些控制电器，如不是很复杂的工作完全可以胜任。

目前，单片机已渗透到我们生活的各个领域，几乎很难找到哪个领域没有单片机的踪迹。例如，导弹的导航装置，飞机上各种仪表的控制，计算机的网络通信与数据传输，工业自动化过程的实时控制和数据处理，广泛使用的各种智能 IC 卡，民用豪华轿车的安全保障系统，录像机、摄像机、全自动洗衣机的控制，以及程控玩具、电子宠物等，这些都离不开单片机，更不用说自动控制领域的机器人、智能仪表、医疗器械及各种智能机械了。

因此，单片机的学习、开发与应用，将造就一批计算机应用与智能化控制的科学家和工程师。

1．常用的单片机芯片

STC 单片机：STC 公司的单片机主要是基于 8051 内核，是新一代增强型单片机，指令代码完全兼容传统的 8051，并且速度比传统的 8051 快 8～12 倍，带 ADC，4 路 PWM，双串口，有全球唯一 ID 号，加密性好，抗干扰强。

PIC 单片机：是 Microchip 公司的产品，其突出的特点是体积小、功耗低、有精简的指令集，抗干扰性好，可靠性高，有较强的模拟接口，代码保密性好，大部分芯片有兼容的 Flash 程序存储器。

EMC 单片机：是中国台湾义隆公司的产品，有很大一部分与 PIC 8 位单片机兼容，并且相兼容产品的资源相对比 PIC 多，价格便宜，有很多系列可选，抗干扰较差。

ATMEL 单片机（51 单片机）：ATMEL 公司的 8 位单片机有 AT89 和 AT90 两个系列。AT89 系列是 8 位 Flash 单片机，与 8051 系列单片机相兼容，静态时钟模式；AT90 系列是增强 RISC 结构、全静态工作方式，内载在线可编程 Flash 的单片机，也叫 AVR 单片机。

PHLIPIS 51LPC 系列单片机（51 单片机）：PHLIPIS 公司的单片机是基于 80C51 内核的单片机，嵌入了掉电检测、模拟和片内 RC 振荡器等功能，这使 51LPC 在高集成度、低成本、低功耗的应用设计中可以满足多方面的性能要求。

HOLTEK 单片机：是中国台湾盛扬半导体公司生产的单片机，其价格便宜，种类较多，但抗干扰较差，适用于消费类产品。

TI 公司单片机（51 单片机）：得州仪器提供了 TMS370 和 MSP430 两大系列通用单片机。TMS370 系列单片机是 8 位 CMOS 单片机。具有多种存储、各种外圆接口模式，适用于复杂的实时控制场合；MSP430 系列单片机是一种超低功耗、功能集成度较高的 16 位低功耗单片机，特别适用于要求功耗低的场合。

松翰单片机（SONIX）：是中国台湾松翰公司生产的单片机，大多为 8 位机，有一部分与 PIC8 位单片机兼容，价格便宜，系统时钟分频可选项较多，有 PMW、ADC、内振和内部杂讯滤波。

单片机除了以上介绍的 8 位单片机外，还有 16 位单片机和 32 位单片机。16 位单片机以 MCS96 系列为主流，而 32 位单片机以现在的 ARM 系列处理器为主。

2. 单片机项目开发过程

单片机是靠程序控制运行的，并且可以修改。通过不同的程序实现不同的功能，单片机自动完成赋予它的任务的过程，也就是单片机执行程序的过程。学习单片机就要学会软件编程，如汇编语言、C 语言。

单片机开发系统是一个软件和硬件相结合的系统。软件是控制单片机的程序代码，硬件是实现系统控制功能的电子元件和单元电路组成。

硬件设计：先设计完成系统功能的电路原理图、PCB 板图，加工完成实际的电路板，或者自己用万能板手工搭建。

软件设计：在 PC 机上用专业的软件编写程序控制代码，然后用编程器或仿真器将编译好的程序代码下载到单片机的存储空间里。

单片机的一般开发过程如下：

（1）根据功能要求，设计软件电路，编写软件（Keil C51）。

（2）在仿真软件中进行电路仿真（Proteus）。

（3）连线、搭建电路。

（4）实际调试（把编写的程序变为机器码后，下载到单片机或 EPROM 中）。

（5）利用画图软件绘制原理图（Protel99 或者 Altium Designer）。

（6）将设计好的原理图生成 PCB 板图。

（7）在 PCB 板上焊接元器件，然后进行调试，先小批量生产，之后再进行大批量生产。

6.2.2　DSP 芯片

DSP 芯片（数字信号处理器）是一种特别适合进行数字信号处理运算的微处理器。DSP 的主要应用是实时快速地实现各种数字信号处理算法。根据数字信号处理的要求，DSP 芯片一般具有如下主要特点。

在一个指令周期内可完成一次乘法和一次加法；程序和数据空间分开，可以同时访问指令和数据；片内具有快速的 RAM，通常可通过独立的数据总线在两块中同时访问；具有低开销或无开销循环及跳转的硬件支持；快速的中断处理和硬件 I/O 支持；具有在单周期内操作的多个硬件地址产生器；可以并行执行多个操作；支持流水线操作，使取指、译码和执行等操作可以重叠执行。

1．DSP芯片的分类

DSP 芯片可以按照下列 3 种方式进行分类。

（1）按基础特性分类。

基础特征表现在 DSP 芯片的工作时钟和指令类型。如果在某时钟频率范围内的任何时钟频率上 DSP 芯片都能正常工作，除计算速度有变化外，性能没有下降，则这类 DSP 芯片一般称为静态 DSP 芯片。例如，日本 OKI 电气公司的 DSP 芯片、TI 公司的 TMS320C2XX 系列芯片就属于这一类。

如果有两种或两种以上的 DSP 芯片，它们的指令集和相应的机器代码及管脚结构相互兼容，则这类 DSP 芯片称为一致性 DSP 芯片。例如，美国 TI 公司的 TMS320C54X 就属于这一类。

（2）按数据格式分类。

数据以定点格式工作的 DSP 芯片称为定点 DSP 芯片，如 TI 公司的 TMS320C1X/C2X 系列、AD 公司的 ADSP21XX 系列、AT&T 公司的 DSP16/16A 等。数据以浮点格式工作的 DSP 芯片称为浮点 DSP 芯片，如 TI 公司的 TMS320C3X、AD 公司的 ADSP21XXX 系列、AT&T 公司的 DSP32/32C 等。

不同浮点 DSP 芯片所采用的浮点格式不完全一样，有的 DSP 芯片采用自定义的浮点格式，如 TMS320C3X，而有的 DSP 芯片则采用 IEEE 的标准浮点格式，如 Motorola 公司的 MC96002 和 Zoran 公司的 ZR35325 等。

（3）按用途分类。

按照 DSP 的用途来分，可分为通用型 DSP 芯片和专用型 DSP 芯片。通用型 DSP 芯片适合普通的 DSP 应用，如 TI 公司的一系列 DSP 芯片属于通用型 DSP 芯片。专用型 DSP 芯片是为特定的 DSP 运算而设计的，更适合特殊的运算，如数字滤波、卷积和 FFT，如 Motorola 公司的 DSP56200、Zoran 公司的 ZR34881、Inmos 公司的 IMSA100 等就属于专用型 DSP 芯片。

2．DSP芯片的选择

设计 DSP 应用系统，选择 DSP 芯片是非常重要的一个环节。只有选定了 DSP 芯片，才能进一步设计其外围电路及系统的其他电路。总的来说，DSP 芯片的选择应根据实际的应用系统需要而确定。不同的 DSP 应用系统由于应用场合、应用目的等不尽相同，对 DSP 芯片的选择也是不同的。一般来说，选择 DSP 芯片时应考虑如下因素：

（1）DSP 芯片的运算速度。运算速度是 DSP 芯片的一个最重要的性能指标，也是选择 DSP 芯片时需要考虑的一个主要因素。DSP 芯片的运算速度可以用以下几种性能指标来衡量，如表 6.3 所示。

表 6.3　衡量DSP芯片的运算速度性能指标

指标名称	指标表示的意义
指令周期	执行一条指令所需的时间，通常以ns（纳秒）为单位。例如TMS320LC54980在主频为80MHz时的指令周期为12.5ns
MAC时间	一次乘法加上一次加法的时间。大部分DSP芯片可在一个指令周期内完成一次乘法和加法操作，如TMS320LC549-80的MAC时间就是12.5ns
FFT执行时间	运行一个N点FFT程序所需的时间。由于FFT涉及的运算在数字信号处理中很有代表性，因此FFT运算时间常作为衡量DSP芯片运算能力的一个指标
MIPS	每秒执行百万条指令。例如，TMS320LC549-80的处理能力为80MIPS，即每秒可执行8000万条指令
MOPS	每秒执行百万次操作。例如，TMS320C40的运算能力为275MOPS
MFLOPS	每秒执行百万次浮点操作。例如，TMS320C31在主频为40MHz时的处理能力为40MFLOPS
BOPS	每秒执行10亿次操作。例如，TMS320C80的处理能力为2BOPS

（2）DSP 芯片的价格。DSP 芯片的价格也是选择 DSP 芯片所需考虑的一个重要因素。如果采用价格较高的 DSP 芯片，即使性能再高，其应用范围肯定会受到一定的限制，尤其是民用产品。因此根据实际系统的应用情况，需确定一个价格适中的 DSP 芯片。当然，由于 DSP 芯片发展迅速，DSP 芯片的价格往往下降较快，因此在开发阶段也可以选用某种价格稍高的 DSP 芯片，等到系统开发完毕，其价格有可能已经下降一半甚至更多。

（3）DSP 芯片的硬件资源。不同的 DSP 芯片所提供的硬件资源是不相同的，如片内 RAM 和 ROM 的数量，外部可扩展的程序和数据空间，总线接口 I/O 接口等。即使是同一系列的 ISP 芯片（如 TI 的 TMS20C54X 系列），系列中不同的 DSP 芯片也具有不同的内部硬件资源，可以适应不同的需要。

（4）DSP 芯片的运算精度。一般的定点 DSP 芯片的字长为 16 位，如 TMS320 系列，但也有的公司的定点芯片为 24 位。

（5）DSP 芯片的开发工具。在 DSP 系统的开发过程中，开发工具是必不可少的。如果没有开发工具的支持，想要开发一个复杂的 DSP 系统几乎是不可能的。如果有功能强大的开发工具的支持，如 C 语言支持，则开发的时间就会大大缩短。

（6）DSP 芯片的功耗。在某些 DSP 应用场合，功耗也是一个需要特别注意的问题。如便携式的 DSP 设备、手持设备、野外应用的 DSP 设备等都对功耗有特殊的要求。目前，3.3V 供电的低功耗高速 DSP 芯片已被大量使用。

（7）除了上述因素外，选择 DSP 芯片还应考虑到封装的形式、质量标准、供货情况、生命周期等。有的 DSP 芯片可能有 DIP、PGA、PLCC、PQFP 等多种封装形式。有些 DSP 系统可能最终要求的是工业级或军用级标准，在选择时就需要注意所选的芯片是否有工业级或军用级的同类产品。如果所设计的 DSP 系统不仅仅是一个实验系统，而是需要批量生产并可能有几年甚至十几年的生命周期，那么还需要考虑所选的 DSP 芯片的供货情况，是否也有同样甚至更长的生命周期等。

在上述诸多因素中，一般而言，定点 DSP 芯片的价格较便宜，功耗较低，但运算精度也稍低；而浮点 DSP 芯片运算精度高，并且 C 语言编程调试方便，但价格稍高，功耗也较大。例如 TI 的 TMS320C2XX/C54X 系列属于定点 DSP 芯片，低功耗和低成本是其主要的特点；而 TMS320C3X/C4X/C67X 属于浮点 DSP 芯片，运算精度高，用 C 语言编程方便，开发周期短，但同时其价格和功耗也相对较高。

6.2.3　EDA 技术

EDA 技术即电子设计自动化技术，它由 PLD 技术发展而来，可编程逻辑器件 PLD 的应用与集成规模的扩大为数字系统的设计带来了极大的方便和灵活性，改变了传统的数字系统设计理念、过程和方法。通过对 PLD 技术不断地改进和提高，EDA 技术应运而生。

EDA 技术就是基于大规模可编程器件，以计算机为工具，根据硬件描述语言 HDL 完成表达，实现对逻辑的编译化简、分割、布局、优化等目标的一门新技术，借助 EDA 技术，操作者可以利用软件实现对硬件功能的描述，之后利用 FPGA/CPLD 可得到最终设计结果。

EDA 技术是一门综合性学科，它打破了软件和硬件间的壁垒，代表了电子设计技术和应用技术的发展方向。本节将带大家一起来了解关于 EDA 技术的发展历程、基本特点、作用、分类、常用软件、应用及发展趋势。

1．EDA技术的发展历程

1）起源阶段

这一切都始于计算机辅助设计（CAD）阶段：在 20 世纪 70 年代，当引入中小型集成电路时，印刷电路板和集成电路的传统手工绘图效率低，成本高，并且制造周期长。人们开始使用计算机完成印制电路板的设计，取代产品设计中的重复性和烦琐的工作，例如晶体管级布局设计的控制及寻址，PCB 布局和门级电路仿真和测试。

2）发展阶段

在 20 世纪 80 年代，EDA 技术的开发和改进阶段开始，即进入 CAE 阶段（计算机辅助工程设计）。随着集成电路规模的逐步扩大和电子系统日益复杂，人们对设计软件进行了改进，并将各种 CAD 工具集成到系统中，加强了电路功能和结构的设计，并且逐渐应用于生产可编程半导体芯片。

3）成熟阶段

20 世纪 90 年代以后，微电子技术迅速发展：数千万甚至数亿个晶体管可以集成在一个芯片上，这增加了对 EDA 技术的需求，促进了 EDA 技术的发展。企业已经开发了广泛的 EDA 软件系统，并且出现了以全面的语言描述、系统级模拟和综合技术为特征的 EDA 技术。

2．EDA技术的基本特点

EDA 代表了当今电子设计技术的最新发展。电子设计工程师可以使用 EDA 工具设计复杂的电子系统，并执行大量烦琐的设计工作，从电子电路设计和性能分析到设计 IC 版图。IC 整个布局过程在计算机上自动完成。该技术具有以下特点：

1）自顶向下的设计方法

自顶向下是一种全新的设计方法。该设计方法基于设计的一般要求，将整个系统设计从上到下分为不同的功能子模块，即顶层功能划分和结构设计。这样可以在程序框图级别进行模拟和纠错，并且可以用硬件描述语言描述系统的行为，以便可以在系统级别对其进行验证，然后通过 EDA 综合工具将其映射到过程库进行实现。该方法可用于早期检测结构设计错误，从而避免设计工作中的浪费，并显著减少逻辑功能仿真的工作量，提高设计效率。

2）可编程逻辑器件 PLD

可编程逻辑器件是一种新型器件，由用户编程以实现某种电子电路功能。PLD 可分为低密度和高密度。其中，低密度 PLD 器件需要专用编程器，即半定制 ASIC 器件，而高密度 PLD 是复杂可编程逻辑器件，与 EDA 中常用的现场可编程门阵列 FPGA 和系统可编程逻辑器件一样，都是完全定制的 ASIC 芯片，可以 JTAG 模式连接到计算机的并行端口。

3）硬件描述语言

硬件描述语言（HDL 硬件描述语言）是用于设计电子硬件系统的高级语言，以及用于描述复杂电子系统的逻辑功能、电路结构和连接形式的软件编程方法。硬件描述语言是 EDA 技术的重要组成部分，是 EDA 设计和开发的重要软件工具，VHDL 是集成超高速电路的硬件描述语言，是电子开发中常用的硬件描述语言。

3. EDA技术的作用

1）验证电路设计方案的正确性

在确定设计方案之后，首先通过系统仿真或结构仿真验证设计方案的可行性，这通过确定系统的每个连接的传递函数（数学模型）便可实现。仿真之后对构成系统的各电路结构进行模拟分析，以判断电路结构设计的正确性及性能指标的可实现性。这种量化分析方法对于提高工程设计水平和产品质量，具有重要的指导意义。

2）电路特性的优化设计

元器件的容差和环境工作温度会影响电路的稳定性。采用传统的设计方法，难以全面分析这种效应，难以实现整体优化设计。EDA 技术中的温度分析和统计分析功能可以分析不同温度条件下的电路特性，很容易确定最佳元件参数、最佳电路结构和适当的系统稳定程度，从而实现真正优化设计。

3）实现电路特性的模拟测试

在电子电路的开发中，在检查和表征数据方面投入了大量的工作。但是由于测试方法和工具的限制，存在许多测试问题。使用 EDA 技术，可以轻松实现全面测试。

4. EDA技术的分类

依据计算机辅助技术介入程度的不同，将电子系统设计分为以下 3 类：

1）人工设计方法

人工设计方法从提议到验证方案必须手动执行，并且模式检查必须构建实际电路以完成验证。这种人工构造方法的缺点是开销特别大，效率极低，周期相对较长。

2）计算机辅助设计 CAD

自 1970 年以来，计算机已经被用于 IC 布局设计和 PCB 布局，后来开发出设计电路功能和结构，并在原有的基础上添加了逻辑仿真和自动布局等功能。可以说 CAD 技术的应用取得了令人满意的效果，但我们不能过于乐观，因为各种各样的软件层出不穷，任何设计软件都只能解决部分问题，这意味着软件的“智能”程度无法满足人们的需求。

3）EDA 电子设计自动化

1990 年以后，EDA 时代到来。随着电子计算机的不断发展，计算机系统被广泛应用于电子产品的设计、测试及制造中。随着电子产品性能和精度的不断提高，所需的时间也随之增加。因此，电子产品的设计、测试及制造也必须跟上更新的步伐。同时，EDA 也是 CAD 发展的必然产物，也是电子设计的核心内容。

5．EDA技术的常用软件

EDA 软件很多，大致分为电子电路设计及仿真工具和 PCB 设计软件等，下面简单介绍下在我国应用比较多的几个软件。

1）电子电路设计及仿真工具

电子电路设计及仿真工具有 SPICE 和 EWB 等。

SPICE 工具是由美国加利福尼亚大学开发的电路分析软件。由于其应用的广泛性和足够强大，被认为是电子电路性能模拟的标准。它具有带文本输入和原理图的图形输入两个功能。

EWB 工具是加拿大 Interactive Image Technologies Ltd 公司开发的电子电路设计及仿真工具。该软件可以提供各种可作为实际仪器操作的虚拟仪器，软件可以提供多种组件，设备相对完整，功能上可以模仿 SPICE，但是不提供与 SPICE 一样多的分析功能。

2）PCB 设计软件

PCB 设计软件包括 Protel、Cadence PSD、OrCAD 和 PowerPCB 等。Protel 是在我国最常用的设计软件，许多高校的电子专业还开设了课程来学习它。Protel 可以全方位地设计电路，具有易用性和用户友好界面的优点，电路设计和 PCB 设计是 Protel 最有代表性的功能。

6．EDA技术的应用

随着 EDA 技术的快速发展，EDA 技术在以下两个方面发挥了重要作用。首先是在科学研究中的应用，主要是应用仿真工具，如 PSPICE 和 VHDL 等，使用这些工具进行电路设计和电路仿真，也使用虚拟仪器测试产品，在仪器中应用 CPLD/FPGA 器件，参与 ASIC 或 PCB 设计等。简而言之，EDA 技术被广泛用于科学研究中，并取得了显著的经济和社会效益。其次是在教学方面的应用。大部分与电子信息相关的大学都设置了 EDA 课程，目的是让学生了解 EDA 的原理并学习如何使用，掌握将其用于仿真实验的操作方法，达到无论是做毕业设计还是以后参加工作，都能够进行简单设计的目的。我国每两年都会举办一次大学生电子设计竞赛，这也是为了检验学生的 EDA 技术水平。可以说 EDA 技术已经成为电子领域不可或缺的技术。

7．EDA技术的发展趋势

随着科学技术的进步，电子产品的升级日新月异，EDA 技术作为各类电子产品研发的源泉，自然成为现代电子系统设计的核心。自 21 世纪以来，电子技术已完全融入 EDA 领域。EDA技术使电子学中不同学科之间的界限更加模糊和包容。发展趋势主要体现在这几个方面：为了生存，EDA技术必须适应市场发展趋势，注重技术创新，EDA产品技术创新的重点将体现在系统级验证和可制造性设计（DFM）两个方面；产权之路（IP）得到明确表达和确认，合理使用知识产权是加速产品设计过程的有效途径。集成的设计工具平台允许用户从统一的用户界面中受益，并避免不同工具之间烦琐的数据转换过程。

6.3 仿真软件

仿真软件是于20世纪50年代发展起来的计算机软件，其主要功能是和仿真硬件一样作为仿真的技术工具，它的快速发展离不开计算机、算法、建模等技术水平的不断提高。1984年出现了第一个以数据库为核心的仿真软件，在随后的发展中，出现了采用人工智能技术的仿真软件。现今，仿真软件正向着功能更强、更灵活的方向快速发展，面向更多的用户，满足越来越多用户的需要。另外，除了仿真软件之外，还有硬件（电路）仿真软件，就是将设计好的电路图通过仿真软件进行实时模拟，模拟出实际功能，然后通过对其进行分析、改进，从而实现电路的优化设计。

6.3.1 Simulink工具箱

Simulink是MATLAB中最重要的组件之一，它提供了一个动态系统建模、仿真和综合分析的集成环境。在该环境中，无须大量书写程序，只需要通过简单直观的鼠标操作，就可构造出复杂的系统。Simulink具有适应面广、结构和流程清晰、仿真精细、贴近实际、效率高、灵活等优点，已广泛应用于控制理论和数字信号处理的复杂仿真和设计中。同时有大量的第三方软件和硬件可应用于或被要求应用于Simulink中。

在Simulink提供的图形用户界面GUI上，只要进行鼠标的简单拖曳操作就可以构造出复杂的仿真模型。它的外表以方框图形式呈现且采用分层结构。从建模角度，Simulink既适用于自上而下的设计流程，又适用于自下而上的设计流程。从分析研究角度，这种Simulink模型不仅让用户知道具体环节的动态细节，而且能够让用户清晰地了解各器件、各子系统、各系统间的信息交换，掌握各部分的交互影响。

1. Simulink的功能

Simulink是MATLAB中的一种可视化仿真工具，是一种基于MATLAB的框图设计环境，是实现动态系统建模、仿真和分析的一个软件包，被广泛应用于线性系统、非线性系统、数字控制及数字信号处理的建模和仿真中。Simulink可以用连续采样时间、离散采样时间或两种混合的采样时间进行建模，支持多速率系统，也就是系统中的不同部分具有不同的采样速率。为了创建动态系统模型，Simulink提供了一个建立模型方块图的图形用户接口。创建系统模型的过程只需单击和拖动鼠标操作就能完成，它提供了一种更快捷、直接明了的方式，而且用户可以立即看到系统的仿真结果。

Simulink可以用于嵌入式系统和动态系统的多领域仿真和基于模型的设计工具。对各种时变系统，包括通信、控制、信号处理、视频处理和图像处理系统，Simulink提供了交互式图形化环境和可定制模块库对其进行设计、仿真、执行和测试。

2. Simulink的使用

（1）在 MATLAB 的命令窗口运行指令 Simulink 或单击命令窗口中的图标，便可以打开图 6.18 所示的 Simulink 模块库浏览器。

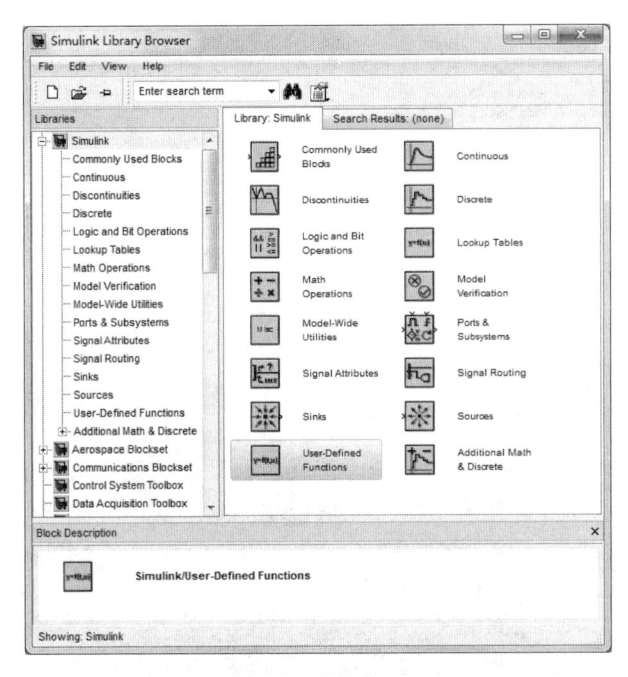

图 6.18　Simulink 模块库浏览器界面

（2）双击 Sources 字库库名，便可以得到各种资源模块，如图 6.19 所示。

（3）选择 File | New | Model 命令，打开一个名为 untitled 的空白模型窗口，如图 6.20 所示。

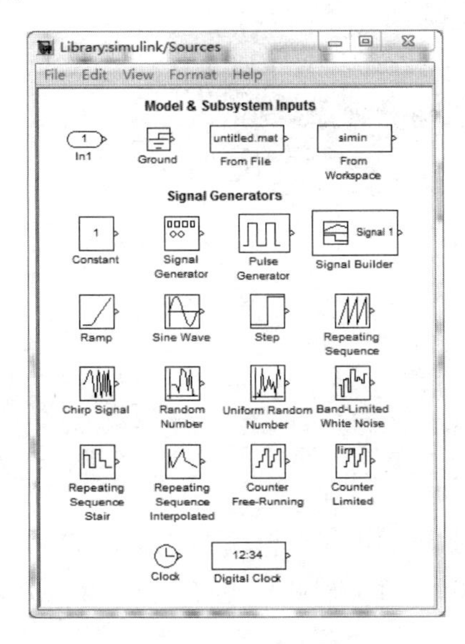

图 6.19　信源子库的模块

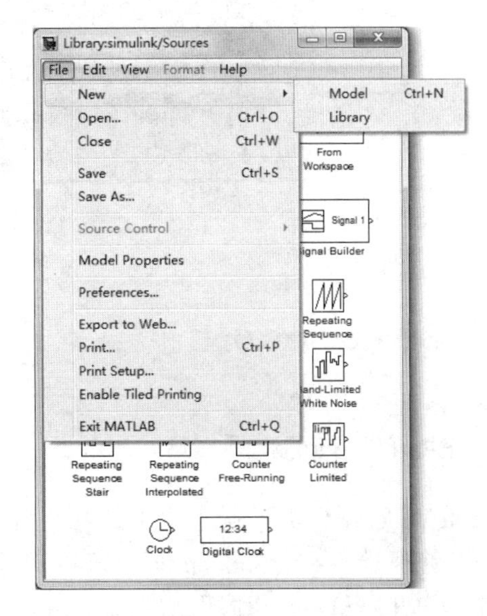

图 6.20　Simulink 的新建模型窗口

（4）单击所需的信号源（如 Chirp Signal），将其拖至 untitled 窗口内，即可生成一个阶跃信号的复制品，如图 6.21 所示。

（5）采用上述方法，将信宿库 Sink 中的示波器 Scope 复制到模型窗口，光标指向信源右侧的输出端，当光标变成十字形时，按住鼠标将鼠标移向示波器的输入端，此时就完成了两个模块间的任意连接，如图 6.22 所示。

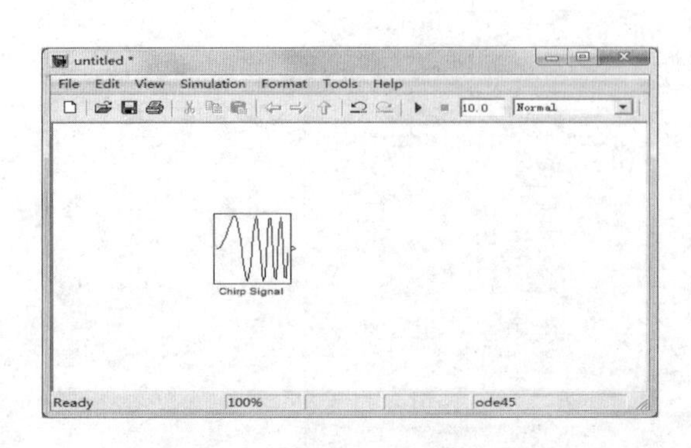

图 6.21　模型创建中的模型窗口

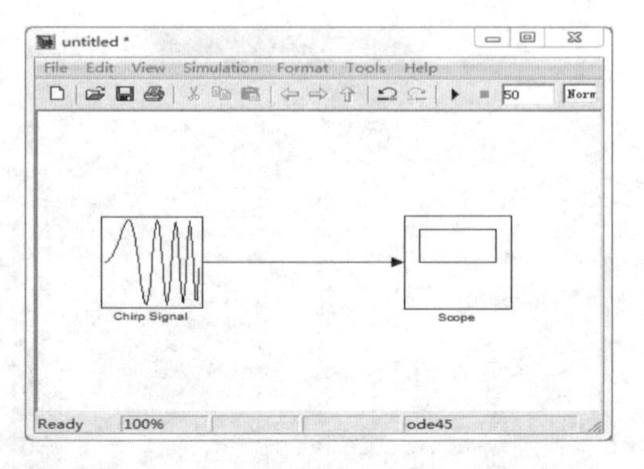

图 6.22　模型创建完成后的模型窗口

（6）进行仿真，单击模型窗口中的“仿真启动”按钮或选择 Simulink 菜单下的 Start 命令，仿真就开始了。双击示波器 Scope 就可以观测到阶跃信号的波形了，如图 6.23 所示。

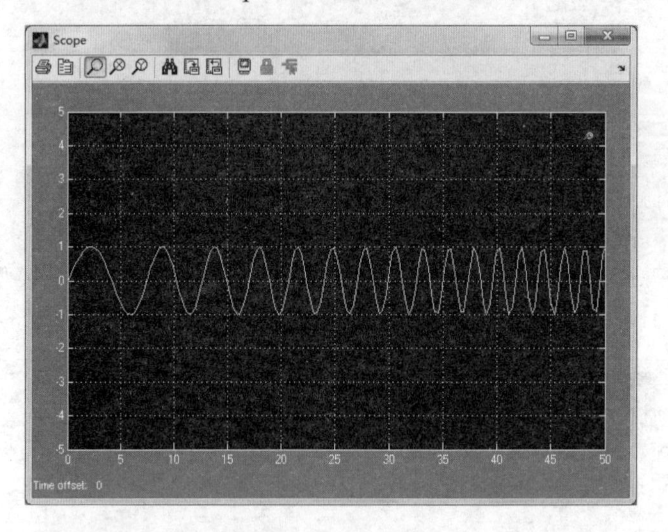

图 6.23　仿真结果波形

6.3.2　SimuWorks 仿真平台

1．SimuWorks的组成

SimuWorks 平台主要包含：仿真支撑平台（SimuEngine）、图形化建模工具（SimuBuilder）、模块资源管理器（SimuManager）、模块资源库（SimuLib）、嵌入式实时操作系统仿真平台（SimuERT）和仿真实时图形系统（SimuMMI）。

2. SimuWorks的主要特点

（1）通过使用实时数据库和动态内存机器码生成技术，为计算机环境下计算和实时仿真提供了高效的平台。

（2）为了更好地在不同领域进行仿真，采用图形化建模，提供了通用的模型开发环境。

（3）SimuWorks 将仿真所需的各种功能进行整合，形成了从开发、调试、验证到运行、分析等全过程的流水线，大幅度提高了工程的开发效率。

（4）为了更好应对大型仿真系统，SimuWorks 里面的 SimuEngine 提供了一个高速的实时网络数据库，多个模型的数据显示、计算和修改可以更好地实现。

3. SimuWorks的工作流程

SimuWorks 仿真开发流程主要包括这几个方面：使用 SimuManager 对系统没有提供的模块进行补充；以 SimuBuilder 环境为基础，依据系统自带模块、用户自行开发模块及仿真对象的组成，通过图形方式进行组合并且构建仿真系统；利用 SimuEngine 的仿真和 SimuBuilder 对所构建的仿真系统进行调试，确定最终产品。

6.3.3 LTspice 电路仿真软件

LTspice IV 是一款集合 SPICE III 仿真器、电路图捕获和波形观测器，能够为简化的开关稳压器的仿真提供改进和模型的仿真软件。其中，改进使得开关稳压器的仿真速度大大提高。在进行电路仿真时，可以下载近 80%的凌力尔特公司开关稳压器的 SPICE 和 Macromodel，以及 200 余种的运算放大器等其他常用电子器件。

现如今，电子器件发展迅速。在电路图仿真的实际操作过程中，自带的模型往往是不能满足用户需要的。而该软件的最大优势解决了这个问题，芯片供应商会免费提供模型供下载，然后导入到软件中即可，甚至一些厂商会直接提供 LTspice 模型，可以直接进行仿真。这是其免费 SPICE 电路仿真软件 LTspice/SwitcherCADIII 所做的一次重大更新，也是 LTspice 电路图仿真软件在欧洲及美国、澳大利亚、中国广泛使用的根本原因。图 6.24 所示为 LTspice 电路仿真演示图。

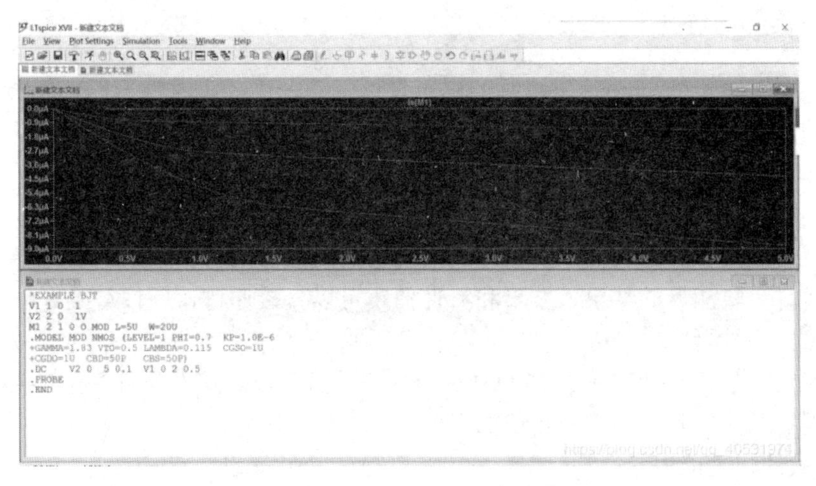

图 6.24　LTspice 电路仿真演示图

LTspice IV 具有专为提升现有多内核处理器的利用率而设计的多线程求解器。另外，该软件还内置了新型 SPARSE 矩阵求解器，这种求解器采用汇编语言，旨在接近现有的 FPU（浮点处理单元）的理论浮点计算限值。当采用四核处理器时，LTspice IV 可将大中型电路的仿真速度提高 3 倍。同等设置的精度，电路仿真时间远远小于 PSpice 的计算时间（例如，本来你要等待 3 个小时，现在 1 个小时就结束了）。因此，LTspice 是一款功能强大而且免费使用的仿真工具，可以满足基本的应用。

6.3.4 Multisim 软件

1. Multisim系列软件简介

无论是从事电子设计的工作人员还是主修电子相关知识的学生，经常需要对电路设计进行模拟调试。它的目的在于检验电路是否满足要求，调节电路元件参数，使电路性能达到最佳状态。如果是运用实物模拟，不但浪费时间，增加成本，还受到实验条件环境、实物制作水平等因素的影响。因此为了克服这一个问题，加拿大的 Interactive Image Technologies 公司在 20 世纪 80 年代末 90 年代初推出了 EWB 软件，并且为了满足日益增长的电子电路仿真的需求，该公司从 EWB 6.0 开始把电路级仿真与设计的模块更名为 Multisim，在保留原先软件优点的基础上，大大增强软件仿真测试分析功能。

在 EWB 仿真设计的模块更名为 Multisim 以后，Eletronics Workbench Layout 模块更名为 Utiboard，这是以荷兰某公司收购的以 Ulimate 软件为核心开发的新的 PCB 软件。被收购后，该公司又后续开发了 Utiroute 布线引擎，加强 Ultiboard 的布线能力，并推出了专门用于通信电路分析设计的软件 Conmsim。Mulisim、Uliboard、Utiroute 及 Conmsim 是现今 EWB 的基本组成部分，这些软件能完成从电路的仿真设计到电路板图生成的全过程，而且它们彼此之间相互独立，可以分别使用。目前，这 4 个 EWB 模块中最具特色的仍首推 EWB 仿真模块——Multisim。到目前为止，Multisim 已经过了多个版本的演变。

Multisim 本是 IIT 公司推出的以 Windows 为基础的仿真工具，被美国 NI 公司收购后，更名为 NI Multisim。

2. Multisim的特点

Multisim 软件是 Windows 下运行的电子设计工具，由于该软件可以让学员不受场地、实验设备的限制，可以做到随时进行仿真实验，解决了理论教学和实践动手脱节的问题。因此，Multisim 软件可以说是电子学教学的首选软件。该软件具有以下特点：

1）直观的图形界面

Multisim 的操作界面简洁，元器件和仿真所需的仪器均可直接放到操作界面中运用鼠标进行连线。实验测量的结果、波形和特性曲线可以直接通过该软件得到。

2）丰富的元器件

元件库元件丰富，拥有超过 17 000 种元件，并且可以直接对元件基础参数进行修改，也可以根据自己的实际需要创建自己的元器件。

3）强大的仿真能力

以 SPICE3F5 和 Xspice 的内核作为引擎，以 Electronic workbench 带有的增强设计功能

仿真进行优化。仿真主要包括 SPICE 仿真、RF 仿真和 MCU 仿真等。

4）丰富的测试仪器

Multisim 软件提供了 22 种测量虚拟仪器，它们和真实的仪器相同，都是采用动态交互显示。同时，也可以自己创建 LabVIEW 的自定义仪器，使测量更加灵活。

5）完备的分析手段

Multisim 可以依据仿真的数据进行分析，分析范围从基础到极端应有尽有，并且可将一个分析作为另一个分析的基础自动执行。将 LabVIEW 与 Signalexpresss 集成，使得其成为符合行业规范标准的交互式测量分析功能的软件。

6）独特的射频（RF）模块

RF 模块主要提供基本射频电路设计仿真与分析功能。其中射频模块主要由 4 部分构成，分别是 RF-specific、可以允许用户创建自定义的 RF 模型的模型生成器、两个 RF-specific 仪器（频谱分析仪和网络分析仪）及一些 RF-specific 分析。

7）强大的 MCU 模块

Multisim 软件能够支持四种单片机芯片，无论是 C 语言代码、汇编语言代码还是十六进制代码都能够支持，并且兼容第三方工具源代码；例如设置断点、查看和编辑内部 RAM 等高级功能。除此之外它也支持外围设备的仿真。

8）完善的后处理

Multisim 软件能对分析的结果进行广泛的数学运算，如算术运算、三角运算和指数运算等。

9）详细的报告

Multisim 软件可以呈现 7 种报告供用户参考，分别是材料清单、元件详细报告、网络报表、原理图统计报告、多余门电路报告、模型数据报告和交叉报表。

10）兼容性好的信息转换

Multisim 软件可以把原理图或者仿真数据转换到其他程序中，例如把原理图输出到 PCB 布线；输出仿真结果到 Excel 等，提高互联网共享文件。

Multisim 10 易学易用，便于电子信息、通信工程、自动化、电气控制类专业学生自学，以及开展综合性的设计和实验，有利于培养学生的综合分析能力、开发和创新能力。

3. Multisim界面介绍

1）主界面

Multisim 主界面如图 6.25 所示。

Multisim 主界面主要包括以下几部分：

- 菜单栏：集合了多个操作菜单，从左到右依次是文件、编辑、视图、放置、MCU、仿真、转移、工具、报告、选项、窗口和帮助菜单。
- 系统工具栏：包括新建、打开、保存、剪切、复制等。
- 设计工具栏：包括器件、编辑器、仪表、仿真等。
- 元器件工具栏：包括电源、基本元件、二极管、晶体管、模拟元件、元器件、总线等。
- 仪器仪表工具栏：从左到右分别是数字万用表、函数发生器、示波器、波特图仪、字信号发生器、逻辑分析仪、瓦特表、逻辑转换仪、失真分析仪、网络分析仪、频谱分析仪。

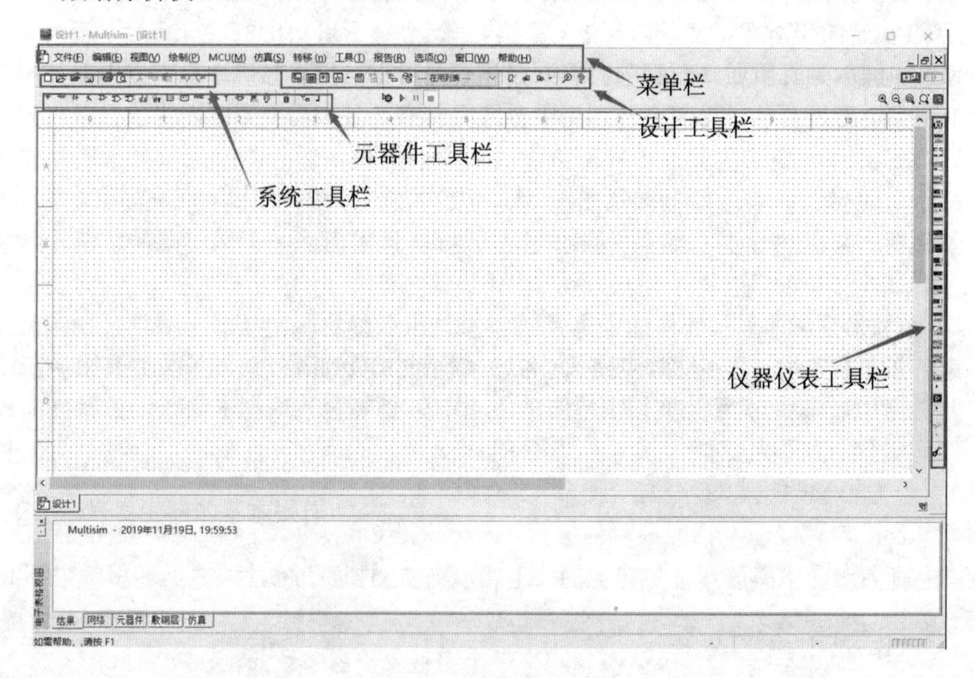

图 6.25 Multisim 主界面

2）菜单栏

文件：管理所创建的电路文件。

编辑：基本编辑操作命令。

视图：调整视图窗口。

放置：在编辑窗口中放置节点、元器件、总线、输入/输出端、文本、子电路等对象。

MCU：控制器菜单，其中包含了常见的元件库、SPICE 模型等。

仿真：提供仿真的各种设备和方法。

转移：将所搭电路及分析结果转移给其他应用程序。

工具：用于创建、编辑、复制、删除元件。

选项：对程序的运行和界面进行设置。

窗口：与窗口显示方式相关的选项。

3）设计工具栏

器件按钮缺省显示：当单击该按钮时，器件选择器会显示出来。器件编辑器按钮用以调整或增加器件。

仪表按钮：用以给电路添加仪表或观察仿真结果。

仿真按钮：用以开始、暂停或结束仿真。

分析按钮：用以选择要进行的分析。

后分析器按钮：用以对仿真结果的进一步操作。

VHDL/Verilog 按钮：用以使用 VHDL 模型进行设计。

报告按钮：用以打印有关电路的报告。

传输按钮：用以与其他程序通信。

4）元器件工具栏

元器件工具栏包括电源库、基本元件库、二极管库、晶体体管库、模拟元件库、TTL 元件库、COMS 元件库、其他数字元件库、混合芯片库、指示部件库、其他部件库、控制部件库、射频器件库和机电类元件库等。

4. 仿真分析方法

Multisim 10 提供了非常齐全的仿真与分析功能。下面举例介绍模拟电路分析中常用的几种分析方法。

（1）静态工作点分析：是最基本的电路分析，通常是为了找出电子电路的直流偏压，在进行操作点分析时，电路中的交流信号将自动设为 0，电路中的电容器视为开路，电感被视为短路，交流电源输出为 0，电路处于稳态。直流工作点的分析结果可用于瞬态分析、交流分析和参数扫描分析等。

（2）交流分析：是分析电路的小信号频率响应，分析的结果是幅频特性和相频特性。电路中的所有零件都会被考虑进去，如果用到数字零件，将被视同是一个接地的大电阻；而交流分析是以正弦波为输入信号，不管在电路的输入端输入何种信号，进行分析时都将自动以正弦波替换，而其信号频率也将以设定的范围替换。当要进行交流分析时，可启动 Simulate/Analyses/AC Analysis 命令。

（3）瞬态分析：用于分析电路的时域响应，分析的结果是电路中指定变量与时间函数的关系。在瞬态分析中，系统将直流电源视为常量，交流电源按时间函数输出，电容和电感采用储能模型。

（4）噪声分析：用于研究噪声对电路性能的影响。Multisim 10 提供了 3 种噪声模型：热噪声、散弹噪声和闪烁噪声。噪声分析的结果是每个指定电路元件对指定输出节点的噪声贡献，用噪声谱密度函数表示。

5. 电子电路的仿真步骤

NI Multisim 10 仿真的基本步骤分为建立电路文件，放置元器件和仪表，元器件编辑，连线和进一步调整，电路仿真和输出分析结果 6 个步骤。下面具体讲解。

1）建立电路文件

建立电路文件的具体方法有：

- 打开 NI Multisim 10 时自动打开空白电路文件 Circuit1，保存时可以重新命名；
- 通过菜单 File | New 命令；
- 单击工具栏中的 New 按钮；
- 通过快捷键 Ctrl+N。

2）放置元器件和仪表

NI Multisim 10 的元件数据库有：主元件库（Master Database）、用户元件库（User Database）和合作元件库（Corporate Database），其中，后两个库由用户或合作人创建，新安装的 NI Multisim 10 中这两个数据库是空的。

放置元器件的方法有：

- 通过菜单 Place Component；
- 通过元件工具栏：Place/Component；

- ❑ 在绘图区右击，选择弹出的快捷菜单进行放置；
- ❑ 通过快捷键 Ctrl+W。

放置仪表可以单击虚拟仪器工具栏上的相应按钮，或者使用菜单方式。以晶体管单管共射放大电路放置+12V 电源为例，单击元器件工具栏上的放置电源按钮（Place Source），弹出图 6.26 所示对话框。

修改电压值 5V 为 12V，如图 6.27 所示。

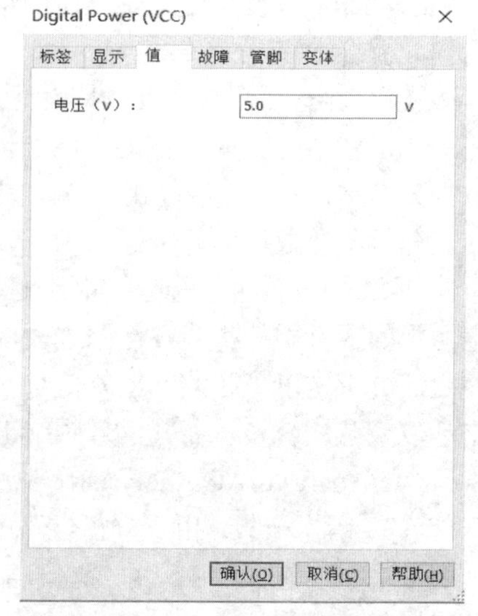

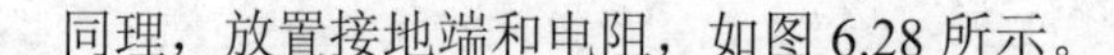

图 6.26　放置电源　　　　　　图 6.27　修改电压源的电压值

同理，放置接地端和电阻，如图 6.28 所示。

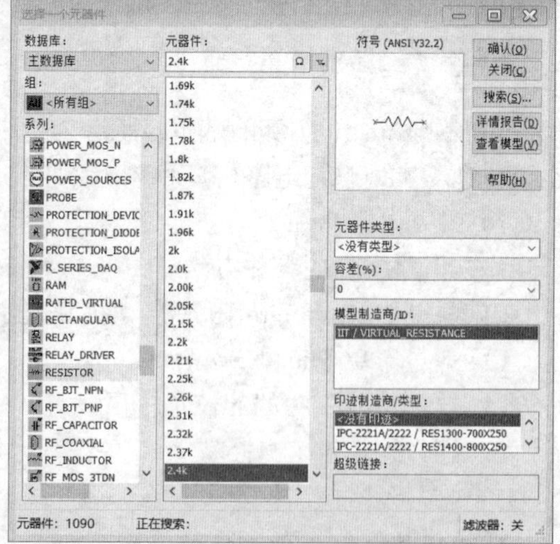

图 6.28　放置接地端（左图）和电阻（右图）

图 6.29 所示为放置了元器件和仪器仪表的效果图，其中，左下角是函数信号发生器，右上角是双通道示波器。

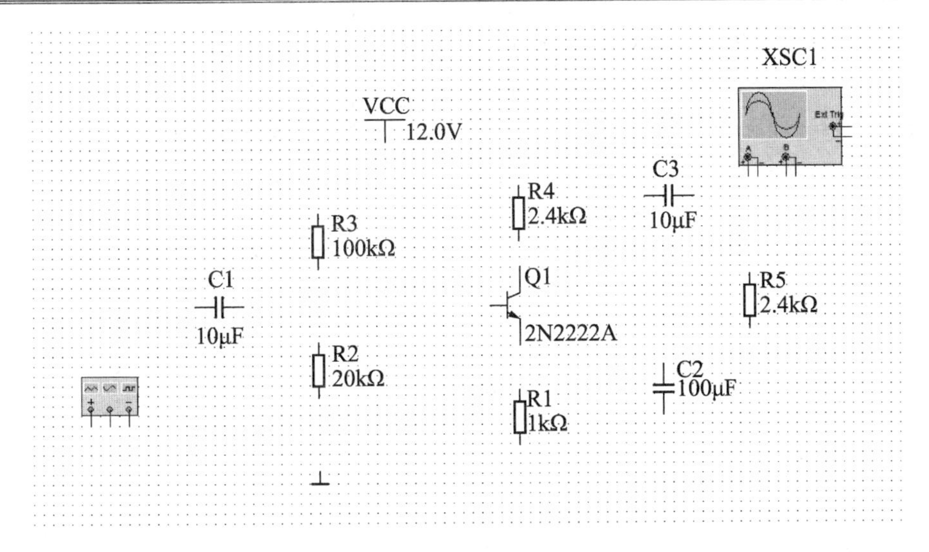

图 6.29　放置元器件和仪器仪表

3）元器件编辑

（1）设置元器件参数。双击元器件，弹出相关对话框，其选项卡包括：

- Label：标签；
- Refdes：编号，由系统自动分配，可以修改，但必须保证编号唯一性；
- Display：显示；
- Value：数值；
- Fault：故障设置，其中，Leakage 表示漏电，Short 表示短路，Open 表示开路，None 表示无故障（默认）；
- Pins：引脚，并且会给出各引脚的编号、类型和电气状态。

（2）元器件向导（Component Wizard）：在特殊情况下，我们可以用元器件向导来编译自己需要的元件。方法是：在菜单 Tools | Component Wizard 中，依据规定步骤编辑，将生成的元件放到数据库中。

4）连线和进一步调整

（1）连线：分为自动连线和手动连线。

- 自动连线：单击元件起始连接引脚，然后移动光标到目标元件引脚并单击，完成连线。当导线连线出现丁字交汇时，系统能够在交汇点自动放置节点。
- 手动连线：步骤与自动连线一致，但是当出现拐弯位置时，要单击鼠标，使得连线出现拐角，从而设定连线路径。

对于交叉点需要注意的是，在 NI Multisim 中十字交汇是不导通的，如果出现交汇而又需要导通的情况，可以采取分段连线的方式。简单来说就是先连接起点到交叉点，再连接交叉点到终点；或者在已有的连线上增加一个节点，从而在该节点引出新的连线。

（2）进一步调整，具体如下：

- 调整位置：单击选定元件，然后将其移动至合适位置。
- 改变标号：双击进入属性对话框中进行更改。
- 显示节点编号以方便仿真结果输出：选择菜单 Options | Sheet Properties | Circuit | Net Names，再选择 Show All 命令。

- 删除导线和节点：先右击导线或节点，再选择快捷菜单中的 Delete 命令，或者单击选中导线或节点，按键盘上的 Delete 键。

图 6.30 是连线和调整后的电路图。

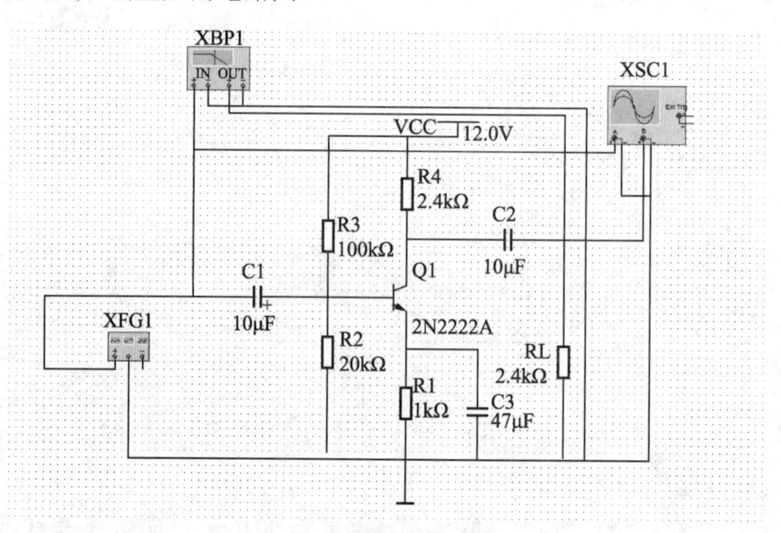

图 6.30　连线和调整后的电路图

5）电路仿真

基本方法：按下仿真开关，电路开始工作，NI Multisim 界面的状态栏右端会出现仿真状态指示。双击虚拟仪器进行仪器设置，获得仿真结果。

图 6.31 是示波器界面，双击示波器进行仪器设置，可以单击 Reverse 按钮将其背景反色，使用两个测量标尺进行测量，显示区将给出对应时间及该时间的电压波形幅值，也可以用测量标尺测量信号周期。

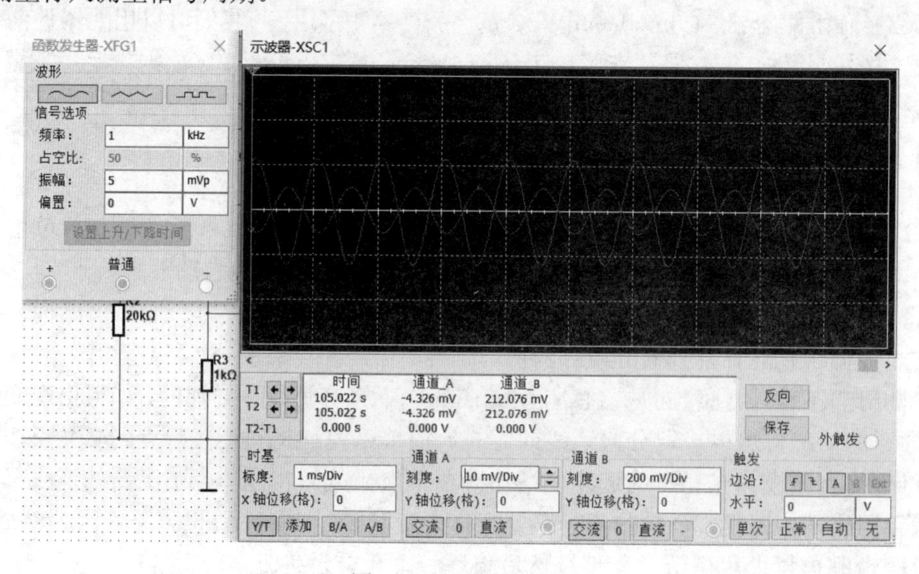

图 6.31　示波器界面

6）输出分析结果

选择菜单 Simulate | Analyses 命令，以上述单管共射放大电路的静态工作点分析为例，

步骤如下：

选择菜单 Simulate | Analyses | DC Operating Point 命令，选择 3 个输出节点，单击 ADD、Simulate，得到结果如图 6.32 所示。

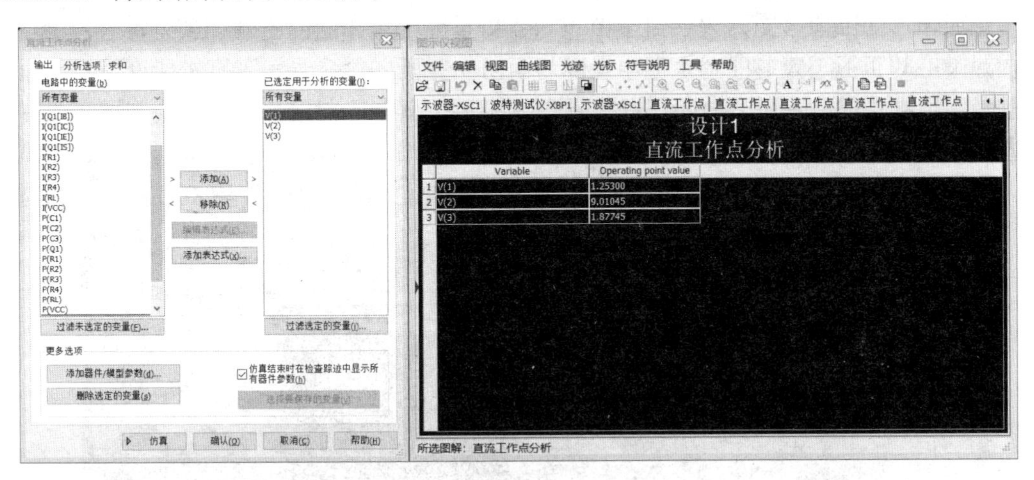

图 6.32　静态工作点分析

6.3.5　Proteus 软件

Proteus 软件是英国 Lab Center Electronics 公司出版的 EDA 工具软件。它不但具有 EDA 工具仿真的功能，最大的优点就是它能够对单片机及其单片机外围电路进行仿真。该软件已经成为高校单片机课程不可缺少的学习软件。

Proteus 软件是世界上唯一一个将仿真、PCB 设计和虚拟仿真软件相结合的设计平台，其处理器支持的模型广泛，例如 8051、AVR、ARM 和 8086 等，并且于 2010 年增加了 Cortex 和 DSP 系列处理器。编译方面也支持例如 Keil 等多种编译器。

Proteus 软件具有其他 EDA 工具软件（如 NI Multisim）的功能。这些功能是：

- ❑ 原理布图；
- ❑ PCB 自动或人工布线；
- ❑ SPICE 电路仿真。

Proteus 软件革命性的特点如下：

- ❑ 互动的电路仿真。用户甚至可以实时采用如 RAM、ROM、键盘、马达、LED、LCD、AD/DA、部分 SPI 器件、部分 IIC 器件等进行电路仿真。
- ❑ 仿真处理器及其外围电路。Proteus 软件可以仿真 51 系列、AVR、PIC 和 ARM 等常用主流单片机。还可以直接在基于原理图的虚拟原型上编程，再配合显示及输出，能看到运行后输入、输出的效果。配合系统配置的虚拟逻辑分析仪和示波器等，Proteus 建立了一个完备的电子设计开发环境。

6.3.6　SystemView 仿真软件

SystemView 是美国的 Elanix 公司基于 Windows 环境推出的仿真可视化软件工具。它的与众不同之处就是不需要写代码即可对各种系统设计仿真，并可以快速地修改系统，访问与调整参数。同时，该软件可构造数模混合系统，也可用于线性或者非线性的控制系统仿真设计。用户在进行设计时，只需调出有关图标进行参数设置、连线，然后仿真即可，并可以依据仿真的波形图、眼图、功率谱等形式给出系统的仿真分析结果。图 6.33 所示为 SystemView 用户界面。

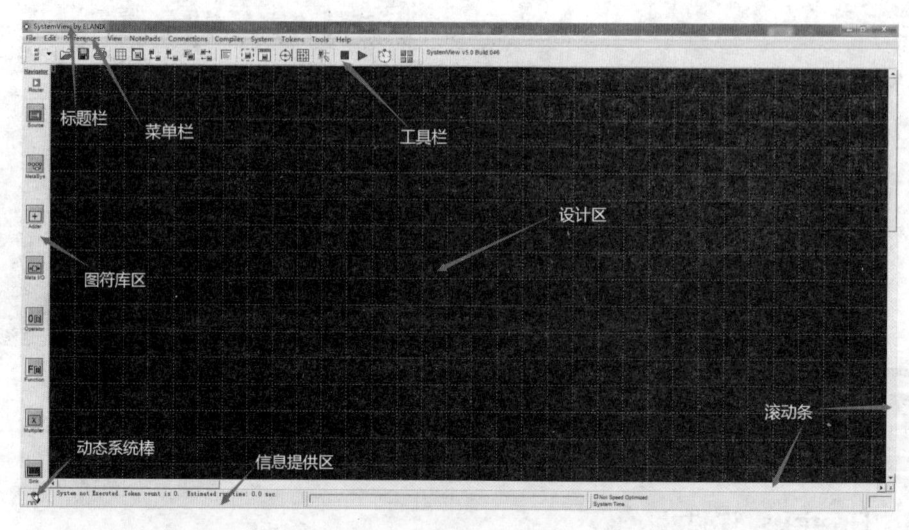

图 6.33　SystemViem 用户界面

SystemView 软件主要拥有两个库：基本库和专业库。其中，基本库主要包括信号源、接收器、加法器、乘法器及各种运算器；专业库主要有通信、逻辑、数字信号处理、射频/模拟等。SystemView 软件非常适合现代通信系统、各种逻辑电路、射频/模拟电路的设计、仿真和论证。

SystemView 软件能够自动执行连接检查，给出连接错误等信息，告知用户出错的位置。该软件能够进行高效诊断，使用户工作量得以大大减少，并且可以多角度、多方式地设计多种滤波器。

SystemView 还可以提供一个窗口供用户检查、分析系统波形。同时窗口中还附带一个“接收计算器”，可以完成对仿真运行结果的各种运算、谱分析和滤波。

SystemView 还可以调用其他类型的文件，可以方便地调用 MATLAB、VC++函数；可以将 SystemView 中的部分器件生成下载 FPGA 所需要的数据文件。此外，SystemView 还拥有 DSP 芯片设计的接口，可以用来生成 DSP 中器件芯片编程的 C 语言代码。

SystemView 软件中包含了一套专业库，下面就来着重介绍一下这些库。

（1）通信库：包含仿真设计一个完整的通信系统所需的工具，如基带脉冲成形、调制、信道模型和解调等。

（2）DSP 库：该库除了能够仿真 DSP 系统外，还可以支持 DSP 芯片的算法模式，并且包含了一些高级处理工具。

（3）逻辑库：包含了例如与非门这些基础图表，还有最经典的 74 系列芯片图标。

（4）射频/模拟库：支持用于射频设计的关键的电子组件。

（5）用户代码库：允许用户使用 C 或 C++语言编写特定模块来插入提供的模板。

6.4 仪器设备

在电子电路实验过程中，示波器、函数信号发生器、频率计和万用表是不可缺少的电子仪器，它们可以协助我们完成电子电路的测试工作。

在实际的实验过程中，对电子仪器进行合理布局，主要以连线简单、观察读数方便为原则进行布局，并且通常要将仪器接地端连接在一起，构成“共地”；使用专用电缆线连接信号发生器和交流毫伏表；使用普通导线连线直流电源等，这些步骤主要目的就是防止外界干扰，尽可能提高测量结果的准确性。

6.4.1 示波器

示波器是测试电子线路时最重要的测试仪器，由于示波器的操作相对万用表复杂得多，因此掌握起来比较困难，在电子线路测试越来越多的今天，示波器的应用已经变得必不可少。熟练地使用示波器是电子、电气工程师和电子爱好者必须掌握的基本技能。

示波器是一种用途十分广泛的电子测量仪器，它能把肉眼看不见的电信号变换成看得见的图像，以便于人们研究各种电现象的变化过程。示波器利用狭窄的、由高速电子组成的电子束，打在涂有荧光物质的平面上，就可产生细小的光点（这是传统的模拟示波器的工作原理）。在被测信号的作用下，电子束就好像一支笔的笔尖，可以在平面上描绘出被测信号瞬时值的变化曲线。利用示波器不仅能观察各种不同信号幅度随时间变化的波形曲线，还可以用它测试各种不同的电量，如电压、电流、频率、相位差和调幅度等。

1. 示波器分类

示波器可以分为模拟示波器和数字示波器，对于大多数的电子应用，模拟示波器和数字示波器都是可以胜任的，只是对于一些特定的应用，由于模拟示波器和数字示波器所具备的特性不同，才会出现适合和不适合的地方。

模拟示波器的工作方式是直接测量信号电压，并且通过从左到右穿过示波器屏幕的电子束在垂直方向描绘电压。

数字示波器的工作方式是通过模数转换器（ADC）把被测电压转换为数字信息。数字示波器捕获的是波形的一系列样值并对样值进行存储，存储限度是判断累计的样值是否能描绘出波形，然后数字示波器重构波形。

数字示波器可以分为数字存储示波器（DSO）、数字荧光示波器（DPO）和采样示波器。模拟示波器要提高带宽，需要示波管、垂直放大和水平扫描全面推进。数字示波器要改善带宽，只需要提高前端的 A/D 转换器的性能，对示波管和扫描电路没有特殊要求。20 世纪 80 年代数字示波器异军突起，成果累累。图 6.34 所示为数字示波器实物图。

2. 示波器使用方法

示波器虽然分为好几类，各类又有许多种型号，但是一般的示波器除频带宽度、输入灵敏度等不完全相同外，其使用方法基本上都是相同的。本节以 SR-8 型双踪示波器为例进行介绍。

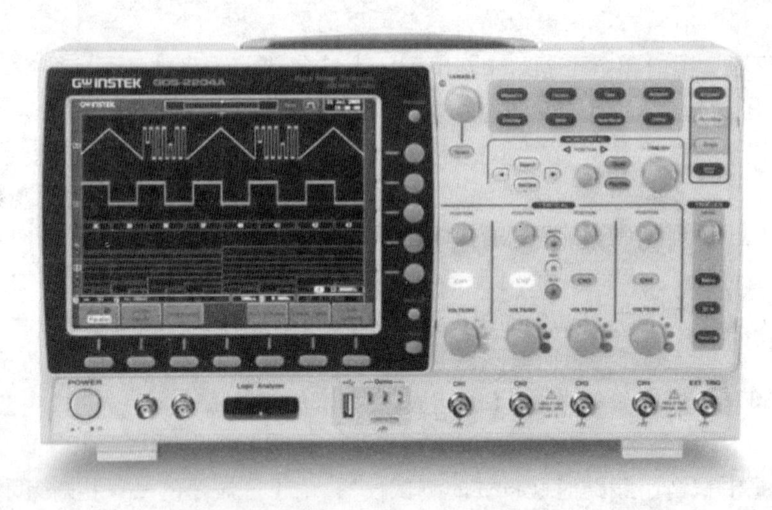

图 6.34　数字示波器实物图

1）面板装置

SR-8 型双踪示波器的面板图如图 6.35 所示。其面板装置按其位置和功能通常可划分为三大部分：显示、垂直（Y 轴）、水平（X 轴）。下面分别介绍这三部分控制装置的作用。

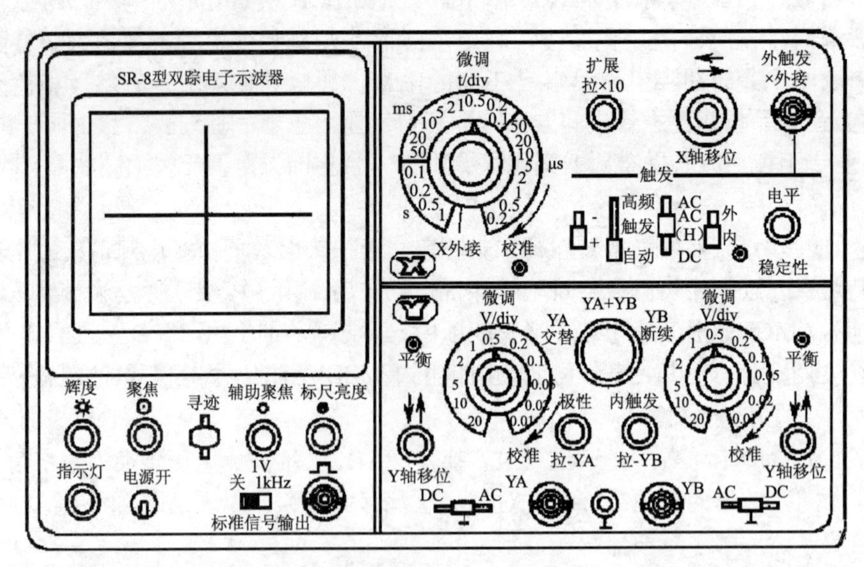

图 6.35　SR-8 型双踪示波器的面板图

首先是显示部分，包括电源开关、电源指示灯、辉度（调整光点亮度）、聚焦（调整光点或波形清晰度）、辅助聚焦（配合“聚焦”旋钮调节清晰度）、标尺亮度（调节坐标片上刻度线亮度）、寻迹按键（按下时，使偏离荧光屏的光点回到显示区域，而寻到光点位置）、标准信号输出（输出 1kHz、1V 方波校准信号，加到 Y 轴输入端，用以校准 Y 轴输入灵敏度和 X 轴扫描速度）。

其次是 Y 轴插件部分，包括如下几部分：

（1）显示方式选择开关：用于转换两个 Y 轴前置放大器 YA 与 YB 工作状态的控制件，具有 5 种不同作用的显示方式。

- 交替：当显示方式开关置于“交替”时，电子开关受扫描信号控制转换。每次扫描都轮流接通 YA 或 YB 信号。被测信号的频率越高，扫描信号频率也越高，电子开关转换速率也越快，不会有闪烁现象。这种工作状态适用于观察两个工作频率较高的信号。
- 断续：当显示方式开关置于“断续”时，电子开关不受扫描信号控制，产生频率固定为 200kHz 方波信号，使电子开关快速交替接通 YA 和 YB。由于开关动作频率高于被测信号频率，因此屏幕上显示的两个通道信号波形是断续的。当被测信号频率较高时，断续现象十分明显，甚至无法观测；当被测信号频率较低时，断续现象被掩盖。这种工作状态适合于观察两个工作频率较低的信号。
- YA、YB：当显示方式开关置于 YA 或 YB 时，表示示波器处于单通道工作，此时示波器的工作方式相当于单踪示波器，即只能单独显示 YA 或 YB 通道的信号波形。
- YA+YB：当显示方式开关置于 YA+YB 时，电子开关不工作，YA 与 YB 两路信号均通过放大器和门电路，示波器将显示出两路信号叠加的波形。

（2）“DC-⊥-AC”Y 轴输入选择开关：用于选择被测信号接至输入端的耦合方式。置于 DC 位置是直接耦合，能输入含有直流分量的交流信号；置于 AC 位置时，实现交流耦合，只能输入交流分量；置于“上”位置时，Y 轴输入端接地，这时显示的时基线一般作为测试直流电压零电平的参考基准线。

（3）微调 V/div：灵敏度选择开关及微调装置。灵敏度选择开关系套轴结构，黑色旋钮是 Y 轴灵敏度粗调装置，自 10mV/div~20V/div 分 11 挡；红色旋钮为细调装置，顺时针方向增加到满度时为校准位置，可按粗调旋钮所指示的数值，读取被测信号的幅度。当此旋钮反时针转到满度时，其变化范围应大于 2.5 倍，连续调节“微调”电位器，可实现各挡级之间的灵敏度覆盖，在做定量测量时，此旋钮应置于顺时针满度的“校准”位置。

（4）平衡：当 Y 轴放大器输入电路出现不平衡时，显示的光点或波形就会随 V/div 开关的“微调”旋转而出现 Y 轴方向的位移，调节“平衡”电位器能将这种位移减至最小。

（5）↑↓：轴位移电位器，用于调节波形的垂直位置。

（6）“极性、拉-YA”：YA 通道的极性转换按拉式开关。拉出时 YA 通道信号倒相显示，即显示方式为（YA+YB）时，显示图像为 YB-YA。

（7）“内触发、拉-YB”：触发源选择开关。在按的位置上（常态）扫描触发信号分别取自 YA 及 YB 通道的输入信号，适应于单踪或双踪显示，但不能够对双踪波形作时间比较。当把开关拉出时，扫描的触发信号只取自于 YB 通道的输入信号，因而它适合于双踪显示时对比两个波形的时间和相位差。

（8）Y 轴输入插座：采用 BNC 型插座，被测信号由此直接或经探头输入。

最后是 X 轴插件部分，包括如下按钮：

（1）t/div：扫描速度选择开关及微调旋钮。X 轴的光点移动速度由其决定，从 0.2us～1s 共分 21 挡级。当该开关“微调”电位器顺时针方向旋转到底并接上开关后，即为“校准”位置，此时 t/div 的指示值即为扫描速度的实际值。

（2）“扩展、拉 X10”：扫描速度扩展装置。按拉式开关，在按的状态正常使用，拉的位置扫描速度增加 10 倍。t/div 的指示值也应相应计取。采用“扩展、拉 X10”适于观察波形细节。

（3）→、←：X 轴位置调节旋钮。X 轴光迹的水平位置调节电位器是套轴结构。外圈旋钮为粗调装置，顺时针方向旋转基线右移，反时针方向旋转则基线左移。置于套轴上的小旋钮为细调装置，适用于经扩展后信号的调节。

（4）“外触发、X 外接”插座：采用 BNC 型插座。在使用外触发时，作为连接外触发信号的插座，也可以作为 X 轴放大器外接时信号输入插座。其输入阻抗约为 1MΩ，外接使用时，输入信号的峰值应小于 12V。

（5）“触发电平”旋钮：触发电平调节电位器旋钮。用于选择输入信号波形的触发点。具体地说，就是调节开始扫描的时间决定扫描在触发信号波形的哪一点上被触发。顺时针方向旋动时，触发点趋向信号波形的正向部分；逆时针方向旋动时，触发点趋向信号波形的负向部分。

（6）“稳定性”：触发稳定性微调旋钮。用于改变扫描电路的工作状态，一般应处于待触发状态。调整方法是将 Y 轴输入耦合方式选择（AC-地-DC）开关置于地挡，将 V/div 开关置于最高灵敏度的挡级，在电平旋钮调离自激状态的情况下，用小螺钉旋具将稳定度电位器顺时针方向旋到底，则扫描电路产生自激扫描，此时屏幕上出现扫描线；然后逆时针方向慢慢旋动，使扫描线刚好消失，此时扫描电路即处于待触发状态。在这种状态下，用示波器进行测量时，只要调节电平旋钮，即能在屏幕上获得稳定的波形，并能随意调节选择屏幕上波形的起始点位置。少数示波器当稳定度电位器逆时针方向旋到底时，屏幕上会出现扫描线；然后顺时针方向慢慢旋动，使屏幕上扫描线刚好消失，此时扫描电路即处于待触发状态。

（7）“内、外”：触发源选择开关。置于“内”位置时，扫描触发信号取自 Y 轴通道的被测信号；置于“外”位置时，触发信号取自“外触发 X 外接”输入端引入的外触发信号。

（8）AC、AC（H）、DC：触发耦合方式开关。DC 挡是直流耦合状态，适合于变化缓慢或频率甚低（如低于 100Hz）的触发信号。AC 挡是交流耦合状态，由于隔断了触发中的直流分量，因此触发性能不受直流分量影响。AC（H）挡是低频抑制的交流耦合状态，在观察包含低频分量的高频复合波时，触发信号通过高通滤波器进行耦合，抑制了低频噪声和低频触发信号（2MHz 以下的低频分量），免除因误触发而造成的波形晃动。

（9）“高频、触发、自动”：触发方式开关。用于选择不同的触发方式，以适应不同的被测信号与测试目的。“高频”挡，在频率甚高（如高于 5MHz）且无足够的幅度使触发稳定时，应选该挡。此时扫描处于高频触发状态，由示波器自身产生的高频信号（200kHz 信号）对被测信号进行同步。不必经常调整电平旋钮，屏幕上即能显示稳定的波形，操作方便，有利于观察高频信号波形。“常态”挡，采用来自 Y 轴或外接触发源的输入信号进行触发扫描，是常用的触发扫描方式。“自动”挡扫描处于自动状态（与高频触发方式相仿），但不必调整电平旋钮也能观察到稳定的波形，操作方便，有利于观察较低频率的信号。

(10）“+、-”：触发极性开关。在“+”位置时选用触发信号的上升部分对扫描电路进行触发，在“-”位置时选用触发信号的下降部分对扫描电路进行触发。

2）使用前的检查

示波器初次使用前或久藏复用时，有必要进行一次能否工作的简单检查和进行扫描电路稳定度、垂直放大电路直流平衡的调整。示波器在进行电压和时间的定量测试时，还必须进行垂直放大电路增益和水平扫描速度的校准。由于各种型号示波器的校准信号的幅度、频率等参数不一样，因而检查、校准方法略有差异。

3）使用步骤

用示波器能观察各种不同电信号幅度随时间变化的波形曲线，在这个基础上示波器可以应用于测量电压、时间、频率、相位差和调幅度等电参数。下面介绍用示波器观察电信号波形的使用步骤。

（1）选择 Y 轴耦合方式。根据被测信号频率的高低，将 Y 轴输入耦合方式选择“AC-地-DC”开关置于 AC 或 DC。

（2）选择 Y 轴灵敏度。根据被测信号的大约峰-峰值（如果采用衰减探头，应除以衰减倍数；在耦合方式取 DC 挡时，还要考虑叠加的直流电压值），将 Y 轴灵敏度选择 V/div 开关（或 Y 轴衰减开关）置于适当挡级。实际使用中如不需读测电压值，则可适当调节 Y 轴灵敏度微调（或 Y 轴增益）旋钮，使屏幕上显示所需要高度的波形。

（3）选择触发（或同步）信号来源与极性。通常将触发（或同步）信号极性开关置于“+”或“−”挡。

（4）选择扫描速度。根据被测信号周期（或频率）的大约值，将 X 轴扫描速度 t/div（或扫描范围）开关置于适当挡级。实际使用中如不需读测时间值，则可适当调节扫描速度 t/div 微调（或扫描微调）旋钮，使屏幕上显示测试所需周期数的波形。如果需要观察的是信号的边沿部分，则扫描速度 t/div 开关应置于最快扫描速度挡。

（5）输入被测信号。被测信号由探头衰减后（或由同轴电缆不衰减直接输入，但此时的输入阻抗降低，输入电容增大），通过 Y 轴输入端输入示波器。

3．示波器测量方法

1）电压的测量

利用示波器所做的任何测量，都可归结为对电压的测量。示波器可以测量各种波形的电压幅度，既可以测量直流电压和正弦电压，又可以测量脉冲或非正弦电压的幅度。更有用的是它可以测量一个脉冲电压波形各部分的电压幅值，如上冲量或顶部下降量等。这是其他任何电压测量仪器都不能比拟的。

（1）直接测量法。

直接测量法就是直接从屏幕上量出被测电压波形的高度，然后换算成电压值。定量测试电压时，一般把 Y 轴灵敏度开关的微调旋钮转至“校准”位置上，这样就可以从 V/div 的指示值和被测信号占取的纵轴坐标值直接计算被测电压值。所以，直接测量法又称为标尺法。

① 交流电压的测量：将 Y 轴输入耦合开关置于 AC 位置，显示出输入波形的交流成分。如交流信号的频率很低时，则应将 Y 轴输入耦合开关置于 DC 位置。

将被测波形移至示波管屏幕的中心位置，用 V/div 开关将被测波形控制在屏幕有效工作面积的范围内，按坐标刻度片的分度读取整个波形所占 Y 轴方向的度数 H，则被测电压的峰-峰值 Up-p 可等于 V/div 开关指示值与 H 的乘积。如果使用探头测量时，应把探头的衰减量计算在内，即把上述计算数值乘 10。

例如，示波器的 Y 轴灵敏度开关 V/div 位于 0.2 挡级，被测波形占 Y 轴的坐标幅度 H

为 5div，则此信号电压的峰-峰值为 1V。如是经探头测量，仍指示上述数值，则被测信号电压的峰-峰值就为 10V。

② 直流电压的测量：将 Y 轴输入耦合开关置于“地”位置，触发方式开关置于“自动”位置，使屏幕显示一水平扫描线，此扫描线便为零电平线。

将 Y 轴输入耦合开关置于 DC 位置，加入被测电压，此时扫描线在 Y 轴方向产生跳变位移 H，被测电压即为 V/div 开关指示值与 H 的乘积。

直接测量法简单易行，但误差较大。产生误差的因素有读数误差、视差和示波器的系统误差（衰减器、偏转系统和示波管边缘效应）等。

（2）比较测量法。

比较测量法就是用已知的标准电压波形与被测电压波形进行比较求得被测电压值。将被测电压 U 输入示波器的 Y 轴通道，调节 Y 轴灵敏度选择开关 V/div 及其微调旋钮，使荧光屏显示出便于测量的高度 H 并做好记录，使 V/div 开关及微调旋钮位置保持不变，去掉被测电压，把一个已知的可调标准电压 U 输入 Y 轴，调节标准电压的输出幅度，使它显示与被测电压相同的程度。此时，标准电压的输出幅度等于被测电压的幅度。比较法测量电压可避免垂直系统引起的误差，因而提高了测量精度。

2）时间的测量

示波器的时基能产生与时间呈线性关系的扫描线，因而可以用荧光屏的水平刻度来测量波形的时间参数，如周期性信号的重复周期、脉冲信号的宽度、时间间隔、上升时间（前沿）和下降时间（后沿）、两个信号的时间差等。

将示波器的扫描速度开关 t/div 的“微调”装置转至校准位置时，显示的波形在水平方向刻度所代表的时间可按 t/div 开关的指示值直接计算，从而较准确地求出被测信号的时间参数。

3）相位的测量

利用示波器测量两个正弦电压之间的相位差具有实用意义，用计数器可以测量频率和时间，但不能直接测量正弦电压之间的相位关系。

双踪法是用双踪示波器在荧光屏上直接比较两个被测电压的波形来测量其相位关系。测量时，将相位超前的信号接入 YB 通道，另一个信号接入 YA 通道，选用 YB 触发。调节 t/div 开关，使被测波形的一个周期在水平标尺上准确地占满 8div，这样，一个周期的相角 360° 被 8 等分，每 1div 相当于 45° 。读出超前波与滞后波在水平轴的差距 T，按下式计算相位差 φ：

$$\varphi=45°/\text{div}\times T$$

如 T=1.5div，则 φ=45°/div×1.5div=67.5°

4）频率的测量

对于任何周期信号，可用前面所讲的时间间隔的测量方法，先测定其每个周期的时间 T，再求出频率 f（f=1/T）。

例如，示波器上显示的被测波形周期为 8div，t/div 开关置 1μs 位置，其“微调”置“校准”位置，则其周期和频率计算如下：

$$T=1\mu\text{s/div}\times 8\text{div}=8\mu\text{s}$$

$$f=1/8\mu\text{s}=125\text{MHz}$$

所以，被测波形的频率为 125MHz。

4．知名示波器品牌

1）安捷伦（Agilent）

安捷伦科技公司是由美国惠普公司战略重组分立而成的一家高科技跨国公司，是全球领先的测量公司。安捷伦科技凭借其中心实验室的强大科研力量，专注于通信系统、自动化系统、测试和测量、半导体产品及生命科学和化学分析等前沿高科技领域的业务。其超凡的测量技术被广泛应用于感应、分析、显示及数据通信产品的研究开发中。

2）麦科信（Micsig）

深圳麦科信仪器有限公司是专业从事测量仪器仪表的研发、生产、销售及服务企业。公司拥有实力雄厚的研发团队，中、高级研发人员有 40 多人，其中研究生及以上学历者占研发人员总数的 40%左右。公司所有产品具有完全自主知识产权，拥有数量众多的技术专利和软件著作权。麦科信致力于成为业界领先的测试测量仪器开发商与供应商，专注于触控式测量仪器的开发及生产，是平板示波器的缔造者。创新、品质、用户满意是麦科信的目标。

3）固纬电子（INSTEK）

固纬电子实业股份有限公司创立于 1975 年，主要生产电子测试仪器，是我国台湾地区创立最早且最具规模的专业电子测试仪器大厂。固纬创业团队专注于精密电子测量仪器的研发，并开创了国人自制电子测试仪器的先河，开发出了国内第一台液晶数位式示波器，也是中国台湾地区唯一有能力生产制数位示波器及频谱分析仪的厂商。

4）泰克科技（Tektronix）

泰克科技有限公司是一家全球领先的测试、测量和监测解决方案提供商，主要提供包括示波器、逻辑分析仪、信号源和频谱分析仪在内的各种视频测试、测量和监测产品。特别是在示波器市场，泰克科技的示波器全球销量最多，也是全球 80%测试工程师的首选品牌。泰克科技有限公司为固定网络和移动网络提供网络诊断设备、网络管理解决方案和相关支持服务，在其他参与竞争的产品市场中也处于数一数二的地位。

5）力科（Lecroy）

力科是提供测试设备解决方案的领导厂商，为全球各行各业的公司提供设计和测试各类电子器件。力科成立于 1964 年，自公司成立以来，就一直把重点放在研制改善生产效率的测试设备上，帮助工程师更快速、更高效地解决电路问题。

6）福禄克（FLUKE）

美国福禄克公司是美国丹纳赫集团旗下的公司。丹纳赫集团是一个拥有 40 亿美元年销售额的上市公司，位列美国《财富》杂志全球 500 强之一。自 1948 年成立以来，福禄克公司为各种工业的生产和维修领域提供了至关重要的测试和维护工具。从工业电子产品的安装维护服务到计算机网络的故障解决维护管理，以及精密计量和质量控制，福禄克电子测试工具在全球范围内帮助用户的业务正常运作。

7）深圳鼎阳（SIGLENT）

深圳鼎阳是全球最大的数字示波器 ODM 制造商，是目前国内出货量最大的示波器生产厂家，公司为国家级高新技术企业和深圳市高新技术企业，通过了 ISO9001：2015 国际质量管理体系认证和 ISO14001：2015 环境管理体系认证，是中国电子仪器行业协会会员，广东省仪器代表协会会员。

8）北京普源（RIGOL）

北京普源是业界领先从事测量仪器研发、生产和销售的高新技术企业，是中国电子仪器行业协会、中国仪器仪表学会会员。公司拥有国际水准的技术，拥有数量众多的专利和计算机操作系统软件著作权，自主知识产权填补了国家空白。

9）欧万（OWON）

欧万致力为用户提供适用的测量解决方案，将高端测量技术普及应用至用户的工作与生活中。自成功研发出国内首台手持彩色液晶数字存储式示波器后，欧万在精密仪器仪表领域内快速成长，时至今日已可提供数字示波器数十个系列的产品。无论是技术人员、工程师还是科研、教学人员，他们都可通过欧万产品扩展个人能力并出色地完成工作。

10）青岛汉泰

汉泰是一家集研发、生产、销售、服务为一体的通用仪器专业生产厂家，公司总部位于青岛。

6.4.2 信号发生器

信号发生器也称信号源（见图 6.36），是一种用来产生振荡信号的仪器，可为使用者提供需要的稳定、可信的参考信号，并且信号的特征参数完全可控。所谓可控信号特征，主要是指输出信号的频率、幅度、波形、占空比、调制形式等参数都可以人为地控制和设定。随着科技的发展，实际应用到的信号形式越来越多，越来越复杂，频率也越来越高，所以信号发生器的种类也越来越多，同时信号发生器的电路结构形式也不断向着智能化、软件化和可编程化发展。

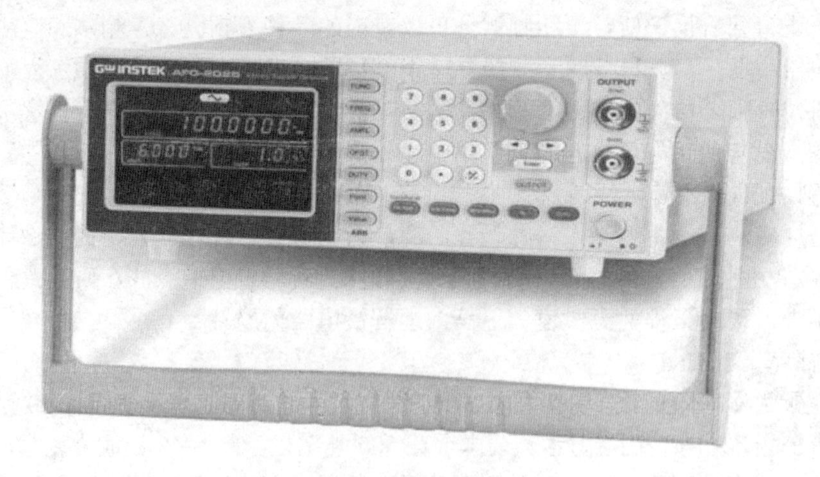

图 6.36 信号发生器

1. 信号发生器的分类

信号发生器所产生的信号在电路中常常用来代替前端电路的实际信号，为后端电路提供一个理想信号。由于信号源信号的特征参数均可人为设定，因此可以方便地模拟各种情况下不同特性的信号，这对于产品研发和电路实验特别有用。在电路测试中，可以通过测量、对比输入和输出信号，来判断信号处理电路的功能和特性是否达到设计要求。例如，用信号发生器产生一个频率为 1kHz 的正弦波信号，输入到一个被测的信号处理电路（功能为正弦波输入、方波输出），在被测电路输出端可以用示波器检验是否有符合设计要求的方波输出。高精度的信号发生器在计量和校准领域也可以作为标准信号源（参考源），待校准仪器以参考源为标准进行调校。由此可看出，信号发生器可广泛应用在电子研发、维修、测量和校准等领域。

信号发生器按信号波形可分为正弦信号发生器、函数发生器、脉冲信号发生器和随机信号发生器。

1）正弦信号发生器

正弦信号主要用于测量电路和系统的频率特性、非线性失真、增益及灵敏度等，按频率覆盖范围分为低频信号发生器、高频信号发生器和微波信号发生器；按输出电平可调节范围和稳定度分为简易信号发生器（即信号源）、标准信号发生器（输出功率能准确地衰减到-100dBmW 以下）和功率信号发生器（输出功率达数十毫瓦以上）；按频率改变的方式分为调谐式信号发生器、扫频式信号发生器、程控式信号发生器和频率合成式信号发生器等。

（1）高频信号发生器：频率为 100kHz～30MHz 高频、30～300MHz 甚高频信号发生器。一般采用 LC 调谐式振荡器，频率可由调谐电容器的度盘刻度读出。主要用途是测量各种接收机的技术指标。输出信号可用内部或外加的低频正弦信号调幅或调频，使输出载频电压能够衰减到 1mV 以下。此外，仪器还有防止信号泄漏的良好屏蔽功能。

（2）微波信号发生器：从分米波直到毫米波波段的信号发生器。信号通常由带分布参数谐振腔的超高频三极管和反射速调管产生，但有逐渐被微波晶体管、场效应管和耿氏二极管等固体器件取代的趋势。仪器一般靠机械调谐腔体来改变频率，每台可覆盖一个倍频程左右，由腔体耦合出的信号功率一般可达 10mW 以上。

2）函数发生器

函数发生器又称波形发生器。它能产生某些特定的周期性时间函数波形（主要是正弦波、方波、三角波、锯齿波和脉冲波等）信号。频率范围可从几毫赫甚至几微赫的超低频直到几十兆赫。除供通信、仪表和自动控制系统测试用外，函数发生器还广泛用于其他非电测量领域。对这些函数发生器的频率都可电控、程控、锁定和扫频。仪器除工作于连续波状态外，还能按键控、门控或触发等方式工作。

3）脉冲信号发生器

脉冲信号发生器是指产生宽度、幅度和重复频率可调的矩形脉冲的发生器。可用于测试线性系统的瞬态响应，或用模拟信号来测试雷达、多路通信和其他脉冲数字系统的性能。脉冲信号发生器主要由主控振荡器、延时级、脉冲形成级、输出级和衰减器等组成。主控振荡器通常为多谐振荡器之类的电路，除能自激振荡外，主要按触发方式工作。通常在外加触发信号之后首先输出一个前置触发脉冲，以便提前触发示波器等观测仪器，然后再经过一段可调节的延迟时间才输出主信号脉冲，其宽度可以调节。有的能输出成对的主脉冲，有的能分两路分别输出不同延时的主脉冲。

4）随机信号发生器

随机信号发生器分为噪声信号发生器和伪随机信号发生器两类。

噪声信号发生器可以产生完全随机性信号，类似于在工作频带内具有均匀频谱的白噪声。常用的白噪声发生器主要有工作于 100M 以下同轴线系统的饱和二极管式白噪声发生器，用于微波波导系统的气体放电管式白噪声发生器，利用晶体二极管反向电流中噪声的固态噪声源（可工作在18GHz以下整个频段内）等。噪声信号发生器输出的强度必须已知，通常用其输出噪声功率超过电阻热噪声的分贝数（称为超噪比）或用其噪声温度来表示。

噪声信号发生器的主要用途是：在特别系统中引入一个随机信号，以模拟实际工作条件中的噪声来测定系统的性能；外加一个已知噪声信号与系统内部噪声相比较，以测定噪声系数；用随机信号代替正弦或脉冲信号，以测试系统的动态特性。例如，用白噪声作为输入信号而测出网络的输出信号与输入信号的相关函数，便可得到这一网络的冲激响应函数。

伪随机信号发生器是指用白噪声信号进行相关函数测量时，若平均测量时间不够长，则会出现统计性误差，这可用伪随机信号来解决。只要所取的测量时间等于这种编码信号周期的整数倍，便不会引入统计性误差。二进码信号还能提供相关测量中所需的时间延时。

2. 信号发生器的基本操作

（1）将电源线接入200V、50Hz交流电源上。应注意三芯电源插座的地线脚应与地面妥善接好，避免干扰。

（2）开机前应把面板上各输出旋钮旋至最小。

（3）为了得到足够的频率稳定度，需预热。

（4）频率调节：按下相应的按键，然后再调节至所需要的频率。

（5）波形转换：根据需要的波形种类，按下相应的波形键位。波形选择键是正弦波、矩形波、尖脉冲、TTL电平。

（6）幅度调节：正弦波与脉冲波幅度分别由正弦波幅度和脉冲波幅度调节。

（7）输出选择：根据需要选择ON/OFF键，否则没有输出。

3. 信号发生器应用

（1）用信号发生器发信号。波形选择：选择“～”键，输出信号即为正弦波信号。频率选择kHz键，输出信号频率以kHz为单位。

必须说明的是，信号发生器的测频电路要求按键和旋钮缓慢调节；信号发生器本身能显示输出信号的值，当输出电压不符合要求时，需要另配交流表测量输出电压，选择不同的衰减再配合调节输出正弦信号的幅度，直到输出电压达到要求。

若要观察输出信号波形，可把信号输入示波器。需要输出其他信号时，可参考上述步骤操作。

（2）用信号发生器测量电子电路的灵敏度。信号发生器发出与电子电路相同模式的信号，然后逐渐减小输出信号的幅度（强度），同时监测输出的水平。当电子电路输出有效信号与噪声的比例劣化到一定程度时（一般灵敏度测试信噪比标准 S/N=12dB）。信号发生器输出的电平数值就等于所测电子电路的灵敏度。在此测试中，信号发生器模拟了信号，而且模拟的信号强度是可以人为调节的。

用信号发生器测量电子电路的灵敏度，其标准的连接方法是：信号发生器信号输出通过电缆接到电子电路输入端，电子电路输出端连接示波器输入端。

4．信号发生器的品牌

目前，国内高端信号发生器以美国 Agilent（安捷伦）和德国 Rohde & Schwarz（罗德与施瓦茨）品牌产品为主。此外，Tekronix（泰克）、Aeroflex-IFR 和日本 ANRITSU（安立）的信号发生器也很好。国内高档函数信号发生器用得比较多的是 Ailent33210A 和 33220A，高端一些的产品是 Agilent 33250A。高频（射频）信号发生器主要是 Agilent E4428C 和罗德与施瓦茨的 SMC100A。

国产信号发生器中，普源 RIGOL 和盛普及中国台湾的老品牌固纬，都是有很好口碑的产品，扬中科泰的产品也不错。普源的 DG1022 是一款普及型的中档函数发生器，设计理念先进，外观时尚，具有很好的性价比，售价只有国际品牌同类产品的 20%左右，完全适合普通研发、维修及教学使用。

6.4.3　万用表

常见的万用表有指针式万用表和数字式万用表，如图 6.37 所示。指针式万用表是以表头为核心部件的多功能测量仪表，测量值由表头指针指示读取。数字式万用表的测量值由液晶显示屏直接以数字的形式显示，读取方便，有些还带有语音提示功能。万用表是共用一个表头，集电压表、电流表和欧姆表于一体的仪表。

图 6.37　万用表

万用表的直流电流挡是多量程的直流电压表，表头并联闭路式分压电阻即可扩大其电压量程。万用表的直流电压挡是多量程的直流电压表，表头串联分压电阻即可扩大其电压量程。分压电阻不同，相应的量程也不同。万用表的表头为磁电系测量机构，它只能通过直流，利用二极管将交流变为直流，从而实现交流电的测量。

1．万用表的结构

万用表是电子测试领域最基本的工具，也是一种使用广泛的测试仪器。万用表又叫多用表、三用表（A、V、Ω，即电流、电压、电阻三用）、复用表、万能表。一般的万用表可测量直流电流、直流电压、交流电压、电阻和音频电平等，有的还可以测交流电流、电容量、电感量、温度及半导体（二极管、三极管）的一些参数。数字式万用表已成为主流，已经取代了模拟式仪表。与模拟式仪表相比，数字式仪表灵敏度高，精确度高，显示清晰，过载能力强，便于携带，使用也更方便、简单。

万用表由表头、测量电路及转换开关 3 个主要部分组成。

（1）表头：万用表的表头是灵敏电流计。表头上的表盘印有多种符号、刻度线和数值。符号 A-V-Ω 表示这只电表是可以测量电流、电压和电阻的多用表。表盘上印有多条刻度线，其中右端标有 Ω 的是电用刻度线。其右端为 0，左端为∞，制度值分布是不均匀的。符号“-”或 DC 表示直流，“～”或 AC 表示交流，“～”表示交流和直流共用。刻度线下的几行数字是与转换开关的不同挡位相对应的刻度值，表头上还设有机械 0 位调整旋钮，用以校正指针在左端 0 位。

（2）测量电路：是用来把各种被测量转换到适合表头测量的微小直流电流的电路，由电阻、半导体元件及电池组成。它能将各种不同的被测量（如电流、电压、电阻等）、不同的量程经过一系列的处理（如整流、分流、分压等）统一变成一定量限的微小直流电流送入表头进行测量。

（3）转换开关：其作用是选择各种不同的测量线路，以满足不同种类和不同量程的测量要求。转换开关一般是一个圆形拨盘，在其周围分别标有功能和量程。

2．数字式万用表的设计原理

数字式万用表的测量过程是由转换电路将被测量转换成直流电压信号，再由模/数（A/D）转换器将电压模拟量转换成数字量，然后通过电子计数器计数，最后把测量结果用数字直接显示在显示屏上。

万用表测量电压、电流和电阻的功能是通过转换电路实现的，而电流、电阻的测量都是基于电压的测量，也就是说数字式万用表是在数字直流电压表的基础上扩展而成的。

数字直流电压表 A/D 转换器将随时间连续变化的模拟电压量变换成数字量，然后由电子计数器对数字量进行计数得到测量结果，再由译码显示电路将测量结果显示出来。逻辑控制电路控制电路的协调工作，在时钟的作用下按顺序完成整个测量过程。

数字式万用表是目前最常用的一种数字仪表。其主要特点是准确度高、分辨率强、测试功能完善、测量速度快、显示直观、过滤能力强、低耗电、便于携带。20 世纪 90 年代以来，数字万用表在我国广泛使用，已成为现代电子测量与维修工作的必备仪表，并正在逐步取代传统的模拟式（即指针式）万用表。

选择数字式万用表的原则很多，有时会因人而异。但对于手持式（袖珍式）数字式万用表而言，大致应具备的特点有：显示清晰、准确度高、分辨力强、测试范围宽、测试功能齐全、抗干扰能力强、保护电路比较完善，外形美观、大方，操作简便、灵活，可靠性好，功耗较低、便于携带、价格适中等。

3．指针式万用表与数字式万用表的优缺点对比

指针式万用表与数字式万用表各有优缺点。指针式万用表是一种平均值式仪表，它具有直观、形象的读数指示（一般读数值与指针摆动角度密切相关，所以很直观）。数字式万用表是瞬时取样式仪表，它采用 0.3s 取一次样来显示测量结果，有时每次取样结果十分

相近，但并不完全相同，这对于读取结果来说就不如指针式方便。

指针式万用表一般内部没有放大器，所以内阻较小。

数字式万用表由于内部采用了运放电路，内阻可以做得很大，往往在 1MΩ 或更大（即可以得到更高的灵敏度）。这使得对被测电路的影响可以更小，测量精度较高。指针式万用表由于内阻较小，且多采用分立元件构成分流分压电路，因此频率特性是不均匀的（相对数字式来说）。而数字万用表的频率特性相对好一点。

指针式万用表内部结构简单，所以成本较低，功能较少，维护简单，过流过压能力较强。

数字式万用表内部采用了多种振荡、放大、分频保护等电路，所以功能较多，比如可以测量温度、频率（在一个较低的范围）、电容、电感及作信号发生器等。数字式万用表因为内部结构多为集成电路所以过载能力较差，损坏后一般也不易修复。数字式万用表输出电压较低（通常不超过 1V），对于一些电压特性特殊的元件测试不便（如晶闸管、发光二极管等），指针式万用表输出电压较高，电流也大，可以方便地测试晶闸管、发光二极管等。

对于初学者，应当使用指针式万用表，对于非初学者，应当使用两种仪表。

4. 数字式万用表的主要指标、显示位数及显示特点

数字式万用表的显示位数通常为$3\frac{1}{2}$位～$8\frac{1}{2}$位。判定数字仪表的显示位数有两条原则：一是能显示从 0～9 中所有数字的位数是整位数；二是分数位的数值是以最大显示值中最高位数字为分子，用满量程时计数值为 2000，这表明该仪表有 3 个整数位，而分数位的分子是 1，分母是 2，因此称之为$3\frac{1}{2}$位，读作“三位半”，其最高位只能显示 0 或 1（0 通常不显示）。$3\frac{2}{3}$位（读作“三又三分之二位”）数字式万用表的最高位只能显示 0～2 的数字，因此最大显示值为±2999。在同样情况下，$3\frac{2}{3}$位的数字式万用表要比$3\frac{1}{2}$位的数字式万用表的量限高 50%，尤其在测量 380V 的交流电压时是很有价值的。

普及型数字式万用表一般属于$3\frac{1}{2}$位显示的手持式万用表，$4\frac{1}{2}$位、$5\frac{1}{2}$位（6 位以下）数字式万用表分为手持式、台式两种。$6\frac{1}{2}$位以上大多属于台式数字万用表。

数字式万用表采用先进的数显技术，显示清晰直观、读数准确。它既能保证读数的客观性，又符合人们的读数习惯，能够缩短读数或记录时间。这些优点是传统的模拟式（即指针式）万用表所不具备的。

（1）准确度（精度）：数字式万用表的准确度是测量结果中系统误差与随机误差的综合。它表示测量值与真值的一致程度，也反映测量误差的大小。一般来讲准确度越高，测量误差就越小，反之亦然。

数字式万用表的准确度远优于指针式万用表。万用表的准确度是一个很重要的指标，它反映万用表的质量和工艺能力，准确度差的万用表很难表达出真实的值，容易引起测量

上的误判。

（2）分辨力（分辨率）：数字式万用表在最低电压量程上末位一个字所对应的电压值称作分辨力，它反映出仪表灵敏度的高低。数字仪表的分辨力随显示位数的增加而提高。不同位数的数字式万用表所能达到的最高分辨力指标不同。

数字式万用表的分辨力指标也可用分辨率来显示。分辨率是指仪表能显示的最小数字（0除外）与最大数字的百分比。

需要指出，分辨力与准确度属于两个不同的概念。前者表征仪表的“灵敏性”，即对微小电压的“识别”能力；后者反映测量的“准确性”，即测量结果与真值的一致程度，二者无必然的联系，因此不能混为一谈。从测量角度看，分辨力是“虚”指标（与测量误差无关），准确度才是“实”指标（它决定测量误差的大小）。因此，任意增加显示位数来提高仪表分辨力的方案是不可取的。

（3）测量范围：在多功能数字式万用表中，不同功能均有其对应的可以测量的最大值和最小值。

（4）测量速率：数字式万用表每秒钟对被测电量的测量次数叫测量速率，其单位是“次/s”。它主要取决于A/D转换器的转换速率。有的手持式数字万用表用测量周期来表示测量的快慢。完成一次测量过程所需要的时间叫测量周期。

测量速率与准确度指标存在着矛盾，通常是准确度越高，测量速率越低，二者难以兼顾，为了解决这一矛盾，可在同一块万用表上设置不同的显示位数，或设置测量速度转换开关：增设快速测量挡，该挡用于测量速率较快的A/D转换器；通过降低显示位数来大幅度提高测量速率，此方法可满足不同用户对测量速率的需要。

（5）输入阻抗：测量电压时，仪表应具有很高的输入阻抗，这样在测量过程中从被测电路中吸取的电流极少，不会影响被测电路或信号源的工作状态，能够减少测量误差。

测量电流时，仪表应该具有很低的输入阻抗，这样接入被测电路后，可尽量减小仪表对被测电路的影响，但是在使用万用表电流挡时，由于输入阻抗较小，因此较容易烧坏仪表，应在使用时注意。

5. 万用表操作注意事项

（1）使用前应熟悉万用表的各项功能，根据被测量的对象，正确选用挡位、量程及表笔插孔。

（2）在对被测数据大小不明时，应先将量程开关置于最大值，而后由大量程往小量程挡处切换，使仪表指针指示在满刻度的1/2以上处即可。

（3）测量电阻时，在选择了适当倍率挡后，将两表笔相碰使指针指在0位，如指针偏离0位，应调节“调0”旋钮，使指针归0，以保证测量结果的准确性。若不能调0或数显表发出低电压报警，应及时检查。

（4）在测量某电路电阻时，必须切断被测电路的电源，不得带电测量。

（5）使用万用表进行测量时，要注意人身和仪表设备的安全，测试中不得用手触摸表笔的金属部分，不允许带电切换挡位开关，以确保测量准确，避免发生触电和烧毁仪表等事故。

6.4.4　频谱分析仪

频谱分析仪是一款多功能的电子测量仪器，可用于信号失真度、调制度、谱纯度、频率稳定度和交调失真等信号参数的测量；也可以测量电路系统的参数；还可以在频域内分析信号。频谱分析仪又名频域示波器、跟踪示波器、分析示波器等，它的主要原理就是利用窄带带通滤波器选通信号。我们既可以根据需要把被测信号进行全景显示，也可以选定带宽测试。图 6.38 是频谱分析仪实物图。

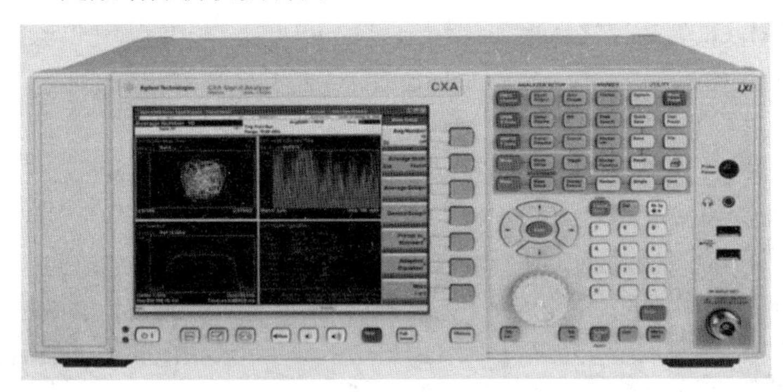

图 6.38　频谱分析仪实物图

1．频谱分析仪的分类

频谱分析仪分为扫频式和实时分析式两类。

扫频式频谱分析仪是拥有显示屏的扫频超外差接收机，工作频段广，可在声频频段至亚毫米波频段工作，常用于信号的频谱分析。其原理为：将输出信号和输入的被测信号的各个分量依次进行差频变换，再将中频信号经过滤波器后放大检波，然后将其作为示波管的垂直偏转信号。本地振荡器采用的扫频振荡器由锯齿波发生器产生的电压控制，该电压还被用于示波管的水平扫描，从而使屏幕上的水平显示与频率呈现正比关系。

2．测量机制

（1）被测信号和仪器的基准频率、电平进行对比。这是由于在实际测量中，测量的本质都是电平的测试，例如 A/V、频响、C/N、载波电平等。

（2）波形分析：依据 107 选件和分析软件可以对电视的行波形进行分析，并测试相关指标，比如 DG、DP、CLDI、调制深度和频偏等。

3．频谱仪使用方法

（1）仪器基本操作手段：硬键、软键和旋钮。

当频率硬键被按下，可转动旋钮调节中心频率；按下扫频宽度硬键，则可以用旋钮调节扫频宽度；按下幅度硬键，则可以调节信号幅度。

屏幕右侧有一排按键，这些按键叫作软键。其功能在旁边有标注。

其他硬键：在 INSTRUMNT STATE 控制区、CONTRL 区和 MARKER 区分别有 10 个按键（RESET（清零）、CANFIG（配置）、CAL（校准）、AUX CTRL（辅助控制）、

COPY（打印）、MODE（模式）、SAVE（存储）、RECALL（调用）、MEAS/USER（测量/用户自定义）、SGL SWP（信号扫描））、6 个按键（SWEEP（扫描）、BW（带宽）、TRIG（触发）、AUTO COVPLE（自动耦合）、TRACE（跟踪）、DISPLAY（显示））和 4 个按键（MKR（光标）、MKR（光标移动）、RKR FCTN（光标功能）、PEAK SEARCH（峰值搜索））。在大旋钮上方的 3 个按键分别是 ON（打开）、NEXT（下一屏）、ZOOM（缩放）；下方的两个按键可以和旋钮配合，实现上调和下调功能。

（2）输入和输出接口：面板下方的一排接口就是输入、输出接口，分别是 TV IN 测视频指标的信号输入口；VOL INTEN 是一套内外旋钮，用于控制、调节内置喇叭的音量和屏幕亮度；CAL OUT 是仪器自检信号输出口；300MHz 29dBmV 是仪器标准信号输出口；PROBE PWR 是仪器探针电源；IN 75Ω 1M—1.8G 是测试信号总输入口。

（3）测试准备工作如下：

① 限制性保护：规定直流电压最高 25V，交流峰值 100V。

② 预热：预热完成标准为 OVER COLD 消失。

③ 自校：每使用三个月要进行一次自校工作。

④ 系统测量配置：可以先输入如测试项目、信号输入方式、显示单位等参数。具体配置步骤是：首先按 MODE 键，然后按 CABLE TV ANALYZER 软键，最后按 Setup 软键进入设置状态。具体细节有以下几个方面：

- tune config 调谐配置：包括频率、频道、制式和电平单位。
- Analyzer input 输入配置：主要是选择是否加前置放大器。
- Beats setup 拍频设置、测 CTB、CSO 的频点。
- GATING YES NO 是否选通测试行。
- C/N setup 载噪比设置：频点、带宽。

（4）读取结果的方法如下：

① 电平读取：参考电平位于屏幕最上方的水平线的电平值，确切数值及图像每格的分度值在屏幕左上方显示。参考电平的数值是可以通过按 AMPLITUDE 硬键，旋转旋钮改变。

② 频率选取：在图形中有 3 条竖线，分别表示中心频率、起始频率和终止频率，其对应数值在屏幕下方显示。Frequency 硬键大旋钮调整中心频率；Span 大旋钮调整其他两个频率值。

③ 光标的使用：首先按 MKR 键位，随后屏幕的曲线上会有闪动的光标，对应位置的电平和频率将会出现在屏幕左上方。

④ 打印并存储。

⑤ 进行视频测试。

4．常见问题

（1）如何获得频谱仪的最佳灵敏度？

依据信号的大小设置相对应的中心频率，扫频和参考电平。逐步减小衰减，当该处的信号信噪比低于 15dB，则相应减少 RBW，灵敏度因此得以提高。

对于有预放的频谱分析仪，首先打开预放，提高频谱仪的噪声系数，进而提高灵敏度。如果信号的信噪比较小，可以通过减少 VBW 的方式平滑噪声，进而使信号波动减小。

为了使频谱仪的测量结果精确，通常要保证信噪比大于 20dB，这主要是由于频谱仪测量结果实质是输入信号和仪器自身噪声之和的原因。

（2）RBW（分辨率带宽）是否越小越好？

对于第一个问题，我们已经知道，RBW 越小，确实会使灵敏度提高，但是也会带来负面的影响，它会导致频谱仪的扫描速度变慢。在实际的设定中，我们要综合考量，寻找灵敏度与速度的平衡点，进而更快、更准地得出结果。

（3）平均检波的 3 种方式如何选择？

平均检波主要有 3 种方式，分别是 Log power 对数功率平均、功率平均和电压平均。其实这 3 种方式各有优缺点，因此选择方式时要根据实际情况选择。对数功率平均有最低的底噪，被广泛用于低电平连续波信号的测试，但是对于“类噪声”信号存在一定影响；功率平均（RMS 平均）适合于“类噪声”的测量，如 CDMA；电压平均适合调幅信号或者脉冲调制信号的上升沿、下降沿时间的测量。

（4）如何选择扫描模式？

扫频仪扫频模式主要有两种：Sweep 模式和 FFT 模式。在窄 RBW 情况下，FFT 速度更快，反之亦然。

同时，当扫宽小于 FFT 的分析带宽时，FFT 模式下可以用来测量瞬态信号。如果扫宽超出频谱仪 FFT 分析带宽时，FFT 扫描模式的工作方式实质上是对信号进行分段处理，这样有可能在信号采样时丢失有用的信号，导致频谱分析失真。此种类型常见的信号有脉冲信号和 FSK 调制信号等。

（5）检波器的选择对测量结果有影响吗？

Peak 检波方式适合连续波信号；Sample 检波方式适合用于噪声和“类噪声”信号；Neg Peak 检波适合于小信号；而 Normal 检波适合同时观测噪声和信号。

（6）TG（跟踪源）的作用是什么？

跟踪源可以和频谱仪结合使用，跟踪源输出连接被测元件的输入，被测元件的输出连接到频谱仪上，此时构成了一个完整自适应扫频测量系统，可以用作简易标量网络器件，观测激励响应曲线，如器件频率响应、插入损耗等。

6.4.5　频率计

频率计是一种测量信号频率的电子测量仪器。它主要由 4 个部分构成，分别是时基电路、输入电路、计数显示电路及控制电路，如图 6.39 所示。

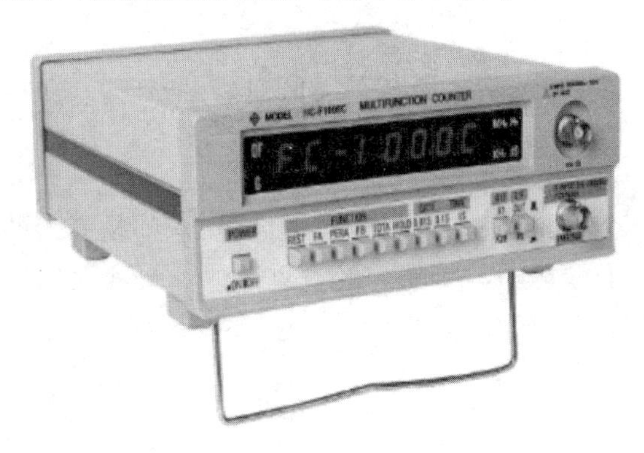

图 6.39　频率计实物图

在传统的电子测量中，采用示波器测量信号频率精度低、误差大；而采用频谱仪虽可准确测量频率，但是速度慢，无法做到实时捕捉。频率计之所以能够被广泛应用，正是其解决了传统电子测量频率的局限性。现如今，频率计的应用主要有：在计量实验室中，可用来对各种设备进行本地振荡器的校准；在无线测试中，除了校准作用，还可以对无线电台跳频信号或者频率调制信号进行分析。

频率计的使用步骤如下：

（1）选择正确的端口。

频率计的每个输入端口都有对应的频率范围，要注意范围限制，防止过大信号损坏频率计。

（2）操作频率计面板，选择合适的测试通道，并且设定好时间闸门。

通常情况下，闸门时间越短，显示分辨率越低、刷新速度就越快。

正确地连接测试电缆，对于测量电器线路板上测试点的频率，我们也可以采用 1:10 的示波器探头。在输出满足测量的前提下，应该尽可能使用该种示波器探头。

（3）由于对讲机电台等设备的输出信号过大，为保护频率计，不要直接通过电缆与频率计相连接。正确的操作应该是中间加装一个衰减器。如果没有衰减器，可以采用空中感应的方式实现，将对讲机或者电台接上天线，调小功率，同样在频率计的输入端也加上天线，凭借两者之间的感应能量测量设备发射功率。虽然这种方法不规范，但是在不严格的条件下是可行的。

（4）注意测量方法和时机。

在实验过程中，频率计经常需要先预热，等待其稳定后测量。具体预热时间要依据产品说明书而定，经验为半个小时及以上。

对于频率计校准电台或者对讲机的频率误差过程，在无线电电路设计中都有校准电路，依据说明书即可轻松完成频率修正。通常情况下，老式的电台主要通过晶体旁边的微型可变电容调节频率；而对于新款式的电台，它主要采用软件调整的方式；对于专业机经常会配备专用的计算机软件。

幅度稳定的信号是频率计测量的前提，否则将会严重影响测量结果。例如，短波电台的 SSB 模式就不适合直接使用频率计，在测量该信号时，应该在其外加一个稳定的单音信号。再例如，测量 GSM 手机的工作频率，由于 GSM 移动电话使用的 TDMA（时分多址）技术是带有时隙的发射体系，并且 GSM 发射的电波也不是连续电波，因此也不满足频率计测量的前提条件。

6.5 文献检索

科学的发展是有一个积累过程的。我们学习的知识都是前人的成果，任何一项创造发明都是在前人的基础上取得的。牛顿曾经说过：“如果我比笛卡儿看得远些，那是因为我站在巨人们的肩上的缘故”。因此，查阅文献对于大学生来说是一项必不可少的基本能力。

1．查阅文献的意义

一般来说，学会查阅文献具有以下重要的意义：

（1）继承前人经验，加快科研步伐。我们阅读的科技文献、学习的教材内容，往往是几年、几十年、上百年前的发现或研究成果，而这些成果对我们现在的研究往往有着不可忽视的作用。文献检索可以帮助我们继承前人的经验，避免科研工作的重复劳动，节省科研经费和工程投资，使自己的成果始终建立在最新成果的基础上。

（2）帮助学习。我们所学习的课本内容是前人科学研究的成果，也是后人教学研究的对象。文献中有许多关于课本知识的背景内容和专题研讨的资料，通过对资料的检索和学习，可以帮助我们更好地掌握书本上的内容。

（3）拓宽知识。课本的容量是非常有限的，狭窄的专业化教育已经不能适应这个知识爆炸的时代。主动提高自己的学习能力，树立终身学习的观念，是新时代对现代人的要求。利用图书馆和计算机网络进行信息检索，是我们及时更新知识、拓宽知识面的有效手段。

（4）促进创新。任何人从事某一特定领域的学术活动或开始做一项新的科研工作时，往往先要花费大量的时间对有关文献进行全面的调查研究，摸清是否已经有人在做同样的工作，取得了什么成果，存在什么问题，以避免重复劳动。只有知新，才能够创新。另外，许多文献中的内容都是前人的创造性成果，通过对文献的查阅，可以学习和了解创新的思想和方法，活跃自己的思维，激发灵感。

2．文献的分类

1）按性质分类

文献按加工程度可分为一次文献、二次文献和三次文献。

（1）一次文献指原始文献。

期刊论文多数是未经重新组织的原始文献，即一次文献。特别是专业期刊的出版周期短、刊载速度快，能够及时地反映科学技术的新成果和新进展，是一次文献的主要来源。科技报告、学位论文、会议资料及专利说明书等，也是一次文献的重要来源。

（2）二次文献指书目、索引和文摘等检索工具。

二次文献是将分散的无组织的原始资料经过加工整理、简化、组织等工作，如著录文献特征、摘录内容要点，使之系统化，以便查找与利用。二次文献的重要性在于它可以作为查找一次文献的线索。

（3）三次文献是指通过选用一次文献和二次文献中有关的内容，然后分析研究之后综合概括而编写出来的成果。

三次文献主要包括专题述评、学科年度总结、动态综述、进展报告、数据手册、百科全书和专业辞典等。从文献检索的角度来说，一次文献是检索的主要对象，而二次文献是检索的手段与工具，三次文献两者兼备。

2）按内容分类

我国普遍采用《中国图书馆分类法》（简称《中图法》）对文献的内容进行分类。国内图书馆按《中图法》分类、排架，主要的大型书目、检索刊物、机读数据库等都著录《中图法》分类号。信息与通信学科图书分类号见表 6.4。

表 6.4　信息与通信学科图书分类号

TN无线电电子学、电信技术	
TN911通信原理	TN912电声技术和语音信号处理
TN913有线通信、通信线路工程	TN914通信系统
TN915通信网	TN916电话
TN917电报、传真	TN918通信保密与通信安全
TN919数据通信	

3．主要文献介绍

（1）知名会议。会议的特点是周期短，刊载论文速度快，内容新颖深入，发行与影响面广，能及时反映各国的科学技术水平，参考价值较大。许多新的成果，包括研究方法、仪器装置及结果讨论等，都首先在会议上发表。衡量一个会议是否知名的一个标准是是否被《科技会议录索引》（Index to Scientific& Technical Proceedings，ISTP）检索。ISTP 是一种综合性的科技会议文献检索刊物，由美国费城科技情报所（ISI）编辑出版。该检索工具覆盖的学科范围广，收录会议文献齐全，而且检索途径多，出版速度快，已成为检索正式出版的会议文献的主要和权威的工具。表 6.5 列举出了国内外通信和信息类的一些知名会议。

表 6.5　国内外知名会议

会 议 名 称	主要专业方向
信号处理年会	信号处理、通信
IEEE International Conference on Acoustics, Speech and Signal Processing（ICASAP）	IEEE声学、语音和信号处理国际会议
IEEE International Conference on Computer Vision（ICCV）	计算机视觉IEEE国际会议
International Conference on Pattern Recognition（ICPR）	模式识别国际会议
IEEE International Conference on Communications（ICC）	IEEE通信国际会议
IEEE Global Telecommunications Conference （Globecom）	IEEE全球电信会议
IEEE International Conference on Intelligent Transportation System（ITSC）	IEEE智能交通系统国际会议
Annual IEEE Conference on Computer Communications（IEEE INFOCOM）	IEEE计算机通信会议
IEEE Radar Conference	IEEE雷达会议
IEEE Conference on Computer Vision and Pattern Recognition（CVPR）	计算机视觉与模式识别会议
International Geoscience and Remote Sensing Symposium（IGARSS）	地球科学与遥感国际研讨会
IEEE Wireless Communications & Networking Conference（WCNC）	IEEE无线通信和网络会议
中国模式识别与计算机视觉学术会议	模式识别、计算机视觉
中国自动化大会	模式识别、信号处理
中国国际通信大会	通信工程、信号处理
中国计算机大会	计算机技术、通信工程

（2）期刊。期刊的特点是出版周期较长，刊载论文速度稍慢，但是期刊的论文长度较长，方法论述和实验结果非常详尽，发行与影响面广，能及时反映各国的科学技术水平，参考价值非常大。国内通信和信息类期刊的主要专业方向见表 6.6。

表 6.6　国内通信和信息类期刊的主要专业方向

期 刊 名 称	主要专业方向
电子学报	电子与信息科学及相邻领域的原始性科研成果
电子与信息学报	信号处理、通信
通信学报	信号处理、通信
系统工程与电子技术	系统工程、电子技术、计算机应用、通信信息等
计算机学报	计算机视觉、信号处理
软件学报	信号处理、信息安全
自动化学报	信号处理、模式识别
科学通报	工程技术及基础研究方面的论文
中国科学	E辑：信息科学
计算机辅助设计与图形学学报	信号处理、模式识别
北京邮电大学学报	通信领域科学研究、工程技术及基础研究方面的论文、研究报告及综述
西安电子科技大学学报	通信领域科学研究、工程技术及基础研究方面的论文、研究报告及综述
电路与系统学报	电子技术、信号处理、通信信息、系统工程等
信号处理	信号处理
中国图像图形学报	信号处理、图像处理
系统仿真学报	仿真技术领域具有国际、国内领先水平的科研成果，创新性学术见解的研究论文
数据采集与处理	信号处理、通信、数据采集

（3）图书。图书的包含范围较广，主要包括专著、系列丛书、字典、词典、百科全书、手册、教材及大型参考书籍等。图书的主要内容一般是总结性的、经过重新组织的二次或三次文献。从出版时间上看，它所报道的知识比期刊论文及科技报告文献要晚，但其提供的资料比较系统和全面。应该注意图书并不完全是二次或三次文献，有的图书包含著作者本人的新观点和新方法，也具有一次文献的意义。由于图书的数量太多，这里就不再详细列举了。

（4）二次文献。科技工作者在进行文献检索时，要从大量而无序的文献中获取自己所需的信息往往非常困难，即使是同一种杂志，由于多年的积累，从中查找所需的论文也很费时。所以必须借助检索工具，即文摘、索引、手册等二次和三次文献。

国际上著名的二次文献有美国电气工程师学会主编、美国科学情报研究所（ISI）编辑出版的科学引文索引（SCI）、工程索引（EI）和科学技术会议录索引（ISTP）等，其中以 SCI 最具代表性。

《科学引文索引》（Science Citation Index，SCI）是一种综合性的科技引文检索刊物。SCI 以收录基础学科的论文为主，以期刊的编辑质量、影响因子和专家评审为选刊依据，入选期刊的学术价值较高，最能反映基础学科研究水平。

《工程索引》（The Engineering Index，EI）是世界著名的检索工具，由美国工程信息公司编辑出版发行，EI 以收录工程技术领域的文献全面且水平高为特点。EI 收录了 5000 多种工程类期刊论文、会议论文和科技报告，收录范围包括核技术、生物工程、运输、化学和工艺、光学、农业和食品、计算机和数据处理、应用物理、电子和通信、材料、石油、航空和汽车工程等学科领域。

除此之外，工学还需要三大数据库，分别是 IEEE Xplore、Elsevier 和 Springer。

IEEE Xplore 学术文献数据库，主要提供计算机科学、电机工程学和电子学等相关领域文献的索引、摘要及全文下载服务。它基本覆盖了电气电子工程师学会（IEEE）和工程技术学会（IET）的文献资料，收录了超过 200 万份文献。

Elsevier 提供信息分析解决方案和数字化工具，包括研究战略管理、研发绩效、临床决策支持和专业教育等。Elsevier 的数据库 ScienceDirect（简称 SD），是著名的学术数据库，对全球的学术研究做出了巨大贡献，每年下载量高达 10 亿多篇，是所有学术类数据库中下载量最大的，也是所有数据库中单篇下载成本最低的，平均每篇不到一毛钱，是性价比最高的数据库。

Springer 是 Springer Verlag 的简称，是指德国 Springer Verlag（施普林格）出版社。其是世界上最大的科技出版社之一，它有着 170 多年发展历史，以出版学术性出版物而闻名于世，它也是最早将纸本期刊做成电子版发行的出版商。施普林格出版社通过 SpringerLink 系统提供学术期刊及电子图书的在线服务，该数据库包括了各类期刊、丛书、图书、参考工具书及回溯文档。

（5）学位论文。学位论文是高等学校学生在结束学业时，为取得学位资格向校方提交的学术性研究论文。从内容来看，学位论文大体可分为两种类型：一种是作者参考了大量的资料，经过系统地分析和整理所得出的总结性见解；另一种是作者在前人的基础上，经过进一步实验和研究提出的新论点。从学位名称角度划分，有博士学位论文、硕士学位论文和学士学位论文。

4．文献的查阅方法

（1）利用电子文献数据库。在查找我们所需文献的同时，数据库会提供论文引文关联检索和指标统计。可从这些文献中获取相关的分析、数据、图表等信息，补充原有的观点，开拓新的思路。值得注意的是，如果所在的学校已经购买了数据库中的资源，那么使用学校提供的账号就可以免费获取所需的文献。

下面重点介绍几种常用的数据库，在一般高校的图书馆里都可以查到。

《中国期刊全文数据库》是目前世界上最大的连续动态更新的中国期刊全文数据库，覆盖了自然科学和社会科学几乎所有门类，参照国内外通行的知识分类体系组织知识内容，集题录，文摘、全文文献信息于一体。用户可以直接进行初级检索，也可以运用布尔运算符等方式灵活地组织检索提问式进行高级检索。它和《中国优秀博士硕士学位论文全文数据库》都属于中国知网（CNKI），网址为 http://www.cnki.net/NewWeb。

万方数据资源系统包括《万方博硕学位论文全文数据库》和《万方数字化期刊数据库》，前者收录了中国科技信息研究所提供的自 1980 年以来我国自然科学领域各高等院校、研究生院及研究所的硕士学位、博士学位及博士后论文，后者包括了我国自然科学类统计源刊和社会科学类核心源期刊的全文资源，为各高等院校和科研机构提供权威、专业、便捷和全面的信息服务，网址为 http：//wanfang.calis.edu.cn。

《中国科技期刊数据库》是由重庆维普咨询公司开发的一种综合性数据库，也是国内图书情报界的知名数据库，它收录了近千种中文期刊、报纸及外文期刊，其网址为 http：//cqvip.com。

超星数字图书网是目前世界上最大的中文在线数字图书网，提供文理各类电子图书数十万册，以及 300 万篇论文，并且每天仍在不断增加与更新。其提供的数字图书不仅可以直接在线阅读，还提供下载和打印功能。另外，其还有新书试读服务和专门对非会员开放的免费图书馆，其网址为 http：//www.ssreader.com。

（2）利用网络资源和搜索引擎（如 Google 学术、百度文库等）进行一般搜索，或是利用通信行业门户网站（如中国通信网等）搜索行业解决方案等。

（3）通过图书馆查找资料。图书馆也是可以使用的一个丰富资源，在图书馆查找资料的时候虽然不如在网络上搜索快，但是在一本书中不仅包括了我们所需要的资料，还包括了其他内容，我们可以在查找资料的时候了解下其他的内容，而且也可能会找到在网络上找不到的资料。图书馆在图书分类时一般将信息与通信学科划归在 TN 类目。

5. 电子文献数据库的检索

关于电子期刊文献资料的查找，可以分为两个层次：基本查找和追踪查找。文献的基本查找是指文献的题目或内容一般无从知道，只知道该文献大致属于哪一个学科或者属于某一方面，或者只知道某些关键词；追踪查找则是大致知道文献的题名、出处或者作者等相关信息。两个层次的查找方式有一些区别，下面分别介绍。

（1）基本查找。先要选择数据库，如单击《中国期刊全文数据库》，即可进入检索界面。系统默认进入初级检索界面，用户可在此输入检索项（主题、篇名、关键词、摘要、作者等）、检索词（表示检索项内容的词汇）、词频、论文发表的时间段、期刊范围（全部期刊、EI 来源期刊、SCI 来源期刊、核心期刊）、匹配方式（模糊、精确）、检索结果输出方式（时间、相关度，默认无排序输出）等内容。然后单击检索图标，系统即开始检索，并把检索结果按指定的方式输出。如果要进一步提高检索技能，可以观看中国知网提供的操作指南。其他数据库的检索方式与此大同小异，不再赘述。

（2）追踪查找。在基本查找的基础上，我们基本上掌握了要查找的文献资料的一些信息，想要了解更深层次的内容，则可以进一步检索该文的参考文献。

6.6 自 主 学 习

自主学习是与传统的接受学习相对应的一种现代化学习方式。以学生作为学习的主体，学生自己做主，不受别人支配，不受外界干扰，通过阅读、听讲、研究、观察、实践等手段使个体可以得到持续变化（知识与技能、方法与过程、情感与价值的改善和升华）的行为方式。

6.6.1 自主学习的特点

自主学习是与传统的接受学习相对应的一种现代化学习方式。顾名思义，自主学习是以学生作为学习的主体，通过学生独立地分析、探索、实践、质疑、创造等方法来实现学习目标。《基础教育课程改革纲要（试行）》在论及基础教育课程改革的具体目标时指出：“改变课程实施过于强调接受学习、死记硬背、机械的现状，倡导学生主动参与、乐于探究、勤于动手，培养学生搜集和处理信息的能力、获取新知识的能力、分析和解决问题的能力及交流与合作的能力。”传统的教学强调的是接受式的、被动式的学习方式，而 21 世纪的我们提倡自主学习，是否就是否定接受式的、被动式的学习方式，一概采用自主学习的方式？根据《基础教育课程改革纲要（试行）》的精神，可以这样理解，只是要改变过去那种“过于强调接受学习”的倾向，并不是完全否定接受式的学习方式，但要倡导学生学会自主学习的方式。

对在校学习的学生来说，学校是学习的主要场所和主渠道，教师和校长是最主要的施教者。自主学习要求施教者应以学校教育为主阵地，同时辅之以必要而科学合理的家庭教育和社会教育，使儿童和青少年通过自主学习，学会求知、学会做人、学会健体、学会审美、学会生活、学会交往、学会劳动、学会生存，具备与现代社会需要相适应的学习、生活、交往、生产及不断促进自身发展的基本素质。

愿学、乐学。调动并形成强烈的学习动机，增加学习的兴趣，愿学和乐学，解决存在的厌学、逃学的问题。

会学、善学。要强化学法指导，知道怎样学习才能省时省力、效果好。在新的形势下，掌握多样化的学习技能和方法，改变盲目学习的状况，是实现自主发展的重要目标之一。自主学习教改实验要把学法研究和新的学习手段、学习技术的研究摆在重要位置。

自省、自励、自控。这些要求主要属于健康心理素质的发展目标。自主学习要求不仅要把学习内容作为认识的客体，而且要将自己作为认识的客体。要对自己作出客观正确的自我评价，从而对自己的行为进行自我激励、自我控制和自我调节，形成健康的心理品质，使自己的注意力、意志力和抗挫折能力不断提高。

适应性、选择性、竞争性、合作性、参与性。要学会适应，要主动适应，而不是被动适应；要适应生活，适应学习，适应环境，允许并根据自己的素质和兴趣发展自己的特长。有选择学习内容、学习方式、学习方法的权利，按照全面发展与特长发展的要求，发展自己的优势和特长。

从上面的几种界定我们可以看到，自主学习强调培育强烈的学习动机和浓厚的学习兴趣，从而进行能动地学习，即主动地自觉自愿地学习，而不是被动地或不情愿地学习。

因此，“自主学习”这一范畴本身就昭示着学习主体自己的事情，体现着“主体”所具有的“能动”品质；学习是“自主”的学习，“自主”是学习的本质，“自主性”是学习的本质属性。学习的“自主性”具体表现为“自立”“自为”“自律”3 个特性，这 3 个特性构成了“自主学习”的三大支柱及所显示出的基本特征。

1. 自立性

每个学习主体都是具有相对独立性的人，学习是学习主体“自己的”事、“自己的”行为，是任何人不能代替、不可替代的。

每个学习主体都具有自我独立的心理认知系统，学习是其对外界刺激信息独立分析、思考的结果，具有自己的独特方式和特殊意义。

每个学习主体都具有求得自我独立的欲望，是其获得独立自主性的内在根据和动力。

每个学习主体都具有“天赋”的学习潜能和一定的独立能力，能够依靠自己解决学习过程中的“障碍”，从而获取知识。学习“自立性”的四层含义是相互联系，有机统一的。具有独立性的学习主体，是“自主学习”的独立承担者；独有的心理认知结构是“自主学习”的思维基础；渴求独立的欲望是“自主学习”的动力基础；而学习主体的学习潜能和能力，则是“自主学习”的能力基础。

可见，自立性是“自主学习”的基础和前提，是学习主体内在的本质特性，是每个学习主体普遍具有的。它不仅经常地体现在学习活动的各个方面，而且贯穿于学习过程的始终。因此，自立性又是“自主学习”的灵魂。

2. 自为性

学习主体将学习纳入自己的生活结构之中，成为其生命活动中不可剥落的有机组成部分。学习自为性是独立性的体现和展开，它内含着学习的自我探索性、自我选择性、自我建构性和自我创造性四个层面的结构关系。因此，自为学习本质上就是学习主体自我探索、自我选择、自我建构和自我创造知识的过程。

自我探索往往基于好奇心。好奇心是人的天性，既产生学习需求，又是一种学习动力。自我探索就是学习主体基于好奇心所引发的，对事物、环境、事件等的自我求知、索知的过程。它不仅表现在学习主体对事物、事件的直接认识上，而且也表现在对“文本”知识的学习上。“文本”知识是前人或作者对客观事物的认知，并非学习主体的直接认识。因此，对“文本”知识的学习，实际上也是探索性的学习。通过自我探索而求知、认知，这是学习主体自为获取知识的方式之一。

自我选择是指学习主体在探索中对信息的自我关注性。外部信息只有经学习主体的选择才能被纳入认知领域；选择是由于被注意，只有经学习主体注意的信息才能被选择而被认知，（故有“视而不见、听而不闻”的状况）。因此，学习是从学习主体对信息的注意开始的。而一种信息要引起注意，主要是由于它与学习主体的内在需求相一致。由内在所求引起的对信息选择的注意，对头脑中长时记忆信息的选择提取运用从而发生的选择性学习，是自为学习的重要表现。

自我建构是指学习主体在学习过程中自己建构知识的过程，即其新知识的形成和建立过程。在这个过程中由选择性注意所提供的新信息、新知识是学习的对象。对这一对象的学习则必须以学习主体原有的经验和认知结构为前提，而从头脑中选择提取的信息是学习新信息、新知识的基础。这两处信息经由学习主体的思维加工而发生了新旧知识的整合和同化，使原有的知识得到充实、升华、联合，从而建立新的知识系统。因此，建构知识既是对新信息、新知识的建构，同时又包含了对原有经验和知识的改造和重组；既是对原有知识的保留，又是对原有知识的超越。

自我创造是学习自为性更重要、更高层次的表现。它是指学习主体在建构知识的基础上，创造出能够指导实践并满足自己需求的实践理念模型。这种实践理念及模式，是学习主体根据对事物发展的客观规律、对事物真理的超前认识、对其自身强烈而明确的内在需求，从而进行创造性思维的结果。

建构知识是对真理的认识，是对原有知识的超越；而实践理念模式则是以现有真理性知识为基础，并超越了它（即是对事物真理的超前认识）。这种超前认识是由明确的目标而导引的创造性思维活动，在这种活动中，学习主体头脑中的记忆信息库被充分地调动起来，信息被充分地激活起来，知识系统被充分地组织起来，并使学习主体的目标价值得到了充分发扬。

可见，不管是探索性学习、选择性学习，还是建构性学习、创造性学习，都是自为学习重要特征的表现，也是学习主体获取知识的途径。从探索到选择到建构、再到创造的过程，基本上映射出了学习主体学习、掌握知识的一般过程，也大致反映出其成长的一般过程。从这个意义上说，自为学习本质上就是学习主体自我生成、实现、发展知识的过程。

3．自律性

自律性即学习主体对自己学习的自我约束性或规范性。它在认识域中表现为自觉地学习。自觉性是学习主体的觉醒或醒悟性，是对自己的学习要求、目的、目标、行为和意义的一种充分觉醒。它规范、约束自己的学习行为，促使自己的学习不断进取、持之以恒。它在行为域中则表现为主动和积极。主动性和积极性是自律性的外在表现。因此，自律学习也就是一种主动、积极的学习。主动性和积极性来自于自觉性。只有自觉到自己学习的目标意义，才能使自己的学习处于主动和积极的状态；而只有主动积极地学习，才能充分激发自己的学习潜能和聪明才智，从而确保目标的实现。

自律学习体现学习主体清醒的责任感，它确保学习主体积极主动地探索、选择信息，积极主动地建构、创造知识。

综上所述，“自主学习”就是学习主体自立、自为、自律地学习。学习的自立性、自为性和自律性是学习自主性的三个方面的体现，是“自主学习”的三个基本特征。其中，自立性是自主学习的基础，自为性是自主学习的实质，自律性则是自主学习的保证。这三个特性都说明了同一个思想：学习主体是自己学习的主人，学习归根结底是由学习主体自己主导和完成的。承认并肯定这一思想，对于改革矫正曾有的诸多不合理的教育教学手段、模式，从而探索创立崭新的教育教学手段、模式，无疑具有特别重要的意义。

“自主学习”在中国的提出，一方面反映了我国学习论领域研究的新成果，另一方面又对当前我国整个教育教学改革提出了一系列新的带有根本性的问题。“自主学习”问题被国家教育科学“九五”规划课题确立为重要研究内容，这表明它的重要性及其在理论界的广泛共识。因此，培养自主学习习惯，并深化对它的研究，明确其内涵及在教育过程中的地位和意义是十分必要的。

虽然目前对自主学习的研究不少，但自主学习还没有一个准确的定义。程晓堂先生认为自主学习有以下三方面的含义。

（1）自主学习是由学习者的态度、能力和学习策略等因素综合而成的一种主导学习的内在机制。也就是学习者指导和控制自己学习的能力，比如制订学习目标的能力、针对不同学习任务选择不同学习方法和学习活动的能力、对学习过程进行监控的能力、对学习结果进行评估的能力等。

（2）自主学习指学习者对自己的学习目标、学习内容、学习方法及使用的学习材料的控制权。通俗地讲，就是学习者在以上这些方面进行自由选择的程度。从另外一个角度讲，就是教育机制（教育行政部门、教学大纲、学校、教师、教科书）给予学习者的自主程度，或者是对学习者自由选择的宽容度。对教育实践者来说，培养自主学习就是在一定的教育机制中提供自主学习的空间及协调自主学习与总体教育目标的关系。

（3）自主学习是一种学习模式，即学习者在总体教学目标的宏观调控下，在教师的指导下，根据自身条件和需要制订并完成具体学习目标的学习模式。当然这种学习模式有两个必要前提，即学习者具备自主学习的能力，以及教育机制提供自主学习的空间。

也有研究者从狭义和广义的角度对自主学习给予了界定，如韩清林认为狭义的“自主学习”是指学生在教师的科学指导下，通过能动地、创造性的学习活动，实现自主性发展。教师的科学指导是前提条件和主导，学生是教育的主体、学习的主体；学生能动地、创造性地学习是教育教学活动的中心，是教育的基本方式和途径；实现自主性发展是教育教学活动的目的，是一切教育教学活动的本质要求。而广义的“自主学习”是指人们通过多种手段和途径，进行有目的、有选择的学习活动，从而实现自主性发展。陈水清则认为“自主学习”，就是学习主体主导自己的学习，是在学习目标、过程及效果等诸方面进行自我设计、自我管理、自我调节、自我检测、自我评价和自我转化的主动建构过程。“学习”是学习主体对社会文化或群体的思想、观念及解决“问题”的方法不断吸纳、消化的活动，具体表现为对一系列知识、观点、原理、定理或理论及蕴含于其中的方法论的把握和应用，从而形成或锻造出学习主体自身的思维能力，使学习主体的学习“状态”从被动吸收变为主动地追求，而奠定心理与能力基础。这一过程的形成与主体自身的状况有着深刻的内在联系。

20 世纪以来，自主学习越来越引起学科教育研究领域的重视。Water House 甚至主张培养自主学习者是教育的根本目标。事实上，明确提倡自主学习的主张可以追溯到 20 世纪 70 年代；而涉及自主学习教育思想的观念可以追溯到更久远的时间。

美国等发达国家在 20 世纪 70 年代时提出自主学习，主要有两个原因：

一是人本主义心理学的影响；二是学科教育研究对象和方法的转变。人本主义心理学强调人本身的情感和需要。以人本主义心理学为基础的教育哲学主张学习者与教育者分享控制权；主张以协商的形式进行学习；主张共同承担；主张学习内容要符合学习者自身的需要。以这种教育哲学为指导思想的教学大纲强调采用以学习者为中心的教学方法；强调教学目标的双重性，即情感发展目标和认知发展目标。

在具体实践中，人本主义教学大纲强调学习者要为他们自己的学习负责，比如自我决策、自我选择并实施学习活动、表露自己的能力、需要和偏爱等。在这种学习模式中，教师的作用不再只是知识的传播者，而是学习者的指导者和顾问。人本主义教学大纲的远期目标是培养符合人本主义心理学标准的人才；其近期目标则是培养学习者自主学习的能力。在人本主义心理学对教育领域产生影响的同时，教育领域尤其是学科教育领域的研究对象和方法也正在经历重要转变。

6.6.2　如何培养自主学习的能力

传统的教育研究侧重研究教育者、教育方法、教育内容及教育目标，而忽视对受教育者本身的研究。这种研究为教育实践提出了很多具体的教学方法，但一个接一个被否定或放弃。在教育方法的研究进入停滞不前的情况下，一部分人认识到，既然研究教师“如何教”不能取得进展，为什么不研究学习者“如何学”呢？于是以学习者本体为中心的教育研究迅速发展起来。研究人员和教育实践者借助行为主义心理学、认知心理学及社会心理学的研究成果和研究方法来研究学习者心理，并在此基础上提出了很多学习理论。

学习理论主要是研究学习过程的共性，以及影响学习过程和学习结果的学习者的个别因素，比如年龄、性别、智力、个性、态度、动机、学习潜能及学习策略等。虽然这些方面的研究还远不成熟，但有一点是公认的，即虽然学习过程有共性而且总体学习目标可以是一致的，但是学习者个别因素差异较大，尤其是学习能力、学习风格和学习策略的差异使得每个学习者的学习过程存在较大差异。另外，不同的学习者有不同的学习需要；同一个学习者在不同的学习阶段也有不同的需要，因此，一刀切的教学内容和教学方法很显然不符合学习的客观规律。解决这一问题的途径之一就是自主学习。

（1）培养自主学习能力是社会发展的需要。面对新世纪的挑战，适应科学技术飞速发展的形势，适应职业转换和知识更新频率加快的要求，一个人仅仅靠在学校学的知识已远远不够，每个人都必须终身学习。终身学习能力成为一个人必须具备的基本素质。在未来发展中，学生是否具有竞争力，是否具有巨大潜力，是否具有在信息时代轻车熟路地驾驭知识的本领，从根本上讲，都取决于学生是否具有终身学习的能力。使学生在基础教育阶段学会学习，已经成为当今世界诸多国家都十分重视的一个问题。正如《学会生存》一书中所讲的：“未来的文盲不是不识字的人，而是没有学会怎样学习的人”。而终身学习一般不在学校里进行，也没有教师陪伴在身边，全靠一个人的自主学习能力。可见，自主学习能力已成为21世纪人类生存的基本能力。

（2）培养自主学习能力是课程改革的首要目标。《基础教育课程改革纲要》在谈及新一轮课程改革的具体目标时，首要的一条是：“改变课程过于注重知识传授的倾向，强调形成积极主动的学习态度，使获得基础知识与基本技能的过程同时成为学会学习和形成正确价值观的过程”。这一目标使“改变学习方式，倡导自主学习”成了这场改革的亮点。

传统学习方式过分突出和强调接受和掌握，冷落和忽视发现和探索，从而在实践中导致了对学生认识过程的极端处理，使学生学习书本知识变成仅仅是直接接受书本知识（死记硬背书本知识），学生学习成了被动地接受、记忆的过程。这种学习窒息人的思维和智慧，摧残人的自主学习兴趣和热情。它不仅不能促进学生发展，反而成为学生发展的阻力，是把学习建立在人的客观性、受动性、依赖性的一面上，导致了人的主动性、能动性、独立性不断被销蚀，严重压抑了学生的学习兴趣和热情，影响到了新生一代的健康成长，已到了非改不可的地步。基于此，《基础教育课程改革纲要》提出要“改变课程实施过于强调接受，死记硬背，机械训练的现状，倡导学生主动参与，乐于探究，勤于动手，培养学生搜集、处理信息的能力，获取新知识的能力，分析解决问题的能力，以及交流与合作的能力。”就是要转变这种被动的学习状态，提倡以弘扬人的主体性、能动性、独立性为宗旨的自主学习。因此，培养自主学习能力成为课程改革的首要目标。

（3）培养自主学习能力是学生个体发展的需要。

首先，自主学习提高了学生在校学习的质量。经过检验，高成绩的学生也是自主学习能力较强的学生，因为自主学习能够促进学生对所学内容的深度理解，符合深度学习的特征。

其次，自主学习能力是创新人才必备的基本功。据相关调查研究，在1992年“中国大学生实用科技发明大奖赛”中获奖的学生的学习活动，都具有很强的独立性、自主性、自律性，表明学生的创造性与他们的自主学习是密切相关的。也正如著名的数学家华罗庚的论述一样：“一切创造发明，都不是靠别人教会的，而是靠自己想，自己做，不断取得进步。”

再次，自主学习能力是个体终生发展的需要。自主学习是个体走出学校后采取的主要学习方式，而没有自主学习能力，个体的终生发展会受到极大的限制。

（4）培养自主学习能力有助于课堂学习效率的大幅度提高，是实施素质教育的关键，更是课堂教学所必需的。课堂上的自主性学习并非独行其事，而是指学生不盲从老师，在课堂前做好预习，课堂上热情参与，课后及时查漏补缺，充分发挥主动性、积极性，变老师要我学为我要学，摆脱对老师的依赖感。真正意识到学习是自己学来的，而不是教师或其他人教会的，自己才是学习的管理者，这些有助于提高课堂学习效率。

（5）培养自主学习能力是社会发展的需要。面对新世纪的挑战，适应科学技术飞速发展的形势，适应职业转换和知识更新频率加快的要求，一个人仅仅靠在学校学的知识已远远不够，每个人都必须终身学习。终身学习能力成为一个人必须具备的基本素质。

下面就说一下如何培养自主学习的能力。

（1）激发学习兴趣。

托尔斯泰说："成功的教学所需要的不是强制，而是激发学生的兴趣。"兴趣是学习最好的老师。心理学研究表明，学习兴趣的水平对学习效果能产生很大影响。学生学习兴趣浓厚，情绪高涨，他就会深入地、兴致勃勃地学习相关方面的知识，并且广泛地涉猎与之有关的知识，遇到困难时表现出顽强的钻研精神。否则，他只是表面地、形式地去掌握所学的知识，遇到困难时往往会丧失信心，不能坚持学习。所谓"强扭的瓜不甜"也是这个道理。因此，要促进学生主动学习，就必须激发和培养学生的学习兴趣。

（2）建立和谐融洽的师生关系。

教学实践表明，学生热爱一位教师，连带着也热爱这位教师所教的课程，他会积极主动地探索这门学科的知识。这也促进学生自主学习意识的形成。教育名著《学记》中指出"亲其师而信其道"就是这个道理。所以教师要努力把冷冰冰的教育理论转化为生动的教学实践，真正做到爱学生，尊重学生，接纳学生，满足学生。

（3）合理分配每天的学习任务。

把自己的学习任务分解成每天能够完成的单元，并坚持当天的任务，当天完成，无论如何也不能给自己以任何借口推迟完成原定计划。

（4）合理规划每天的时间。

把必须完成的工作尽可能安排在工作时间内完成，把既定的学习时间保留出来，养成利用每天的零星时间学习的习惯。

（5）按照既定的时间表行事。

学习时间表可以帮助你克服惰性，使你能够按部就班、循序渐进地完成学习任务，而不会有太大的压力。

（6）及时复习。

为了使学习能够有成效，应该养成及时复习的习惯。研究表明，及时复习可以巩固所学的知识，防止遗忘。

（7）向他人提问。

在学习中碰到疑难问题，要及时向老师和同学请教，不论你认为自己的问题是多么简单、多么微不足道，应经常向周围同学请教、交流。

（8）养成做笔记的习惯。

做笔记既可以有助于集中精力思考和总结、归纳问题，加深对学习内容的理解和记忆，又可以把学习内容中的重点记录下来，便于以后查阅和复习。

（9）保持适量的休息和运动。

休息和运动不仅让你保持良好的状态，也是消除压力的好办法。

在方法上，主要侧重：

（1）良好的学习行为习惯培养。

良好的学习行为习惯，能促成学生学习活动中的一种学习倾向和教学需要。它的积极性会使学生在课堂上发挥教学目标需求教学的作用，达到教师讲课分析，学生听课思考的目标，从而使教师教学时可以“有的放矢”，而且师生密切配合，这样就减少了教学中的随意性和盲目性。学生良好的学习行为习惯不仅仅局限于课堂内，必须逐步培养学生在课堂内外有预习的习惯、听讲的习惯、认真思考的习惯、按时独立完成作业的习惯，以及训练和复习的习惯等，并努力使其规范化。教师必须把它作为学习方法指导的一个重要内容和一项基础教学工程来实施。

（2）正确的学习方法指导和运用。

学生的正确的学习方法主要来自课堂教学。课堂教学是学生获取知识的第一途径。教师授课过程中的教学目标、程序、方法和效应，必须围绕学生自主学习而设计。凡是能够引起学生学习兴趣和思考，在智力开发上发挥主导作用的方法，就是最好的教学方法。在课堂上，方法的运用是直接的教学认知过程，教师要根据学生心理和学习特点，予以精神指导。

① 通用性的学习方法指导，这种方法对各门学科都适用。例如记忆的方法有比较法、分类法、歌诀法、理解法、联想法和形象法等。

② 专科性的学习方法，这是专门学科和专业知识的学习方法。例如语文学科阅读方面的学习方法，有朗读法、默读法、选读法、说读法、熟读法、识读法、精读法等。这些方法的掌握还必须在针对性的学法指导下才行之有效。

（3）扩大教学信息的传递。

引导学生自主学习，一个不可忽视的方面就是扩大教学信息传递，以增加课堂学习密度，给学生最大、最快、最有效的知识信息，加速提高学习效率，使学生在教师的指导下接受信息传递，转换获取的知识，充分利用每节课的 45 分钟，努力掌握和研究信息的传递方式和规律，将其传递形式作用于课堂教学的有效信息中。对于教科书上学生难以理解的内容，课堂上学生不易听懂的问题和较难掌握的公式、方法，教师应善于及时调整信息传递，转换成学生容易接收的学习信息。由于信息传递的形式不同，信息传递的“质”与“量”也不相同。

以人本主义心理学为基础的教育思想在给予学习者较大自主权的同时也附带更大的责任。为了充分履行他们的权力，学习者应该具备以下几方面的能力，并对自己的学习负责：

- 制订并在必要的情况下调整学习目标的能力；
- 判断学习材料和学习活动是否符合学习目标的能力；
- 选择学习材料和学习内容的能力；
- 选择或自我设计学习活动方式并执行学习活动的能力；
- 与教师或其他学习者进行协商的能力；
- 监控学习活动实施情况的能力；
- 调整态度、动机等情感因素的能力；
- 评估学习结果的能力。

自主学习者需要具备的能力可能还不止以上列出的 8 个方面。但一般认为，计划、实施、评估的能力是自主学习者需要具备的几个主要能力。因此要采用自主学习方式，就必须注意培养学习者自身的能力。而培养自主学习能力要以学习者自身为主体，自主学习能力不是教师“教”出来的，而是学习者自己发展的。程晓棠先生认为以下几个方面的活动有助于培养自主学习者的自主学习能力：

- 学习者充分了解自身的客观条件并进行综合评估。比如通过成绩测试了解自己目前的水平；通过学能测试了解自己成功的概率和程度；通过心理和智力测试了解自己的智力水平、学习风格、个性特征、情感特征等。
- 学习者要明确自身的需要，尤其是学习的最终目的，这是学习者制订具体学习目标的依据。研究表明，有目的的学习效果要比没有目的的学习效果好得多。
- 学习者要善于拓宽信息渠道、掌握获取信息的技能，以便在选择学习内容、学习材料等方面具备更高的自由度。
- 学习者要与教师或其他学习者共同探讨学习方法，交流学习体会，交流学习材料，并在必要的情况下相互帮助。
- 学习者要善于与他人交流情感，并在必要的情况下寻求适当的帮助。

6.7　习　　题

1．通过学习，作为通信工程的学生，你对“学生是否应该熟练掌握编程”是如何看待的？

2．请简单总结出单片机可应用的领域。

3．你曾使用过哪些仿真软件？通过本章的学习你是否可以大致掌握 1 至 2 个仿真软件？

4．你在大学所开设的实验中，有哪些实验需要用到示波器及信号发生器？根据你的理解，描述它们在你实验中的作用。

5．通过学习，你掌握了哪些文献检索的方式？文献检索对你今后的学习有什么意义？

6．什么叫作自主学习？你认为应如何培养自己自主学习的能力？

第7章 如何成为一名合格的毕业生

经过几十年的发展，通信工程和电子信息工程已经发展成基础技术学科，在科技发展中占有越来越重要的地位，特别是在目前的信息化建设中，通信技术毋庸置疑地成为核心技术，而信息化建设也需要大量的通信和电子信息工程专业人才。大学生应该根据技术发展和社会发展的需要，充分学习各项专业技术，努力掌握潮流科学，跟上科学发展的脚步，积极学习，汲取知识。

7.1 自我审视

对于从“独木桥”中脱颖而出的你们而言，十二年以来手不释卷、只争朝夕，追求第一早已成为本能。然而来到大学以后，你突然发现强中更有强中手，有的同学试图继续优秀下去，若得了第二便会郁郁寡欢，久而久之，这种追求就会演变成“强迫症”，这点必须引起我们的重视。

到底什么是“优秀”？有的同学会回答，成绩名列前茅，获得奖学金，得到推免研究生资格……这样的回答无可厚非，因为我们自幼受到的教育就是要做出类拔萃的，从小就被叮咛着向楷模看齐。步入大学后，你又再次进入这样的轮回当中。在前面的章节中，我们就探讨过大学的评价标准，目的在于让你真正理解优秀的含义。所谓优秀，我们可以看作是自己具有的长处，我们在做一件事情之前经常会预想事情的结果，于是我们可以以实际结果与之比较：超过预想，说明你擅长做此类工作，如若不如预想，说明尚有余地。这样可以充分了解自己的长处，在学习和工作中才能人尽其才。

了解了什么是“优秀”，如何判断自己是否“优秀”，那么另一个问题接踵而来，是不是所有的事情都要做得“优秀”？

有的学生很勤奋，但却没有一门成绩可以称得上优秀，所以，为了摆脱“不优秀”的影子，他们只得把得天独厚的特质亲手埋葬。理查德·汉明先生曾经在一次演讲中提到：“包括科学家在内的很多人都具有一种特质，就是通常在年轻时能够独立思考、勇于追求。”由此可见，真理往往掌握在少数人手中，不要畏惧特立独行，也不要过分介意别人对你的评价，要根据自己的优势，走自己的路，心中的成功必将到来。

在古希腊的圣城德尔斐神殿上刻着一句千古流传的箴言：认识你自己。它传达了神对人的要求，就是人应该知道自己的限度。有人问泰勒斯：什么是最困难之事，回答是：“认识你自己。”接着又问：什么是最容易之事？回答是：“给别人提建议。”这位最早的哲人显然是在讽刺世人，世上有自知之明者寥寥无几，好为人师者比比皆是。看来还是大哲学家苏格拉底领会了箴言的真谛：“我比别人知道得多的，不过是知道自己的无知。”正是这种谦虚的态度，才成就了苏格拉底的深厚哲学思想。能够正确地认识自己的不足，善于向每个可能弥补自己不足的平凡人学习，才能取得这样的成功。我们通过认识自己来认识世界，成功虽然存在着偶然性，但经常地自我审视、自我探寻，才能成就更完美的自己。

我们在平常的学习中，也要有这样的自知之明，只有先认识到自己的无知，才能形成自己虚心向人学习的动力，才能发掘潜能、不断取得进步，达到预定的目标，迈向成功。不自以为是，抱着开放的求知意识和谦虚好学的求知态度，我们才能多学知识，获得成功！在人生前进的道路上，时而停下来去享受美丽，能够让你在发现自己偏离外界标准之时，不过分的妄自菲薄甚至丧失自我。如果你能尊重心底最真实的感受，如果你能带上一颗平常心去对待外界的评论，如果你能清楚地认识自我，那么你就是最完美的。

7.2　学习方法与学习态度

7.2.1　学会在大学里学习

人的学习是一种有目的的、自觉的、积极主动的过程。大学生的学习是在教师的指导下，以系统的教学体系为保障，在较短的时间里接受前人所积累的科学文化知识的过程。从微观上说，读书、上课、实验、实践、记忆都是学习的具体形式；从宏观上看，制定学习战略、选择治学途径、优化知识结构等也都属于学习研究的范畴。学习是大学生最重要的职责与使命。

从中学到大学，是人生的重大转折，大学的学习活动有其自身的特点，主要表现为：

- 独立性学习。大学学习过程是运用科学的教学形式及方法，培养学生独立地学习知识、掌握专业理论、从事科学发现的实践活动。
- 专业性学习。大学学习是以专业理论知识和基本技能方法的掌握为主要任务，围绕具体专业而展开的活动过程。
- 创造性学习。大学学习是学生在继续掌握前人积累的专业理论知识基础上，从事探索活动、发展创造能力、获得科学方法和创造精神的过程。
- 实践性学习。大学学习是学生将高度抽象的专业理论知识运用于具体实践活动，以发展学生应用技能与改造世界能力的过程。

大学的教育方针是在基础教育的基础上，以培养社会现代化建设需要的各种专门人才为基本目标。具体到高等工程教育来讲则是以培养善于将科学技术转化为直接生产力的工程师为主要目的。因此与基础教育相比，大学的学习有自己的特殊性，其内容、方法、形式也有显著的特点。

1．大学的教学任务

大学的教学任务主要有以下 3 个方面：

（1）系统地向受教育者传授科学文化知识。教学的首要任务是向学生传递系统的科学文化知识。高等教育是事业化教育，即在普通教育的基础上，进一步实施专业基础教育，以便为国家现代化建设培养各种专业人才。因此，在传授知识方面，大学的教学既要向学生传授一定专业所必需的基础知识，又要向学生传授专业知识。

（2）注重培养学生提高能力的方法。随着科学技术的发展，知识总量正在以极高的速度增长，要解决学习时间有限与知识无限之间的矛盾，唯一的重要办法是培养学生的综合能力，把科学的思维方法和打开知识大门的钥匙交给学生。从学生学习的特点来看，学生在校学习的时间毕竟是有限的，一个人不可能一辈子都在学校学习。因此，只有掌握了科学的方法，才能根据工作的需要，在知识的海洋里自由汲取，为适应社会的要求创造条件。

（3）积极地帮助受教育者树立科学的世界观。教学过程是传授知识、培养能力的过程，也是传播思想、培养品德的过程。对学生来讲，没有正确的人生观、世界观，就不可能对社会做出贡献，就不能算是合格的大学生。如何结合学生实际，有目的地进行思想教育，培养科学的世界观，使思想教育寓于传授知识之中，是现代大学教学的一项重要任务。

2. 大学的学习过程

大学本科的学习，实际上可以分为两个阶段：第一阶段是由入学到完成基础课程学习的阶段，第二阶段是从进入专业基础课学习到毕业阶段。

第一阶段可以看作是懵懂阶段。大多数新生的学习带有盲目性，既不了解本专业的情况，也不太了解学习这些基础知识究竟是为什么。学生的学习动力就是知识本身的吸引力，知识所具有的严格科学体系，使不少大学生领略到知识的奥秘；大学校园的学习使他们感到新鲜，感到对知识的渴求；大学教师严谨的授课风格和丰富的知识也往往使他们为之折服。在此阶段出现了两极分化，一些优秀的学生开始崭露头角，但是也有一些学生未能很好地适应大学的学习生活，尤其不能适应强烈的竞争环境，成绩远远地落在了后边。在这一阶段，学生应该特别注重人生观的培养，要逐步掌握基础课学习的规律。既然基础课具有严格的理论体系，就应该着重理解这种体系的核心内容，以及这种体系的科学价值。

第二阶段，学生通过专业课学习，了解了本专业的基本情况，此时也会出现两种不同的情况。拔尖的学生会运用自己已经掌握的基础理论来解决本专业遇到的各种问题，或者用科学实验来验证所学理论的正确性，从而取得好的学习成绩，并且打下牢固的专业基础，对专业知识也有了深入的了解。与此相反，有些学生对具有概括性和经验性的专业基础知识和专业知识不适应，总是怀疑其正确性而拒绝接受；或者因为缺乏归纳思维的能力而对相对分散的知识难以理出头绪，从而失去对专业知识的兴趣，导致学习成绩下降，达不到预期的培养目标。在此阶段，大学生们需要调整自己的心态，以适应专业基础课和专业课学习的特点。一方面应理解不同领域知识固有的差别，要适应专业基础课和专业课相对分散的知识体系，要从将来所从事的事业角度看待所学的课程，决不能按一时的兴趣进行取舍，更不能妄自菲薄，在学习上打退堂鼓。

3. 大学学习动机的培育

学习动机是直接推动学生学习的一种内在动力，是对学习的一种需要，是社会和教育对学生学习上的客观要求在学生头脑中的反映。学习动机的主要成分包括对知识价值的认识、对学习的直接兴趣和对自身学习能力的认识。一个人对学习的看法及对学习的态度都能够通过学习动机的这三个方面加以说明。

通过研究表明，学习能产生动机，而动机又推动学习，二者相互影响。对于大学课程学习而言，一般周期较长，在学习的过程中需要学生积极努力，把新观念组合到自己的认知结构中，这就需要学生具有集中注意、坚持不懈，以及提高对挫折的忍受性等品质，这些都是受到学习动机激发的。一般来说，学习动机水平增加，学习效率也会提高。在教学实践中发现，有相当数量的大学新生身上存在不同程度的学习动机缺乏现象，其原因主要体现在：

（1）动机落差。在社会观念的影响下，上大学是无数学生唯一的学习目标。一旦目标实现，就会产生松懈心理，进而没有及时树立进一步的学习目标，造成了考上大学前后的动机落差。

（2）自控能力差。大学新生一般自我控制能力较差，特别是刚经过高考的疲惫期，普遍具有放松的意识。这一时期特别容易受一些高年级同学不良习气的影响，如“他们玩我也玩”，“他们谈恋爱我也谈恋爱”，久而久之便失去了自控能力。还有的大学生受到不正确价值观的影响，看到所谓“知识贬值”现象，便觉得读书无用，滋生厌学情绪，导致学习动力不足。

（3）缺乏远大的理想。理想信念是一个思想认识题，更是一个实践问题。部分大学生过分注重追求物质利益，缺乏理想追求，缺乏坚定如一、执著不变的人生目标和精神追求。一些学生对“我为什么上大学”这些涉及人生观的问题没有清晰的认识，因此就不会有奋发向上、努力学习的原动力。

（4）经济条件。由于大学不再是义务教育阶段，国家目前实行有限收费的制度，这对改善教学条件、发展我国的教育事业都有非常积极的作用。但是，这必然会对家庭经济困难的学生产生影响。部分学生过早的希望在职场上“小试身手”，以解决经济压力，从而造成不能专心致志学习，这样必然会影响自己的学习成绩，以至于自暴自弃，失去学习动力。

青年时期是理想形成的重要时期，也是立志的关键阶段。大学的学习特点，要求每一个大学教师必须在传统的“传道、授业、解惑”的基础上，更加注重学习方法的传授，即让学生学会学习。作为大学生也应该更新学习观念，完善学习方法，确立全新的学习思维。

（1）建立自主的学习观念。

学习实质上是在获取信息过程中增进知识或技能的活动。在信息时代，每时每刻都在涌现着大量的信息，自觉、主动地获取新信息是大学生成长和个人发展的基本条件。信息科学表明，信源发出的信息中，并不是所有的都能被信宿接收，接收之后所起作用及所获效果也不相同。大学生要提高信息接收质量和学习效果，就有必要注重激活学习兴趣，保持积极、能动的学习心态，对学习信息具有高度的敏感或警觉，充分挖掘自己的学习潜力。自主学习符合“刺激—选择—建构”的认识过程，是大学生调控自身学习的自主活动。实现自主学习需要把握住自我设计、自我识别、自我选择、自我完善等诸多环节。大学生在学业上已开始走向自主，教师在教学过程中的主导作用只起着指点性的“引导”，而非全面直接的知识教授，这一点，在教学目的及与之相应的组织形式和教学方法中都应有所表现。

（2）把握学习的“突变”规律。

学习靠积累，既需要对信息和知识的纵向继承、横向综合，又需要不断接受信息刺激，循序渐进地掌握知识。“认知理论”认为，学习是认知结构的组织与重新组织，有内在逻辑结构的教材与学生已有认知结构关联起来，新旧知识发生相互作用，新材料在学习者大脑中便获得了新意义。“突变理论”认为，变化总有一个突变点，在未达到突变点之前，这种变化是可缩的，变化结果是不固定的。当变化超出突变点后，事物就会发生质变。比如，有的人学习外语多年，但外语水平没有显著提高，就是因为每次学习未超过突变点。大学期间，大学生的身体、智能达到了人生的顶峰，又有本专业精英人员的指导，在一段相对集中的时间内，有计划、有目的、有组织、有系统地学习，这种学习具有集中、快速和高效的特点，并有物质和精神方面的全力支持，因此大学生应在大学的四、五年间跨越学习的突变点。

（3）重视现代学习的前瞻性。

在农业时代，人们习惯于看过去，在工业时代，人们习惯于顾现实，而在信息时代，人们将把目光和精力放在未来。信息时代，社会发展迅速，世界变化快，大学生应强化前瞻性学习。首先是做好学习各环节的预习，处处提前一步，提高听课效果，加深课中理解；其次是确定超前学习目标，从个人的爱好特长、知识水平、智能结构、专业需要等实际出发，超前地选学有关课程；再次是注重培养自己的预见能力和洞察能力，培养自己处理所面临的新困难的能力，以使自己今后能较好地把握社会及学科的发展趋势。刻意追求新知识、新思想、新方法是前瞻性学习的核心，学分制、选修制、辅修制等也正是为适应这一趋势而建立的。大学教师在这方面应给予学生以充分的指导，如提出预习要求、阅读书目提纲、指导完成有一定难度的作业等。

（4）学会“立体”式学习。

在信息时代，大学生面临着丰富多彩的信息源，寻求知识、增长技能的方式也是多种多样。课内学习是一种系统严密、按部就班、循序渐进的学习，是大学生学习的主渠道。它包括学校安排的一切正常活动，如授课、做习题、实习、论文、讨论等教学内容。除此之外，还要搞好课外学习，如向教授请教、与思维敏捷的同窗辩论，有助于启迪心智；参加社会实践及第二课堂活动，听取学术报告、讲座，有助于增长才干，开阔视野；图书馆是知识的宝库、信息的源泉，有助于旁征博引、广采众长；报纸、广播、电视、网络等媒体上的信息精彩纷呈，有助于增加获取信息和知识的机会。通过这些途径，更好地了解你所涉足的专业领域内最近又取得了什么新成果、新进展，有什么问题没有解决，人们正在思考什么、研究什么，以使自己从多种角度获得启发。

（5）善于运用现代学习手段。

高等教育的教学过程必然从封闭走向开放，随着技术的广泛应用，开放的程度将不断加强。在网络环境下，新型的远程教学将改变传统的教学手段，面向公众提供平等的教育机会，学习者可以随时随地学习知识，并可享受到最好的学校、最好的教师和最好的课程。开放的教育模式还具备交互式的教与学功能，使得教师和学生之间互相交流，互教互学，实现双向教学。选修课程、完成作业、批改作业、参加考核等均可在网上进行。大学生应具有开放的头脑和探索的欲望，不能将自己与社会割裂，应广泛吸取国内、国外的有益知识和技术，充分利用各种学习手段，快速、高效地获取知识，完善技能，提高素质。

（6）把握学习时机，培养学习兴趣。

注重效率和效益是信息时代一切社会活动的共同要求。大学生的学习要想达到优质高效，一方面要充分利用信息技术，另一方面要把握学习规律，培养学习兴趣。在倡导素质教育的氛围中，大学生不仅要学会教材上的基础知识，而且要“学会学习”，掌握学习战略，总结、借鉴、建立一套与自身相适应的高效率的学习体系，包括检索方法、阅读方法、记忆方法和思维方法等。

（7）学习要有选择性。

信息生产和传播过程中的一些不良现象，势必会给大学生的学习带来消极影响，因此，应引起足够的重视。首先是信息数量的猛增，信息流动速度的加快，使人们在单位时间里可获得的信息量大大增加以致难以承受。其次是在流动的信息中充斥着占有很大比例的冗余信息、老化信息、污秽信息和错误信息等。解决“信息泛滥”“信息污染”的有效方法就是在利用信息时加以慎重地鉴别和选择。书刊优选的标准是：符合自己的治学方向，有助于完善知识结构，有助于学生心理素质健康发展，有利于引导自身迅速达到所研究知识的前沿。请教专家、阅读书评和书目、接受图书馆指导等方式有助于选准书刊。在网络学习中，要有足够的理性和是非判断能力，分清良莠，判别高低，在有限的时间内获得最多、最好的信息，促进自身的知识增长和各方面的进步。

（8）学习要“内化”为素质。

人的认识过程主要沿着感觉、知觉、记忆、想象、注意、思维等心理活动逐层上升，由感性到理性，由直观到抽象与概括。大学生应真正用认知的每一层面去了解客观世界、适应客观世界、改造客观世界。进行素质教育的关键在于“内化”，即将知识转化为素质，包括思想素质、道德素质、文化素质、心理素质和科学精神等。“内化”的关键在于把已掌握的知识与积极思考紧密结合起来。学习只求达到“记住了”和“理解了”的水平是很不够的，在学习的过程中要开动脑筋积极思考，力求打通各种知识相互之间的内在联系，努力做到融会贯通，才能通过知识的相互碰撞击发出思想的火花、创造的意识。孔子说：“学而不思则罔，思而不学则殆”。如果只“学”不“思”，则永远不会内化为素质，也很难转化为行动。

（9）大学学习，创新是关键。

知识创新、意识创新、人才创新是创新体系的关键部分。大学生与国家创新体系紧密相关。国家社会要求大学生必须具有创新能力。大学生的自身条件和大学的教育条件奠定了创新学习的基础。因此，大学生的学习不仅要使自己掌握知识，更重要的是要使自己增长能力，包括思维能力、书面与口头表达能力，尤其是知识应用能力的创造能力。要积极参加创新活动，如课题研究、科学实验、技术革命、产品研制、文艺创作和论文撰写等，要努力形成自己的特色，如独特而有效的学习方法、工作方法和思维方法等，并结合自己的特点扬长避短。大学教师基本上是本学科的研究工作者，因此在教学过程中引进科研不仅是可能的而且是必须的。教师在教学中要补充较多的新内容，要把自己的研究成果和国内外本学科的最新研究动向、成果及趋势介绍给学生，并介绍学术争论、各种观点和有待深入探索尚未成熟的理论，使学生站在学科发展前沿，激发学生的创造热情。创新是一个民族进步的灵魂，是一个国家兴旺的不竭动力。

（10）确立终身学习的观念。

在信息激增的今天，任何一所大学都不能教授给学生任何一个专业的全部知识，一个人大学毕业后也不可能在一个岗位上工作一生。因而高等教育不是终结教育，而是作为终生教育的一个环节，任何一个大学生都得不断学习，否则就会落后于时代。教育家们认为，终身教育观念是最具有革命性的观念之一，可以与哥白尼的革命相比，它可以维持和改善个人社会生活的质量。人在青少年时代所接受的正规化教育是将来进行终身学习的基础条件，因而终身学习的思想必须贯穿于学校教育之中。现在，许多国家已经认识到，提高综合国力的关键是要提高国民素质，所以将推行终身教育视为国家应该承担的重要责任。

7.2.2 科学的学习方法

大学学习方法与中学相比存在很大不同。若想成为一名在专业上有所建树的学生，就必须掌握相应的学习方法。

（1）学会自学。大学主要的学习方法是自学，自学能力是指一个人独立地获取知识、掌握技能及综合运用知识的能力，它主要包括自觉的学习意识、良好的学习习惯、有效的学习方法等。在充分自由的没有高考压力下的自我学习习惯的培养是大学学习的关键。

自学意识是自学能力的基础，要培养学生的自学能力，首先要培养学生的自学意识。学生只有充分认识到自学重大而深远的意义，才能产生学习的动力、希望和兴趣，才会有明确的学习目的、端正的学习态度、强烈的求知欲望和顽强的学习毅力，也才会有自学的行动，学习效率才能显著提高，从而变被动、消极的“要我学”为热情、主动的“我要学”，收到事半功倍的效果。如果学生学习目的不明确，学习态度不端正，学习兴趣不浓厚，求知欲望不强烈，或者学习毅力不顽强，即使老师教给他们再多、再好的学习内容与方法也没有多少效果。培养学生学习的动机、兴趣、求知欲、毅力等非智力因素，提高自学意识，是培养、提高学生自学能力的基础。这就要发生几个转变：由中学的“要我学”到大学的“我要学”的转变；由中学的被动学到大学的主动学的转变；由中学的盲目性到大学的清醒性的转变；由中学的为高考学到大学的为真理学的转变。转变得快，学得就好；转变得慢，学得就差；根本没有转变的，就不是大学的学习。

（2）要注重理论性。大学学习侧重于理论性，高中学习侧重于知识性。知识的学习是横向的平面的累加，理论的学习则是纵深的体系性的构建。知识是常识性的，理论则是对常识的解释或产生常识的原创性的东西。对于信息学科而言，理论课主要包括基础课和部分专业基础课，也包括个别专业课。理论课是指具有严格的理论体系，需要定量描述和抽象思维的一类课程，如数学、物理和通信原理等。对于信息类专业设置的理论课，实际上就是本专业的基础，离开这个基础就不能深入理解本专业所面临的要解决的实际问题，更谈不上对这些问题提出有效的解决方案。在进行理论学习时，首先要学会阅读，通过阅读理解本学科知识体系；其次要大量练习，严格准确地完成习题可以加深对理论本身的认识；同时可以带着对专业的认识问题、对现实存在的一些问题去学习，尝试在理论学习中获取解决问题的理论和方法。

（3）建立合理的知识结构。随着科技的发展，知识在不同学科之间的交叉，特别是在通信、计算机、电子等新兴学科领域之间的融合日趋明显。合理的知识结构，就是既有精深的专业知识，又有广博的知识面，具有事业发展实际需要的最合理、最优化的知识体系。李政道博士说：“我是学物理的，不过我不专看物理书，还喜欢看‘杂七杂八’的书。我认为，在年轻的时候，‘杂七杂八’的书多看一些，头脑就能比较灵活。”大学生建立知识结构，一定要防止知识面过窄的单一、偏向。当然，建立合理的知识结构是一个复杂而长期的过程，必须注意的原则有：①整体性原则，即“专博相济，一专多通”，广采百家为我所用。②层次性原则，即合理知识结构的建立，必须从低到高，在纵向联系中划分基础层次、中间层次和最高层次，没有基础层次，较高层次就会成为空中楼阁，没有高层次，则显示不出水平。因此任何层次都不能忽视。③比例性。即各种知识在顾全大局时，数量和质量之间合理配比，比例的原则应根据培养目标来定，成才方向不同，知识结构的组成就不一样。④动态性原则，即所追求的知识结构绝不应当处于僵化状态，而是能够不断进行自我调节的动态结构。这是为适应科技发展知识更新，研究探索新的课题和领域、职业工作变动等因素的需要，否则会跟不上飞速发展的时代步伐。

（4）注意创新思维能力的培养。现在和未来文明的真正财富，将越来越多地表现为人的创造性，在步入大学以前，很多同学已经学会通过积累知识的惯性来学习。积累的确很重要，但是对于大学而言，更重要的是从积累的知识中去提炼，这就需要打破思维定势，去进行创造性的培养、创新思维的培养和创造力的形成。

（5）注重学习的专业性。这主要体现在培养专业认知和专业兴趣。这与知识的综合并不矛盾，专业是什么？是学生的研究方向，是学生的兴趣所在，专业化的选择学习内容是大学学习的最基本要求。学习信息学科的同学应对感测系统、通信系统、计算机与管能系统、控制系统这四大系统所相关的专业知识进行深入学习，以掌握信息感测技术、信息传递技术、信息处理技术、信息存储技术、信息控制技术及其综合应用技能。同时，计算机技能也是考核当代大学生能力的重要指标，但要注意需要掌握的是操作语言，而不应该把学习的层次、学习的兴趣停留于装配计算机、做网站等非本专业学生学习的层面。每一个学生要明确自己所学的专业是做什么的，这样才能有超越。

同时，作为教学过程的组织者，学校也应该通过讲座、座谈、课堂等方式对大学新生进行学习方法的引导，对有需要的学生进行心理干预，从而让学生尽快适应大学的生活节奏，掌握最佳的学习方式。

大学生要培养的范围很广。这些基础都是为将来在事业上奋飞做准备。正如爱因斯坦所说："高等教育必须重视培养学生具备会思考、探索问题的本领。人们解决世上的所有问题是用大脑的思维能力和智慧，而不是搬书本。"总之，凡是将来从事的工作所需要的能力和素质，必须高度重视，并在学习的过程中自觉、认真地去培养。

7.2.3　学会动手

大学生作为社会中"拔尖"的群体，对理论知识的学习能力非常出众，但是如果说相关专业知识是当今大学生的"拳头产品"的话，那么，动手实践能力则是当今大学生的"贫血学科"。工科大学生是未来的工程师，实践动手能力的培养将影响他们的一生。重视对大学生实践能力的培养，是引导学生个性发展、贯彻实施素质教育、培养高素质人才的重要环节。

1. 大学生实践能力缺失的原因

当代大学生实践能力的缺失已经严重阻碍了大学生的发展。分析大学生实践能力缺失的原因，主要有以下几个方面：

（1）学生自身缺乏主动实践的意识。"考上大学就有了好工作"这种传统的思维模式印刻在很多大学生的脑子里。走过"独木桥"进入大学校园的学子们，兴奋使他们忽略了社会的残酷竞争，在大学学习过程中还是一味地沿袭着等、靠的思维，对所学知识灵活运用能力较差，动手能力不强，最终表现出实践能力的缺失。

（2）学生缺乏吃苦耐劳的毅力。在工科学生的培养计划中，各高校均安排了实验课、实习实训、各类竞赛等实践教学环节。但是从各高校反馈的信息来看，很多学生不愿意参加这些实践活动。他们认为实践活动机械、重复、枯燥无味，而且很劳累，所以学生实习的时候常常是“兴冲冲进，灰溜溜出”。知难而退，半途而废，不能吃苦，不愿意付出心血，受不了委屈，这可能是当代大学生的一大通病。学生懒于实践，不愿意进实验室，不愿意进车间，时间长了动手能力自然弱化，毕业后很难适应工作岗位的需要。

（3）社会评价观念错位。多数企业招聘的流程基本是：首先，符合条件的大学毕业生参加统一的专业课笔试，笔试分数合格者直接进入下一轮的面试。其次，通过短时间提问环节来检验大学生的实践能力，再加上面试印象得出大学生的综合成绩。最后，对大学生进行形式化的择优录取。从中不难看出，企业在招聘的过程中对大学生实践能力的考核比重只占到了全部考核内容的 1/3 左右，这就使得大学生在主观上认为实践能力的高低并不重要，从而直接影响大学生参与实践教学活动的积极性。另外，现代大学生就业途径的多元化和就业选择的不确定性使得他们在主观上已经放弃了从事一些实践性要求高的职业的意愿，这也成为影响大学生主动参与实践教学活动积极性的一个主要因素。

（4）学校对学生实践能力培养的认识存在不足。当前的大学里，学生的考试分数是衡量学生成绩的一项重要标准，它决定着学生能否评优、评先，能否评上奖（助）学金，能否顺利毕业。在这样一种唯分数评价体系的引导下，老师的指挥棒常常就是书本，就是把书本的知识复制给学生。很多学生的眼睛只是紧紧盯住分数、盯住教材，只重视书本知识的死记硬背，满足于书本理论知识的掌握，而对于跟分数关联不大的实践技能的培养认识不够，不去主动地投入实践，不下功夫研究。这种情况下实践动手能力缺失是必然的，因而也造成了大量学生眼高手低的现象，例如有的同学通过了国家计算机三级考试却连重装计算机系统都不会。同时，在课程设置上，实践性课程开设的太少，其所占比例仅占到工科大学生培养计划学时数的10%左右，而且教学内容陈旧，根本无法满足实践性课程教学对大学生实践知识和实践能力养成的需要，也无法适应市场对学生就业素质的要求。

2．提高大学生动手能力的途径

针对造成大学生动手实践能力缺失的种种原因，结合高校及就业形势的发展要求，我们提出以下几项对策：

（1）转变学习观念，学理论，更要重视实践。观念的转变直接决定着行为的转变。大学生要从多年的书本分数决定论中走出来，通过大量的实践来验证、巩固所学的理论知识，并完成自己的学业。

（2）利用实践教学环节，加强动手能力的培养。学生要敢进实验室、常进实验室，利用操作机会，培养自己的动手能力和发现问题、解决问题的能力。电子信息类专业要做很多课程的实验，如数电、模电、高频、通信原理、单片机等，这些课程有的还有课程设计，因为实验在提高动手能力方面有着举足轻重的作用。不论什么样的实验类型，首先要做的是详细了解实验的原理，并和理论知识相结合，这样做实验的时候方能有的放矢，提高实验的效果；其次是在实验过程中要认真掌握各种仪器设备的使用方法，如示波器、信号源等，能够用专业的术语描述使用方法，了解仪器的性能指标。最重要的是通过实验学会分析实际问题，这可以通过学写实验报告来解决。实验过程固然重要，但如果做完实验不分析、不总结，那就达不到实验的目的。“结论与分析”是理论知识运用到实践中的科学总结，是学生从感性认识到理性认识的升华。通过书写实验报告，学生逐渐具备熟知实验原理、分析数据、判断实验结果、分析实验误差，并尝试改进实验方法获取更精准数据的能力。只要认真对待每一次的实验，日积月累能力自然就会见长。

（3）利用课外科技实践竞赛，增强自己的实践兴趣。学生可以自行组成团队，积极参加各种与学科相关的比赛，营造一个浓厚的科技学术氛围，使每个人都能在更广阔的空间发展，如可以参加大学生数学建模大赛、机器人比赛、ACM 国际大学生程序设计大赛、飞思卡尔智能汽车比赛，以及挑战杯“蓝桥杯”、全国大学生课外学术科技作品竞赛等。通过参与各种科技比赛，不仅能够激发自身深入学习理论的兴趣，更能够大大提高自己的科技创新能力，提高自己的实践动手能力。另外，还可以参加各种形式的技术讲座、研讨交流会，开拓自己的视野，扩大知识面，学会自己发现问题和解决问题，也可以参加学校的大学生科技月、科技作品展等科技创新活动，锻炼自己的探索精神和综合实践能力。

（4）参与教师的各类科研项目。高校教师通常都承担有各类科学技术项目，学生通过参与教师的科研课题研究，可以了解科技发展的前沿动态，接触本领域的新知识、新技术和新方法，对本学科所需的知识体系有一个完整的了解，并可对未来课堂将要学习的知识有更深入的思考和更大的好奇心。同时经过教师引导，本科生可以掌握理解研究主题、阅读相关文献、学习运用恰当的研究方法分析解释研究结果等技能，并能够从实验设计、实验操作及实验结果分析等不同阶段，开展具有一定的创造性的科研实践活动，其动手实践能力和理论知识的运用能力在科研过程中得到了锻炼和培养。

（5）有选择地参加社会培训课程。选择一个正规的符合自己发展需要的培训课程不仅可以提高自己的实践动手能力，还能接触到一些学校学不到的知识，如产品的研发流程、电子线路的设计规范等。在进行选择时应重点挑选那些实用且有更多实践机会的培训课程，通过学习先进的设计理念和设计方法，进行基于产品的实践训练，以求达到扩展视野、提高技能、掌握方法的目的。

大学生动手能力弱的原因是由多方面因素造成的，其能力的培养也是项迫切有待解决的任务，需要各方齐心协力在实践中探索出切实可行、有利于自身发展的模式。

7.2.4　学会思考

学会思考，即提高自己的思维能力。大学生思维能力的培养是教育学、心理学中一个十分重要的问题，受到了许多有识之士的极大重视。大学生需要更多阅读和思考，求理解，重运用，不去死记硬背。一个记忆力强的人，最多只能称之为“活字典”，不能成为“大家”。古人云：“读书须知出入法。始当求所以入，终当求所以出。”这是对读书人的告诫。这一入一出就是思考理解的过程，在这一入一出的反复之间实现学习的目的。大学生要学会运用抽象思维，因为任何概念是抽象的也是具体的。掌握概念不仅是从个别到一般的过程，而且也包括一般再回到个别的过程。只有经过这样的反复才能真正掌握知识。

1. 当前大学生的思维窘况

大学生思维能力培养在目前的大学教学过程中并没有受到应有的重视，学生没有有意识地通过专门的课程对思维能力加以训练，使其思维的培养受到很大的局限，不利于他们将来的发展。发现问题，才能更好地解决问题。大学生在思维方面表现出的共性问题有以下几个方面：

（1）思维知识匮乏。提起思维科学，大多数学生只知道它是一个学科名。对于思维的定义、思维的分类、思维特性和思维方法等相关学科知识更是知之甚少。在不能完全认知思维科学的情况下，科学使用思维方法、形成有效的思维方式就无从谈起，思维能力的全方位提升更是可望而不可及。

（2）思维定势严重。大学生思维定势主要体现在书本定势、权威定势、经验定势和习惯定势。思维定势对于大学生平时思考问题是有积极作用的，它能使学生在处理相似问题时省去许多摸索和试探的思考步骤，从而大大节约思考的时间，提高效率。然而处理创造性问题时，思维定势会成为思维枷锁，阻碍新思想的产生，难以开展创造性的思维活动，影响创造性成果的问世。例如，很多大学生习惯不做任何预习就来听课，他们对老师所陈述的思想和方法全盘接收，难以有深刻的思考，更谈不上能够提出质疑点与老师展开讨论了。这种缺乏批判性和个性化的思维，使多数大学生丧失了自由创造的能力。

（3）思维迁移能力差。大学生群体不能很好地把已经具备的学习方面的优势思维能力迁移到社会生活当中去，缺少灵活正确处理生活问题的能力，结果出现了高分低能，高智商、低情商，不会做人，不会处事，抗挫折能力低下等一系列问题。社会性事物思维能力的缺失将会成为学生发展的严重桎梏。

（4）盲目自信，怀疑一切。大学生独立性强，自信心十足，这是他们事业成功的基本条件。但一些大学生常常自信过头，自以为他们什么都行，什么都知道。因此在实际生活中，他们往往表现得盲目自信，夸夸其谈。这往往使一些大学生形成“我什么都不相信，只信我自己”的思想，对一切盲目自信，无端怀疑的极端思维一旦产生，最终将造成一事无成的结局。

（5）追求新异，脱离现实。求异、猎奇和幻想是推动学生奋发向上的一种动力，它是活跃学生思维的重要因素。但是脱离现实、缺乏判断、唯我至上的追求和幻想只能是一种上不着天、下不着地的胡思乱想。一些大学生慷慨陈词：要活得洒脱，活得自在，活出我自己。但问其究竟怎么活时，却无言以对。因此，对事物不加分析，不予判断地追新立异会使思维走向反向，脱离现实的幻想最终只能成为白日梦。

同时，对学生思维模式的培养在大学里并没有得到彰显，而且在过去的学习过程中，学生很少多角度看问题，所以当学生进入大学之后，思维的发散性和灵活性必然显得不足，也更谈不上富有想象力的创造性思考。

2. 提升大学生思维能力的对策

正如马克思所说：“任何职责、使命、任务就是全面发展自己的一切能力，其中也包括思维力。”思维能力不是天生的，而是靠平时实际训练获得的。获得了思维知识，并不代表就具备了思维能力。必须把思维科学知识与实际的思维训练结合起来，才能使思维能力在潜移默化中产生、加强、提高及发展。

（1）丰富语言，为思维训练创造条件。思维的过程就是对信息加工的过程。信息是思维的原料，原料越丰富，思维加工越容易有效进行。语言修养包括掌握语言和运用语言。掌握语言就必须认真学习语言，要熟练掌握一门外语；运用语言就需要经常锻炼口头表达能力和书面表达能力，口头表达水平能够表现人的应急能力和沟通能力，而书面表达水平能够表现人的逻辑能力和辨别能力。

（2）在学习中锻炼思维。大学生仍处于系统学习科学文化知识的时期，他们可以抓住这个关键期，以课本为载体，以课堂、讲座、课外活动为主要形式，运用科学的思维方法，通过学习科学文化知识来训练逻辑能力和表达能力，在汲取知识的同时形成正确的思维模式，提升思维能力。

（3）在日常生活中进行思维训练。大学生是社会的一员，除了学习之外，也需要进行社会性的交往，还需要处理生活中的各种问题。如果大学生以此为契机，把科学的思维方法运用到社会生活中，按科学思维模式思考问题，势必会对生活有正向引导，同时也促进思维能力的发展。

（4)借用专门的思维工具进行思维训练。这里所说的工具主要包括专门性的思维书籍、思维软件等一系列开发思维的应用性工具。利用这些工具，增强了思维训练的针对性，更加易于大学生克服思维定势，改变弱势思维，形成优势思维，最终全方位地提升大学生的思维能力。

恩格斯把思维誉为“地球上最美丽的花朵”。人类的进步，本质上就是人的思维的进步。大学生有责任、有义务学习思维科学，并通过有效的途径全面提升自己的思维能力，使自己成为 21 世纪合格的建设者和接班人，为社会主义现代化建设添砖加瓦。

7.3　意识与意志

意识是具体事物的组成部分，是人脑把世界万物分成生物和非生物两大类后，从这两大类具体事物中思维抽象出来的绝对抽象事物或元本体，是具体事物的存在、运动和行为表现出来的普遍性规定和本质，是每个具体事物普遍具有的自主、自新、自律的主体性质和能力。

人的意识是人的组成部分，是人体行为表现出来的规律和本质，是人脑产生和发出的指挥人体行为的意向、意念、欲望、理想、方案和命令。

意志是人自觉地确定目的，并支配行动，克服困难，实现目的的心理过程，即人的思维过程见之于行动的心理过程。

7.3.1　意识

意识是人脑对大脑内外表象的觉察。生理学上，意识脑区指可以获得其他各脑区信息的脑区（在前额叶周边）。意识脑区最重要的功能就是辨识真伪，即它可以辨识自己脑区中的表象是来自于外部感官还是来自于想象或回忆。此种辨识真伪的能力，任何其他脑区都没有。当人在睡眠时，意识脑区的兴奋度降至最低，此时无法辨别脑中意象的真伪，大脑进而采取了全部信以为真的方式，这就是所谓的“梦境”。意识脑区没有自己的记忆，它的存储区域称作“暂存区”，如同计算机的内存一样，只能暂时保存所察觉的信息。意识还是“永动”的，你可以试一下使脑中的意象停止下来，即会发现这种尝试的徒劳。有研究认为，意识脑区其实没有思维能力，真正的思维都发生在潜意识的诸脑区中，人们所感知到的思维，其实是潜意识将其思维呈现于意识脑区的结果。

人类大脑的神经系统处于日常清醒状态时，可通过自然界的各种信息对感官的不同刺激作用，形成对信息的传导、存储、运算和加工处理，然后实施对肢体不同的运作和语言表达方式。人类一生的各项活动信息主要依赖于大脑的高容量存储功能，并对人类一生的活动轨迹进行信息的存储、刷新和逻辑运算，以实施大脑中枢神经对身体各项功能的反映和支配。大脑的神经存储单元也称作记忆细胞，占大脑神经细胞总量的 20%左右。另外，大脑细胞的逻辑分析功能和对信息的处理作用与大脑所记忆的信息量有着至关重要的关联性。

人类的思维意识主要建立在对自然信息的存储上，逻辑运算和比较形式是对事物的联想延伸，而它每时每刻都要调用大脑存储单元的信息。不然的话，逻辑运算和思维联想都不会成为有机体的脑部功能。记忆是人类脑功能的主要成分，思维联想是大脑潜意识的特殊功能。人类大脑的开发量只占大脑总量的 4%左右，而大脑分为两个半球，也称为左右半脑，对右脑的开发主要是提高人类的智商。实施人类左右半脑的平衡性开发则会提高人类大脑智商的总体水平。

在大脑清醒的状态下，人类的思想意识主要来源于大脑对自然界信息进行加工处理和存储记忆，在这一期间，人的身体运动始终处于休息状态下。也就是说，大脑的思维逻辑联想是在肢体和感觉器官处于静止和无感觉刺激的状态下进行的，这也是人们常说的“静思”“沉思”“思考”“入静联想”等。

劳动与思维是一对相互对立的矛盾。在身体的运动状态下，大脑支配的是简单的肢体操作，而思维则处于简单的信息处理状态下。当肢体的运动结束后，大脑进入思维的延伸过程。比如人们常说的“一心不可二用”“别干了，想想招”“好好干，别胡思乱想”等，皆反映了二者的此消彼长。

在日常生活中，人的身体若始终处于活动阶段，大脑的思维延续很难建立，只有身体和感官处于休止状态下或半休止状态下，思维活动才能敏捷地无限延续下去。人类在夜间休眠期，肢体停止工作，部分感官休眠，由于脑部细胞没有完全被抑制，部分神经仍然处在思维的活跃状态，对日常生活轨迹的信息进行加工处理，同时产生思维联想的深刻延续。

工作中如果走了神，一边工作，一边思考问题，这种工作状态为身体的半休眠状态，就是人们常说的“发愣”“愣神儿”等。这种状态下，工作没有干好，思维也受到了一定的影响。肢体运动不到位，摆幅不大，而大脑却进入到了半深思状态。“愣神儿”代表肢体活动的间断性停止，思想进入半深度的思考期。当然，这也是人类大脑日常功能的一部分。

1. 自我意识

一般认为意识中最重要的是自我意识。自我意识就是个人对外界刺激总体性的、独特的反应。自我意识并不是生来就有的，而是人在成长过程中从具体的反应事件中综合出来的，用于调控自我内部和与外界关系。

人脑和电脑不同。电脑的硬件是固定的，改变的只是信号，而人脑的信号则要简单得多。人脑的“硬件”虽说也是固定的，却具有生长性，在成长中可以相互作用，这是任何电脑都不可比拟的。

自我意识并不是与物质对立的概念，自我意识只是人脑对刺激的反应。

2. 与生命本质

生命的本质在于它与非生物的区别。截至目前的科学研究，生命与非生物的区别是：生命体能够通过自身的物理感知系统感知自身的存在，并可以根据自身的感知做出对外界环境的种种反应和行为，也就是说生命体（生物）能够适应环境甚至改造环境以适应自身生存。同时，生命的另一显著特征还在于“繁衍”，几乎没有生命体是不能进行繁衍的。

因此，生命的本质在于它的“意识”。这种生命意识，简单来说就是“自我”意识。拥有自我意识的生命体，才能与物质世界区分开——不管是动物、植物还是真菌、病毒或者其他，人与其他生物意识的最大区别即是主观能动性。

人的意识，因其物理感知系统的特殊性，使其有能力掌握语言和文字。这就意味着人们的经验和科学可以通过语言和文字得到传承，并积累到社会意识中。在这样的积累之下，人类的科学进步日益发达，从而使人的意识极大程度地领先于地球上的其他生命体。通常人类特有的意识被称之为思想。

7.3.2　意志

意志是人自觉地确定目的，并根据目的调节支配自身的行动，克服困难，去实现预定目标的心理倾向。意志是做决策时心理活动过程中的重要的心理因素，是人的意识能动性的集中表现，在人主动地改变现实的行动中表现出来，对行为有发动、坚持和制止、改变等方面的控制调节作用。意志过程包括两个阶段：一为采取决定阶段，也是意志行动的准备阶段。在这一阶段中，首先要解决动机问题，然后是确定行动的目标和选择达到目标的有效策略、方法和手段，并制定出切实可行的行动计划；二为执行决定阶段，这是将行动计划付诸实现的过程。在这一阶段，要坚定地执行所定的行动计划，努力克服主观上和客观上遇到的各种困难，最终实现计划。

意志是人对于自身行为的价值关系的主观反映，具体而言，就是人脑对于自身行为的价值率高差的主观反映，其客观目的在于引导主体根据各种行为的价值收益率的多少（即行为价值率高差的大小）来选择、实施、评价和修正自身的行为活动，使主体能够以最少的代价取得最大的收益。

意志活动的运行程序大致可分为 5 个阶段：

（1）价值目标的确立。

人在某一时期内通常会有若干价值需要，并在大脑中会形成相应的主观欲望，这些欲望的满足具体表现为某一种价值事物（如食物、金钱、地位或爱情）的获取或价值目标的实现，其生理机制是：某一种价值目标（或价值需要的目标物）在大脑皮层中所对应的兴奋灶得到锁定和激发。

（2）整体规划的设计。

人能够针对已经确定的价值目标，设计出一个整体规划，并对各个阶段、各个环节的工作进行安排。由于任何一个价值目标必须通过实施一系列的复杂行为来实现，每个阶段、每个环节的工作可以看作是一个复杂行为，这一系列的复杂行为可以看作是一个超复杂行为，因此整体规划的设计过程实际上就是一个超复杂行为的设计过程。具体而言，就是把多个复杂行为按照不同的结构方式进行排列组合，并计算出每一种排列组合的价值率，然后比较并选择出最大价值率的超复杂行为。其生理机制是：某一种价值目标在大脑皮层中相应区域的兴奋灶得到激发后，会使人产生强烈的情感体验，这个兴奋灶将对额叶区的若干复杂行为的兴奋灶产生强烈的吸引力，使之按照一定的结构方式组合成一个新的兴奋灶群。组合的原则是尽可能使合成的兴奋强度达到极大值，从而使各个复杂行为能够协调一致，并产生具有极大值价值率的超复杂行为。这一过程往往会反复多次，然后把多个具有极大值价值率的超复杂行为进行比较，最后确定一个具有最大值价值率的超复杂行为作为实现这一价值目标的整体规划。

（3）实施细则的制定。

整体规划确定以后，对于每一个阶段、每一个环节的工作就需要进行具体安排，这就是实施细则的制定。对于构成超复杂行为的每一个具体的复杂行为，通常需要多个简单行为按照一定的结构方式来协调完成，因此实施细则的制定过程实际上就是每一个复杂行为的设计过程。具体而言，就是把多个简单行为按照不同的结构方式进行排列组合，并计算出每一种排列组合的价值率，然后进行比较，选择出具有最大价值率的复杂行为。其生理机制是：按照整体规划，某个阶段、某个环节所对应的某种复杂行为，在大脑皮层中相应区域的兴奋灶得到激发后，会使人产生强烈的情感体验，这个兴奋灶将对额叶区的若干简单行为的兴奋灶产生强烈的吸引力，使之按照一定的结构方式组合成一个新的兴奋灶群，组合的原则是尽可能使合成的兴奋强度达到极大值，从而使各个简单行为能够协调一致，并产生具有极大值价值率的复杂行为。这一过程往往会反复多次，然后把多个具有极大值价值率的复杂行为进行比较，最后确定一个具有最大值价值率的复杂行为作为实现整体规划在某一个阶段、某一个环节工作的实施细则。

（4）具体行为的落实。

实施细则确定以后，对于每一个具体行为需要进行落实。对于构成复杂行为的每一个具体的简单行为，通常需要多个本能动作（无条件反射或一级条件反射）按照一定的结构方式来协调完成，因此具体动作的落实过程实际上就是每一个简单行为的设计过程。具体而言，就是把多个本能行为按照不同的结构方式进行排列组合，并计算出每一种排列组合的价值率，然后进行比较，选择出具有最大价值率的简单行为。其生理机制是：按照实施细则，每一个简单行为在大脑皮层中相应区域的兴奋灶得到激发后，会使人产生强烈的情感体验，这个兴奋灶将对额叶区的若干本能行为的兴奋灶产生强烈的吸引力，这一过程往往会反复多次，然后，把多个具有极大值价值率的简单行为进行比较，最后确定一个具有最大值价值率的简单行为作为实现实施细则的具体动作。

（5）意志动力特性的修正。

人对于自身的每个行为动作（超复杂行为、复杂行为、简单行为和本能行为）都有一个意志，由于意志是人对其行为价值率高差的一种主观估计，因此必然存在着或多或少的误差，需要不断地修正。以复杂行为的修正为例，意志的修正程序是：人在实施某个复杂行为之前，总会对相关的所有简单行为的价值率进行分析，并在此基础上对整个复杂行为的价值率产生一个预测值，与人的中值价值率进行比较后，在人的大脑中形成了实施这个复杂行为的意志。在完成这个复杂行为后，人又会对其价值率的实际值与预测值进行对照，如果存在明显的误差，就会对其中一个或多个简单行为价值率的预测值或意志进行修正，修正的优先顺序是：先修正相对不熟悉的、新出现的或相对不明确的简单行为的意志；如果有两个以上不熟悉的简单行为，则先修正低价值层次的简单行为的意志；如果有两个以上不熟悉的低层次的简单行为，则先修正使用规模较大的简单行为的意志。

1. 从小事开始锻炼自己的意志

培养意志应该从小事做起，不要以为是小事就不屑注意，恰恰是小事能反映一个人的意志。高尔基曾说过：“哪怕是对自己的一点小小的克制，也会使人变得刚强有力！”大学生处于掌握知识阶段，要善于通过身边的小事来培养自己的意志。生活中的小事比比皆是，反观自身的弱点、缺点，坚持去克服它，从小事做起，从现在做起，持之以恒，这样才能培养自己的意志品质。

2. 运用学习来提高意志力

努力学习，掌握知识技能，是大学生的首要任务。学习需要意志力，而学习也是锻炼意志力的方式。给自己立好一个目标，坚持学习，持之以恒，使自己的意志得到提高。

3. 完成一些有一定难度而又力所能及的任务

任务过于简单，过于容易，激不起克服困难的力量，没有锻炼意志的价值；如果任务过于困难，无论如何努力也无法成功，则打击了自己的自信心，同样锻炼不了意志。为了锻炼意志，应有意识地去完成一些力所能及而又有一定难度的任务。例如，数学较差的学生，应该将目标定在 70 分以上；基础较好的，则应该向 85 分以上看齐。所以，确定恰当的目标，进行有一定难度的任务，就可以达到锻炼意志的目的。

4. 坚持参加体育锻炼

体育锻炼是锻炼意志品质的好方法，如长跑，如果没有一定的意志力是很难坚持跑下来的。爬山、游泳、俯卧撑，以及足球、跳绳、篮球、围棋等，都对锻炼人的意志力有良好的效果。

不同的人意志品质有不同的特点，大学生应根据自己的意志特点设计相应的锻炼方法，才能达到较好的效果。例如，有的人对待苦累繁杂的工作都能坚持完成，但如果有病要去打针，却怕得很，常不能遵医嘱，完成打针疗程。有不少人吃苦耐劳，能任劳却不能任怨，受不得气；有的人在学习上能孜孜不倦，刻苦努力，但对生活上的许多小事，却缺乏耐心。所以培养自己的意志品质，应设计相应的锻炼方法，克服自身弱点，成为意志坚强的人。

7.4　素质培养

信息技术的发展和专业人才的培养，对社会经济的发展起着重要作用，作为新兴专业，人才培养的目标和培养规格与其他专业不同，这必然要对信息学科人才素质提出不同的要求。新时期在大学生中开展素质教育，培养大批德、智、体全面发展，有较高综合素质，适应社会竞争的优秀人才，是现代社会经济和科技文化发展对高等教育提出的客观要求。

新时期工科院校大学生的素质应突出实用型特色，按应用性原则来培养工科大学生的综合素质，使学生成为实践能力强、具有创新意识和奉献精神的高等复合型工程技术人才。工科大学生的素质要求主要包括以下几个方面：

（1）思想素质。新时期，在工业的复杂环境中，工程技术人员不但要对公众和自然负有伦理义务，而且要对单位、客户和工程专业负有义务。这就要求工科大学生在思想素质方面要做到：热爱祖国，拥护党的基本方针、路线，具有崇高的理想，逐步树立科学的世界观、方法论，养成科学的思维方法和实事求是的思想作风；具有勤劳敬业、乐于奉献、自强不息、求实创新的精神；努力学习新知识，投身改革，树立与改革开放、社会主义市场经济体制和社会全面和谐进步相适应的开拓进取、讲求实效、公平竞争、团结协作、艰苦奋斗、自力更生的观念；自觉地遵纪守法，具有良好的职业道德品质和工程伦理修养。

（2）人文素质。人文素质是指由知识、能力、观念、情感和意志等多种因素综合而成的一个人的内在品质，表现为一个人的人格、气质和修养。中国自古有重视人文教育的传统，《易经》的《贲卦·彖传》中说：“观乎天文，以察时变；观乎人文，以化成天下。”这里的“化”是教化，即教育的意思。只有那些优秀的能够升华人的精神、提高人的价值的文化才能列入人文教育的内涵。人文素质教育就是将人类优秀的文化成果通过知识传授、环境熏陶以及自身实践，使其内化为人格、气质和修养，成为人的相对稳定的内在品质。工科大学生应当具有宽厚的文化基础知识，要着重加强人文社会科学的学习，使人文精神与科学精神相统一。

人文社会科学不同于自然科学的一个重要特点是：它既是一个知识体系，又是一个价值体系。人文社会科学研究的对象是精神世界和文化世界，是意义世界和价值世界，它回答“应当是什么”。人文社会科学教育不仅是传播知识的教育，而且是传播和引导一定社会价值观念的教育。通过人文社会科学课程的学习，能使工科大学生在生活和工作中正确评价和认识世界，帮助他们作为受过良好教育的公民用自己的职业行为为社会做出积极的贡献，为他们洞察世界、评价人生提供一个基本的框架。

工科大学生在人文素质方面的具体要求是：掌握一定的文学、历史、哲学、语言、艺术的基本知识及社会科学常识；熟悉中外历史和文化发展的基本脉络；了解中外近现代史上的重大事件及主要的杰出人物，了解体现中外优秀文化传统的名著或典籍；学习美学概论、音乐鉴赏、美术鉴赏、诗歌鉴赏、书法等艺术类课程，培养健康、高雅的审美情趣和正确的审美观点；努力学习中外语言文化，熟练掌握汉语和一门外语，具有准确、精练和丰富的语言表达能力；学习人类的历史经验和文化，包括个人行为、社会和政治结构、普遍价值观、人际关系和伦理思想。

（3）科技素质。在高等教育的研究与实践中，一提起科技素质的教育，一般认为对于工科大学生而言是不成问题的，而实际情况却恰恰相反。因为在工科教育中，往往是把每一个学科作为一套概念体系，作为一种研究活动的过程、方法、技术和结果来讲授，而不是把科学作为一种专业体系来传播。科学作为一种专业体系，其内容是十分丰富的，一般来讲包括三方面的内容：科学是一种知识体系，科学是一种研究活动，科学是具有社会功能的。

科技素质是工程技术人才认识自然、改造自然的重要基础。因此，要使学生热爱科学，尊重科学，树立“科技是第一生产力”的观念，自觉地遵守科学规律，去认识世界、改造自然；努力学习自然科学理论，掌握必要的现代科学技术；要教育引导学生自觉掌握广泛的科学基础知识，淡化理论的推导，突出实际应用。工科大学生在科技素质方面的具体要求是：掌握工科教学阶段应具备的自然科学基础理论，掌握与工程应用密切相关的科学实验方法与技能，了解新兴学科发展的基本知识及其在工程应用上的前景。

（4）工程素质。当前高等教育国际化的趋势日益明显，我国加入 WTO 后，高等教育面向国际开放和改革必将进一步加宽、加深和加快。高等工程人才的国际流动将大幅度增加，高等工程人才资格的国际互认也将日益迫切。高等工程人才培养目标、教学内容、教学管理、制度、教学评价标准和评价方案等，都有一个国际共识的问题，就是要强化工程教育，加强工程能力的培养。美国近十年来提出了“回归工程”“重构工程教育”“建立大工程观和工程集成教育”的口号；日本明确提出工科大学四年的课程体系的核心是“工程”；英国、荷兰和丹麦等国提出以设计课题或工程问题为中心，将“设计教育”贯穿于学习全过程的思想。

工程素质是学生的综合素质在现实工程能力教学环节中表现出来的实际素养和潜质，是一个内涵很丰富的概念。作为工科大学生，应该具有较强的动手能力、独立分析和解决问题的能力，加强工程训练，养成工程意识。理论与实践相结合，才会产生创新的思想，才能提出符合客观规律的具有创新特点的工程和技术方案，才能以开拓的思维去解决工程中的实际问题。因此，工程素质的培养是工科大学生成长过程中一个极为重要的方面。工科人才培养应着力于使学生树立现代工程观念，努力学习工程基础知识、养成较强的工程实践能力，具备一定的工程创新能力和工程管理能力。工科大学生在工程素质方面的具体要求是：具有宽厚扎实的专业知识及相关的工程知识，特别是工程技术应用知识；掌握专业所需的实践技能和应用现代科技成果的能力；具有从事技术革新、技术改造、新产品开发等方面的能力；了解现代企业制度及现代经营管理的基本知识，有一定的组织管理能力。

（5）心理素质。心理素质是一个人生活、学习、工作的物质基础，是事业成功之本。只有具备健全的心智，才能从容不迫地迎接未来社会的挑战。健康良好的心理素质是工程技术人才实现社会价值和人生价值的基础。

现阶段，心理素质除了包括传统的情商（IQ）、智商（EQ）以外，还包括一个新概念：挫折商（AQ）。大量资料显示，在逆境时期，大学生创业成功与否不仅取决于其是否有强烈的创业意识、娴熟的专业技能和卓越的管理才华，更大程度上取决于其面对挫折时，摆脱困境和超越困难的能力。

高 AQ 是可以培养的，并且最好是从小培养，所以许多教育机构都在提倡挫折教育。在挫折商的测验中，一般考察 4 个关键因素——控制（Control）、归属（Owership）、延伸（Rech）和忍耐（Endurance），简称为 CORE。控制是指自己对逆境有多大的控制能力；归属是指逆境发生的原因和愿意承担责任、改善后果的情况；延伸是对问题影响工作、生活和其他方面的评估；忍耐是指认识到问题的持久性及它对个人的影响会持续多久。

纵观当代大学生的自身特点，一方面，从小学起，他们就承受着较大的思想压力。如学业上的压力、综合素质的提高、未来就业的不确定、环境的不适应等；另一方面，大学生正值青春年少，缺乏人生经验，抗挫折能力与调控能力较差。面对困境与重压，容易沉陷在消极的泥潭而不能自拔。例如，一些大学生不能承受学习成绩下降、失恋等带来的身心压力，呈现出焦虑、失眠、抑郁和恐惧状态。身心的失衡，不仅影响其智能的发挥，而且还会使其潜能的挖掘、综合能力的培养、人格的完备受到抑制。因此，高校应积极开展大学生挫折商培养的教育活动，促使学生在逆境面前形成良好的思维方式、良好的行为反应方式和周全的应变能力。

对大学生进行挫折商培育，首先要以当代大学生的兴趣、需求、性格及气质特点为切入点，科学设置挫折商培养的课程。通过课程的安排，使大学生明晓、掌握培养挫折商的知识要点、方法和技巧，比如何为挫折商？挫折商在学习、生活及工作中的意义是什么？如何辩证地看待困境与失败？如何调整心态，使自己越挫越勇？如何使自己的良好反应方式成为习惯性行为？

其次，要以提高当代大学生的挫折商为落脚点，引入情境教育。在施教过程中，要以学生为本，把握其个性倾向与心理特征，熟知其兴趣与需求。教师的职能应从知识传递转变为价值引导，使学生在兴趣、需求中，在欣赏、评判中，完成有关知识、品质和能力的建构。教师还应根据学生的兴趣、需求、气质与性格特点，结合挫折商培养的内容和目标，选择与建立挫折商培养的“欣赏视角”，将如何面对困难、摆脱困难、超越困难设置成能撞击学生心灵的生活化情境，使学生在“情境”的欣赏与评判中，完成有关优良意志品质的建构、升华和积淀。另外，可通过让学生写逆境行为反应日记，了解学生面对逆境、面对挫折时的心理过程和行为措施。然后依据每个学生的个性特点、遭遇的具体情况给予个例指导，提高学生对逆境的觉察能力和控制能力，促使学生视困难为历练，学会分析困难的关键、选择解决困难的最佳方案。

通过心理素质的培养，大学生应具有自尊、自信、自律、自强、自爱的优良品质，形成健康的人格；了解良好的个性心理的形成机制，掌握自我心理调适的方法与技能；培养正确处理人际关系的能力，能够作为群体的成员参与活动，为他人服务，善于协商。

（6）身体素质。身体素质是人体活动的一种能力，指人们在运动、劳动和生活中所表现出来的力量、速度、耐力、灵敏及柔韧等人体机能能力。身体素质是大学生综合素质的重要组成部分，良好的身体素质不仅是顺利完成学业和适应社会需要的重要保障，而且是整个体质素质的基础。人的身体是一个整体，身体素质正是着眼于提高人的综合心智和体能素质水平的，不仅可以培养人们的竞争意识，提高合作精神和坚强意志，还可以掌握人体生理变化规律，有利于人们更了解自身。

作为一名工科大学生，在日后的工程实践中必须拥有健康的体魄。在身体素质方面应做到：有一定的体育卫生知识，掌握科学锻炼身体的基本技能，养成良好的生活、行为习惯和方式，培养健康的体格，以胜任较大强度的工程技术工作。

7.5 竞　　赛

科技竞赛是指在高等学校课堂教学之外开展的与课程有密切关系的各类科技竞赛活动，是综合运用一门或几门课程的知识去设计解决实际问题或特定问题的大学生竞赛活动。通过参加大学生科技竞赛活动，不仅可以有效地培养创新精神和学习兴趣，提高专业综合实践能力，还可以提高团队协作等个人素质。

1. 全国大学生电子设计竞赛

全国大学生电子设计竞赛是教育部倡导的大学生学科竞赛之一，是面向大学生的群众性科技活动，目的在于推动高等学校信息与电子类学科课程体系和课程内容的改革，有助于高等学校实施素质教育、培养大学生的实践创新意识与基本能力、团队协作的人文精神和理论联系实际的学风；有助于学生工程实践素质的培养，提高学生针对实际问题进行电子设计制作的能力；有助于吸引、鼓励广大学生踊跃参加课外科技活动，为优秀人才的脱颖而出创造条件。

全国大学生电子设计竞赛的特点是与高等学校相关专业的课程体系和课程内容改革密切结合，以推动其课程教学、教学改革和实验室建设工作。竞赛内容既有理论设计，又有实际制作，以全面检验和加强参赛学生的理论基础和实践创新能力。

全国大学生电子设计竞赛每逢单数年的9月份举办，赛期四天三夜（具体日期届时通知）。在双数的非竞赛年份，根据实际需要由全国竞赛组委会和有关赛区组织开展全国的专题性竞赛，同时积极鼓励各赛区和学校根据自身条件适时组织开展赛区和学校一级的大学生电子设计竞赛。

以高等学校为基本参赛单位，参赛学校应成立电子竞赛工作领导小组，负责本校学生的参赛事宜，包括组队、报名、赛前准备、赛期管理和赛后总结等。

每支参赛队由三名学生组成，具有正式学籍的全日制在校本、专科生均有资格报名参赛，竞赛采用全国统一命题，各分赛区组织的方式，通过“半封闭、相对集中”的方式进行。竞赛期间学生可以查阅有关纸质或网络技术资料，队内学生可以集体商讨设计思想，确定设计方案，分工负责、团结协作，以队为基本单位独立完成竞赛任务。竞赛期间不允许任何教师或其他人员进行任何形式的指导或引导，参赛队员不得与队外任何人员讨论、商量。参赛学校应将参赛学生相对集中在实验室内进行竞赛，便于组织人员巡查。为保证竞赛工作，竞赛所需设备、元器件等均由各参赛学校负责提供。

竞赛题目是保证竞赛工作顺利开展的关键，应由全国专家组制定命题原则，赛前发至各赛区,全国竞赛命题应在广泛开展赛区征题的基础上由全国竞赛命题专家统一进行命题。全国竞赛命题专家组以责任专家为主体，并与部分全国专家组专家和高职高专学校专家组合而成。

全国竞赛采用两套题目，即本科生组题目和高职高专学生组题目，参赛的本科生只能选本科生组题目，高职高专学生原则上选择高职高专学生组题目，但也可选择本科生组题目，并按本科生组题目的标准进行评审。只要参赛队中有本科生，该队只能选择本科生组题目，并按本科生组题目的标准进行评审。凡不符合上述选题规定的作品均视为无效，赛区不予以评审。

2. “挑战杯”全国大学生课外学术科技作品竞赛

挑战杯是“挑战杯”全国大学生系列科技学术竞赛的简称，是由共青团中央、中国科协、教育部和全国学联共同主办的全国性的大学生课外学术实践竞赛，竞赛官方网站为www.tiaozhanbei.net。“挑战杯”竞赛在中国共有两个并列项目，一个是“挑战杯”中国大学生创业计划竞赛，另一个则是“挑战杯”全国大学生课外学术科技作品竞赛。这两个项目的全国竞赛交叉轮流开展，每个项目每两年举办一届。“挑战杯”系列竞赛被誉为中国大学生科技创新创业的“奥林匹克”盛会，是目前国内大学生最关注、最热门的全国性竞赛，也是全国最具代表性、权威性、示范性和导向性的大学生竞赛。

1）“挑战杯”全国大学生课外学术科技作品竞赛

“挑战杯”全国大学生课外学术科技作品竞赛（以下简称“挑战杯”竞赛）是由共青团中央、中国科协、教育部、全国学联和地方政府共同主办，国内著名大学、新闻媒体联合发起的一项具有导向性、示范性和群众性的全国竞赛活动。自 1989 年首届竞赛举办以来，“挑战杯”竞赛始终坚持“崇尚科学、追求真知、勤奋学习、锐意创新、迎接挑战”的宗旨，在促进青年创新人才成长、深化高校素质教育、推动经济社会发展等方面发挥了积极作用，在广大高校乃至社会上产生了广泛而良好的影响，被誉为当代大学生科技创新的“奥林匹克”盛会。

参加“挑战杯”竞赛的作品一般分为三大类：自然科学类学术论文、社会科学类社会调查报告和学术论文、科技发明制作，凡在举办竞赛终审决赛的当年 7 月 1 日以前正式注册的全日制非成人教育的各类高等院校的在校中国籍本科、专科生和硕士研究生、博士研究生，都可申报参赛。每个学校选送参加竞赛的作品总数不得超过6件，每人只限报一件作品，作品中研究生的作品不得超过3件，其中博士研究生作品不得超过1件。各类作品先经过省级选拔或发起院校直接报送至组委会，再由全国评审委员会对其进行预审，并最终评选出80%左右的参赛作品进入终审。终审的结果是，参赛的三类作品各有特等奖、一等奖、二等奖、三等奖，并且分别约占该类作品总数的3%、8%、24%和65%。

2）“挑战杯”中国大学生创业计划竞赛

大学生创业计划竞赛起源于美国，又称商业计划竞赛，是风靡全球高校的重要赛事。它借用风险投资的运作模式，要求参赛者组成优势互补的竞赛小组，提出一项具有市场前景的技术、产品或服务，并围绕这一技术、产品或服务，以获得风险投资为目的，完成一份完整、具体、深入的创业计划。

“挑战杯”大学生创业计划竞赛采取学校，省、自治区、直辖市和全国三级赛制，分预赛、复赛、决赛三个赛段进行，作为学生科技活动的新载体，在培养复合型和创新型人才方面发挥着积极的作用。

3．“创青春”全国大学生创业大赛

“创青春”全国大学生创业大赛每两年举办一次，下设大学生创业计划竞赛（即“挑战杯”中国大学生创业计划竞赛）、创业实践挑战赛、公益创业赛等3项主体赛事。大学生创业计划竞赛面向高等学校在校学生，以商业计划书评审、现场答辩等作为参赛项目的主要评价内容；创业实践挑战赛面向高等学校在校学生或毕业未满3年的高校毕业生，且应已投入实际创业3个月以上，以盈利状况、发展前景等作为参赛项目的主要评价内容；公益创业赛面向高等学校在校学生，以创办非盈利性质社会组织的计划和实践等作为参赛项目的主要评价内容。全国组织委员会聘请专家评定出具备一定操作性、应用性，以及有良好市场潜力、社会价值和发展前景的优秀项目给予奖励；组织参赛项目和成果的交流、展览、转让活动。

大赛的宗旨是：培养创新意识、启迪创意思维、提升创造能力、造就创业人才。

大赛的目的是：发现和培养一批具有创新思维和创业潜力的优秀人才，帮助更多高校学生通过创业创新的实际行动，推动大众创业。

4．中国互联网+大学生创新创业大赛

中国互联网+大学生创新创业大赛由教育部、中央网络安全和信息化领导小组办公室、国家发展和改革委员会、工业和信息化部、人力资源社会保障部、环境保护部、农业部、国家知识产权局、国务院侨务办公室、中国科学院、中国工程院、国务院扶贫开发领导小组办公室、共青团中央和地方人民政府共同主办，相关高校承办的全国性比赛。

大赛的目的旨在深化高等教育综合改革，激发大学生的创造力，培养造就“大众创业、万众创新”生力军。

5．全国大学生数学建模竞赛

全国大学生数学建模竞赛创办于1992年，每年一届，目前已成为全国高校规模最大的基础性学科竞赛，是首批列入“高校学科竞赛排行榜”的19项竞赛之一，也是世界上规模

最大的数学建模竞赛。

全国大学生数学建模竞赛是全国高校规模最大的课外科技活动之一。该竞赛每年 9 月（一般在上旬某个周末的星期五至下周星期一共 3 天，72 小时）举行，面向全国大专院校的学生，不分专业（但竞赛分本科、专科两组，本科组竞赛所有大学生均可参加，专科组竞赛只有专科生包括高职、高专生可以参加）。学生可以向该校教务部门咨询，如有必要也可直接与全国竞赛组委会或各省（自治区、直辖市）赛区组委会联系。

6．ACM国际大学生程序设计竞赛

ACM 国际大学生程序设计竞赛（ACM International Collegiate Programming Contest，简称 ACM-ICPC 或 ICPC）是由国际计算机协会（ACM）主办的，一项旨在展示大学生创新能力、团队精神和在压力下编写程序、分析和解决问题能力的年度竞赛。经过近 50 年的发展，ACM 国际大学生程序设计竞赛已经发展成为全球最具影响力的大学生程序设计竞赛。

ACM-ICPC 以团队的形式代表各学校参赛，每队由至多 3 名队员组成。每位队员必须是在校学生，有一定的年龄限制，并且每年最多可以参加 2 站区域选拔赛。比赛期间，每队使用 1 台计算机需要在 5 个小时内使用 C/C++、Java 和 Python 中的一种编写程序解决 7～13 个问题。程序完成之后提交裁判运行，运行的结果会判定为正确或错误两种并及时通知参赛队。比较有趣的是每队在正确完成一题后，组织者将在其位置上升起一只代表该题颜色的气球，每道题目第一支解决掉它的队还会额外获得一个 First Problem Solved 的气球。最后的获胜者为正确解答题目最多且总用时最少的队伍。每道试题用时将从竞赛开始到试题解答被判定为正确为止，期间每一次提交运行结果被判错误的话将被加罚 20 分钟时间，未正确解答的试题不记时。

与其他计算机程序竞赛（如国际信息学奥林匹克，IOI）相比，ACM-ICPC 的特点在于其题量大，每队需要在 5 小时内完成 7 道或以上的题目。另外，一支队伍 3 名队员却只有 1 台计算机，使得时间显得更为紧张。因此除了扎实的专业水平外，良好的团队协作和心理素质同样是获胜的关键。

7．全国大学生智能汽车竞赛

全国大学生智能汽车竞赛由教育部高等学校自动化专业教学指导分委员会主办。该竞赛是以智能汽车为研究对象的创意性科技竞赛，是面向全国大学生的一种具有探索性工程实践活动，是教育部倡导的大学生科技竞赛之一。该竞赛旨在促进高等学校素质教育，培养大学生的综合知识运用能力、基本工程实践能力和创新意识，激发大学生从事科学研究与探索的兴趣和潜能，倡导理论联系实际、求真务实的学风和团队协作的人文精神，为优秀人才的脱颖而出创造条件。

全国大学生“飞思卡尔”杯智能汽车竞赛是在规定的模型汽车平台上，使用飞思卡尔半导体公司的 8 位、16 位微控制器作为核心控制模块，通过增加道路传感器、电机驱动电路以及编写相应软件，制作一个能够自主识别道路的模型汽车，按照规定路线行进，以完成时间最短者为优胜。因而该竞赛是涵盖了控制、模式识别、传感技术、电子、电气、计算机、机械等多个学科的比赛。竞赛过程包括理论设计、实际制作、整车调试、现场比赛等环节，要求学生组成团队，协同工作，初步体会一个工程性的研究开发项目从设计到实

现的全过程。

全国大学生智能汽车竞赛一般在每年的10月份公布次年竞赛的题目和组织方式，并开始接受报名，次年的3月份进行相关技术培训，7月份进行分赛区竞赛，8月份进行全国总决赛。

8．中国大学生计算机设计大赛

中国大学生计算机设计大赛（下面简称大赛）的前身是中国大学生（文科）计算机设计大赛，始创于2008年，开始时参赛对象是当年在校文科类学生。从第三届开始，因得到理工类计算机教指委的参与，参赛对象发展到当年在校所有非计算机专业的本科生。至第五届，又因得到计算机类专业教指委的支持，参赛对象遍及当年在校所有专业的本科生。大赛每年举办一次，决赛时间在每年7月20日前后开始，直至8月结束，至今已成功举办12届。

大赛是非营利的公益性的、群众性科技赛事。大赛遵从的原则是公开、公平、公正。大赛是创新创业人才培养计算机教育实践平台的具体举措，目的是提高大学生的综合素质，引导学生踊跃参加课外科技活动，激发学生学习计算机知识技能的兴趣和潜能。其宗旨是“三服务”，即作品的计算机设计技术主要是为学生就业需要服务、为学生本身专业需要服务、为创新创业人才培养的需要服务。

7.6 资格认证

资格证书主要分为三类：通用型证书、能力型证书和职业资格类证书。

1．通用型证书

通用型证书指不管考生专业（文科、理科、工科还是艺术），不管考生类别（大专生、本科生、民办高校学生甚至研究生）都有必要通过考试来获得的认证。例如计算机等级证书，大学英语四、六级证书及大学英语四、六级口语证书，这类证书因为被学校和政府机构看重，成为大学生考证的首选和“必修课”。

（1）全国计算机等级考试（NCRE）。

NCRE每年开考两次，上半年开考一、二、三级，下半年开考一、二、三、四级，上半年考试时间为4月第一个星期六上午（笔试），下半年考试时间为9月倒数第二个星期六上午（笔试），上机考试从笔试当天下午开始。上机考试期限为5天，由考点根据考生数量和设备情况具体安排。

组织机构：教育部——教育部考试中心。

适合人群：各专业在校大学生。

考试时间：4月、9月。

（2）大学英语四、六级等级考试。

英语考试是教育部主管的一项全国性的教学考试，其目的是对大学生的实际英语能力进行客观、准确的测量，为大学英语教学提供服务。大学英语考试是一项大规模的标准化考试，设计上必须满足教育测量理论对大规模标准化考试的质量要求，是个“标准关联的常模参照测验”。710 分的记分体制，不设及格线，不颁发合格证书，只发放成绩单。

组织机构：教育部——大学英语四、六级考试委员会。

适合人群：在校大学生。

考试时间：6 月、12 月。

（3）普通话水平测试。

普通话水平测试是一种口语测试，全部测试内容均以口头方式进行。普通话水平测试不是口才的评定，而是对应试人掌握和运用普通话所达到的规范程度的测查和评定。

组织机构：国家语言文字工作委员会、国家教育委员会、广播电影电视总局。

适合人群：文科类毕业生、从事播音节目主持等专业人员。

考试时间：5 月、11 月。

2．能力型证书

能力型证书是指考生为了提升自己的能力或获得社会肯定，为自己的发展和就业增加砝码的资格认证，一般分为英语能力证书和计算机应用能力证书。大学生常考的有托福（TOEFL）成绩证书、雅思（IELTS）成绩证书、英语中高级口译资格证书、全国计算机软件专业技术资格和水平证书等。这类证书因为被社会特别是用人单位认同，成为大学生考证的“公共选修课”。

（1）托福（TOEFL）考试。

托福（Test of English as a Foreign Language）由美国普林斯顿教育考试服务处（Educational Testing Service，ETS）主办。目前，美国已有 3000 所左右的院校要求非英语国家的申请者，无论学习什么专业，都必须参加 TOEFL 考试。TOEFL 成绩在很多院校已成为是否授予奖学金的重要依据。

组织机构：美国 ETS——ETS 中国考试中心。

适合人群：希望去美国、加拿大等国留学的学生。

考试时间：1～3 月。

（2）雅思（IELTS）考试。

雅思（International English Language Testing System）考试由剑桥大学测试中心、英国文化委员会和澳大利亚高校国际开发署共同管理。雅思分两种：ACADEMIC（学术类），测试应试者是否能够在英语环境中就读大学本科和研究生课程；GENERAL TRAINING（普通培训类），侧重评估应试者是否具备在英语国家生存的基本英语技能。

组织机构：剑桥大学测试中心、英国文化委员会和澳大利亚高校国际开发署。

适合人群：高中及高中以上、有出国意向或者想拥有一张权威英语证书的人员。

（3）计算机软件专业资格和水平考试。

计算机软件专业资格和水平考试是由国家人事部和信息产业部组织的国家级考试。虽然参加考试的人可以是从事软件开发的专业人员，也可以是非专业人员，但考试的标准是按软件专业水平设置的，而且要求比较全面，注重基础知识及基本技能。这项考试已进行了多年，考试合格者很受用人部门欢迎。考试类别分资格考试和水平考试两种。

组织机构：国家人事部和信息产业部。

适合人群：在校大学生。

（4）微软系统管理员 MCSA 考试。

获得 MCSA 认证就意味着微软承认你已具备较高专业的技术水准，能够实施、管理和检修当前基于微软的 Windows 服务器平台的网络与系统环境。应试者需要通过 3 门核心考试及 1 门任选考试，以对其在服务器环境下系统管理和维护的技术熟练程度及专业水平进行有效、可靠的测试。

组织机构：微软公司。

适合人群：计算机及相关专业大学生。

考试时间：由微软授权考试中心安排。

（5）思科 CCNA、CCNP 和 CCIE 考试。

思科认证是在互联网界具有极高声望的网络技能认证。它是世界著名的计算机厂商——思科公司推出的一套测试和评估专业技术人员技术水平的认证体系，可以证明技术人员具有精通思科公司某项产品的安装、维护、开发和支持计算机系统工作的能力。其中，CCNA、CCNP 和 CCIE 考试广受大学生特别是理工科大学生的关注。

组织机构：思科公司。

适合人群：计算机及相关专业大学生。

考试时间：由 Cisco 网提前通知。

（6）Oracle 认证考试。

Oracle 是一家软件公司，1977 年成立于加利福尼亚。该软件公司是世界上第一个推出关系型数据管理系统（RDBMS）的公司。现在，他们的 RDBMS 被广泛应用于各种操作环境，如 Windows NT、基于 UNIX 系统的小型机、IBM 大型机及一些专用硬件操作系统平台。事实上，Oracle 已经成为世界上最大的 RDBMS 供应商，并且是世界上最主要的信息处理软件供应商。一经认证，那么在行业内的专业资格将被确认，从而使个人或企业更具竞争实力。一次性通过 Oracle 认证专家计划包含了两个目前 IT 行业十分热门的角色，即数据库管理员和应用程序开发员。

组织机构：Oracle 授权培训中心。

适合人群：Oracle 系统应用工程师。

考试时间：预约考试。

3．职业资格类证书

职业资格考试按组织主考机构不同大致可分为 4 类：①教育部组织的非学历类证书考试及与国外合作的认证考试；②劳动和社会保障部组织的职业资格鉴定类考试；③人事部组织的公务员等职业资格考试；④其他部委和行业协会等组织的社会类考试。这类证书往往和考生的专业、兴趣及职业生涯规划密切相关，为考生提供职业能力鉴定。这类证书被用人单位看中，所以成为了大学生的“专业选修课”。

（1）通信专业技术人员职业水平证书。

2006 年初，国家人事部和信息产业部共同推出《通信专业技术人员职业水平评价暂行规定和考试实施办法》，将通信专业技术人员职业水平评价纳入全国专业技术人员职业资格证书制度。信息产业部负责制定考试科目、考试大纲和组织命题，建立考试试题库，实施考试考务等有关工作。

适合人群：从事通信工作的专业技术人员。

证书等级：初级、中级和高级三个等级。

考试内容：初级、中级职业水平考试均设《通信专业综合能力》和《通信专业实务》两科。高级职业水平实行考试与评审相结合的方式评价。其中，中级考试《通信专业实务》科目分为交换技术、传输与接入技术、终端与业务、互联网技术和设备环境 5 个专业类别，考生可根据工作需要选择其一。

颁证部门：人事部与信息产业部联合颁发。

（2）国家 3G 移动通信职业认证证书。

国家信息产业部开发的第三代移动通信技术（3G）水平培训证书项目，现已与全球相关认证实施互认。该认证主要针对移动通信领域的 3G 人员，由国家信息产业部通信行业职业技能鉴定中心主办。

适合人群：移动通信营运与制造企业、电信设计研究院的技术管理人员，维护、设计、开发人员，工程技术人员。

证书等级：助理工程师、工程师、高级工程师三个等级。

考试内容：3G 业务和软件应用（多媒体业务和应用、MBMS、BCMCS 等）；3G 网络结构和通信流程：3G 室内覆盖（包括 3G 室内分布系统建设原则，3G 室内分布系统容量、功率等规划）；TD-SCDMA 网络设备及测试；3G 业务平台实例分析。

颁证部门：劳动和社会保障部、国家信息产业部联合颁发。

（3）移动通信软件工程师（IC-MSP）认证证书。

移动通信软件工程师认证考试是由国家信息产业部、教育部与中国软件行业协会主办，是共同启动移动通信紧缺人才培养工程的项目之一。该考试证书是国内首张面向 3G 和三网融合的“移动通信软件工程师（IC-MSP）”职业资格证书，由英泰移动通信学院负责实施培训与考试工作。

适合人群：业内从业人员、高等职业技术学校和高职、高专学生。

证书等级：移动通信初级软件工程师、移动通信中级软件工程师和移动通信高级软件工程师。

考试内容：包括嵌入式软件开发技术、移动通信技术理论、移动增值业务的开发等，分为笔试与机考两种形式。

颁证部门：教育部教育管理信息中心、劳动和社会保障部职业技能鉴定中心、国家信息产业部通信行业职业技能鉴定指导中心及中国软件行业协会联合颁发。

（4）全国移动商务应用能力证书（CMCP）。

全国移动商务应用能力考试项目由国有资产监督管理委员会和国家信息产业部推出并主管，中国商业联合会商业职业技能鉴定指导中心负责实施具体考试工作。该项考试已纳入信息产业部全国信息化工程师考试体系。

适合人群：从事移动商务工作或相关工作 3 年以上的人员均可报名。

证书等级：助理移动商务师（三级）、移动商务师（二级）、高级移动商务师（一级）。

考试内容：移动商务理论与实务、项目管理理论与实务。考试合格者可获得“全国移动商务应用能力考试证书”和“全国信息化工程师证书”。

颁证部门：中国商业联合会、信息产业部电子人才交流中心。

（5）OSTAC&G 通信工程职业资格证书。

OSTAC&G 通信工程职业资格证书是英国伦敦城市行业协会（C&G）根据世界通用的

职业标准，制定并实施的通信工程职业资格专项证书，目前已获得英国、英联邦、北美及欧盟等 100 多个国家、地区和机构的承认。

适合人群：通信行业的初级技术人员和有志投身通信行业的学员，以及通信工程相关专业的中职学校在校生。

考试内容：安全原理、数学、计算机技术应用、信息传送、简章通信工程、无线电原理等，以及现场实际操作水平。

颁证部门：中国劳动和社会保障部职业技能鉴定中心与英国伦敦城市行业协会。

7.7　工程实践能力

工程实践能力是能够理论联系实际，将所学知识应用于设计、制造、试验或其他工程实践环节，解决现实工程问题的能力（包括动手操作能力、综合运用知识能力、工程设计能力、分析解决问题能力和人际交往能力）。

随着经济的快速发展，社会对于人才的需求量越来越大，提供的就业岗位也越来越多，但还是普遍存在由于大学生缺乏工程实践能力而找不到工作的情况。以社会需求为导向，加强素质教育，注重学生工程实践能力培养对一些实践性强的专业，如材料成型及控制专业，是非常有必要的，国内各大高校也都非常重视。

针对课程教学，从教学方法及手段方面进行改革，指导学生注重由知识转化为能力与素质，培养学生的工程意识和工程实践能力，提高学生的综合素质。

1．现状分析

在人才市场的激烈竞争中，综合素质高的复合型人才越来越受欢迎。对用人单位的问卷调查显示，在用人单位挑选毕业生最注重的方面，“综合素质的高低”占 82%，位居第一。在综合素质方面，用人单位认为当今大学生最需要培养的是实践能力，位于第一位，占对人才整体要求的 40%，充分说明培养大学生工程实践能力的必要性和重要性。

目前，在校工科大学生虽然具有扎实的理论基础，但工程训练不足，实际能力较差，有的工作 3、4 年了还不能独立承担工程项目，这已成为导致工科大学生就业困难的主要问题之一。实践能力是高素质技术人才的核心和灵魂，培养并提高工科大学生的工程实践能力是高等工程教育的使命。

在高等教育比较发达的国家或地区，如美国和欧洲的大学，工科大学生实践能力占据非常重要的地位。1994—1995 年美国工程教育协会（ASEE）、美国国家科学基金会（NSF）、美国国家研究委员会（NRC）分别发表了 3 个关于工程教育的报告《面对变化世界的工程教育》《重建工程教育：重在变革》《工程教育的主要议题》，其核心思想就是要“回归工程”，重视工科大学生工程实践能力的提高。

2．优化教学方法及手段

教学方法及手段非常重要，决定着教学质量与效率。在教学中，应该采用效果较好的教学方法与手段，并且在重视基础知识和理论知识的基础上，调动学生自身学习的能动性和积极性，提高其动手能力和创新能力。

（1）互动式教学方法。

教学过程是教与学双方互动的过程。教学是教与学的统一，教为学而存在，学又要靠教来引导，两者是相互依存、相互作用，不可分割的统一整体。教师和学生是一种互动关系，是一种沟通合作关系，只有两者共同努力，才能获得好的教学效果。采用互动式教学，首先要激发学生的学习兴趣，提高学生的创新能力，这需要通过学生在相关环境中不断学习、实践从而引起思维碰撞、激发，而不是简单灌输。互动式教学改变了传统的一讲到底的教学方法，在课堂上设置讨论让学生参与，不仅能充分调动学生的学习积极性，也能有效培养学生独立思考和判断的能力，并灵活运用知识，形成开放式的思维方式。

（2）工程案例教学法。

工程案例教学是通过分析案例，启发和帮助学生理解有关知识、原理，从而树立工程观念，增强实践意识的一种方法。由于工程案例来自于工程实践，学生可以在教师的引导下通过分析与研究案例，加强对工程理论的认识与理解。这些工程案例一般都是以现实问题为研究对象，通过案例分析可以为学生营造一个现实、逼真的现场氛围，引导学生亲临其境，参与策划，从中发现、分析并解决问题，从而将知识转化为技能。在案例教学过程中综合启发式、讨论式教学等多种科学的教学方法，让学生更多地了解工程背景，提高工程实践能力。

（3）实践式教学方法。

知识来源于实践，能力来自于实践，素质更需要在实践中养成，实践教学是培养学生掌握科学方法和提高动手能力的重要平台，也是培养学生工程实践能力、创新能力和综合素质的重要环节。实践教学可以弥补课堂教学的缺陷，缩短自我追求和社会需求之间的差距。

（4）探索将知识转化为能力与素质的方法与途径。

人才的要素包括知识、能力、素质 3 个方面，而知识必须转化成能力与素质才能体现出其价值。因此，在教学过程中应探索让学生将知识转化为能力和素质的途径与方法，如鼓励学生参加课外科技活动和各类竞赛，包括省和国家大学生创新创业项目，及时将自己在科学研究过程中形成的科研理念化为适合学生开展的综合试验和科研计划项目，如实验教学仪器设备改造和开发项目，校本科生科研能力训练项目（SSRT）等。让学生在学习——研究——再学习——再研究的过程中，进行分析和思考，不仅是一种实践式的教学方式，还是一种将其所学知识转化为能力与素质的方法与途径，可以提高学生用理论知识进行分析问题和解决问题的能力，有利于提高工程意识和工程实践能力。此外，还能使学生较早进入承担项目的角色，对团队意识和互相协调能力的培养可以起到较好的作用。

7.8　不可忽略的非技术因素

何谓信息化系统的非技术因素？管理上的需求、管理规则的优化、管理者的思想、人介入条件下系统的有效运行，小到一个信息化采集点的确定，大到系统建成、维护及升级，非技术因素在信息化系统中处处可见。

非技术因素与系统管理息息相关。没有管理上的需求，不可能提出信息化建设；没有管理规则的优化，就不可能实现信息化系统的有效运用。信息化系统是一个人机合一的系统，先进的技术条件并不能抵消非技术性因素的影响，相反，随着技术的不断升级，非技术因素的影响力显得愈发重要。

从信息化建设的发展历程看，目前行业正在由平面控制阶段向立体成型阶段过渡，其特征表现为从企业开始有意识地进行系统规划、集成和建设向信息管理模式与经营管理模式形成互动转变，业务流程逐步规范化，数据逐步标准化，系统逐步集成，企业开始全面掌控信息流，实现业务流与信息流的统一。这是一个质的飞跃。在建立现代企业制度的背景和以信息化带动企业经营管理变革的前提下，这一转变对管理提出了更高的标准，不仅需要先进的计算机设备、完善的平台软件与集成系统，还需要处理好先进的硬件设施与相对薄弱的基础性管理之间不对称等相关问题。

现代管理理论认为，一个协作系统的组织包含 3 个基本要素：协作意愿、共同目标和信息联系，强调目的与手段的一致性。从着力建立现代企业制度的角度看待行业信息化建设，应该抓住矛盾的主要方面和系统建设的主导方向。信息化系统的关键在于应用，所以看待问题不能停留在一般的技术层面，而应该在更高的层面看待和理解信息化建设。

信息化系统的存在周期分为开发期和应用期，而应用期包括系统运行和系统维护。纵观整个信息化建设，非技术性因素的影响无处不在。在实际工作中，因为一些不经意的错觉和认识不到位，可能就会影响信息化系统存在周期的质量。

有些项目并不是亡于技术细节这些战术上，而是亡于系统的内耗上，也就是亡在战略上。这就好比一部机器，木头做的螺丝、木头做的轮轴，只要配合合理，就能够搭出水车、风车、投石车，它们中有的直到今天还在用。但是如果各个部件配合不合理，螺丝拿去配了齿轮，哪怕用黄金也做不出来好的机械。系统工程的关键有两点，一个是系统的组分，一个是系统各个组分之间的配合。时至今日，但凡运营了一段时间的公司，系统的组分水准都不会太糟糕，至少是合用的，问题往往产生在组分的配合上。也有些项目组，程序和策划只能说做到了配合，却远远没有做到有效的配合，双方经常性否决对方的提案，甚至干涉对方的工作……

举个例子，有个项目，全面接口化、全面组件化、设计思想不可谓不先进，项目组主要角色也都是有 4、5 年经验的开发者，但是到最后仍然陷入了“焦油坑”中：组件开发过细，明明适合放到一起的却都分到子组件中去了，导致组件间的交互瞬间增长，变得异常复杂，从而丧失了组件最大的优势。项目组一直重构，却怎么重构都冲不出这个“焦油坑”，导致一个明明研发了很久的项目，看起来完成度却并不高——并不是表面的完成度，而是系统的完成度，远远没有达到工具化和调细节的层次，内容的提供和储备严重不足。策划干着急也没有办法，程序则苦于系统修修补补，要解决的问题太多……

软件开发拼人力一直是最大的忌讳，从技术层面而言，前期人员太多，又要保证这些人有事情做，很多系统核心设计必然是只有个大概的方向，甚至都不能囊括整个开发期所有可能出现的需求和预测（一般都只考虑给老板看的第一个 Demo），就开始“堆”人力了。于是到最后，明明一个很简单的概念，发现有三个系统的三套不同的人员在维护……核心设计为什么叫作核心设计，恰恰就是要少数精英人员突破性地完成整个项目的上层设计，而前期介入那么多人，根本没有任何助力，甚至还会起到反作用。

欧美的游戏研发能够在近几年发力并且迅速超越日本，在于它有一个低内耗的产业环境。对比欧美的引擎思路和日本的引擎思路就可以发现这种区别了，很长一段时间里，日本的游戏每一次新作，整个底层到上层几乎要全部废弃重来，而欧美的引擎，即便是稍差一点的 CryEngine，却也能通过脚本，在没有引擎代码的情况下完成自己的 Mod。很多人都认为，这是欧美游戏能在最近几年大举发力超越日式游戏的关键之处：这种模式培养起了大批经历过一线风雨的精英力量。

7.9　习　　题

1．通过本章的学习，你是否有了新的自我审视？请简单写出你的自我认识。

2．你在大学的学习动机是什么？你认为应如何培养在大学中的学习动机？

3．大学生实践能力缺失的原因有哪些？你是如何看待学习成绩和实践能力的？

4．你认为应如何提升自己的思维能力？

5．简述意志与意识的区别和联系。

6．你认为工科大学生应着重培养哪些方面的素质？

7．大学中有哪些重要的竞赛？你是否参加过？通过学习请对任意两种竞赛进行简单介绍。

8．你认为如何减少或避免非技术因素的影响？

9．通过本章的学习，总结一下如何成为一名合格的大学本科毕业生。

参考文献

[1] 赵岩，李会. 通信工程导论课程教学改革研究[J]. 高师理科学刊，2013，000（002）:81-81.

[2] 刘帅奇，郑伟，赵杰，胡绍海. 数字图像融合算法分析与应用[M]. 北京：机械工业出版社，2018.

[3] 刘帅奇，李会雅，赵杰. MATLAB 程序设计基础与应用[M]. 北京：清华大学出版社，2016.

[4] Liu Shuaiqi, Ma Jian, Yin Lu, et al. Multi-focus color image fusion algorithm based on super-resolution reconstruction and focused area detection [J]. IEEE ACCESS, 2020, 8（1）: 90760-90778.

[5] 张毅，郭亚利. 通信工程（专业）概论[M]. 2 版. 湖北：武汉理工大学出版社，2019.

[6] Liu Shuaiqi, Lu Yucong, Wang Jie, et al. A new focus evaluation operator based on max-min filter and its application in high quality multi-focus image fusion[J]. Multidimensional Systems and Signal Processing, 2020, 31（2）: 569-590.

[7] 木村磐根. 通信工程学概论[M]. 李树广，王玲玲，译. 北京：科学出版社，2001.

[8] 樊昌信. 通信工程专业导论[M]. 北京：电子工业出版社，2018.

[9] Liu Shuaiqi, Hu Qi, Li Pengfei, et al. Speckle suppression based on weighted nuclear norm minimization and grey theory[J]. IEEE Transactions on Geoscience and Remote Sensing, 2019, 57（5）: 2700-2708.

[10] 张延良. 信息与通信工程专业导论[M]. 北京：中国电力出版社，2015.

[11] 刘帅奇. 基于多尺度几何变换的遥感图像处理算法研究[D]. 北京：北京交通大学计算机与信息技术学院，2013.

[12] 赵杰，李易瑾，刘帅奇. 结合模糊逻辑和 SCM 的 NSDTCT 域红外和可见光图像融合[J]. 小型微型计算机系统，2018，39（02）: 352-356.

[13] 刘帅奇，扈琪，刘彤，等. 合成孔径雷达图像去噪算法研究综述[J]. 兵器装备工程学报，2018，39（12）: 112-118+258.

[14] 吴伟陵，牛凯. 移动通信原理[M]. 北京：电子工业出版社，2005.

[15] 樊昌信. 通信原理教程[M]. 4 版. 北京：电子工业出版社，2019.

[16] 程铃，徐冬冬. MATLAB 仿真在通信原理教学中的应用[J]. 实验室研究与探索，2010（02）: 117-119.

[17] 姚天任，孙洪. 现代数字信号处理 [M]. 2 版. 北京：华中理工大学出版社，2018.

[18] 胡广书. 数字信号处理理论、算法与实现[M]. 3 版. 北京：清华大学出版社，2012.

[19] 姜建国，曹建中，高玉明. 信号与系统分析基础[M]. 2 版. 北京：清华大学出版社，2006.

[20] 拉斐尔·C·冈萨雷斯. 数字图像处理[M]. 3 版. 阮秋琦，阮宇智，等译. 北京：电子工业出版社，2017.

[21] Liu Shuaiqi, Hu Shaohai, Xiao Yang. Bayesian shearlet shrinkage for SAR image de-noising via sparse representation [J], Multidimensional Systems and Signal Processing,

2014, 25（4）: 683-701.

[22] 夏宇闻，韩彬．Verilog 数字系统设计教程[M]．4 版．北京：北京航空航天大学出版社，2017．

[23] 赵力．语音信号处理[M]．3 版．北京：机械工业出版社，2016．

[24] Liu Shuaiqi, Liu Ming, Li Pengfei, et al. SAR image denoising via sparse representation in shearlet domain based on continuous cycle spinning[J]. IEEE Transactions on Geoscience and Remote Sensing, 2017, 55（5）: 2985-2992.

[25] 杭燕，杨育彬，陈兆乾．基于内容的图像检索综述[J]．计算机应用研究，2002，19（009）: 9-13.

[26] Liu Shuaiqi, Zhao Chuanqing, An Yanling, et al. Diffusion tensor imaging denoising based on Riemannian geometric framework and sparse Bayesian learning [J]. Journal of Medical Imaging and Health Informatics, 2019, 9（9）: 1993-2003.

[27] 刘良云，李英才，相里斌．超分辨率图像重构技术的仿真实验研究[J]．中国图象图形学报，2001（07）: 629-635.

[28] 刘扬阳，金伟其，苏秉华．数字图像去模糊处理算法的对比研究[J]．北京理工大学学报，2004（10）: 905-909.

[29] 陈昌涛，宿曼．EDA 技术[M]．北京：化学工业出版社，2012．

[30] 马忠梅．单片机的 C 语言应用程序设计（第 3 版）[J]．单片机与嵌入式系统应用，2003（10）: 46-46.

[31] 张晞，王德银，张晨．MSP 430 系列单片机实用 C 语言程序设计[M]．北京：人民邮电出版社，2005．

[32] 王雪虎，杨健，艾丹妮，等．结合先验稀疏字典和空洞填充的 CT 图像肝脏分割[J]．光学精密工程，2015（09）: 2687-2697.

[33] 庄严，陈东，王伟，等．移动机器人基于视觉室外自然场景理解的研究与进展[J]．自动化学报，2010，36（001）: 1-11.

[34] 蒋句平．嵌入式可配置实时操作系统 eCos 开发与应用[M]．2 版，北京：机械工业出版社，2008．